Helmut Hügel | Thomas Graf

Laser in der Fertigung

Laser – Grundlagen der Laserstrahlquellen
von T. Graf

Fertigungsmesstechnik
von W. Dutschke und C. P. Keferstein

Praxiswissen Schweißtechnik
von H. J. Fahrenwaldt und V. Schuler

Spanlose Fertigung: Stanzen
von W. Hellwig

Coil Coating
von B. Meuthen und A.-S. Jandel

Zerspantechnik
von E. Paucksch, S. Holsten, M. Linß und F. Tikal

Helmut Hügel | Thomas Graf

Laser in der Fertigung

Strahlquellen, Systeme, Fertigungsverfahren

2., neu bearbeitete Auflage

Mit 400 Abbildungen

STUDIUM

**VIEWEG+
TEUBNER**

Bibliografische Information der Deutschen Nationalbibliothek
Die Deutsche Nationalbibliothek verzeichnet diese Publikation in der
Deutschen Nationalbibliografie; detaillierte bibliografische Daten sind im Internet über
<http://dnb.d-nb.de> abrufbar.

Prof. Dr.-Ing. habil. Helmut Hügel, geb. 1936 in Temesvar, Studium des Allgemeinen Maschinenbaus an der TH Graz, Diplom 1962, danach Stipendium am Imperial College/University of London, D.I.C. 1963. Promotion 1970 an der TH München, Habilitation 1980 an der Universität Stuttgart, dort 1984 apl. Professor. Berufung und Ernennung 1986 zum o. Professor und Direktor des neugegründeten Instituts für Strahlwerkzeuge an der Universität Stuttgart, in diesen Funktionen aktiv bis 2004. Wissenschaftliche Arbeiten auf Gebieten der Plasmaphysik und -technik bis Anfang der 1970er Jahre, danach Entwicklung von Laserstrahlquellen, lasertechnischen Systemkomponenten und Prozessen der Materialbearbeitung mit Laserstrahlung.

Prof. Dr. phil. nat. habil. Thomas Graf, geb. 1966 in der Schweiz, Studium der Physik, Mathematik und Astronomie an der Universität Bern, 1993 Diplomphysiker und 1996 Promotion zum Dr. phil. nat. Nach 15-monatigem Forschungsaufenthalt mit einem Stipendium des Schweizerischen Nationalfonds an der Strathclyde University in Glasgow Übernahme der Leitung der Forschergruppe für Hochleistungslaser an der Universität Bern 1999. Habilitation für angewandte Physik 2001 und Ernennung zum Assistenzprofessor 2002. Seit Juni 2004 o. Professor und Direktor des Instituts für Strahlwerkzeuge an der Universität Stuttgart. Wissenschaftliche Arbeiten zu diodengepumpten Festkörperlasern, Strahlformung und Strahlführung sowie zu Prozessen der laserbasierten Materialbearbeitung.

1. Auflage 1992
2., neu bearbeitete Auflage 2009

Alle Rechte vorbehalten
© Vieweg+Teubner | GWV Fachverlage GmbH, Wiesbaden 2009

Lektorat: Thomas Zipsner | Ellen Klabunde

Vieweg+Teubner ist Teil der Fachverlagsgruppe Springer Science+Business Media.
www.viewegteubner.de

Umschlaggestaltung: KünkelLopka Medienentwicklung, Heidelberg
Druck und buchbinderische Verarbeitung: STRAUSS GMBH, Mörlenbach
Gedruckt auf säurefreiem und chlorfrei gebleichtem Papier.
Printed in Germany

ISBN 978-3-8351-0005-3

Vorwort

„Einhergehend mit der zunehmenden Verbreitung und Bedeutung des Lasers in der industriellen Fertigung steigt auch der Bedarf an qualifizierten Mitarbeitern, die den Einsatz dieses Werkzeugs bereits bei der Konstruktion eines Werkstücks und der Planung des Fertigungsablaufs in Betracht ziehen können. Daraus ergibt sich die Notwendigkeit, entsprechende Studienangebote auf dem Gebiet des Maschinenbaus zu schaffen, um insbesondere Konstrukteure und Fertigungstechniker mit der Lasertechnik vertraut zu machen."

Der erste dieser beiden einleitenden Sätze aus dem Vorwort des 1992 in der Serie Teubner Studienbücher erschienen Buches *Strahlwerkzeug Laser* – gewissermassen der Vorgängerausgabe des nun vorgelegten Bandes – ist heute so aktuell wie damals. Andererseits fand während der vergangenen 16 Jahre in Deutschland eine überaus positive Entwicklung statt, in der manche der aus der seinerzeitigen Situation heraus formulierten Vorstellungen realisiert wurden. So ist das Ziel, ein flächendeckendes Lehrangebot für diese Technologie zu schaffen – postuliert im zitierten zweiten Satz – weitgehend erreicht: zahlreiche Technische Universitäten, Fachhochschulen und sonstige Bildungseinrichtungen vermitteln heute dem technischen Nachwuchs entsprechendes Wissen.

In der industriellen Praxis hat sich die Materialbearbeitung mit Laserstrahlung auf vielen Feldern der Produktion in der Tat als eine wichtige, aus der Vielzahl verfügbarer Fertigungsverfahren nicht mehr wegzudenkende Technologie etabliert. Einhergehend damit werden laserbasierte Fertigungsprozesse nicht länger als Sonderverfahren wahrgenommen, sondern als Alternativen, die hinsichtlich Wirtschaftlichkeit und technischer Besonderheiten sich an anderen zu messen haben. Und der Laser selbst gilt als ein Werkzeug unter anderen. Dem trägt die gegenüber dem *Strahlwerkzeug Laser* veränderte Schwerpunktsetzung in *Laser in der Fertigung* Rechnung; bereits in den Titeln der Bücher gelangt zum Ausdruck, dass nicht mehr das Werkzeug, sondern der Prozess im Fokus steht.

Natürlich gibt es *den* Prozess nicht, sondern es existiert eine grosse Vielzahl an mit Lasern durchführbaren Fertigungsverfahren, die jeweils einem der in DIN 8580 charakterisierten zugeordnet werden können. Die verschiedenen Möglichkeiten, wie damit in einem Buch umgegangen wird und – vor allem – was dessen primäre Zielsetzung sein soll, bestimmen Inhalt und didaktischen Aufbau.

Bestärkt durch langjährige Lehrerfahrung und Ausbildungspraxis erscheint es den Autoren sinnvoll und wichtig, insbesondere ein hinreichend breites Wissen und Verständnis der grundlegenden Vorgänge bei der Materialbearbeitung mit Laserstrahlung zu vermitteln. Für den praktischen Vorlesungsbetrieb erweist sich dabei als hilfreich, auf geeignet aufbereitete physikalische Grundlagen und über den Tag hinaus gültige Vorstellungen vom Prozessgeschehen verweisen zu können. So bleibt mehr Raum, sich mit aktuellen Themen der immer noch dynamisch erfolgenden Fortentwicklung dieses Gebiets auseinander zu setzen. Vor diesem Hintergrund ist die Betonung auf bei der Wechselwirkung Laserstrahl-Werkstück relevante Mechanismen und deren Zusammenhänge sowie die Konzentration auf eine Auswahl industriell bedeutsamer Verfahren in diesem Buch zu sehen. Schließlich kommt eine solche Konzeption auch demjenigen entgegen, der sich außerhalb seiner Ausbildung mit dieser faszinierenden Thematik befassen möchte.

Das in recht grossem Umfang präsentierte Bildmaterial soll vor allem dem Aufzeigen und Erkennen wichtiger Zusammenhänge dienen. Es entstammt weitgehend Arbeiten, die am Institut der Verfasser oder an der in enger Kooperation dem IFSW verbundenen An-Gesellschaft FGSW entstanden sind; allen Mitarbeitern sei an dieser Stelle herzlich für ihre Forschungstätigkeit gedankt. Wo von anderen Autoren erarbeitete Daten oder grafische Darstellungen übernommen wurden, ist dies besonders vermerkt. Erwähnt sei noch, dass beim Zitieren relevanter Quellen häufig auf Dissertationen verwiesen wird, in denen zum jeweiligen Thema ein umfassendes Schrifttum zu finden ist. Neben dem Aspekt der Anerkennung hat dies den praktischen Vorteil, das Literaturverzeichnis dieses Buchs in überschaubarem Rahmen halten zu können.

Das Buch ist in erster Linie für Studierende des Maschinenbaus an Universitäten und Fachhochschulen geschrieben; insbesondere für diejenigen, die sich einen Berufsweg auf dem Gebiet der Fertigungstechnik vorstellen können. Daneben mag es dem Einen oder Anderen hier bereits tätigen von Nutzen sein, schon Gehörtes aufzufrischen oder sich mit etwas Neuem zu befassen.

Dem Verlag danken wir für die wohltuend vertrauensvolle Zusammenarbeit.

Stuttgart, im Sommer 2008

Helmut Hügel & Thomas Graf

Inhalt

1 Einführung: Strahlwerkzeug Laser

Das Wort LASER, ein Akronym für Light Amplification by Stimulated Emission of Radiation, beschreibt streng genommen einen physikalischen Vorgang, nämlich die Lichtverstärkung durch stimulierte (gebräuchlich auch: induzierte, d.h. erzwungene) Aussendung von Strahlung. Unmittelbar im Zusammenhang mit seiner erstmaligen Realisierung (Maiman, 1960) hat sich jedoch im allgemeinen Sprachgebrauch eingebürgert, das dafür genutzte Gerät so zu bezeichnen. Entsprechend dessen technischer Gestaltung lässt sich elektromagnetische Strahlung – Laserstrahlung – mit sehr unterschiedlichen Eigenschaften erzeugen und in einer großen Vielfalt von Anwendungsfeldern nutzen, beispielsweise in der Informations- und Messtechnik, der Biophysik sowie der Medizin, der Materialbearbeitung und der Fusionsforschung. In allen Fällen dient der Laserstrahl primär entweder als Informations- oder als Energieträger.

Die fertigungstechnische Nutzung des Lasers bedarf neben der Erzeugung von elektromagnetischer Strahlung mit den gewünschten Eigenschaften der maschinentechnischen Einbeziehung weiterer optischer, mechanischer und steuerungstechnischer Komponenten, um zu einer „Werkzeugmaschine" für den industriellen Einsatz zu gelangen. So muss das eigentliche Werkzeug, der Laserstrahl als Energieträger, vom Ort seiner Entstehung zur Einwirkzone am Werkstück mit Hilfe von Spiegeln oder flexiblen Glasfasern geführt werden. Den Erfordernissen des durchzuführenden Fertigungsprozesses entsprechend hat zudem eine Strahlformung zu erfolgen, bei der es sich meist um eine Fokussierung des Strahls handelt. Des Weiteren ist

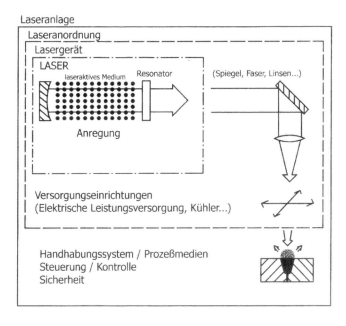

Bild 1.1 Der Laser als fertigungstechnische Einrichtung: Schema und Begriff nach ISO 11145.

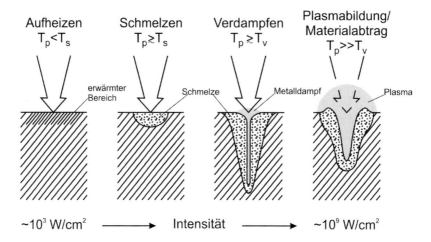

Bild 1.2 Wechselwirkungen Laserstrahl/Werkstück bei steigender Intensität und dabei auftretende Veränderungen in der WWZ; einhergehend ändern sich auch die Mechanismen der Energieeinkopplung.

für eine Relativbewegung zwischen Laserstrahl und Werksstück bei bahnförmigen Bearbeitungen, wie z. B. dem Schneiden oder Schweißen, zu sorgen. Das Schema einer derartigen Werkzeugmaschine zeigt Bild 1.1, worin Definition und Benennung der Komponenten der Norm entsprechen.

Die häufig auch gebrauchte Bezeichnung „thermisches" Strahlwerkzeug Laser bringt zum Ausdruck, dass die für den Bearbeitungsprozess benötigte Energie in Form von Wärme bereitgestellt wird. In den meisten fertigungstechnischen Anwendungen entsteht sie bei der Absorption der eingestrahlten elektromagnetischen Energie in den oberflächennahen Bereichen des Werkstücks, die vom Laserstrahl getroffen werden. Welche physikalischen Effekte sich in dieser Wechselwirkungszone einstellen, wird von der Temperatur dort bestimmt; sie ergibt sich aus der Bilanzierung von freigesetzter und in das Werkstück abfließender Wärme. Damit hängt die Wirkung des Laserstrahls über den Mechanismus der Energieabsorption von seinen Eigenschaften sowie der Einwirkzeit und von den physikalischen und geometrischen Eigenschaften des Werkstücks gleichermaßen ab.

Anhand von Bild 1.2 seien mögliche Phänomene, wie sie typischerweise bei metallischen Werkstoffen auftreten, qualitativ diskutiert. Die genannten Leistungsdichten[1] sollen hier lediglich als Orientierungsdaten dienen; im Einzelfall bestimmen die Materialeigenschaften und die Wellenlänge des verwendeten Lasers die genaueren Werte.

- Bei niedrigen Leistungsdichten im Bereich einiger 10^3 bis etwa 10^4 W/cm^2 und hinreichend großem Volumen des Werkstücks wird die Temperatur in der Wechselwirkungszone unterhalb der Schmelztemperatur bleiben. Würde der Strahl bei solchen Bedingungen über die Werkstückoberfläche geführt, so wäre damit das Grundprinzip des Laserhärtens realisiert.

---

[1] Für den physikalischen Begriff der Energieflussdichte [J·m^{-2}·s^{-1}] werden in diesem Buch die Bezeichnungen Leistungsdichte und Intensität, letzterer Ausdruck insbesondere im physikalischen wie internationalen Sprachgebrauch üblich, nebeneinander gebraucht.

- Wird die Leistungsdichte durch Steigerung der eingestrahlten Leistung und/oder stärkere Fokussierung auf die Größenordnung um 10^5 W/cm^2 erhöht, so wird in der Wechselwirkungszone (WWZ) Schmelztemperatur erreicht (oder überschritten), was zur Ausbildung eines Schmelzbades führt. Dieser Zustand stellt die Basis des so genannten Wärmeleitungsschweißens dar.

- Bei eingestrahlten Leistungsdichten von einigen 10^5 bis zu einigen 10^6 W/cm^2 wird die Verdampfungstemperatur erreicht, und durch den Rückstoßdruck des abdampfenden Materials bildet sich in dem Schmelzbad eine in das Werkstück eindringende Kapillare aus; ihr Durchmesser entspricht etwa dem des fokussierten Strahls. Die seitliche Ausdehnung der sie umgebenden Schmelze wird maßgeblich von der Einwirkzeit des Laserstrahls bestimmt. Dieser Fall nun ist charakteristisch für das Schneiden (wenn die Schmelze durch einen koaxial zum Laserstrahl gerichteten Gasstrahl weggeblasen würde) und insbesondere für das so genannte Tiefschweißen, dem mit Abstand bedeutendsten Fügeprozess mit Laserstrahlen.

- Wird die Leistungsdichte weiter gesteigert bis zu Werten zwischen 10^7 und 10^8 W/cm^2, so steigt damit auch die Verdampfungsrate. Dies hat zur Folge, dass sich in der Wechselwirkungszone ein extrem hoher Druck (bis zu mehreren kbar) einstellen kann, welcher die dort vorhandene Schmelze austreibt. Diesen Mechanismus des Materialabtrags macht man sich beim Prozess des Bohrens zunutze. Aufgrund der hohen Leistungsdichten wird weiterhin ein Teil des Metalldampfes und auch des Umgebungsgases oberhalb der Einwirkzone ionisiert. Das so entstandene Plasma modifiziert in erheblichem Maße die Energieeinkopplung in das Werkstück.

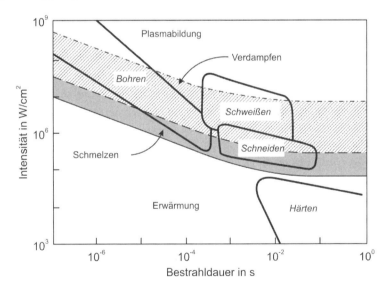

Bild 1.3 Zum Erreichen bestimmter Temperaturwerte (z. B. Schmelz- oder Verdampfungstemperatur) in der WWZ erforderliche Intensitäten und Einwirkzeiten und dadurch charakterisierte Parameterbereiche einiger Fertigungsverfahren. Die Kurven, welche die jeweiligen Aggregatzustände – fest, flüssig, dampf- und plasmaförmig – gegeneinander abgrenzen, sind nach (3.48) bzw. (3.52) berechnet; sie repräsentieren also *nicht* Werte einer konstanten Energiedichte am Werkstück!

Obige Schilderungen lassen erkennen, dass bei geeigneter Wahl der beiden Bearbeitungsparameter Leistungsdichte und Einwirkzeit in der Wechselwirkungszone Temperaturwerte zu erzielen sind, die in einem weiteren Bereich liegen und charakteristisch für verschiedenartige physikalische Vorgänge und damit durchführbarer Bearbeitungsprozesse sind. Bild 1.3 gibt den Sachverhalt in verallgemeinerter Weise wieder. Neben den Bereichen, in denen Aufheizen, Schmelzen, Verdampfen und Plasmabildung auftreten, sind typische Parameterfelder einiger fertigungstechnischer Verfahren eingetragen.

Es ist nun diese Möglichkeit, ganz gezielt eine bestimmte Prozesstemperatur einstellen zu können, worauf die Vielseitigkeit des Strahlwerkzeugs Laser beruht. Nicht ohne Berechtigung kann deshalb auch von einem Universalwerkzeug gesprochen werden. Zur Illustration dieser Aussage sind in Bild 1.4 sämtlichen nach DIN 8580 definierten Fertigungsverfahren solche mit dem Laser durchführbare zugeordnet.

Hieraus soll indessen keinesfalls der Anspruch abgeleitet werden, fertigungstechnische Aufgaben nur mit dem Laser lösen zu wollen. Vielmehr bedingt ein wirtschaftlicher Erfolg des Lasereinsatzes eine sorgfältige Abwägung aller Vor- und Nachteile gegenüber konkurrierenden Verfahren. Da relativ hohe Investitionskosten ein Hemmnis darstellen könnten, ist es immer wichtig, die fertigungstechnischen Vorzüge der Lasermaterialbearbeitung in jedem Anwendungsfall herauszuarbeiten.

Dies tun zu können bedarf es einer ganzheitlichen Betrachtungsweise, in deren Zentrum die möglichst effiziente Nutzung der erzeugten elektromagnetischen Strahlung als Prozessenergie

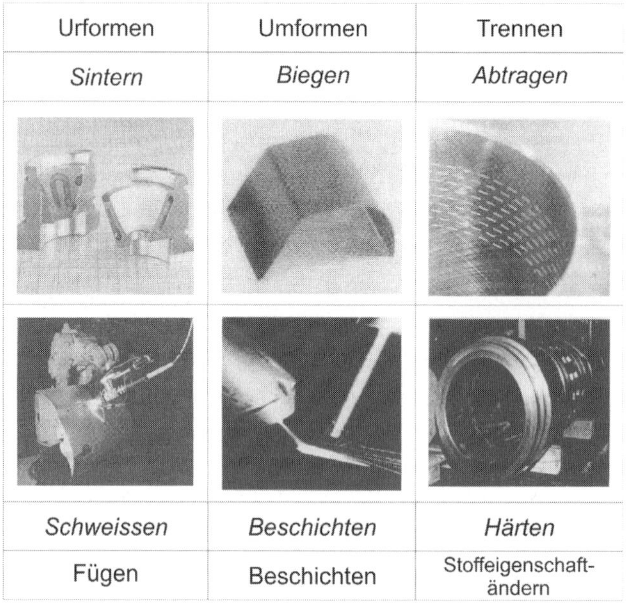

Urformen	Umformen	Trennen
Sintern	*Biegen*	*Abtragen*
Schweissen	*Beschichten*	*Härten*
Fügen	Beschichten	Stoffeigenschaftändern

Bild 1.4 Mit dem Laser durchführbare Fertigungsverfahren den Hauptgruppen nach DIN 8580 zugeordnet: Sintern von Keramiken und Metallen, Biegen von Blechteilen, strukturierendes Abtragen an Zylinderlaufflächen, Schweißen von Autotüren, Beschichten von Ventilen und Härten von Motorlaufbuchsen.

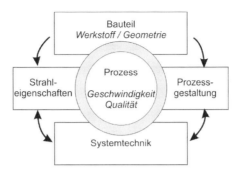

Bild 1.5 Das Prozessergebnis mit seinen Indikatoren für die Wirtschaftlichkeit des Verfahrens, der erzielbaren Prozessgeschwindigkeit und -qualität, ergibt sich aus dem Zusammenspiel von Werkzeug- und Werkstückeigenschaften sowie der Prozessgestaltung und systemtechnischen Möglichkeiten.

steht. Der in Bild 1.5 veranschaulichte Ansatz bezieht dabei die Auswirkungen der Eigenschaften aller Komponenten einer Laseranlage auf den Prozess zusammen mit denen des Werkstücks mit ein, wie auch die Möglichkeiten, die sich aus einer gegebenenfalls gezielt auf die spezifische Aufgabe gerichteten Prozessgestaltung ergeben. Auf diese Weise kann gezeigt werden, wie sich ein optimaler Prozess darstellen lässt. Gleichzeitig erlaubt die Abwägung an hierfür erforderlichen Investitions- und Betriebskosten gegenüber den sich aus dem Prozess ergebenden Wirtschaftlichkeitsaspekten eine integrale Bewertung des Lasereinsatzes. Beispielhaft hierzu sei aufgeführt, dass manche Laser im Leistungsbereich einiger kW mit einer Wellenlänge von 1 μm noch teurer waren als solche mit 10.6 μm, jedoch den systemtechnischen Vorteil der Strahlführung durch Glasfasern und den prozesstechnischen Vorteil einer besseren Energieeinkopplung haben.

Die besondere Bedeutung der Strahleigenschaften auf den Prozess seien anhand von Bild 1.6 erläutert. Um in der Wechselwirkungszone (WWZ) – als einfachster Fall hier gekennzeichnet durch die bestrahlte ebene Fläche, dem „Brennfleck" mit dem Durchmesser d_f – die Prozesstemperatur T_P zu erreichen, wird eine bestimmte eingekoppelte Wärmestromdichte benötigt, die sich als Produkt aus der eingestrahlten Intensität und dem Absorptionsgrad ergibt. Dieser ist eine wellenlängenabhängige Stoffeigenschaft, die zudem bei nicht senkrechtem Einfall der Strahlung in der Wechselwirkungszone von der Polarisation des Laserstrahls und dessen Auftreffwinkel abhängt. Die eingestrahlte Leistungsdichte folgt aus der am Werkstück ankommenden Laserleistung und dem Brennfleckdurchmesser. Dieser wird sowohl von den systemtechnischen Fokussierbedingungen als auch vom Strahlparameterprodukt, einer wie die Wellenlänge inhärenten Strahleigenschaft, festgelegt. Die Wechselwirkungszeit ist bei kontinuierlichem (cw: contineous wave) Strahlbetrieb durch den Quotienten aus Brennfleckdurchmesser und Vorschubgeschwindigkeit, bei zeitlich gepulster Bestrahlung durch die Pulsdauer gegeben.

Neben diesen grundsätzlichen Zusammenhängen sind mögliche Auswirkungen von gerätetechnischen Merkmalen auf das Prozessergebnis zu beachten. Sie beruhen im Wesentlichen auf Veränderungen der Eigenschaften des „Werkzeugs Laserstrahl" an der Wirkstelle im Vergleich zu seinen „Solldaten", hervorgerufen insbesondere durch Wechselwirkungen des Strahls mit den optischen Komponenten der Anlage.

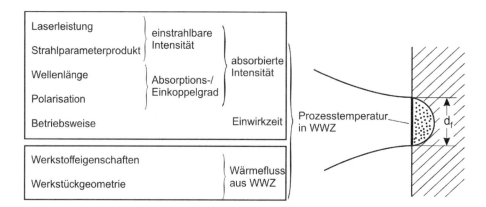

Bild 1.6 Einfluss der Strahleigenschaften und des Werkstücks auf die Prozesstemperatur.

Auf der Basis einer dergestalt ganzheitlichen Betrachtungsweise lässt sich eine Argumentationskette für den Einsatz des Lasers in der Fertigungstechnik darstellen; Bild 1.7 gibt sie plakativ wieder. Herausragendste Eigenschaft des Strahlwerkzeugs ist die räumlich und zeitlich hochpräzise Energieeinbringung an der zu bearbeitenden Stelle. Deshalb ist die aus der Wechselwirkungszone in das Bauteil abfließende Wärmemenge gering, und die für den eigentlichen Prozess zur Verfügung stehende Energie bleibt hoch. Hohe Prozessgeschwindigkeiten und -qualitäten sind die Folge. Zu diesem direkten Vorteil kommt häufig noch ein indirekter hinzu, der im Wegfall oder der Minimierung von Nacharbeiten besteht. Insgesamt liegt die Bedeutung des Lasers für die Fertigungstechnik neben der schon erwähnten Vielfalt an durchführbaren Fertigungsverfahren nicht zuletzt an seiner hohen Flexibilität hinsichtlich bearbeitbarer Materialien, Konfigurationen und Bauteilgeometrien.

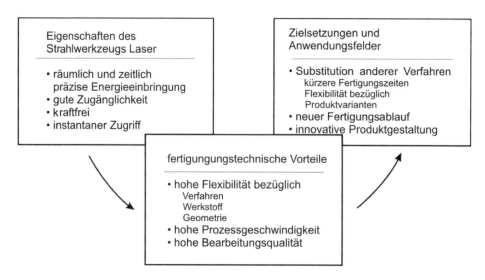

Bild 1.7 Charakteristische Eigenschaften und fertigungstechnische Vorteile des Strahlwerkzeugs Laser und daraus resultierende, für den Laser besonders geeignete Einsatzfelder.

Aus all diesen Eigenschaften und daraus resultierenden Vorteilen lassen sich drei Zielsetzungen ableiten, unter denen sich der fertigungstechnische Einsatz des Lasers in besonderem Maße anbietet. Zum einen handelt es sich um die Substitution von bereits eingeführten Technologien mit dem Anspruch, die Produktivität vermittels kürzerer Fertigungszeiten oder durch Nutzung der Flexibilität zu steigern. Ein weiteres Ziel ist, durch Einbeziehung des Lasers eine Änderung des gesamten Fertigungsablaufs und – teilweise oder zur Gänze – auch der Konstruktion des Werkstücks vorzunehmen, um zu verbesserten Eigenschaften oder/und einer Kostenreduktion zu gelangen. Und schließlich zeigt die noch junge Geschichte des Lasers in der Fertigungstechnik, dass immer wieder innovative Produkte nur Dank seines Einsatzes realisierbar werden.

2   Das Werkzeug

2.1   Ausbreitung und Charakterisierung von Laserstrahlen

Laserstrahlen bestehen wie das Licht aus elektromagnetischen Wellen. Das heutige Wissen über die Natur des Lichtes wurde hauptsächlich in der Zeit vom 17. bis in die Anfänge des 20. Jahrhunderts erarbeitet [1], [2]. Im Jahre 1675 zeigte der Däne Ole Christiansen Römer (1644-1710) aufgrund von Beobachtungen der Finsternis des Jupitermondes Io, dass sich das Licht mit sehr hoher, aber endlicher Geschwindigkeit ausbreitet. Spätere Messungen von Armand Hyppolite Louis Fizeau (1819-1896) mit Hilfe von rotierenden Zahnrädern ergaben 1849 für die Lichtgeschwindigkeit einen Wert von rund dreihunderttausend Kilometern pro Sekunde.

Die Forschung in der Optik verlief zunächst unabhängig von den Untersuchungen der Elektrizität und des Magnetismus. Der Zusammenhang dieser Forschungsgebiete wurde erst durch die Arbeiten von James Clerk Maxwell (1831-1879) endgültig offenbart. James Maxwell fasste das damals bekannte empirische Wissen über die elektrischen und magnetischen Phänomene in einem einfachen Satz von vier mathematischen Gleichungen zusammen. Aus dieser bemerkenswert knappen Formulierung konnte er rein theoretisch die Existenz von elektromagnetischen Wellen herleiten und zeigen, dass deren Ausbreitungsgeschwindigkeit durch die elektrischen und magnetischen Eigenschaften der durchquerten Medien bestimmt wird. Die Geschwindigkeit der elektromagnetischen Wellen konnte so alleine mit elektrostatischen und magnetostatischen Messungen bestimmt werden. Da das Resultat dem damals bereits bekannten Wert für die Lichtgeschwindigkeit entsprach, folgerte Maxwell, dass das Licht eine elektromagnetische Welle sein muss. Eine Folgerung, welche 1888 durch entsprechende Experimente von Heinrich Hertz (1859-1894) bestätigt wurde.

Damit war die Natur des Lichtes als hochfrequente, elektromagnetische Welle geklärt. Obwohl die Beschreibung von Lichtstrahlen letztlich auf den elektrodynamischen Gleichungen von Maxwell beruht, kann die Lichtausbreitung in vielen Fällen wesentlich vereinfacht behandelt werden. Ähnlich wie in der geometrischen Optik, wo die Wellennatur des Lichtes vollständig vernachlässigt wird, kann auch die ungestörte Ausbreitung von Laserstrahlen mit sehr einfachen Mitteln beschrieben werden.

Das Ziel dieses Kapitels ist die Zusammenfassung der Strahlmatrizen-Methode zur vereinfachten Beschreibung der Strahlausbreitung sowie die Einführung der wichtigsten Kenngrößen zur Charakterisierung von Laserstrahlen. Die Kenntnis von Durchmesser und Divergenz des Laserstrahls sowie der damit inhärenterweise zusammenhängenden Beugungsmaßzahl ist wie die der transportierten Energie, seiner Wellenlänge und Polarisationsform essentiell für die Auslegung von Strahlführungssystemen wie für die Gestaltung der Bearbeitungsprozesse. Auf eine rigorose Herleitung soll dabei zu Gunsten einer klaren Übersicht verzichtet werden. Stattdessen wird jeweils auf zur Vertiefung geeignete Literaturstellen hingewiesen.

2.1.1   Die Energie des elektromagnetischen Feldes

Wenn immer der Laser in der Fertigung eingesetzt wird, beruht seine Verwendung auf der zeitlich und örtlich sehr präzise eingebrachten Energie. Der Energie beziehungsweise dem Energiefluss einer elektromagnetischen Welle kommt deshalb hier eine zentrale Rolle zu.

Ausgehend von den Maxwell'schen Gleichungen [3] für den Fall ohne freie Ladungsträger

$$\vec{\nabla}(\varepsilon\vec{E}) = 0 \tag{2.1}$$

$$\vec{\nabla}\vec{B} = 0 \tag{2.2}$$

$$\vec{\nabla}\times\vec{E} + \dot{\vec{B}} = 0 \tag{2.3}$$

$$\vec{\nabla}\times\left(\frac{\vec{B}}{\mu}\right) - \varepsilon\dot{\vec{E}} = 0 \tag{2.4}$$

lässt sich in einem Medium ohne Dispersion die Energiedichte (Energie pro Volumen) des elektromagnetischen Feldes durch

$$u = \frac{\varepsilon_r\varepsilon_0}{2}\vec{E}^2 + \frac{1}{2\mu_r\mu_0}\vec{B}^2 \tag{2.5}$$

und die Energieflussdichte (Leistung pro Querschnittsfläche) durch den Betrag von

$$\vec{S} = \frac{\vec{E}\times\vec{B}}{\mu_r\mu_0} \tag{2.6}$$

ausdrücken [4]. Dieser Ausdruck wird als Poynting-Vektor bezeichnet.

Hier ist das elektrische Feld mit $\vec{E}$ und das Magnetfeld mit $\vec{B}$ bezeichnet. Die absolute Dielektrizität $\varepsilon = \varepsilon_r\varepsilon_0$ wird meist mit der relativen Dielektrizität $\varepsilon_r = \varepsilon/\varepsilon_0$ und die absolute Permeabilität $\mu = \mu_r\mu_0$ mit der relativen Permeabilität $\mu_r = \mu/\mu_0$ ausgedrückt, wobei $\varepsilon_0 = 8{,}8542\times10^{-12}$ $C^2N^{-1}m^{-2}$ die Dielektrizitätskonstante des freien Raumes und $\mu_0 = 4\pi\times10^{-7}$ N/A^2 die Permeabilität im Vakuum ist.[2]

Bei elektromagnetischen Wellen besteht eine einfache Beziehung zwischen den beiden Feldgrößen, wodurch sich im zeitlichen Mittel auch der obige Ausdruck für die Energieflussdichte vereinfachen lässt.

---

[2] In der Literatur wird die dielektrische Verschiebung $\varepsilon\vec{E}$ oft mit $\vec{D}$ abgekürzt. Historisch wurde für $\vec{B}$ der Begriff der magnetischen Induktion (oder magnetische Flussdichte) verwendet und nur die mit $\vec{H}$ abgekürzte Größe $\vec{B}/\mu$ als Magnetfeld bezeichnet. Es werden diesen historischen Bezeichnungen keine weitere Bedeutung zugemessen und stets nur die Felder $\vec{E}$ und $\vec{B}$ bzw. explizit die Ausdrücke $\varepsilon\vec{E}$ und $\vec{B}/\mu$ verwendet.

2.1.2   Elektromagnetische Wellen

2.1.2.1   *Ausbreitungsverhalten*

Wiederum keine freien Ladungsträger vorausgesetzt, folgt aus den Maxwellgleichungen direkt je eine Wellengleichung

$$\Delta \vec{\mathbf{E}} - \mu_r \mu_0 \varepsilon_r \varepsilon_0 \ddot{\vec{\mathbf{E}}} = 0 \tag{2.7}$$

$$\Delta \vec{\mathbf{B}} - \mu_r \mu_0 \varepsilon_r \varepsilon_0 \ddot{\vec{\mathbf{B}}} = 0 \tag{2.8}$$

für die beiden Felder.

Diese Wellengleichungen haben unendliche viele Lösungen, wobei die ebenen Wellen

$$\vec{\mathbf{E}}(\vec{\mathbf{x}}, t) = \underset{\sim}{\vec{\mathbf{E}}} e^{-i\vec{\mathbf{k}}\vec{\mathbf{x}} + i\omega t} \tag{2.9}$$

und

$$\vec{\mathbf{B}}(\vec{\mathbf{x}}, t) = \underset{\sim}{\vec{\mathbf{B}}} e^{-i\vec{\mathbf{k}}\vec{\mathbf{x}} + i\omega t} \tag{2.10}$$

mit der Dispersionsrelation

$$\omega = \frac{\left| \vec{\mathbf{k}} \right|}{\sqrt{\mu_r \mu_0 \varepsilon_r \varepsilon_0}} \tag{2.11}$$

die einfachste Lösungsklasse bildet. Dabei ist $\omega = 2\pi\nu$ die Kreisfrequenz der elektromagnetischen Schwingung. Der Wellenzahlvektor $\vec{\mathbf{k}}$ zeigt in Richtung der Strahlausbreitung, und sein Betrag ist mit

$$\left| \vec{\mathbf{k}} \right| = \frac{2\pi}{\lambda} \tag{2.12}$$

durch die Wellenlänge λ bestimmt.

Die hier verwendete komplexe Schreibweise ist für die meisten Berechnungen sehr bequem und daher sehr verbreitet. Die physikalischen Felder sind allerdings alleine durch den Realteil der Ausdrücke (2.9) und (2.10) gegeben. Solange nur lineare Operationen durchzuführen sind, kann mit den komplexen Ausdrücken gerechnet und am Schluss der Realteil des Resultats betrachtet werden. Bei anderen Operationen, insbesondere bei Produkten aus Feldgrößen wie jene in (2.5) und (2.6), dürfen jedoch nur die Realteile verwendet werden. Um die Notation zu entlasten, wird hinfort die komplexe Schreibweise benutzt. Für die physikalischen Felder sind dabei implizit stets nur die Realteile gemeint.

Anhand dieser ebenen Wellen lassen sich bereits sehr wichtige Eigenschaften von Lichtstrahlen diskutieren. Man stellt fest, dass sich die Wellen als Ganzes mit der Geschwindigkeit

$$c = \frac{\omega}{\left| \vec{\mathbf{k}} \right|} \tag{2.13}$$

in der Richtung von $\vec{k}$ fortbewegen. Mit der Dispersionsrelation (2.11) findet man für diese Phasengeschwindigkeit den Wert

$$c = \frac{1}{\sqrt{\mu_r \mu_0 \varepsilon_r \varepsilon_0}} \; . \tag{2.14}$$

Mit der Definition des Brechungsindex

$$n = \sqrt{\mu_r \varepsilon_r} \tag{2.15}$$

kann die Phasengeschwindigkeit durch

$$c = \frac{c_0}{n} \tag{2.16}$$

ausgedrückt werden, wobei

$$c_0 = \frac{1}{\sqrt{\mu_0 \varepsilon_0}} = 2{,}99792458 \times 10^8 \, \frac{m}{s} \tag{2.17}$$

die Vakuumlichtgeschwindigkeit ist.

Die Kreisfrequenz $\omega = 2\pi\nu$ bestimmt die „Farbe" des Lichtes. Im sichtbaren Wellenlängenbereich von ca. 380 nm bis 750 nm liegt die Lichtfrequenz ν in der Größenordnung von 10^{14} Hz. Die Frequenz des Lichtes ist in Medien mit unterschiedlichen Brechungsindizes überall gleich. Hingegen ändern sich sowohl die Ausbreitungsgeschwindigkeit c als auch die Wellenlänge λ und der Betrag des Wellenzahlvektors $\vec{k}$. Denn aus (2.13) und (2.12) folgt mit (2.16)

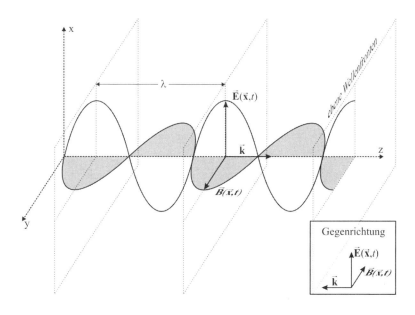

Bild 2.1 Ausbreitung der linear polarisierten ebenen Welle. Die gepunktet skizzierten Ebenen stellen die (unendlich ausgedehnten) ebenen Wellenfronten dar.

$$\left|\vec{\mathbf{k}}\right| = \frac{\omega}{c_0} n = \left|\vec{\mathbf{k}}_0\right| n \tag{2.18}$$

und

$$\lambda = \frac{2\pi}{\omega} \frac{c_0}{n} = \frac{\lambda_0}{n} . \tag{2.19}$$

Der Index 0 bezeichnet hier die Beträge der entsprechenden Größen im Vakuum.

Die Dispersionsrelation (2.11) stellt eine wichtige Beziehung zwischen Wellenlänge und Frequenz des Lichtes her. Aufgrund der Maxwell'schen Gleichungen sind aber auch die Felder $\vec{\mathbf{E}}$ und $\vec{\mathbf{B}}$ nicht unabhängig voneinander. Insbesondere können die Richtungen der Amplitudenvektoren $\vec{\underline{\mathbf{E}}}$ und $\vec{\underline{\mathbf{B}}}$ nicht völlig willkürlich gewählt werden. Damit für die betrachteten Wellen die Bedingungen (2.2) bzw. (2.1) erfüllt sind, müssen beide Feldvektoren senkrecht zu $\vec{\mathbf{k}}$ stehen. Bei den elektromagnetischen Wellen handelt es sich also um Transversalwellen. Mit (2.3) stellt man zudem fest, dass das elektrische und das magnetische Feld gemäß

$$\omega\vec{\underline{\mathbf{B}}} = \vec{\mathbf{k}} \times \vec{\underline{\mathbf{E}}} \tag{2.20}$$

ebenfalls senkrecht zueinander stehen.

2.1.2.2 Polarisation

Die Ausbreitung einer ebenen elektromagnetischen Welle ist als Momentaufnahme in Bild 2.1 skizziert. Wenn das elektrische Feld und das magnetische Feld wie hier dargestellt je in einer Ebene schwingen, spricht man von einer linear polarisierten Welle. Als Polarisationsrichtung bezeichnet man die Schwingungsrichtung des elektrischen Feldes. Für solch transversale Wellen gibt es zwei orthogonal unabhängige Polarisationen. Beispielsweise wie in Bild 2.1 in x-Richtung oder aber in y-Richtung.

Da die Wellengleichungen und die Maxwellgleichungen linear sind, ist jede Überlagerung

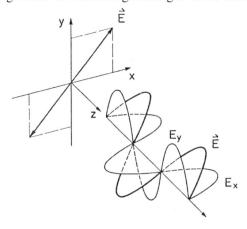

Bild 2.2 Bei linearer Polarisation kann der Feldstärkenvektor in zwei phasengleiche orthogonale Komponenten zerlegt werden.

solcher Wellen wieder eine Lösung der Wellengleichungen. Durch Addition zweier orthogonal zueinander polarisierter Wellen können deshalb je nach Phasenunterschied weitere Polarisationszustände erzeugt werden.

Die phasengleiche Addition zweier ebener, in x- und y-Richtung polarisierter Wellen mit gleicher Amplitude ergibt eine ebene Welle mit einer linearen, um 45° von der x- zur y-Achse gedrehten Polarisation. Umgekehrt ist jede beliebig im Raum liegende ebene Welle mit linearer Polarisation in zwei orthogonale Komponenten zerlegbar, siehe Bild 2.2.

Besteht zwischen den beiden orthogonal polarisierten Komponenten eine Phasenverschiebung φ,

$$\vec{E}(\vec{x},t) = \begin{pmatrix} E_0 \\ 0 \\ 0 \end{pmatrix} e^{-i\vec{k}\vec{x}+i\omega t} + \begin{pmatrix} 0 \\ E_0 \\ 0 \end{pmatrix} e^{-i\vec{k}\vec{x}+i\omega t+i\varphi} , \tag{2.21}$$

so bilden die Feldvektoren bei einer Momentaufnahme im Allgemeinen eine elliptische Spirale, wie dies in Bild 2.3 dargestellt ist. Betrachtet man das zeitliche Verhalten derselben Welle an einem festen Ort, so rotiert die Spitze des Feldvektors entlang einer Ellipse, die senkrecht zur Ausbreitungsrichtung steht. Man spricht hier von einer elliptisch polarisierten Welle.

Der Spezialfall der zirkular polarisierten Welle entsteht dann, wenn die Phasenverschiebung gerade ein Viertel einer Wellenlänge beträgt, d.h. $\varphi = \pi/2$. Dieser für die Materialbearbeitung besonders wichtige Polarisationszustand lässt sich aus einer linear polarisierten Welle durch Verwendung eines so genannten $\lambda/4$ Verzögerungsplättchens erzeugen. Es besteht aus einem doppelbrechenden Kristall (z. B. $CaCO_3$, Quarz, ZnO, $CaSe$, $BaTiO_3$), der parallel und senkrecht zu seiner optischen Achse unterschiedliche Brechungsindizes n_x und n_y aufweist. Wird die optische Achse des Kristalls um 45° zur Polarisationsrichtung der einfallenden Welle ausgerichtet, erfahren die beiden in x- und y-Richtung polarisierten Komponenten der Welle eine unterschiedliche Phasenverzögerung, welche bei geeigneter Dicke des Kristalls genau $\lambda/4$ beträgt, wie dies in Bild 2.4 dargestellt ist. Die so erzeugte Welle ist dann exakt zirkular polarisiert.

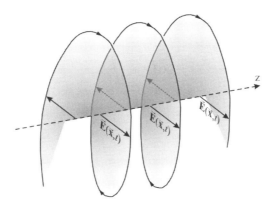

Bild 2.3 Eine elliptisch polarisierte Welle.

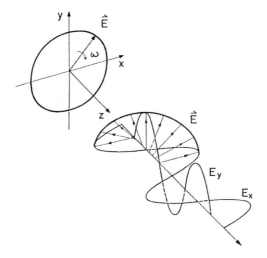

Bild 2.4 Zirkulare Polarisation als Summe zweier um $\lambda/4$ phasenverschobener Komponenten.

2.1.3   Die Intensität elektromagnetischer Wellen

Bei Abwesenheit von freien Ladungsträgern (womit auch keine Dispersion auftritt) ist der lokale Energiedichtefluss in Betrag und Richtung durch den Poynting-Vektor (2.6) als Vektorprodukt aus $\vec{E}$ und $\vec{B}$ gegeben. Da bei einer elektromagnetischen Welle die beiden Felder durch (2.20) verknüpft sind, ist es nützlich, den Energiedichtefluss allein mit dem üblicherweise betrachteten elektrischen Feld $\vec{E}$ auszudrücken. Zudem interessiert bei Laseranwendungen in der Materialbearbeitung nur die über eine Schwingungsperiode $T = 2\pi/\omega$ gemittelte Intensität I (mittlere Leistung pro Querschnittsfläche). Für diese findet man aus (2.6) den Ausdruck

$$I(\vec{x},t) = \frac{1}{2\mu_r} n\varepsilon_0 c_0 E_0^2 \,, \tag{2.22}$$

wobei E_0 die reelle Feldamplitude der Schwingung ist.

Um weiterhin die komplexe Schreibweise anzuwenden, kann die Intensität aber auch in der Form

$$I(\vec{x},t) = \frac{1}{2\mu_r} n\varepsilon_0 c_0 \vec{E}(\vec{x},t)\vec{E}^*(\vec{x},t) \tag{2.23}$$

geschrieben werden, was in der Regel wesentlich praktischer ist, da nicht erst die Realteile bestimmt werden müssen.

Die Intensität I ist ein Maß für die *zeitlich gemittelte* Energie, die pro Zeiteinheit und pro Querschnittsfläche im Strahl fließt. Da sich die Energie im Strahl mit Lichtgeschwindigkeit (in dispersiven Medien genau genommen mit der Gruppenlichtgeschwindigkeit $c_g = c_0/n_g$)

[2], [4] fortpflanzt, muss ein einfacher Zusammenhang zwischen der Energiedichte u (2.5) und der Intensität I bestehen.

Für die über eine Wellenlänge gemittelte Energiedichte findet man unter Vernachlässigung der Dispersion in der Tat

$$\bar{u} = \frac{1}{2\mu_r} n^2 \varepsilon_0 E_0^2 \, , \tag{2.24}$$

was bedeutet, dass sich die Intensität I (2.23) aus der sich mit Lichtgeschwindigkeit c fortbewegenden mittleren Energiedichte (2.24) gemäß

$$I = \bar{u}c = \bar{u}\frac{c_0}{n} \tag{2.25}$$

berechnet.

2.1.4   Die Kohärenz

Die ebenen Wellen bilden ein unendliches Kontinuum von möglichen Lösungen der Wellengleichung, denn die Werte von $\vec{k}$ können im dreidimensionalen Raum der reellen Zahlen $\mathbb{R}^3$ beliebig gewählt werden.

Ein zentraler Aspekt von Laserstrahlen besteht darin, dass diese nur aus wenigen Wellen oder sogar nur aus einer einzigen bestehen. Im Gegensatz dazu emittieren konventionelle Strahlquellen wie Leuchtstoffröhren, Glühbirnen oder Kerzen in ein unendliches Kontinuum von unabhängigen elektromagnetischen Wellenzügen.

In der Fachsprache werden die unterschiedlichen Wellenformen als Schwingungsmoden bezeichnet. Die Einschränkung der Modenzahl beim Laser ist gleichbedeutend mit einer Erhöhung der Kohärenz. Zwei Wellenfelder, bzw. zwei Anteile eines Wellenfeldes, heißen kohärent, wenn sie einen definierten Phasen- oder Gangunterschied aufweisen. Ändern sich hingegen die Phasen der Felder relativ zueinander in zufälliger Weise, so sind die Felder inkohärent.

Kohärente Felder zeichnen sich durch eine sichtbare Interferenzbildung aus. Aufgrund der unterschiedlichen Messverfahren hat sich die Unterscheidung in *zeitliche* Kohärenz – mit einer definierten Phasenbeziehung zwischen zwei Punkten in Ausbreitungsrichtung – und *örtliche* Kohärenz – mit einer definierten Phasenbeziehung zwischen zwei Punkten quer zur Ausbreitungsrichtung – eingebürgert. Die örtliche Kohärenz kann mittels Betrachtung der Interferenz beispielsweise an einem Doppelspalt gemessen werden. Die Interferenzerscheinungen zwischen Teilstrahlen mit unterschiedlichen Verzögerungen z. B. in einem Mach-Zehnder-Interferometer dienen hingegen der Charakterisierung der zeitlichen Kohärenz eines elektromagnetischen Strahles.

Gemäß Fourier-Transformation [5] kann jede beliebige, auch nicht ebene Schwingungsmode als Linearkombination von ebenen Wellen dargestellt werden (was aber nicht mit einer Überlagerung von inkohärenten Wellen verwechselt werden darf). Notiert man das Feld einer Mode als Linearkombination von ebenen Wellen, so werden die Felder (2.9) und (2.10) mit festen Phasenbeziehungen mathematisch addiert, das Feld ist also im physikalischen Sinne vollständig kohärent. Es handelt sich hier lediglich um eine mathematische Schreibweise, nicht um eine Überlagerung von physikalisch unabhängigen Moden.

Besteht ein Feld jedoch aus mehreren physikalisch unabhängigen Moden, nimmt die Kohärenz mit zunehmender Modenzahl ab. Das inkohärente Feld kann nicht durch eine Linearkombination von Wellen (Addition der Feldamplituden) beschrieben werden. Mathematisch wird die Intensität eines inkohärenten Strahles als Summe der Intensitäten der einzelnen (zueinander inkohärenten) Moden beschrieben.

Eine einzelne elektromagnetische Mode in der mathematischen Form wie sie mit (2.9) und (2.10) notiert wurde, weist eine unendlich lange Kohärenzzeit auf, weil die Felder mit $e^{i\omega t}$ über alle Zeiten ungestört harmonisch schwingen. In der Realität unterliegen aber die Felder aller realen Strahlquellen stochastischen Störungen der Phase (hervorgerufen durch thermische Fluktuationen, Vibrationen optischer Komponenten, Zufälligkeit der Spontanemission etc.), wodurch die Kohärenzzeit deutlich reduziert wird. Selbst bei einem Laser beträgt diese in der Regel nur kleine Sekundenbruchteile.

Wichtigstes Merkmal kohärenter Strahlen ist die so genannte Interferenz. Inkohärente Strahlen zeigen keine Interferenz. Interferenzmuster können nur über kohärente Anteile eines Feldes erzeugt werden. Die Tatsache, dass nur mit kohärentem Licht Interferenzmuster gebildet werden können, heißt jedoch nicht, dass weißes Licht, z. B. einer einzelnen Glühbirne oder von der Sonne, überhaupt keine Interferenz zeigt. Die Kohärenz ist hier lediglich sehr stark eingeschränkt und Interferenz nur über sehr kurze Weg- und Zeitunterschiede möglich. Ohne gegenseitige Phasenkopplung sind aber zwei unabhängige Quellen (zwei Taschenlampen, zwei Laserstrahlquellen etc.) immer vollständig inkohärent. Für eine weiterführende Diskussion der Kohärenz und der verschiedenen Ansätze zur Quantifizierung der Kohärenzgrade über Korrelationsfunktionen wird auf die entsprechende Fachliteratur verwiesen [1], [6], [7].

2.1.5   Paraxiale Wellen

Obwohl die ebenen Wellen die Maxwellgleichungen und die Wellengleichung erfüllen, sind sie streng genommen physikalisch nicht zulässig. Wegen ihrer unendlichen transversalen Ausdehnung würde eine solche ebene Welle eine unendlich hohe Energie enthalten. In vielen Fällen ist es aber nützlich, sich einen gegebenen Lichtstrahl wenigstens lokal als durch eine ebene Welle genähert vorzustellen. Dies trifft auch auf die im Folgenden behandelten Hermite-Gauß- und Laguerre-Gauß-Strahlen zu.

2.1.5.1   *Feld- und Intensitätsverteilungen der Hermite-Gauß- und Laguerre-Gauß-Moden*

In der Praxis interessiert man sich meist für räumlich begrenzte Wellen. Gerade der Laser zeichnet sich ja durch seinen stark gebündelten Strahl mit begrenzter transversaler Ausdehnung und kleiner Divergenz aus.

Strahlen mit geringer transversaler Divergenz nennt man paraxial. Um solche Strahlen zu finden, macht man zur Lösung der Wellengleichung (2.7) zunächst einen Ansatz der Form

$$E(x, y, z, t) = \underset{\sim}{E}(x, y, z)e^{-ikz+i\omega t} \tag{2.26}$$

und verlangt, dass sich die Amplitudenverteilung $\underset{\sim}{E}(x,y,z)$ im Vergleich zum Phasenterm e^{-ikz} nur langsam verändert. Die Amplitudenverteilung soll sich zudem um die Strahlachse z konzentrieren und in transversaler Richtung (x,y) rasch abfallen, denn solche Strahlen sind es schließlich, die in Lasern erzeugt und in praktischen Anwendungen eingesetzt werden.

Setzt man diesen Ansatz in die Wellengleichung (2.7) ein und berücksichtigt die genannten Forderungen durch entsprechende Näherungen, so erhält man die so genannte paraxiale Wellengleichung

$$\frac{\partial^2 \underset{\sim}{E}}{\partial x^2} + \frac{\partial^2 \underset{\sim}{E}}{\partial y^2} - 2ik\frac{\partial \underset{\sim}{E}}{\partial z} = 0 \tag{2.27}$$

für die Amplitudenverteilung der paraxialen Strahlen.

Als einen unter vielen vollständigen Lösungssätzen für diese Gleichung findet man mit dem oben gemachten Ansatz die so genannten Hermite-Gauß-Moden

$$
\begin{aligned}
E_{mn}(x,y,z,t) = \ & \sqrt{\frac{w_{x,0}}{w_x(z)}} H_m\left(\frac{x\sqrt{2}}{w_x(z)}\right) e^{-\frac{x^2}{w_x^2(z)}} e^{-i\frac{k}{2}\frac{x^2}{R_x(z)}} \times \\
& \times \sqrt{\frac{w_{y,0}}{w_y(z)}} H_n\left(\frac{y\sqrt{2}}{w_y(z)}\right) e^{-\frac{y^2}{w_y^2(z)}} e^{-i\frac{k}{2}\frac{y^2}{R_y(z)}} \times \\
& \times E_0 \sqrt{\frac{1}{2^{m+n} m! n! \pi}} e^{-i(kz-\omega t)} \times \\
& \times e^{i(m+1/2)\arctan(z/z_{R,x})} e^{i(n+1/2)\arctan(z/z_{R,y})},
\end{aligned}
\tag{2.28}
$$

wobei hier m und n ganze Zahlen sind, welche die transversale Ordnung der Mode festlegen.

Die lokalen Strahlradien (in x- in y-Richtung) werden durch die Funktionen

$$w_x^2(z) = w_{x,0}^2\left(1 + \frac{z^2}{z_{R,x}^2}\right) \text{ und } w_y^2(z) = w_{y,0}^2\left(1 + \frac{z^2}{z_{R,y}^2}\right) \tag{2.29}$$

bestimmt, wobei die so genannte Rayleigh-Länge durch

$$z_{R,x} = \frac{\pi w_{x,0}^2}{\lambda} \text{ bzw. } z_{R,y} = \frac{\pi w_{y,0}^2}{\lambda} \tag{2.30}$$

gegeben ist und $w_{x,0}$ und $w_{y,0}$ die Werte von $w_x(z)$ und $w_y(z)$ in der Strahltaille bestimmen.

Die Funktionen $H_{m,n}$ stehen für die Hermite-Polynome. Diese sind in den meisten Formelsammlungen tabelliert. Die ersten vier Polynome lauten

$$H_0(x) = 1\ ,\ H_1(x) = 2x\ ,\ H_2(x) = -2 + 4x^2\ ,\ H_3(x) = -12x + 8x^3\ . \tag{2.31}$$

Daraus wird ersichtlich, dass die tiefste Hermite-Gauß-Mode mit $m = n = 0$ eine rein Gauß-förmige Amplitudenverteilung

$$\left|E_{00}(x,y,z,t)\right| = \sqrt{\frac{w_{x,0}}{w_x(z)}}e^{-\frac{x^2}{w_x^2(z)}} \times \sqrt{\frac{w_{y,0}}{w_y(z)}}e^{-\frac{y^2}{w_y^2(z)}} \tag{2.32}$$

aufweist. In diesem Fall (und nur in diesem) bezeichnen die transversalen Ausdehnungen $w(z)$ die Stellen, an denen die Feldamplitude um den Faktor $1/e$ kleiner ist als die Amplitude auf der Strahlachse. Für die Intensität bedeutet dies mit (2.22), dass diese an der Stelle $w(z)$ noch $1/e^2$ der Intensität auf der Strahlachse beträgt.

Die Amplitudenverteilungen der Hermite-Gauß-Moden sind für die tiefsten transversalen Ordnungen in Bild 2.5 dargestellt. Man nennt die so definierten Moden auch transversale elektromagnetische Moden TEM_{mn}. Der Name verdeutlicht, dass es sich bei den elektromagnetischen Wellen um transversale Wellen handelt. Wie anhand der ebenen Wellen bereits diskutiert, stehen sowohl der elektrische als auch der magnetische Feldvektor senkrecht zur lokalen Ausbreitungsrichtung der Welle. Diese Beziehungen gelten auch für TEM-Strahlen.

Die hier behandelten Hermite-Gauß-Moden sind die Lösungen der paraxialen Wellengleichung in kartesischen Koordinaten. Schreibt man die paraxiale Wellengleichung in Zylinderkoordinaten um, so folgen analog die so genannten Laguerre-Gauß-Moden

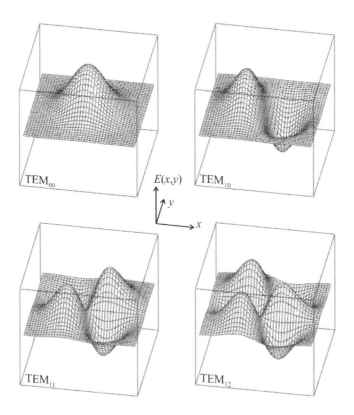

Bild 2.5 Feldverteilung einiger TEM_{mn}-Moden (alle Graphiken sind gleich skaliert).

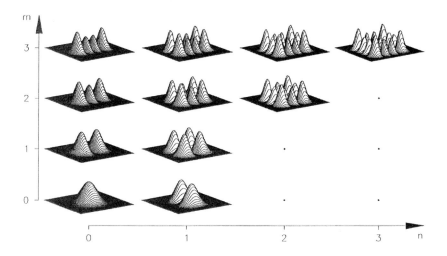

Bild 2.6 Intensitätsverteilungen der Hermite-Gauß-Moden.

$$E_{pl}(r,\theta,z,t) = \sqrt{\frac{2p!}{(1+\delta_{0l})\pi(l+p)!}}\frac{w_0}{w(z)}\left(\frac{\sqrt{2}r}{w(z)}\right)^l L_p^l\left(\frac{2r^2}{w^2(z)}\right)\times$$

$$\times E_0 e^{-i\frac{k}{2}\frac{r^2}{q(z)}+il\theta}e^{-i(kz-\omega t)}e^{i(2p+l+1)\arctan(z/z_R)}$$

(2.33)

als vollständiger Lösungssatz [8].

Die Gleichungen (2.28) und (2.33) beschreiben die Feldamplitude der Hermite-Gauß- und der Laguerre-Gauß-Moden. Die für die Materialbearbeitung relevanten Intensitätsverteilungen erhält man durch Anwendung von (2.22) bzw. (2.23) und sind in Bild 2.6 und Bild 2.7 darge-stellt.

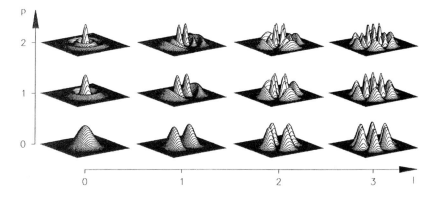

Bild 2.7 Intensitätsverteilungen der Laguerre-Gauß-Moden.

2.1.5.2   Ausbreitung der TEM-Strahlen

Bei der Lösung der paraxialen Wellengleichung zur Herleitung der Hermite-Gauß-Moden wurde der Ansatz so gewählt, dass die transversalen Ausdehnungen des Strahles in x- und y-Richtung unabhängig voneinander betrachtet werden können. Der Verlauf der transversalen Ausdehnung des Strahles ist durch die in Bild 2.8 dargestellten Funktionen (2.29) bestimmt.

Die weitere Diskussion sei auf den einfachen Fall beschränkt, wo die Strahleigenschaften in den beiden transversalen Richtungen gleich sind. Es soll also (wie bei den Laguerre-Gauß-Moden) $w_{x,0} = w_{y,0} = w_0$ und $z_{R,x} = z_{R,y} = z_R$ und damit $w_x(z) = w_y(z) = w(z)$ gelten.

In der hier gewählten Schreibweise breitet sich der Strahl von links ($z = -\infty$) nach rechts ($z = +\infty$) aus und hat an der Stelle $z = 0$ die kleinste transversale Ausdehnung, die so genannte Strahltaille. Die Strahlausdehnung nimmt mit zunehmendem Abstand z (und $-z$) von der Strahltaille zu. Die Rayleigh-Länge z_R bezeichnet den Abstand von der Strahltaille, an der die Querschnittsfläche des Strahles doppelt so groß ist, wie in der Strahltaille.

Die Funktion $w(z)$ in (2.29) beschreibt eine Hyperbel, deren Asymptoten unter einem Winkel

$$\vartheta = \arctan\left(\frac{w_0}{z_R}\right) \tag{2.34}$$

zur Strahlachse geneigt sind. Dieser Zusammenhang lässt sich mit den in Bild 2.8 oben im Bereich der Strahltaille eingezeichneten Hilfslinien sehr einfach geometrisch ablesen.

Wegen der Modulation der Gauß-förmigen Amplitudenverteilung (2.32) durch die zusätzlichen Hermite-Polynome in (2.28) entspricht der Winkel ϑ bei Moden höherer transversaler Ordnung nicht der eigentlichen Divergenz des Strahles. Ebenso entspricht $2w$ nicht dem Durchmesser eines TEM$_{mn}$-Strahles. Auf die Definition von Divergenz und Strahldurchmesser wird später in Abschnitt 2.1.6 eingegangen.

Die Wellenfronten der in (2.28) definierten TEM$_{mn}$-Strahlen weisen eine elliptische Form auf,

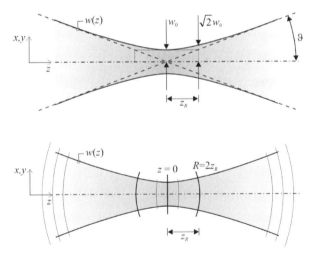

Bild 2.8 Ausbreitungseigenschaften der TEM-Strahlen.

deren Hauptkrümmungsradien in x- und y-Richtung durch die Funktionen

$$R_x(z) = z_{R,x}\left(\frac{z}{z_{R,x}} + \frac{z_{R,x}}{z}\right) \text{ und } R_y(z) = z_{R,y}\left(\frac{z}{z_{R,y}} + \frac{z_{R,y}}{z}\right) \tag{2.35}$$

gegeben sind. Wie in Bild 2.8 unten dargestellt, weist diese an der Stelle $z = z_R$ die stärkste Krümmung auf. Wieder im einfachen Fall mit $R_x(z) = R_y(z)$ bildet die Wellenfront für z gegen ∞ konzentrische Sphären mit Zentrum im Ursprung $z = 0$. Am Ort der Strahltaille ist die Wellenfront eben ($R = \infty$).

Die beiden für die Strahlausbreitung wichtigen Größen $w(z)$ und $R(z)$ können mit

$$\frac{1}{q(z)} = \frac{1}{R(z)} - i\frac{2}{k \cdot w^2(z)} \tag{2.36}$$

durch den so genannten komplexen Strahlparameter $q(z)$ zusammengefasst werden. Die große praktische Bedeutung dieses Parameters wird sich bei der Berechnung der Strahlausbreitung durch einfache optische Systeme zeigen. Durch Verwendung der obgenannten Beziehungen (2.29), (2.30) und (2.35) folgt aus (2.36) auch der einprägsame Ausdruck

$$q(z) = z + iz_R . \tag{2.37}$$

Durch Angabe der Wellenlänge λ und des komplexen Strahlparameters q an einer gegebenen Stelle z eines TEM$_{mn}$-Strahles sind dessen Eigenschaften vollständig bestimmt. Denn aus dem Realteil

$$\text{Re}\left(\frac{1}{q}\right) = \frac{1}{R} \tag{2.38}$$

folgt gemäß (2.36) der örtliche Krümmungsradius R der Phasenfront und aus dem Imaginärteil

$$\text{Im}\left(\frac{1}{q}\right) = -\frac{2}{k \cdot w^2} = -\frac{\lambda}{\pi \cdot w^2} \tag{2.39}$$

erhält man die örtliche Ausdehnung w. Andererseits kennzeichnet der Realteil

$$\text{Re}(q) = z \tag{2.40}$$

die Distanz zur Strahltaille (für den Fall, dass sich der Strahl im freien Raum ausbreitet). Aus dem Imaginärteil

$$\text{Im}(q) = z_R \tag{2.41}$$

erhält man die Rayleigh-Länge z_R und daraus gemäß (2.29) die transversale Ausdehnung der Strahltaille

$$w_0 = \sqrt{\frac{z_R}{\pi}\lambda} . \tag{2.42}$$

Es sei zum Schluss erwähnt, dass die hier behandelten Hermite-Gauß- oder Laguerre-Gauß-Moden nur zwei Klassen aus vielen unterschiedlichen Lösungssätzen der Wellengleichung darstellen. Sie zeichnen sich dadurch aus, dass die Form der Intensitätsverteilung entlang des Strahles (im freien Raum oder durch sphärische optische Systeme), abgesehen von der durch die Strahldivergenz verursachten transversalen Streckung, erhalten bleibt. Neben diesen Moden gibt es andere wichtige Strahlen, wie z. B. die Super-Gauß-Moden, welche z. B. in der Strahltaille ein annähernd rechteckiges Intensitätsprofil aufweisen [9]. Die Erzeugung solcher Strahlen erfordert allerdings spezielle Strahlformungsoptiken. Lasergeräte mit sphärischen Resonatorspiegeln erzeugen Strahlen, die in sehr guter Näherung durch inkohärente Überlagerungen von Hermite-Gauß- oder Laguerre-Gauß-Moden beschrieben werden können.

2.1.6   Durchmesser und Divergenz von Laserstrahlen

Bei einem reinen Gaußstrahl (TEM$_{00}$) wurde bereits festgestellt, dass der Radius, bei dem die Intensität den Wert $1/e^2$ des Maximums auf der Strahlachse beträgt, durch $w(z)$ gegeben ist. Der so definierte Strahldurchmesser eines TEM$_{00}$-Strahles beträgt also

$$d_{00}(z) = 2w(z) .\tag{2.43}$$

Wie man aber anhand der Hermite-Gauß- oder Laguerre-Gauß-Moden erkennen kann, lassen sich nicht alle Laserstrahlen so einfach charakterisieren. Für eine wirklich eindeutige und generell anwendbare Definition bietet sich hingegen die Verwendung der Varianz bzw. der zweiten Momente der Intensitätsverteilung an.

Das j-te Moment in x-Richtung einer gegebenen Intensitätsverteilung $I(x,y)$ ist durch

$$\left\langle x^j \right\rangle = \frac{\iint x^j I(x,y)dxdy}{\iint I(x,y)dxdy}\tag{2.44}$$

definiert (analog für die y-Richtung). Das erste Moment gibt an, wo sich der Schwerpunkt der Intensitätsverteilung befindet. Das zweite Moment minus das erste Moment ist daher ein Maß für die Breite der Verteilung.

Setzt man probeweise die Intensitätsverteilung des Gauß-Strahles (TEM$_{00}$) in (2.44) für das zweite Moment ein, so erhält man

$$\left\langle x^2 \right\rangle_{00} = \frac{\iint x^2 e^{-2\frac{x^2}{w_x^2}-2\frac{y^2}{w_y^2}} dxdy}{\iint e^{-2\frac{x^2}{w_x^2}-2\frac{y^2}{w_y^2}} dxdy} = \frac{\int x^2 e^{-2\frac{x^2}{w_x^2}} dx}{\int e^{-2\frac{x^2}{w_x^2}} dx} = \frac{\frac{2}{2^2}\sqrt{\pi \left(\frac{2}{w_x^2}\right)^{-3}}}{\sqrt{\frac{\pi w_x^2}{2}}} = \frac{1}{4}w_x^2\tag{2.45}$$

(analog für y). Damit für den Gauß-Strahl der Durchmesser d mit der ursprünglichen Festlegung auf $2w$ übereinstimmt, definiert man diesen mit Hilfe der Momente durch

$$d \stackrel{\triangle}{=} 4\sqrt{\left\langle x^2 \right\rangle - \left\langle x^1 \right\rangle^2} ,\tag{2.46}$$

wobei das erste Moment berücksichtigt, dass sich der Intensitätsschwerpunkt nicht zwingend auf der Strahlachse befinden muss.

Setzt man in diese Definition die Intensitätsverteilungen der Hermite-Gauß-Moden ein, so erhält man

$$
\begin{aligned}
d_{x,mn}(z) &= 2w_x(z)\sqrt{2m+1} = d_{x,00}(z)\sqrt{2m+1} \quad \text{bzw.} \\
d_{y,mn}(z) &= 2w_y(z)\sqrt{2n+1} = d_{y,00}(z)\sqrt{2n+1} \; .
\end{aligned}
\tag{2.47}
$$

Der Durchmesser eines TEM_{mn}-Strahles ist also an jeder Stelle einfach um den Faktor $\sqrt{2m+1}$ (in x-Richtung) beziehungsweise $\sqrt{2n+1}$ (in y-Richtung) größer als der Durchmesser des zugrunde liegenden TEM_{00}-Gauß-Strahles. Mit (2.29) kann der Verlauf eines TEM_{mn}-Strahles also generell durch

$$
d_{x,mn}^2(z) = d_{x,f,00}^2\left(1 + \frac{z^2}{z_{R,x}^2}\right)(2m+1) = d_{x,f,mn}^2\left(1 + \frac{z^2}{z_{R,x}^2}\right)
\tag{2.48}
$$

(analog für y mit n) beschrieben werden, wo $d_{x,f,00} = 2w_{x,0}$ der Strahltaillendurchmesser des zugrunde liegenden Gauß-Strahles ist. Entsprechend

$$
d_{x,f,mn} = d_{x,f,00}\sqrt{2m+1}
\tag{2.49}
$$

ist der Taillendurchmesser des TEM_{mn}-Strahles also stets größer.

Daraus lässt sich nun auch die Divergenz der TEM_{mn}-Strahlen ablesen. Wie mit (2.34) bereits für den TEM_{00}- bzw. Gauß-Strahl gezeigt, folgt die Divergenz aus der Neigung der Asymptoten der durch (2.48) beschriebenen Hyperbel. Für den Vollwinkel der Divergenz der TEM_{mn}-Strahlen erhält man auf diese Weise den Wert

$$
\Theta_{x,mn} = \arctan\left(\frac{d_{x,f,00}}{z_{R,x}}\sqrt{2m+1}\right) = \arctan\left(\frac{d_{x,f,mn}}{z_{R,x}}\right)
\tag{2.50}
$$

(analog für y mit n). Bei paraxialen Strahlen kann der Arcustangens durch sein Argument ersetzt werden und man schreibt für den Vollwinkel der Divergenz eines TEM_{mn}-Strahles

$$
\Theta_{x,mn} = \frac{d_{x,f,mn}}{z_{R,x}} = \Theta_{x,00}\sqrt{2m+1}
\tag{2.51}
$$

(analog für y mit n). Auch die Strahldivergenz nimmt also mit steigender transversaler Ordnung der TEM_{mn}-Moden zu. Der zugrunde liegende Gauß-Strahl (TEM_{00}) hat sowohl den kleinsten Durchmesser – und damit die kleinste Strahltaille – als auch die geringste Divergenz.

In der Praxis setzt sich ein realer Laserstrahl aus einer meist inkohärenten Überlagerung unterschiedlicher Moden (auch andere als TEM_{mn}) zusammen. Die dadurch resultierenden Strahldurchmesser und Divergenzen sind dann wie in der ISO Norm 11146 beschrieben experimentell zu bestimmen. Diese ISO Norm besagt, dass zur Ermittlung des Strahlverlaufs der Strahldurchmesser an mindestens zehn Stellen gemessen werden muss, wobei die Hälfte der Messungen innerhalb der Rayleighlänge um die Strahltaille herum erfolgen soll. Die zweite Hälfte ist in größerer Entfernung als der doppelten Rayleighlänge von der Strahltaille zu ermitteln. Die Bestimmung der Strahldurchmesser erfolgt dabei nach der Methode der zweiten Momente. An den so gefundenen Strahlverlauf wird gemäß (2.48) und (2.51) die Hyperbel

$$d^2(z) = d_f^2 + \Theta^2 z^2 \tag{2.52}$$

gefittet und daraus sowohl die Divergenz Θ als auch der Taillendurchmesser d_f bestimmt.

2.1.7 Die Beugungsmaßzahl

Bei vielen Laseranwendungen ist es wichtig, den Laserstrahl auf einen möglichst kleinen Fleck fokussieren zu können, d.h. der Durchmesser d_f der Strahltaille im Fokus sollte möglichst klein sein. Andererseits ist man auch an einem langen fokalen Bereich z_R interessiert, d.h. die Divergenz Θ des Strahles sollte ebenfalls möglichst klein sein.[3] Es liegt deshalb nahe, den Strahl nach DIN/ISO mit dem so genannten Strahlparameterprodukt (*SPP*)

$$\frac{d_f \Theta}{4} \triangleq SPP \quad = \omega_0 \; \vartheta \tag{2.53}$$

zu charakterisieren (je kleiner dieser Wert, desto besser ist der Strahl fokussierbar). Wegen der Beugung kann dieser Wert aber nicht beliebig klein werden. Von allen TEM$_{mn}$-Moden hat der TEM$_{00}$- bzw. Gauß-Strahl überall die kleinste transversale Ausdehnung und daher auch die kleinste Divergenz. Mit (2.51), (2.43) und (2.42) erhält man in paraxialer Näherung für diesen *beugungsbegrenzten* Strahl ein Strahlparameterprodukt von λ/π.

Um das Strahlparameterprodukt eines beliebigen Strahles auf den beugungsbegrenzten TEM$_{00}$-Strahl zu normieren, definiert man die so genannte Beugungsmaßzahl

$$M^2 = \frac{\pi}{4} \frac{d_f \Theta}{\lambda}. \tag{2.54}$$

Für die fundamentale TEM$_{00}$-Mode ergibt sich damit den Wert $M^2 = 1$. Mit (2.51) und (2.49) erhält man für eine einzelne TEM$_{mn}$-Mode die Werte

$$M_{x,mn}^2 = 2m+1 \text{ und } M_{y,mn}^2 = 2n+1. \tag{2.55}$$

Für einen beliebigen Laserstrahl muss in der Praxis die Beugungsmaßzahl wieder nach der durch die ISO Norm 11146 definierten Vorschrift bestimmt werden.

Wie bereits mehrmals erwähnt, ist die Feldverteilung einer TEM$_{mn}$-Mode an jeder beliebigen Stelle gegeben durch die Feldverteilung der zugrunde liegenden TEM$_{00}$- bzw. Gauß-Mode multipliziert mit Hermite-Polynomen. Ein Strahl, der aus einer koaxiale Überlagerung solcher Moden besteht, wird seine Modenzusammensetzung nicht verändern, wenn er durch sphärische optische Systeme (ohne Blenden) propagiert. Das bedeutet einerseits, dass man rechnerisch nur die zugrunde liegende TEM$_{00}$-Mode durch das optische System propagieren muss, die anderen Moden ergeben sich dann durch die Multiplikation mit den Hermite-Polynomen. Andererseits bedeutet dies aber auch, dass die Beugungsmaßzahl M^2 entlang des Strahles überall den selben Wert hat. M^2 ist also eine *Propagationskonstante* und ist deshalb eine ge-

---

[3] Weist ein Laserstrahl diese Eigenschaften auf, so hat sich als Charakterisierung dafür die umgangssprachliche aber physikalisch nicht ganz korrekte Bezeichnung „hohe Strahlqualität" eingebürgert.

eignete Größe, um einen Strahl zu charakterisieren.[4] In Analogie zu (2.48) kann die Ausbreitung eines beliebig zusammengesetzten Strahls durch

$$d^2(z) = d_{f,00}^2 \left(1 + \frac{z^2}{z_R^2}\right) M^2 = d_f^2 \left(1 + \frac{z^2}{z_R^2}\right) \tag{2.56}$$

mit der Strahltaille

$$d_f = d_{f,00} \sqrt{M^2} \tag{2.57}$$

und der Divergenz

$$\Theta = \Theta_{00} \sqrt{M^2} = \frac{d_{f,00}}{z_R} \sqrt{M^2} = \frac{d_f}{z_R} \tag{2.58}$$

beschrieben werden (gegebenenfalls wie oben für die x-Richtung und die y-Richtung separat). Daraus kann direkt auch wieder (2.52) gewonnen werden.

Der generell gültige Zusammenhang (2.58) zwischen Taillendurchmesser und Rayleigh-Länge eines TEM-Strahles

$$z_R = \frac{d_{f,00}}{\Theta_{00}} = \frac{d_f}{\Theta} = \frac{\pi}{4\lambda M^2} d_f^2 \tag{2.59}$$

ist in Bild 2.9 graphisch wiedergegeben. Das Bild vermittelt einen Eindruck von der Größenordnung dieser wichtigen Parameter und zeigt anschaulich, dass Strahlen mit vergleichbarem Durchmesser umso schlanker sind, je näher ihre Beugungsmaßzahl dem Wert 1 kommt. Gleichzeitig wird deutlich, dass bei vergleichbaren Werten von d_f und M^2 eine kürzere Wellenlänge die „Schlankheit" des Strahls ebenfalls vergrößert.

In der Praxis können die obigen Beziehungen zur Berechnung der Strahlpropagation wie folgt genutzt werden. Zunächst ermittelt man den Wert für M^2 eines gegebenen Strahles gemäß (2.54) aus seinem Taillendurchmesser d_f und seiner Divergenz Θ. Strahltaille $d_{f,00}$ und Divergenz Θ_{00} des zugrunde liegenden Gauß-Strahles erhält man nach obiger Theorie mit

$$d_{f,00} = \frac{d_f}{\sqrt{M^2}} \quad \text{und} \quad \Theta_{00} = \frac{\Theta}{\sqrt{M^2}}. \tag{2.60}$$

Damit ist nach (2.36) bzw. (2.37) auch der komplexe Strahlparameter $q(z)$ des Strahles definiert. Nun wird der so festgelegte Gauß-Strahl durch ein gegebenes optisches System propagiert. Um daraus den Verlauf des ursprünglichen Strahles zu erhalten, multipliziert man den Durchmesser $d_{00}(z)$ und die Divergenz Θ_{00} einfach wieder mit der Wurzel aus der Beugungsmaßzahl.

---

[4] Es sei bei dieser plausiblen Erklärung bewendet. Mit dem Collins-Integral kann mathematisch stichhaltig bewiesen werden, dass sich die zweiten Momente jeder beliebigen Feldverteilung bei der Ausbreitung nicht verändern [8].

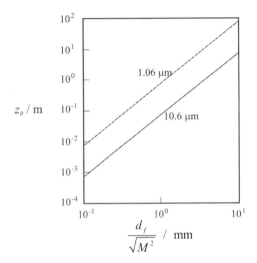

Bild 2.9 Abhängigkeit der Rayleighlänge von Taillenradius, Beugungsmaßzahl und Wellenlänge.

Wie einfach die Propagation eines Gauß-Strahles mit Hilfe des komplexen Strahlparameter $q(z)$ berechnet werden kann, wird im folgenden Abschnitt mit der Einführung der Strahlmatrizen gezeigt.

2.1.8   Berechnung der Strahlausbreitung mit Hilfe der Strahlmatrizen

Obwohl zur vollständigen Beschreibung der Amplituden- und der Phasenverteilung von Laserstrahlen letztlich die Wellennatur des Lichtes berücksichtig werden muss, können die für die Materialbearbeitung relevanten geometrischen Strahleigenschaften mit den sehr einfachen Methoden der geometrischen Optik berechnet werden. Zu diesem Zweck wird in diesem Kapitel das Konzept der Strahlmatrizen eingeführt. Dabei wird jedes optische Element durch eine 2×2-Matrix beschrieben. Systeme aus mehreren, hintereinander geschalteten optischen Elementen können dann durch einfache Multiplikation dieser Matrizen beschrieben werden.

Berechnungen mit den Strahlmatrizen gehören zum Grundwerkzeug der Laseroptik und werden sowohl zur Berechnung von Moden in Laserresonatoren als auch für die Propagation von Laserstrahlen durch optische Systeme herangezogen. Die Methode der Strahlmatrizen basiert auf den Grundsätzen der geometrischen Optik, lässt sich dann aber dank dem Konzept der Gauß-Moden auch auf die Ausbreitung von paraxialen Wellen ausdehnen.

2.1.8.1   Geometrische Lichtstrahlen

Die Lichtausbreitung erfolgt nach den durch die Maxwellgleichungen bestimmten Gesetzen der Elektrodynamik. Unter gewissen Voraussetzungen sind aber Vernachlässigungen möglich, die zu einer vereinfachten Darstellung führen. Wenn z. B. Beugungseffekte vernachlässigbar sind, kann die Lichtausbreitung mit der geometrischen Optik alleine durch Brechung und Reflexion von Lichtstrahlen beschrieben werden. Die geometrische Optik beschreibt also die Lichtausbreitung unter Vernachlässigung der Wellennatur. Für die Lichtausbreitung in homogenen Medien und an deren Grenzflächen reduziert sich die geometrische Optik auf drei einfache Gesetze für *Reflexion*, *Brechung* und *geradlinige Ausbreitung*.

In der geometrischen Näherung breiten sich Lichtstrahlen in homogenen Medien geradlinig aus und werden durch optische Elemente abgelenkt. Es seien vorerst nur rotationssymmetrische optische Systeme betrachtet, d.h. alle Elemente sind koaxial angeordnet und stehen somit senkrecht zur Symmetrieachse. Die Symmetrieachse solcher Systeme wird auch als optische Achse bezeichnet (nicht zu verwechseln mit der optischen Achse doppelbrechender Kristalle) und dient im Folgenden als Referenzachse. Auf allgemeinere Fälle wird am Ende des Kapitels eingegangen.

Unter diesen Voraussetzungen ist in einer gegebenen Schnittebene (entlang der Symmetrieachse) ein Lichtstrahl vollständig beschrieben durch die Angabe seines Startpunktes z_1 sowie der Ortskomponente r_1 und des Winkels α_1 gegenüber der Referenzachse, wie dies in Bild 2.10 dargestellt ist. Der Propagationswinkel ist gegeben durch

$$\alpha_1 = \arctan\left(\frac{\Delta r}{\Delta z}\right). \tag{2.61}$$

Für die Verwendung der Strahlmatrizen müssen einige Konventionen eingeführt werden. Der Formalismus ist auf die paraxiale Näherung eingeschränkt. Es werden also nur kleine Winkel betrachtet und man kann (2.61) schreiben als

$$\alpha_1 = \frac{\Delta r}{\Delta z}. \tag{2.62}$$

Die Propagationsdistanz wird immer entlang der Symmetrieachse des optischen Systems gemessen (Projektion auf die optische Achse) und im Folgenden mit der Koordinate z bezeichnet. Die Richtung der z-Achse ist nach Konvention immer positiv in Richtung der Strahlausbreitung! Beginnend beim Startpunkt des Strahles nimmt die z-Komponente immer zu, auch wenn der Strahl zurückreflektiert wird. Die z-Komponente kennzeichnet also nicht ein fixes Koordinatensystem im Raum, sondern bezeichnet den vom Strahl zurückgelegten Weg, gemessen als Projektion auf die Symmetrieachse des optischen Systems.

Vom mathematischen Standpunkt aus mag diese Konvention etwas ungewöhnlich sein. Für den Optiker ist es aber natürlich, den zurückgelegten Weg eines Strahles als totale Propagationsdistanz zu messen, denn ein divergierendes Strahlenbündel wird auch nach der Reflexion

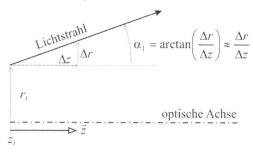

Bild 2.10 Beschreibung eines Lichtstrahles in der geometrischen Optik (Ausbreitung im homogenen Medium).

Bild 2.11 Vorzeichenkonvention für die geometrischen Lichtstrahlen.

an einem ebenen Spiegel weiter divergieren und nicht in sich zurückfallen. Der zurückgelegte Weg ist für die Eigenschaften eines Strahlenbündels wichtiger als der geometrische Ort in einem fixen Koordinatensystem.

Diese Konvention bestimmt auch das Vorzeichen des Propagationswinkels. Wenn der Radius r von der Achse weg positiv gezählt wird, folgt aus (2.62), dass der Propagationswinkel positiv ist ($\alpha_1 > 0$) für Strahlen, die von der optischen Achse weg propagieren. Zur Verdeutlichung sind in Bild 2.11 einige Situationen illustriert. Wird der Radius r von der Achse weg negativ gezählt, ist der Propagationswinkel negativ für Strahlen, die von der Achse weg propagieren.

Man beachte, dass wegen der oben vorausgesetzten Rotationssymmetrie die beiden Vektoren (r, α) und ($-r$, $-\alpha$) optisch äquivalent sind. In der Praxis ist es aber oft nützlich, in der betrachteten Schnittebene entlang der Symmetrieachse des optischen Systems den Vorzeichenwechsel von r beim Kreuzen der Achse auszunutzen, um z. B. festzustellen, dass ein Objekt seitenverkehrt oder auf dem Kopf abgebildet wird.

Für den Formalismus der Strahlmatrizen werden die beiden Größen r und α als Vektor

$$\mathbf{v} = \begin{pmatrix} r \\ \alpha \end{pmatrix} \tag{2.63}$$

zusammengefasst.

2.1.8.2 Die Strahlmatrizen

Mit den eben eingeführten Konventionen sind die Lichtstrahlen eindeutig beschrieben. Im Folgenden sei mit der *Propagation im homogenen Medium* begonnen (siehe Bild 2.12).

Nachdem sich der Strahl von seinem Startpunkt mit $r = r_1$ unter einem Propagationswinkel α_1 im homogenen Raum über eine Strecke der Länge L ausgebreitet hat (gemessen entlang der optischen Achse), trifft er am Endpunkt mit $r = r_2$ auf. Der Winkel bleibt unverändert $\alpha_2 = \alpha_1$. Der Zusammenhang der Größen r und der beiden Winkel vor und nach der Propagation entlang der Strecke L berechnet sich laut Bild 2.12 als

$$r_2 = r_1 + L\sin(\alpha_1) \text{ und } \alpha_2 = \alpha_1. \tag{2.64}$$

In paraxialer Näherung (kleine Winkel) kann dieser lineare Zusammenhang als Matrizengleichung

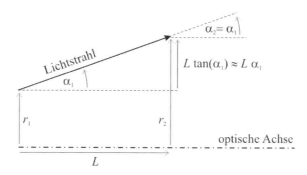

Bild 2.12 Propagation eines Lichtstrahls im homogenen Medium.

$$\begin{pmatrix} r_2 \\ \alpha_2 \end{pmatrix} = \begin{pmatrix} 1 & L \\ 0 & 1 \end{pmatrix} \begin{pmatrix} r_1 \\ \alpha_1 \end{pmatrix} \qquad (2.65)$$

zusammengefasst werden. Die Strahlmatrix in (2.65) beschreibt die geradlinige Propagation eines geometrischen Lichtstrahles.

Auf analoge Weise erhält man auch die Matrix für die *Reflexion an einer sphärischen Oberfläche*

$$\begin{pmatrix} r_2 \\ \alpha_2 \end{pmatrix} = \begin{pmatrix} 1 & 0 \\ -\dfrac{2}{\rho} & 1 \end{pmatrix} \begin{pmatrix} r_1 \\ \alpha_1 \end{pmatrix}, \qquad (2.66)$$

wobei der Krümmungsradius ρ für konkave Spiegel positiv gezählt wird.

Die *Brechung an einer sphärischen Oberfläche* zwischen einem ersten Medium mit Brechungsindex n_1 und dem zweiten Medium mit Brechungsindex n_2 ist durch

$$\begin{pmatrix} r_2 \\ \alpha_2 \end{pmatrix} = \begin{pmatrix} 1 & 0 \\ \dfrac{n_1 - n_2}{n_2} \dfrac{1}{\rho} & \dfrac{n_1}{n_2} \end{pmatrix} \begin{pmatrix} r_1 \\ \alpha_1 \end{pmatrix} \qquad (2.67)$$

gegeben, wobei hier nach Konvention der Krümmungsradius ρ für konvexe Oberflächen positiv gezählt wird. Im Grenzfall $\rho \to \infty$ ergibt sich daraus die Brechung an einer ebenen Fläche (welche senkrecht zur Referenzachse steht).

Die drei letzten Gleichungen folgen auch direkt aus einer verallgemeinerten Betrachtung mit beliebig verkippten elliptischen Oberflächen [10]. Im Unterschied zu den bisher behandelten Matrizen werden die geometrischen Lichtstrahlen (2.63) dabei allerdings in drei unterschiedlichen Koordinatensystemen beschrieben, je eines für den einfallenden, den gebrochenen und den reflektierten Strahl. Wie in Bild 2.13 illustriert, werden mit den Strahlmatrizen gekippter optischer Elemente damit nicht die eigentliche Brechung oder die Reflexion beschrieben, sondern lediglich die paraxialen Abweichungen der Teilstrahlen von der bekannten Achse eines betrachteten Strahlenbündels. Dies mag im Zusammenhang mit geometrischen Lichtstrahlen wenig attraktiv erscheinen, der große Nutzen dieser Matrizen für gekippte Elemente zeigt sich in der Tat vor allem in Zusammenhang mit den Gauß-Strahlen (siehe Abschnitt 2.1.8.4)

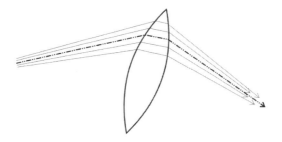

Bild 2.13 Illustration der Betrachtung gekippter Elemente: Mit den Strahlmatrizen werden lediglich die paraxialen Abweichungen der Teilstrahlen von der Strahlachse beschrieben.

Wie in Bild 2.14 skizziert, wird bei der Behandlung einer *beliebig verkippten elliptischen Oberfläche* vereinfachend angenommen, dass eine der Hauptachsen des Ellipsoids in der Einfallsebene liegt. Man stellt sich daher das Ellipsoid als Rotationsfläche um die *Y*-Achse vor, wobei die *X-Z*-Ebene mit der Einfallsebene zusammenfällt. Mathematisch ist dies zwar eine starke Einschränkung, in der Praxis ist man jedoch bestrebt, möglichst symmetrische Verhältnisse zu schaffen, um die Strahleigenschaften nicht unnötig zu verschlechtern.

Da ein reflektiertes oder gebrochenes Strahlenbündel in den verschiedenen transversalen Richtungen unterschiedlich beeinflusst wird, muss zwischen der tangentialen und der sagittalen Symmetrieebene unterscheiden werden. Die Tangentialebene (= Einfallsebene) wird durch den einfallenden und den gebrochenen oder gespiegelten Lichtstrahl aufgespannt (in Bild 2.14 durch einfallenden Strahl und Punk O'). Die Schnittebene senkrecht dazu (aufgespannt durch *Y*-Achse und Punk O) heißt Sagittalebene.

Für die Reflexion an der elliptischen Oberfläche erhält man dann die Matrizen

$$\mathbf{M}_{RT} = \begin{pmatrix} 1 & 0 \\ \dfrac{-2}{\rho_{Speigel,T}\cos\theta} & 1 \end{pmatrix} \tag{2.68}$$

für die Tangentialebene und

$$\mathbf{M}_{RS} = \begin{pmatrix} 1 & 0 \\ \dfrac{-2\cos\theta}{\rho_{Speigel,S}} & 1 \end{pmatrix} \tag{2.69}$$

für die Sagittalebene. Wie in Bild 2.14 gezeigt, steht θ für den Einfallswinkel. Die beiden Krümmungsradien sind mit

$$\rho_{Speigel,T} = -R_a \tag{2.70}$$

und

$$\rho_{Speigel,S} = -\frac{R_b^2}{R_a} \tag{2.71}$$

durch die Länge der Hauptachsen des Ellipsoides gegeben.

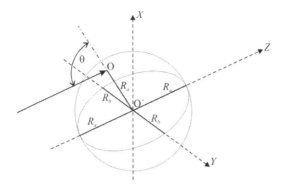

Bild 2.14 Orientierung der elliptischen Oberfläche.

Die Brechung wird hingegen in der Tangentialebene mit

$$\mathbf{M}_{BT} = \begin{pmatrix} \dfrac{\sqrt{\left(\dfrac{n_2}{n_1}\right)^2 - \sin^2\theta}}{\dfrac{n_2}{n_1}\cos\theta} & 0 \\[2em] \dfrac{\cos\theta - \sqrt{\left(\dfrac{n_2}{n_1}\right)^2 - \sin^2\theta}}{\rho_T \cos\theta \sqrt{\left(\dfrac{n_2}{n_1}\right)^2 - \sin^2\theta}} & \dfrac{\cos\theta}{\sqrt{\left(\dfrac{n_2}{n_1}\right)^2 - \sin^2\theta}} \end{pmatrix} \tag{2.72}$$

und in der Sagittalebene mit

$$\mathbf{M}_{BS} = \begin{pmatrix} 1 & 0 \\[1.5em] \dfrac{\cos\theta - \sqrt{\left(\dfrac{n_2}{n_1}\right)^2 - \sin^2\theta}}{\dfrac{n_2}{n_1}\rho_S} & \dfrac{n_1}{n_2} \end{pmatrix} \tag{2.73}$$

beschrieben, wobei nun

$$\rho_T = R_a \tag{2.74}$$

und

$$\rho_S = \frac{R_b^2}{R_a} \tag{2.75}$$

gilt. Für eine rein sphärische Oberfläche sind die Krümmungsradien in den beiden Symmetrieebenen gleich.

Neben der Brechung und der Reflexion an gekrümmten Oberflächen spielen in der Optik auch so genannte *graded-index* (GRIN) *Medien* eine wichtige Rolle. Es handelt sich um Medien, bei denen der Brechungsindex quer zur optischen Achse ein *annähernd parabolische*s Profil aufweist,

$$n(x,y) \cong n_0 \left(1 - \frac{\gamma^2}{2} \left(x^2 + y^2 \right) \right).$$ (2.76)

Die Strahlausbreitung in einem solchen Medium wird durch

$$\begin{pmatrix} r_2 \\ \alpha_2 \end{pmatrix} = \begin{pmatrix} \cos(|\gamma|L) & \dfrac{\sin(|\gamma|L)}{|\gamma|} \\ -|\gamma|\sin(|\gamma|L) & \cos(|\gamma|L) \end{pmatrix} \begin{pmatrix} r_1 \\ \alpha_1 \end{pmatrix}$$ (2.77)

beschrieben, wenn γ^2 eine positive Zahl ist. Ein solches Medium übt auf den Strahl eine fokussierende Wirkung aus (GRIN-Linse). Für den Fall, dass γ^2 negativ ist, lautet die Gleichung für die defokussierende GRIN-Linse

$$\begin{pmatrix} r_2 \\ \alpha_2 \end{pmatrix} = \begin{pmatrix} \cosh(|\gamma|L) & \dfrac{\sinh(|\gamma|L)}{|\gamma|} \\ |\gamma|\sinh(|\gamma|L) & \cosh(|\gamma|L) \end{pmatrix} \begin{pmatrix} r_1 \\ \alpha_1 \end{pmatrix}.$$ (2.78)

Die oben beschriebenen Matrizen kennzeichnen einzelne Schritte innerhalb eines gegebenen optischen Systems. Wie gleich gezeigt wird, lässt sich jedes optische System, das aus solchen Elementen zusammengesetzt ist, wieder durch eine 2×2-Strahlmatrix beschreiben.

2.1.8.3   Hintereinanderschalten optischer Elemente

Wenn ein Strahl durch ein optisches System propagiert, kann dies mit dem oben eingeführten Formalismus als Abfolge von stückweise geradliniger Propagation in homogenen Medien, einzelnen Reflexionen oder Brechungen an Übergängen und allfällige Strecken in GRIN-Medien beschrieben werden. Das Resultat ist eine Serie von Gleichungen der Form

$$\begin{aligned} \mathbf{v}_2 &= \mathbf{M}_1 \mathbf{v}_1 \\ \mathbf{v}_3 &= \mathbf{M}_2 \mathbf{v}_2 \\ &\ \ \vdots \\ \mathbf{v}_N &= \mathbf{M}_{N-1} \mathbf{v}_{N-1}, \end{aligned}$$ (2.79)

wo $\mathbf{v}$ die Strahlenvektoren (2.63) sind. Die Gleichungen (2.79) ineinander eingesetzt, lassen sich mit

$$\mathbf{v}_N = \mathbf{M}_{N-1} \mathbf{M}_{N-2} \cdots \mathbf{M}_2 \mathbf{M}_1 \mathbf{v}_1 = \mathbf{M}\,\mathbf{v}_1$$ (2.80)

zusammenfassen. Das gesamte optische System lässt sich demnach mit einer einzigen 2×2 Matrix $\mathbf{M}$ beschreiben. Gegebenenfalls muss allerdings wie oben zwischen zwei Symmetrieebenen unterschieden werden. Die resultierende Matrix $\mathbf{M}$ erhält man, indem die einzelnen Matrizen $\mathbf{M}_1$ bis $\mathbf{M}_{N-1}$ von rechts nach links (!) in der Reihenfolge multipliziert werden, in der diese vom Lichtstrahl passiert werden.

Durch zweimalige Verwendung der Matrix in (2.67) lässt sich auf diese Weise z. B. die Matrix für eine nicht verkippte dünne Linse finden. Man erhält

$$\mathbf{M}_{DL} = \begin{pmatrix} 1 & 0 \\ -\dfrac{1}{f} & 1 \end{pmatrix},$$ (2.81)

wobei die Brechkraft $D = 1/f$ durch

$$\frac{1}{f} = -\frac{n_1 - n_2}{n_1}\left(\frac{1}{\rho_1} - \frac{1}{\rho_2}\right)$$ (2.82)

gegeben ist (f ist die Brennweite der Linse). Der Brechungsindex der Linse beträgt n_2, jener der Umgebung n_1.

2.1.8.4   Das ABCD-Gesetz

Die Strahlmatrizen wurden ursprünglich für die Behandlung von geometrischen Strahlen eingeführt. Durch ein für Strahlmatrizen erweitertes Beugungsintegral (dem so genannten Collins-Integral) kann jedoch gezeigt werden, dass auch die Ausbreitung Gauß'scher Strahlen sehr einfach mit Hilfe dieser 2×2-Matrizen beschrieben werden kann [8].

Es sei ein beliebiges optisches System durch die Strahlmatrix

$$\mathbf{M} = \begin{pmatrix} A & B \\ C & D \end{pmatrix}$$ (2.83)

beschrieben. Am Eingang dieses optischen Systems sei der einfallende Strahl durch den in (2.36) bzw. (2.37) eingeführten Strahlparameter q_1 gegeben. Das ABCD-Gesetz besagt nun, dass der Gauß-Strahl am Ausgang des optischen Systems gegeben ist durch

$$q_2 = \frac{A q_1 + B}{C q_1 + D}.$$ (2.84)

Damit erweisen sich die Strahlmatrizen als äußerst nützliches und vielseitiges Werkzeug für die Berechung der Strahlausbreitung. Denn sie können sowohl – wie ursprünglich eingeführt – für geometrische Strahlen als auch zur Propagation Gauß'scher Moden verwendet werden. Damit zeigt sich auch der Nutzen der in Bild 2.13 illustrierten Behandlung gekippter Elemente. Es interessiert nicht primär die Strahlrichtung, sondern allein der Einfluss des gekippten optischen Elements auf die durch den Strahlparameter q zusammengefassten geometrischen Eigenschaften (Durchmesser, Divergenz, Wellenfront) des betrachteten Gauß-Strahles.

2.1.9   Die Fokussierung von Laserstrahlen

Die Fokussierung des Laserstrahles auf die zu bearbeitende Werkstückoberfläche gehört zu den wichtigsten Aufgaben der Strahlführung und Strahlformung für die laserbasierte Materialbearbeitung. Die damit verbundenen Aspekte sollen daher hier im Detail diskutiert werden.

Man betrachtet dazu die Situation, wie sie in Bild 2.15 dargestellt ist. Der von links eintreffende Strahl sei am Ort der Linse durch den komplexen Strahlparameter

$$q_e = z_e + i z_{R,e}$$ (2.85)

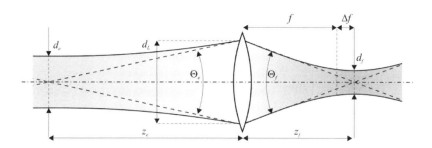

Bild 2.15 Fokussierung eines Gauß-Strahles.

definiert. Die Strahltaille mit dem Durchmesser

$$d_e = 2\sqrt{M^2 \frac{z_{R,e}}{\pi} \lambda} \tag{2.86}$$

(siehe (2.57) mit (2.43) und (2.42)) liegt also im Abstand z_e vor der Linse.

Nun wird das ABCD-Gesetz (2.84) mit der Matrix für eine dünne Linse (2.81) der Brennweite f angewendet und man erhält für den fokussierten Strahl unmittelbar nach der Linse

$$q_f = \frac{q_e}{-\frac{q_e}{f} + 1} = \frac{q_e f}{-q_e + f} = \frac{(z_e + i z_{R,e})f}{f - z_e - i z_{R,e}} . \tag{2.87}$$

Der Abstand der Strahltaille des fokussierten Strahles von der Linse ist gemäß (2.40) durch den Realteil z_f von q_f gegeben. Da sich die Linse vor der Strahltaille befindet, wird z_f negativ sein. Um diesen Abstand zu finden, wird q_f umgeformt,

$$q_f = \frac{(z_e + i z_{R,e})f(f - z_e + i z_{R,e})}{(f - z_e - i z_{R,e})(f - z_e + i z_{R,e})} , \tag{2.88}$$

und man erhält

$$q_f = \frac{f(z_e(f - z_e) - z_{R,e}^2)}{(f - z_e)^2 + z_{R,e}^2} + i \frac{f^2 z_{R,e}}{(f - z_e)^2 + z_{R,e}^2} . \tag{2.89}$$

Der Realteil z_f beträgt also

$$z_f = -f - \Delta f , \tag{2.90}$$

wobei

$$\Delta f = \frac{(z_e - f)f^2}{(f - z_e)^2 + z_{R,e}^2} \tag{2.91}$$

gilt.

Im Gegensatz zur geometrischen Optik zeigt dies, dass der Abstand der Strahltaille des fokussierten Strahles von der Linse (die „Bildweite") nicht nur von f und z_e („Gegenstandsweite")

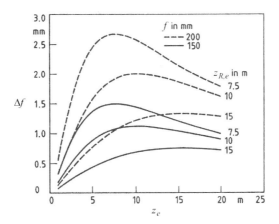

Bild 2.16 Abweichung der Fokuslage von der Brennweite in Abhängigkeit der Position der Fokussier-optik und der Rayleighlänge des zu fokussierenden Strahles entsprechend (2.91); „schlanke" Strahlen verursachen geringere Abweichungen.

sondern auch von der Rayleighlänge $z_{R,e}$ des eintreffenden Strahles abhängt. Je größer $z_{R,e}$, d.h. je schlanker der Strahl bei gegebenem Durchmesser aufgrund eines kleinen Strahlpara-meterprodukts ist (siehe Abschnitt 2.1.7), desto kleiner wird Δf. Bild 2.16 gibt den entspre-chenden Sachverhalt wieder.

Den Taillendurchmesser d_f des fokussierten Strahles wird aus dem Imaginärteil von (2.89) durch Einsetzen in (2.42) und erneuter Berücksichtigung von (2.57) erhalten

$$d_f = 2\sqrt{M^2 \frac{f^2}{(f-z_e)^2 + z_{R,e}^2} \frac{z_{R,e}\lambda}{\pi}} \ . \tag{2.92}$$

Wendet man in diesem Resultat (2.42) und (2.57) nochmals auf den zweiten Bruch in der Wurzel an, so findet man

$$d_f = \frac{d_e f}{\sqrt{(f-z_e)^2 + z_{R,e}^2}} \ . \tag{2.93}$$

Vor dem Hintergrund der in der Materialbearbeitung häufig erfüllten Bedingung, dass f we-sentlich kleiner ist als z_e, vereinfachen sich die Beziehungen (2.91) und (2.93) zu

$$\Delta f \approx \frac{z_e f^2}{z_e^2 + z_{R,e}^2} \tag{2.94}$$

und

$$d_f \approx \frac{d_e f}{\sqrt{z_e^2 + z_{R,e}^2}} \ . \tag{2.95}$$

Der einfallende Strahl hat auf der Linse einen durch den Verlauf (2.56) gegebenen Durchmesser

$$d_L = d_e \sqrt{1 + \frac{z_e^2}{z_{R,e}^2}} = \frac{d_e}{z_{R,e}} \sqrt{z_{R,e}^2 + z_e^2} \; . \tag{2.96}$$

Laut (2.58) ist dies gleich

$$d_L = \Theta_e \sqrt{z_{R,e}^2 + z_e^2} \; . \tag{2.97}$$

Das heißt, (2.95) kann in

$$d_f \approx \frac{d_e \Theta_e f}{d_L} \tag{2.98}$$

umgeformt werden. Der Fokusdurchmesser ist also proportional zum Strahlparameterprodukt des Strahles, was mit der Definition der Beugungsmaßzahl (2.54) zu

$$d_f \approx \frac{M^2 f}{d_L} \frac{4}{\pi} \lambda = M^2 \frac{4\lambda}{\pi} F \tag{2.99}$$

führt, worin mit $F \triangleq f/d_L$ die *Fokussierzahl* (F-Zahl) des fokussierenden Elements bezeichnet wird.

Um eine möglichst hohe Leistungs- bzw. Energiedichte auf dem bearbeiteten Werkstück zu erzielen, wird man oft einen möglichst kleinen Fokusdurchmesser anstreben. Gleichung (2.99) besagt, dass dieses Ziel mit einer kurzen Brennweite f der Fokussierlinse, mit einer kleinen Beugungsmaßzahl M^2 des Laserstrahles, einer kurzen Wellenlänge λ und einem großen Durchmesser d_L des Strahls auf der Fokussierlinse erreicht werden kann. Letzteres bedeutet, dass der Strahl vor der Fokussierung aufgeweitet werden sollte. Damit auch Δf nicht zu groß wird, sollte neben $z_{R,e}$ auch z_e groß sein, was wieder mit obiger Voraussetzung $f \ll z_e$ übereinstimmt.

Die Divergenz des fokussierten Strahles folgt direkt aus der Tatsache, dass die Beugungsmaßzahl als Propagationskonstante des Laserstrahles durch die Fokussierung unverändert bleibt. Aus (2.54) und (2.99) erhält man

$$\Theta_f \approx \frac{d_L}{f} = \frac{1}{F} \; . \tag{2.100}$$

Wie schon direkt aus der Definition der Beugungsmaßzahl hervorgeht, zeigt auch dieses Resultat, dass eine starke Fokussierung (kurze Brennweite f und starke Aufweitung d_L) eine große Divergenz bewirkt. Eine starke Divergenz des fokussierten Strahls ist aber auch gleichbedeutend mit einer kurzen Tiefenschärfe.

Die beiden letzten Zusammenhänge verdeutlichen die große Wichtigkeit einer guten Strahlqualität, d. h. eines geringeren Wertes des Strahlparameterproduktes. Ist der angestrebte Fokusdurchmesser d_f vorgegeben, so erlaubt eine kleinere Beugungsmaßzahl entweder eine Vergrößerung des Arbeitsabstandes (längere Brennweite) und damit eine Vergrößerung der Tiefenschärfe oder eine Verkleinerung der Fokussierungsoptik (kleineres d_L) – oder eine

Kombination von beidem um z. B. die F-Zahl konstant zu halten. Ist die Fokussierung durch die F-Zahl vorgegeben, so bewirkt eine bessere (= kleinere) Beugungsmaßzahl andererseits eine Verkleinerung des Fokusdurchmessers.

Diese Argumentationen sind in Bild 2.17 veranschaulicht. Gleichzeitig sind dort auch die systemtechnischen Vorteile eines geringen Strahlparameterprodukts aufgeführt.

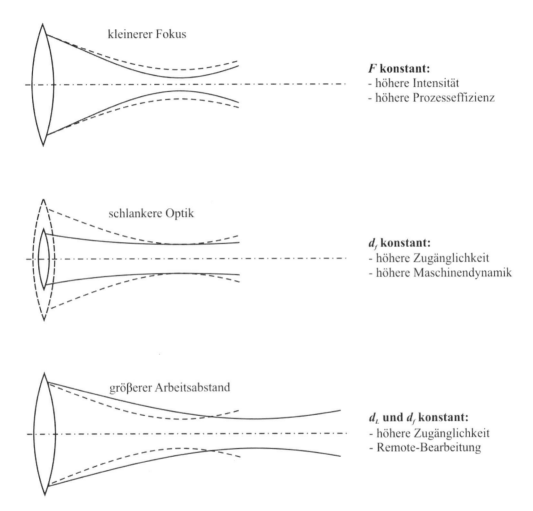

Bild 2.17 Vorteile gut fokussierbarer Strahlen. Die ausgezogenen (gestrichelten) Linien symbolisieren die Strahlen mit kleinerem (größerem) Strahlparameterprodukt. Die Wechselwirkungszone befindet sich jeweils an der axialen Position der Strahltaille.

2.1.9.1   Die Intensitätsverteilung im Fokusbereich

Das Erreichen einer gewünschten Prozesstemperatur erfordert vom Laserstrahl zunächst eine bestimmte Intensität und eine bestimmte Einwirkungszeit auf dem Werkstück. Darüber hinaus hat aber die Intensitätsverteilung des Strahles am Werkstück einen wesentlichen Einfluss insbesondere auf Geometrie und Dynamik der induzierten Prozesse. Mit (2.22) folgt für einen Gauß-Strahl (TEM$_{00}$) aus (2.32) in Radialsymmetrie die räumliche Intensitätsverteilung

$$I(r,z) = I_0 \cdot \left(\frac{w_0}{w(z)} \right)^2 e^{-2\frac{r^2}{w^2(z)}}, \tag{2.101}$$

worin I_0 die Intensität im Zentrum der Strahltaille bei $z = 0$ ist. Diese ist mit

$$P_L = \int_0^\infty I(r,z) 2\pi r dr = I_0 \cdot \left(\frac{w_0}{w(z)} \right)^2 \int_0^\infty e^{-2\frac{r^2}{w^2(z)}} 2\pi r dr = I_0 w_0^2 \frac{\pi}{2} \tag{2.102}$$

direkt durch die im Gauß-Strahl (TEM$_{00}$) geführte Leistung bestimmt.

Um die Intensitätsverteilung im Bereich des Fokus graphisch darzustellen, bestimmt man die so genannten Isophoten, welche durch konstante Intensitätswerte

$$I_0 \cdot \left(\frac{w_0}{w(z)} \right)^2 e^{-2\frac{r^2}{w^2(z)}} = konst. \tag{2.103}$$

definiert sind. Wird die Isophote mit der Intensität

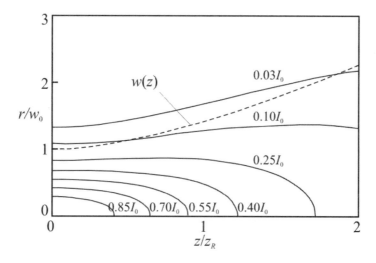

Bild 2.18 Isophoten eines TEM$_{00}$- bzw. Gauß-Strahles für verschiedene Intensitätswerte ξI_0. Zum Vergleich ist der Verlauf des Strahlradius $w(z)$ gestrichelt eingezeichnet.

$$\xi I_0 = I_0 \times \left(\frac{w_0}{w(z)}\right)^2 e^{-2\frac{r^2}{w^2(z)}} \qquad (2.104)$$

gesucht, so erhält man nach r aufgelöst

$$r(z) = \sqrt{-\frac{w^2(z)}{2}\ln\left(\xi\left(\frac{w(z)}{w_0}\right)^2\right)}, \qquad (2.105)$$

wobei $w(z)$ durch (2.29) gegeben ist. Die so gefundenen Flächen konstanter Intensität ξI_0 sind (als Schnitt) in Bild 2.18 mit den ausgezogenen Linien dargestellt und zeigen, dass im Bereich des Fokus beachtliche Intensitätsvariationen vorkommen.

Die Erstreckung der jeweiligen ξI_0-Isophote auf der Strahlenachse ergibt sich ($r(z) = 0$ nach z auflösen) zu

$$z_\xi = z_R\sqrt{\frac{1-\xi}{\xi}} . \qquad (2.106)$$

Die Isophote bei $0{,}5 \times I_0$ reicht damit gerade über die Distanz einer Rayleigh-Länge.

2.1.10 Licht im absorbierenden Medium

Die bisherige Behandlung beschreibt die Lichtausbreitung in nicht absorbierenden Medien. Breitet sich ein Lichtstrahl in einem absorbierenden Medium aus, so wird ein Teil seiner Leistung an das Medium übertragen und dort in der Regel in Wärme umgewandelt. Der Sachverhalt soll hier anhand der ebenen Welle behandelt werden, für Gauß-Strahlen sind dann die geometrischen Strahlausbreitungsterme zusätzlich zu berücksichtigen.

Für den örtlichen Leistungs- bzw. Intensitätsverlust in einem absorbierenden Medium geht man vom linearen Ansatz

$$\frac{dI(z)}{dz} = -I(z)\alpha \qquad (2.107)$$

aus, worin α der *Absorptionskoeffizient* ist. Dies führt zum bekannten exponentiellen Abfall der Intensität (Beersches Gesetz)

$$I(z) = I_0 e^{-\alpha z} . \qquad (2.108)$$

Mit (2.22) folgt für die Feldamplitude die gedämpfte Schwingung

$$\vec{E}(z) = \vec{E}_0 e^{-\frac{\alpha}{2}z} e^{-ikz+i\omega t} . \qquad (2.109)$$

Diese ist als Momentaufnahme in Bild 2.19 dargestellt.

Gleichung (2.109) kann mit Hilfe von (2.18) in

$$\vec{E}(z) = \vec{E}_0 e^{-\frac{\alpha}{2}z} e^{-i\omega\frac{n}{c_0}z+i\omega t} \qquad (2.110)$$

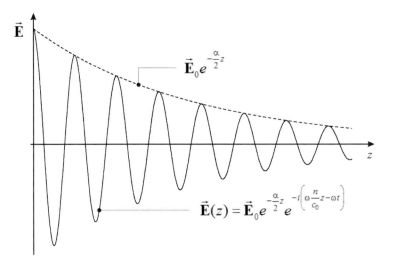

Bild 2.19 Die gedämpfte Welle in einem absorbierenden Medium.

umgeformt werden und man findet schließlich

$$\vec{E}(z) = \vec{E}_0 e^{-i\left(\frac{\omega}{c_0}[n-i\frac{\alpha}{2}\frac{c_0}{\omega}]z-\omega t\right)} .$$ (2.111)

Formal lässt sich also die gedämpfte Welle wie eine ebene Welle in einem Medium mit komplexem Brechungsindex

$$n - i\frac{\alpha}{2}\frac{c_0}{\omega} = n\left(1 - i\frac{\alpha}{2}\frac{c_0}{\omega n}\right) = n\left(1 - i\frac{\alpha}{4\pi}\frac{\lambda_0}{n}\right)$$ (2.112)

darstellen. Oft wird der imaginäre Term in der Klammer als so genannter *Absorptionsindex*

$$\kappa = \frac{\alpha}{4\pi}\frac{\lambda_0}{n}$$ (2.113)

bezeichnet und der komplexe Brechungsindex als

$$\hat{n} = n(1 - i\kappa)$$ (2.114)

geschrieben.

2.2   Erzeugung von Laserstrahlung

Im vorangehenden Kapitel wurden die elektrodynamischen Grundlagen der Lichtausbreitung besprochen. Im Folgenden soll nun auf die Erzeugung von Laserstrahlen eingegangen werden, wobei sich die Diskussion auf eine qualitative Beschreibung der Grundlagen beschränkt. Bei der Erzeugung von Laserstrahlen manifestiert sich indessen die Energiequantelung der elektromagnetischen Strahlung und der laseraktiven Medien besonders deutlich.

2.2.1   Die Energiequantelung

Aufgrund des durchschlagenden Erfolges des elektromagnetischen Wellenmodells von Maxwell wurden in der zweiten Hälfte des 19. Jahrhunderts die klassischen Teilchenmodelle des Lichtes verworfen. Es dauerte jedoch nicht lange, bis die damalige Wissenschaft auf neue Phänomene stieß, die eine gründliche Neubetrachtung der Physik erforderten und letztlich zur Formulierung der Quantenphysik führten.

Diese Revolution begann damit, dass es mit klassischen Modellen nicht gelang, das in Bild 2.20 dargestellte Emissionsspektrum von thermischen Lichtquellen (z. B. Sonne, glühendes Ofenrohr, Kerze etc.) zu beschreiben [2]. Als physikalisches Modell für diese so genannten Schwarzkörperstrahler[5] dient gewöhnlich ein kleines Loch in einem Hohlraum mit absorbierenden Wänden. Bei tiefen Temperaturen tritt hauptsächlich unsichtbare Infrarotstrahlung aus der Öffnung. Mit zunehmender Temperatur wird durch die Öffnung ein rotes Glühen und dann ein weißes Leuchten erkennbar. In jedem Fall erstreckt sich die Strahlungsemission über das ganze elektromagnetische Spektrum, aber mit einer von der Temperatur abhängigen Verteilung, wobei sich das Maximum der spektralen Leistungsdichte mit zunehmender Temperatur zu kürzeren Wellenlängen verlagert (Wiens Verschiebungsgesetz [2]). Zusätzlich zu dieser Beobachtung gelang es dem deutschen Physiker Carl Werner Otto Fritz Franz Wien (1864-1928) eine Formel aufzustellen, die bei gegebener Temperatur im Bereich kurzer

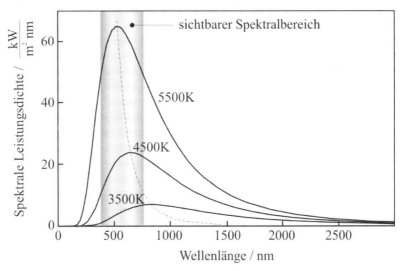

Bild 2.20 Emissionsspektrum eines idealen Schwarzkörpers bei verschiedenen Temperaturen. Die gestrichelte Linie illustriert Wiens Verschiebungsgesetz, wonach das jeweilige Maximum der Spektren bei der Wellenlänge $\lambda_{max} = h\,c\,/\,(4{,}96\,kT)$ liegt, wo h die Plancksche Konstante, c die Lichtgeschwindigkeit, k die Boltzmannkonstante und T die Temperatur ist.

---

[5] Im thermischen Gleichgewicht mit der Umgebung muss ein beliebiges Objekt gleichviel Strahlungsleistung emittieren, wie es absorbiert. Ein guter Absorber (= Schwarzkörper) ist deshalb auch ein guter Strahler.

Wellenlängen gut mit der beobachteten Verteilung des Emissionsspektrums übereinstimmte, im langwelligen Bereich jedoch versagte. Lord John William Strutt Rayleigh (1842-1919) und Sir James Jeans (1877-1946) fanden andererseits ein Gesetz, das nur im fernen Infrarot mit den Beobachtungen übereinstimmte. Erst um 1900 gelang es Max Karl Ernst Ludwig Planck (1858-1947) mit einer empirischen Formel und einer gewagten Hypothese das thermische Emissionsspektrum nachzubilden. Seine thermodynamischen Überlegungen basierten auf der Betrachtung des thermischen Gleichgewichtes zwischen den Atomen der Ofenwände und den im Hohlraum eingeschlossenen Strahlungsmoden. Planck stellte fest, dass sich das Strahlungsspektrum mathematisch reproduzieren lässt, wenn man annimmt, dass die *Atome nur diskrete Energiemengen absorbieren und emittieren* können und dass diese Energiemenge proportional zur Frequenz ν der Strahlung sei. Die Proportionalitätskonstante h ist heute als Plancksche Konstante bekannt und beträgt $h = 6{,}626 \times 10^{-34}$ Js. Die Quantelung der zwischen Atomen und Strahlungsfeld ausgetauschten Energie in diskrete Quanten der Energie $h\nu$ war zunächst nur dadurch motiviert, dass nur so das errechnete Spektrum mit der beobachteten Emission (Bild 2.20) übereinstimmte.

Erst im Zusammenhang mit der Untersuchung der durch Licht aus einer Elektrode freigesetzten Elektronen – dem so genannten photoelektrischen Effekt – wurde allmählich klar, dass die von Planck gewagte Hypothese mehr als bloß ein rechnerischer Kunstgriff war [2], [11]. Es wurde nämlich festgestellt, dass die maximale kinetische Energie der photoelektrisch emittierten Elektronen unerwarteterweise nicht von der Intensität des einfallenden Lichtes sondern alleine von dessen Frequenz abhängt. Mit zunehmender Lichtintensität ändert sich nur die Anzahl der emittierten Elektronen, nicht jedoch deren Energieverteilung. Die Energieverteilung der Photoelektronen ist je nach verwendeter Lichtquelle unterschiedlich und verändert sich linear mit der Lichtfrequenz ν. Dieses Phänomen konnte damals nur mit der Energiequantelung des Lichtes erklärt werden und veranlasste 1905 Albert Einstein dazu, die Hypothese von Planck zu erweitern, indem er den quantisierten Energieaustausch zwischen Atomen und Strahlungsfeld auf eine eigentliche Energiequantelung der elektromagnetischen Strahlung selbst zurückführte.[6]

Mit anderen Worten, *die Energie einer elektromagnetischen Mode kann nicht kontinuierlich jeden beliebigen Wert annehmen, sondern sich nur in ganzen Portionen der Größe $h\nu$ verändern*. Wenn die Energie einer Mode gequantelt ist, müssen auch die Felder E und B quantisiert sein. Obwohl diese Tatsache in der Maxwell'schen Theorie nicht vorgesehen war, bleiben die Beziehungen der Felder in den Maxwellgleichungen unverändert bestehen. Wendet man die Quantentheorie auf die in Kapitel 2 behandelten Maxwellgleichungen an, so kann in der Tat auch aus diesen Gleichungen die von Einstein postulierte Quantisierung des elektromagnetischen Feldes hergeleitet werden [7]. Die Energieportionen $h\nu$ einer Mode sind allerdings so klein, dass die Quantelung bei makroskopischen Feldamplituden E und B in der Praxis keine Auswirkung hat und auch kaum aufgelöst werden kann.

---

[6] Heute weiß man, dass sich der photoelektrische Effekt auch erklären lässt, wenn man das Feld klassisch behandelt und nur der Materie eine Quantennatur verleiht. Die Hypothese des quantisierten Feldes war aber trotzdem richtig und lässt sich mit einer quantenmechanischen Behandlung sogar direkt aus den Maxwellgleichungen herleiten.

Der photoelektrische Effekt lässt sich nun aber mit der quantisierten Strahlung einfach erklären: Wenn die Elektrode ein Energiequant des Lichtes aufnimmt, kann die Energie $h\nu$ auf ein Elektron übertragen werden. Je höher die Frequenz ν, umso mehr Energie steht dem Elektron zur Verfügung. Eine Erhöhung der Lichtintensität bedeutet eine größere Anzahl von Energiequanten pro Zeit und Fläche, was eine Erhöhung der Anzahl angestoßener Elektronen bewirkt und nicht zur Erhöhung deren Energie beiträgt.

Für die Energiequanten der elektromagnetischen Strahlung ist heute – in Anlehnung an das Elektron als Ladungsentität – die Bezeichnung Photon gebräuchlich. Wie im Folgenden gezeigt wird, ist dieses Photonenbild des Lichtes gerade bei der Behandlung der Lichtverstärkung im Lasermedium sehr anschaulich.

Man sollte aber nicht den Fehler machen, sich einen Lichtstrahl als Partikelstrom vorzustellen. Das Licht ist kein Strahl aus Photonen-„Kügelchen". Auch ein Laserstrahl ist und bleibt eine elektromagnetische Welle mit den oszillierenden klassischen Feldgrößen $\vec{E}$ und $\vec{B}$. Die Quantisierung der elektromagnetischen Strahlung besagt lediglich, dass die Feldenergie nur in ganzzahligen Energieportionen (die man Photonen nennt) der Größe $h\nu$ verändert werden kann.

2.2.2 Die diskreten Energiezustände atomarer Systeme

Wie Bild 2.20 zeigt, emittieren thermische Strahler – wie beispielsweise eine Glühbirne, die Sonne, eine Kerze etc. – ein sehr breites und glattes, d.h. ununterbrochenes Strahlungsspektrum, das vom fernen Infrarot bis in den UV-Bereich reicht. Die emittierte Strahlung wird auf atomarer Ebene in unzähligen Einzelprozessen unter sehr unterschiedlichen, stochastischen Bedingungen erzeugt. Die so abgestrahlten Photonen decken das ganze Spektrum ab. Betrachtet man solch thermische Strahler mit einem Prisma oder einem Gitterspektrograph, so erkennt man im sichtbaren Bereich ein ununterbrochenes Spektrum über alle Farben wie bei einem Regenbogen. Bei der Sonne liegt das Maximum des Spektrums mit einer Wellenlänge um 550 nm im grünen Spektralbereich. Bei genauerem Hinsehen sind aber mit geeigneten Instrumenten (hochauflösendes Spektrometer) selbst im Spektrum der Sonne bereits einige Unregelmäßigkeiten zu erkennen. Eine noch deutlichere Aufteilung des Spektrums in diskrete Farbkomponenten kann bei der Betrachtung des Spektrums von Leuchtstofflampen festgestellt werden.

Wie in Bild 2.21 schematisch und beispielhaft dargestellt, besteht das Spektrum einer Gasentladung in Helium aus einer Reihe isolierter und schmaler Emissionslinien. Im Unterschied zum Schwarzkörperstrahler erfahren die Licht emittierenden Atome und Moleküle in einer (bei niedrigem Druck stattfindenden) Gasentladung eine nur sehr geringe Wechselwirkung mit der Umgebung und offenbaren dadurch ihre natürlichen quantenmechanischen Eigenschaften. Da die Energie eines Photons proportional zu seiner Frequenz ist, haben alle Photonen der selben Farbe (der selben Frequenz bzw. Wellenlänge) die selbe Energie. Offenbar können also die Atome im betrachteten Gas nach deren Anregung durch die Gasentladung (Energieaufnahme durch Stöße mit freien Elektronen) die aufgenommene Energie nur in scharf definierten Portionen wieder abgeben. In einem ersten Versuch, die optischen Emissionsspektren der beobachteten Atome zu erklären, hatte 1913 Niels Bohr die Quantisierung

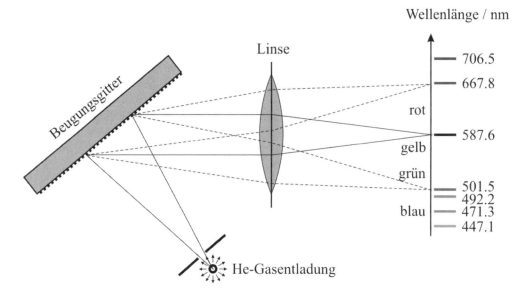

Bild 2.21 Das von einer Gasentladung (hier Helium) emittierte Lichtspektrum besteht aus einer Reihe schmalbandiger Emissionslinien.

des Bahndrehimpulses der an die Atomkerne gebundenen Elektronen postuliert (Bohrsches Atommodell).

Die Elektronen eines Atoms sind durch das elektrische Potential an den Kern gebunden. Eine quantenmechanische Betrachtung der Elektronen in diesem Potential ergibt, dass die Elektronen nur eine Anzahl diskreter, scharf definierter Energiezustände einnehmen können; das optisch festgestellte Linienspektrum ist die experimentelle Manifestation dieser Tatsache. Ohne auf die quantenmechanische Bezeichnung der einzelnen Zustände einzugehen, sind in Bild 2.22 als Beispiel die Zustände des Heliums dargestellt. Jede horizontale Linie bezeichnet eine bestimmte Elektronenkonfiguration des Heliums, mit der an der vertikalen Achse abzulesenden Zustandsenergie. Durch Zu- oder Abführen von Energie können die beiden Elektronen des Heliums von einem Energiezustand in einen andern gebracht werden. Die zu- oder abgeführte Energie entspricht dabei aufgrund des Energieerhaltungsprinzips immer exakt der Energiedifferenz zwischen dem Anfangs- und Endzustand eines solchen Überganges.

Solche elektronische Energieübergänge sind in allen Atomen, Ionen, Molekülen etc. möglich. Die Energiezufuhr oder Energieabfuhr kann dabei auf sehr unterschiedliche Art vollzogen werden: durch Absorption oder Emission von Photonen, aber auch durch Zu- oder Abfuhr von Vibrationsenergie (das dazugehörige Quant wird dann Phonon genannt), durch chemische Energie, elektrische Energie und so weiter. Wird die Energie durch Licht übertragen, muss die Energiedifferenz $\Delta E_{\text{Übergang}}$ zwischen den beiden Energiezuständen des Elektronenübergangs exakt der Photonenergie $h\nu$ entsprechen. Da das Photon die kleinste Energieeinheit der beteiligten elektromagnetischen Mode darstellt, ist es nicht möglich, dass nur ein Teil der Photonenergie ausgetauscht wird. Damit haben alle Lichtquanten, die bei einem bestimmten Elektronenübergang absorbiert oder emittiert werden, exakt die selbe Frequenz ν und damit auch exakt die selbe Wellenlänge λ.

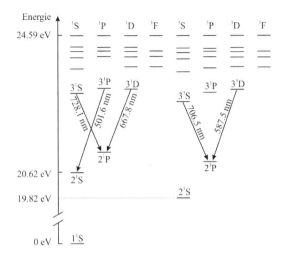

Bild 2.22 Energiezustände des Heliums und einige der strahlenden Übergänge (vgl. Bild 2.21).

2.2.3   Absorption und Emission von Licht

Es ist eine experimentell alltäglich festgestellte Tatsache, dass ein Lichtstrahl, der sich in Materie ausbreitet, oft mehr oder weniger stark abgeschwächt wird. Dies geschieht in der Regel entweder durch Streuung (einzelne Photonen werden aus dem Lichtstrahl weggestreut) oder durch Absorption. Der umgekehrte Fall, in dem Licht in der Materie verstärkt oder erzeugt wird, ist ebenso bekannt (Lichtquellen). Für die Erzeugung von Laserstrahlen wird dabei aber eine ganz spezielle Form der Lichtverstärkung ausgenutzt. Um diese zu verstehen, seien im Folgenden die Lichtabsorptions- und Lichtemissionsprozesse auf der quantisierten Ebene der Materiezustände betrachtet, wie sie in Bild 2.23 durch zwei Energieniveaux eines gegebenen Mediums dargestellt sind.

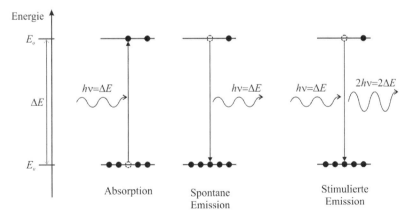

Bild 2.23 Photonische Übergänge zwischen zwei Energieniveaux der Elektronen eines Mediums.

Unterschieden wird zwischen drei Prozessen: der *Absorption* von Strahlung, der *spontanen Emission* von Strahlung und der *stimulierten Emission* von Strahlung. Die Punkte auf den jeweiligen Energieniveaus sollen symbolisch zeigen, dass sich mehrere Teilchen (Atome, Ionen, Moleküle) des Mediums (Festkörper, Gas, Flüssigkeit) im gleichen Energiezustand befinden können.

2.2.3.1   Die Absorption von Strahlung

Der links in Bild 2.23 dargestellte Prozess ist die Absorption von Strahlung (Licht). Die Strahlungsabsorption kann eintreten, wenn das elektromagnetische Feld eines Lichtstrahls (bzw. einer Mode) mit den Elektronen eines Teilchens im unteren Energiezustand wechselwirkt. Voraussetzung ist, dass das elektromagnetische Strahlungsfeld in Resonanz mit dem Übergang zwischen zwei Energiezuständen des Teilchens ist, d.h. die Frequenz der Strahlung muss die Bedingung $\nu = \Delta E/h$ erfüllen, damit die Energiequanten des Strahlungsfeldes die zum Übergang passende Energie $h\nu = \Delta E$ aufweisen. Das betroffene Teilchen kann dann dem elektromagnetischen Strahlungsfeld die Energie $h\nu = \Delta E$ entziehen und dabei in den oberen (angeregten) Energiezustand mit der Energie $E_o = E_u + \Delta E$ übergehen. Dieser Prozess findet nur mit einer bestimmten Wahrscheinlichkeit statt, deren Maß aus praktischen Gründen in Form einer hypothetischen Querschnittsfläche, dem so genannten Wirkungsquerschnitt σ_{uo} angegeben wird.

Die Bedeutung des Wirkungsquerschnitts eines Prozesses kann leicht anhand von Bild 2.24 nachvollzogen werden. Dazu sei ein kleines Volumen $V = Adz$ des Mediums betrachtet. Dieses Volumenelement enthalte N_u Teilchen mit dem Wirkungsquerschnitt σ_{uo}. Dabei ist dz (bzw. σ) so klein, dass sich keine der in V befindlichen Wirkungsquerschnittflächen in z-Richtung gegenseitig überdecken. Man stellt sich nun vor, dass ein Lichtstrahl, der das Volumenelement in z-Richtung durchläuft, an diesen Wirkungsquerschnitten der Teilchen absorbiert wird. Neben den Wirkungsquerschnittsflächen wird der Lichtstrahl ungestört transmittiert. Wenn I die Intensität des einfallenden Strahles ist, wird also im Volumen $V = Adz$ die Leistung

$$P = IN_u\sigma_{uo} \tag{2.115}$$

absorbiert. Wenn unmittelbar vor dem Volumenelement in Bild 2.24 die eintreffende Intensität $I(z)$ beträgt, so geht über die Strecke dz die Leistung

$$dP(z) = -I(z)N_u\sigma_{uo} = -I(z)n_u Adz\sigma_{uo} \tag{2.116}$$

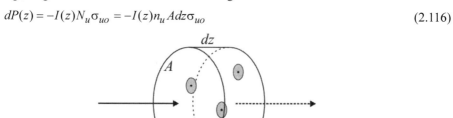

Bild 2.24 Bedeutung des Wirkungsquerschnitts σ eines Prozesses.

verloren, was mit $dI = dP/A$ zu

$$\frac{dI(z)}{dz} = -I(z)n_u\sigma_{uo} \tag{2.117}$$

führt und einer exponentiell verlaufenden Abnahme der Intensität

$$I(z) = I_0 e^{-zn_u\sigma_{uo}} \tag{2.118}$$

entspricht, wobei n_u die pro Volumeneinheit vorhanden Teilchen im unteren Energiezustand angibt (vergleiche dazu auch die klassische Beschreibung der Absorption in Abschnitt 2.1.10).

2.2.3.2   Die spontane Strahlungsemission

Wenn sich ein Teilchen in einem angeregten (oberen) Energiezustand befindet, kann es unter gewissen Voraussetzungen durch Ausstrahlung eines Photons spontan in einen tiefer liegenden (unteren) Energiezustand zurückkehren. Dieser Prozess ist schematisch in der Mitte von Bild 2.23 dargestellt. Die Wahrscheinlichkeit, mit der ein angeregtes Teilchen seine Energie in einem Zeitintervall dt auf diese Weise abstrahlt, hängt von der Art des Teilchens ab und wird durch den so genannten Einstein-Koeffizienten A_{ou} für die Spontanemission des betrachteten Überganges beschrieben. Bei einer gegebenen Teilchenzahl N_o bzw. einer Teilchenzahldichte n_o im angeregten Zustand beträgt die spontane Übergansrate $A_{ou}n_o$. Die Teilchendichte n_o nimmt daher mit der Rate

$$\frac{dn_o}{dt} = -A_{ou}n_o \tag{2.119}$$

ab. Beträgt die Dichte der angeregten Teilchen anfänglich $n_o(t=0)$, so nimmt diese ohne äußere Einflüsse aufgrund der Zerfallsrate (2.119) über die Zeit gemäß

$$n_o(t) = n_o(t=0)e^{-A_{ou}t} \tag{2.120}$$

ab. Der Einstein-Koeffizient A_{ou} bestimmt somit die zeitliche Abnahme von n_o und hat die Dimension 1/Zeit. Meist benutzt man daher den als Fluoreszenzlebensdauer bezeichneten reziproken Wert

$$\tau_{ou} = \frac{1}{A_{ou}}. \tag{2.121}$$

2.2.3.3   Die stimulierte Strahlungsemission

Der Prozess, der dem Laser seinen Namen gegeben hat (Light Amplification by Stimulated Emission of Radiation = Lichtverstärkung durch stimulierte Emission von Strahlung), ist rechts in Bild 2.23 dargestellt. Er kann eintreten, wenn ein elektromagnetisches Strahlungsfeld mit den Elektronen eines Teilchens wechselwirkt, welches sich in einem angeregten (oberen) Energiezustand befindet. Wenn die Frequenz des Strahlungsfeldes die Resonanzbedingung $\nu = \Delta E_{ou}/h$ erfüllt und somit die Übergangsenergie ΔE des Teilchens der Energie $h\nu$ der elektromagnetischen Energiequanten entspricht, kann das Teilchen durch den Übergang vom oberen in den unteren Energiezustand die Energie $\Delta E = E_o - E_u$ auf die elektromagnetischen Welle übertragen und diese damit verstärken.

Die Rate, mit welcher ein quasi-monochromatischer Strahl durch stimulierte Emission verstärkt wird, kann wie bei der Absorption wieder mit Hilfe eines Wirkungsquerschnittes σ_{ou} beschrieben werden. Nur dass jetzt am Wirkungsquerschnitt die Welle nicht abgeschwächt (absorbiert) sondern verstärkt wird. In der Gleichung (2.117) muss daher einfach das Vorzeichen geändert werden und man erhält analog

$$\frac{dI(z)}{dz} = I(z)n_o\sigma_{ou} \, . \tag{2.122}$$

Dies ist die pro Wegstrecke durch stimulierte Emission verursachte Verstärkung der Strahlungsintensität.

Die stimulierte Übertragung von Energie aus der Materie an die wechselwirkende elektromagnetische Welle bewirkt gemäß (2.122) eine Steigerung der Strahlungsintensität I und damit auch die Erhöhung der Feldamplituden $\vec{E}$ und $\vec{B}$ (siehe Abschnitt 2.1.1). Es handelt sich also um eine kohärente Verstärkung der Welle. In der klassischen Betrachtungsweise des elektromagnetischen Feldes ist diese kohärente Feldverstärkung leicht nachvollziehbar.

2.2.4   Erzeugung der Laseraktivität

2.2.4.1   Die Besetzungsinversion

In den vorangehenden Abschnitten wurden für die Absorption und die stimulierte Emission von Licht unterschiedliche Wirkungsquerschnitte eingeführt. Durch Betrachtung eines thermodynamischen Gleichgewichts kann allerdings gezeigt werden, dass zwischen den beiden Querschnitten die Beziehung

$$g_u\sigma_{uo} = g_o\sigma_{ou} \tag{2.123}$$

besteht, wobei $g_{u,o}$ der so genannten Entartungsgrad eines Energienivaus ist. Dieser bezeichnet die Anzahl quantenmechanischer Zustände eines Teilchens mit der selben Energie.

Nun sei untersucht, wie sich die Intensität eines Strahls verändert, wenn er ein mit den Besetzungsdichten n_o und n_u mit aktiven[7] Teilchen charakterisierbares Medium durchquert. Aus den vorangegangenen Abschnitten ist bekannt, dass der Strahl durch Absorption von Photonen in der Materie abgeschwächt und durch stimulierte Emission kohärent verstärkt wird. Die Spontanemission ist inkohärent und trägt nicht zur Verstärkung des Strahles bei. Berücksichtigt man sowohl die Absorption (2.117) als auch die stimulierte Verstärkung (2.122), so ergibt sich die Bilanz

$$\frac{dI}{dz} = I\sigma_{ou}\left(n_o - \frac{g_o}{g_u}n_u\right) . \tag{2.124}$$

---

[7] Mit dem Ausdruck „aktiv" sei festgehalten, dass nicht sämtliche im durchstrahlten Medium befindlichen Teilchen der Voraussetzung für eine Lichtverstärkung $E_o - E_u = h\nu_{ou}$ genügen müssen.

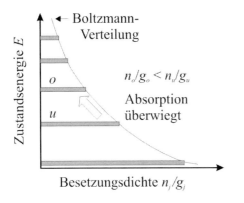
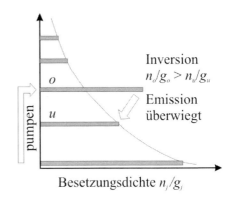

Bild 2.25 Ohne äußere Einflüsse ist die Besetzung der Energiezustände Boltzmann-verteilt (links). Eine Besetzungsinversion (rechts) kann nur durch kontinuierliche Energiezufuhr, dem Pumpen, aufrecht erhalten werden. Sobald das Pumpen eingestellt wird, strebt die Verteilung mit der durch die Lebensdauer τ_j bestimmten Zerfallsrate wieder der Boltzmann-Verteilung zu.

Verstärkung des Strahles findet nur unter der Bedingung der so genannten *Besetzungsinversion*

$$\left(n_o - \frac{g_o}{g_u} n_u \right) > 0 \tag{2.125}$$

statt. Bei nicht entarteten Übergängen (also $g_o = g_u = 1$) bedeutet dies, dass die Besetzung des oberen (angeregten) Energieniveaux höher sein muss als die Besetzung des unteren Energieniveaux.

Im thermischen Gleichgewicht kann dieser Zustand nicht hergestellt werden, da aufgrund der Boltzmannverteilung

$$\frac{n_o}{g_o} = \frac{n_u}{g_u} e^{-\frac{E_o - E_u}{kT}} \tag{2.126}$$

n_o/g_o immer kleiner ist als n_u/g_u, und somit die Inversionsbedingung (2.125) nicht erfüllt ist. Die Besetzung der Zustände aufgrund der Boltzmannverteilung ist links in Bild 2.25 schematisch dargestellt. Weil im thermischen Gleichgewicht die tiefer liegenden Zustände höher besetzt sind als die oberen Niveaux, wird die umgekehrte Bedingung (2.125) *Besetzungsinversion* genannt. Letztere ist rechts in Bild 2.25 skizziert.

Um in einem Laser Strahlung zu erzeugen und zu verstärken, besteht die Kunst also darin, ein Medium mit Besetzungsinversion zu schaffen. Wegen der endlichen Lebensdauer τ eines jeden Teilchenzustandes nehmen die Besetzungsdichten ohne äußere Einwirkung nach kurzer Zeit wieder die Boltzmannverteilung ein. Will man die Besetzungsinversion zwischen zwei Energieniveaux aufrechterhalten, muss ständig Energie zugeführt werden, um Teilchen aus einem tiefer liegenden Zustand in das obere Energieniveau zu befördern. Dieser als *Pumpen* bezeichneter Vorgang ist rechts in Bild 2.25 dargestellt. Sobald die Energiezufuhr über das Pumpen eingestellt wird, strebt die Besetzung n_o durch die Spontanemission mit der durch die

Lebensdauer τ_o definierten Zerfallsrate wieder dem durch die Boltzmannverteilung bestimmten Wert zu.

Wenn ein Strahl mit der passenden Frequenz ($h\nu_{ou} = E_o - E_u$) das Medium durchläuft, überwiegt im thermisch besetzten Fall (links in Bild 2.25) die Absorption und im Falle einer Besetzungsinversion (rechts in Bild 2.25) die stimulierte Emission.

2.2.4.2   Die Anregung: Pumpen

Die Methoden zur Erzeugung einer Besetzungsinversion sind so vielfältig wie die Verstärkermedien selbst. Davon werden hier nur solche behandelt, bei denen die stimulierten Übergänge zwischen reellen Energieniveaux stattfinden, wie sie oben eingeführt wurden. Dazu gehören

- dielektrische Kristalle und Gläser, die mit Ionen als aktiven Teilchen dotiert sind,

- Flüssigkeiten mit Ionen oder fluoreszierenden Farbstoffmolekülen als aktiven Teilchen,

- Gase in elektrischen Entladungen oder in gasdynamischen Systemen,

- Halbleiter mit pn-Übergängen.

Komplexere Systeme, auf die hier nicht eingegangen wird, basieren auf virtuellen Niveaux und nichtlinearen Effekten. Zu diesen, die man sich gleichfalls zur Erzeugung von Laserstrahlung nutzbar machen kann, gehören

- die parametrische Verstärkung und Oszillation,

- der stimulierte Brillouineffekt,

- der stimulierte Ramaneffekt,

- stimulierte Zwei-Photonen-Übergänge,

- freie, relativistische Elektronen in einem periodischen Magnetfeld.

Um die für eine Verstärkung erforderliche Besetzungsinversion zu erreichen, müssen im Verstärkermedium laseraktive Teilchen angeregt werden können. Dazu kommen vor allem die folgenden Methoden in Frage:

- Absorption von Photonen, optisches Pumpen genannt,

- Anregung durch Elektronenstöße z. B. in Gasentladungen,

- Anregung durch Stöße mit anderen Teilchen z. B. in gasdynamischen Lasern,

- Anregung durch ein elektrisches Feld im Halbleiterlaser,

- Anregung durch chemische Prozesse.

Dabei ist zu beachten, dass die drei erstgenannten Anregungsmechanismen nicht nur Übergänge von einem unteren (u) auf ein oberes (o) Niveau, sondern auch in umgekehrter Richtung (von o nach u) bewirken können. Daraus folgt, dass ein reines 2-Niveaux-System auf diese Weise nur invertiert werden kann, wenn die Wirkungsquerschnitte für Hin- und Rückreaktion verschieden sind.

Wie aus obiger Diskussion hervorgeht, ist diese Bedingung beim optischen Pumpen nicht erfüllt. Denn bei zunehmender Besetzung des oberen Niveaus wird ein wachsender Teil der Pump-Photonen auch stimulierte Übergänge vom oberen ins untere Niveau induzieren und so der Anregung entgegenwirken. Ist anfänglich $g_u n_o/g_o - n_u < 0$, so wird durch die Absorption von Pump-Photonen der Frequenz $\nu_{uo} = (E_o - E_u)/h$ die Besetzung n_o nur solange zunehmen (und n_u dabei abnehmen), bis das Medium mit $g_u n_o/g_o - n_u = 0$ vollständig „ausgebleicht" ist. Bei einem derartigen Zustand halten sich die Absorption und die stimulierte Emission von Photonen die Waage, das Medium ist transparent für eine Strahlung der Frequenz ν_{ou}.

Ähnliches geschieht auch bei anderen Anregungsmechanismen. Bei Elektronenstößen beispielsweise ist neben dem Anregungsprozess $e_{schnell} + Teilchen_u \Rightarrow e_{langsam} + Teilchen_o$ auch die Rückreaktion $e_{langsam} + Teilchen_o \Rightarrow e_{schnell} + Teilchen_u$ möglich. Auch hiermit kann deshalb höchstens Gleichbesetzung der beiden Energieniveaux erreicht werden.

Wegen diesen Rückreaktionsprozessen sind 2-Niveaux-Systeme, also Systeme, bei denen sowohl die Anregung als auch die Verstärkung durch stimulierte Emission über nur zwei Energieniveaux bewerkstelligt werden sollen, nicht möglich. Um die für den Laserbetrieb erforderliche Besetzungsinversion zu erreichen, bedarf es daher mindestens eines weiteren Energieniveaus, um den Pumpprozess vom Übergang der stimulierten Emission zu trennen. Im Idealfall wird der Laserbetrieb über 4 Energieniveaux bewerkstelligt, wie dies in Bild 2.26 skizziert ist.

Aus dem Grundzustand (g) werden hier die laseraktiven Teilchen durch Energiezufuhr in ein Anregungsband (a) gepumpt. Von dort relaxieren sie zu einem großen Teil (im Idealfall na-

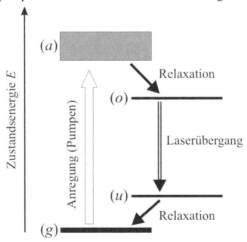

Bild 2.26 Der 4-Niveaux-Laser mit dem Grundzustand (g), dem Anregungsband (a), dem oberen Laserniveau (o) und dem unteren Laserniveau (u).

hezu 100%) auf das darunter liegende obere Laserniveau (o). Dies geschieht in den meisten Fällen durch strahlungslose Prozesse (z. B. Wechselwirkung mit Schwingungen eines Kristallgitters (Phononen) oder durch Stöße in einem Gas), die Rate kann aber ähnlich wie bei der Spontanemission (2.119) mit einer charakteristischen Relaxationszeit beschrieben werden. Die stimulierte Emission findet zwischen dem oberen (o) und unteren (u) Laserniveau statt. Vom unteren Laserniveau (u) gelangen die Teilchen wieder durch meist strahlungslose Prozesse und mit einer durch eine Zerfallszeit τ_{ug} bestimmten Rate zurück in den Grundzustand.

Bei der Auswahl eines laseraktiven Mediums sind dabei folgende Überlegungen zu berücksichtigen:

- Das untere Laserniveau (u) sollte nicht mit dem Grundzustand (g) identisch sein. Andernfalls ($u = g$) müssten nämlich mindestens die Hälfte der Teilchen aus dem Grundzustand in das obere Laserniveau (o) gepumpt werden, um Besetzungsinversion zu erreichen (keine Entartung vorausgesetzt).

- Die Anregung sollte mit einem möglichst breiten Energiespektrum realisierbar sein, da vorwiegend breitbandige Energiequellen (Blitzlampen, elektrische Entladungen etc.) zur Verfügen stehen. Aus diesem Grund ist das breitbandige Anregungsniveau (a) vorzugsweise vom oberen Laserniveau (o) getrennt, welches in der Regel schmaler ist und dafür eine längere Lebensdauer und eine höhere maximale Verstärkung aufweisen kann.

- Die Lebensdauer des Anregungsbandes (a) und die des unteren Laserniveaus (u) sollten klein sein gegenüber der Lebensdauer des oberen Laserniveaus (o). Diese Bedingung ist für kontinuierlichen Betrieb unerlässlich. Denn wenn die Übergänge von den oberen Niveaux her die spontane Zerfallsrate des unteren Niveaus überwiegen, wird die Besetzung im untern Laserniveau (u) anwachsen und die Erzeugung einer Besetzungsinversion verhindern oder eine anfängliche Besetzungsinversion schnell abbauen. Um den Laserprozess aufrecht zu erhalten, muss gleichzeitig die Übergangsrate vom Anregungsband zum obere Laserniveau (o) höher sein (τ_a klein) als die Rate der stimulierten und spontanen Emissionen (τ_o groß), welche das obere Laserniveau (o) entleeren.

- Der Abstand zwischen dem unteren Laserniveau (u) zum Grundzustand (g) sollte möglichst so groß sein, dass dessen thermische Besetzung entsprechend der Boltzmann-Verteilung vernachlässigbar ist.

- Andererseits sollte die Energie des Laserüberganges ($o \Rightarrow u$) möglichst groß sein, damit der größtmögliche Teil der Pumpenergie $E_a - E_g$ in Laserenergie umgewandelt wird und nicht durch die anderen Übergänge ($a \Rightarrow o$) und ($u \Rightarrow g$) verloren geht.

Nur bei wenigen Lasersystemen werden alle diese Forderungen ganz erfüllt. Insbesondere gibt es zahlreiche 3-Niveaux-Laser, wie z. B. den Rubin-Laser, doch werden bei diesen höhere Anforderungen an die Anregungsleistung gestellt.

2.2.4.3   Kühlung des laseraktiven Mediums

Aus Bild 2.25 (rechts) und Bild 2.26 geht anschaulich hervor, dass nicht die gesamte dem Medium zugeführte Pumpenergie in Strahlungsenergie umgewandelt wird. Zudem erlauben die Gegebenheiten des Resonators keine vollständige Auskopplung dieses durch die Struktur des Mediums vorgegebenen Betrags. Der nicht als Laserstrahlung ausgekoppelte Anteil der Pumpenergie findet sich als Wärme im Medium wieder. Je geringer der Wirkungsgrad des Lasers, desto größer ist die anfallende Verlustleistung. Ohne geeignete Kühlung würde die Temperatur des laseraktiven Mediums steigen und entsprechend (2.126) auch die Besetzungsdichte, insbesondere die des unteren Laserniveaus; als Folge würde die Inversion abnehmen. Sollte sie hingegen konstant gehalten werden, erforderte die höhere Temperatur eine erhöhte Pumpleistungsdichte. Für einen effizienten Laserbetrieb sind somit die Kühlung des laseraktiven Mediums und die Begrenzung seiner Temperatur auf einen von den jeweiligen laserkinetischen Bedingungen abhängigen Wert T_{max} unabdingbar.

Grundsätzlich kann die Abfuhr der Verlustleistung durch *Leitung* (Diffusion) oder *Austausch* des Mediums (Konvektion) erfolgen: Während erstere Methode bei Festkörpern, Flüssigkeiten und Gasen in gleicher Weise einsetzbar ist, kann letztere nur bei Fluiden zur Anwendung gelangen. Die Art der Kühlung ist indessen nicht nur für den Laserbetrieb bedeutsam, sondern sie legt auch die technischen Gestaltungsmöglichkeiten des laseraktiven Mediums und damit den Aufbau des Lasers weitgehend fest.

Für den Anwender der Lasertechnik ist der Wirkungsgrad des Lasers und der damit zusammenhängende Aspekt der Kühlung insofern von Bedeutung, als der monetäre Aufwand für die Anregungs- und Kühlleistung der benötigten Laserleistung in die Investitions- *und* Betriebskosten des Lasers direkt eingeht.

Kühlung durch Wärmeleitung (Diffusionskühlung)

Hier erfolgt der Wärmetransport infolge eines Temperaturgradienten vom Inneren des Mediums zu seinen gekühlten Wandungen hin. Bei konstanter als Wärme freigesetzter Leistungsdichte $\dot{q}'''$ stellt sich als eindimensionale Lösung der Wärmeleitungsgleichung (siehe Abschnitt 3.2.1) für Zylinder- und Prismengeometrien ein parabelförmiges Temperaturprofil ein.[8] Da die maximale Temperatur T_{max} aufgrund der oben erwähnten laserphysikalischen Zusammenhänge zu begrenzen und die Wandtemperatur T_w durch das Kühlmittel und die konkret realisierten Wärmeübergangsbedingungen festgelegt ist, muss ein Zusammenhang zwischen der Geometrie des laseraktiven Mediums und der damit erzielbaren Laserleistung bestehen. Dies sei anhand einfacher Überlegungen für Zylinder- und Prismen-(Platten) konfigurationen qualitativ dargelegt.

Zylindergeometrie

Sei $2R$ der Durchmesser, L die Länge und λ_{th} die Wärmeleitfähigkeit des betrachteten Mediums, so kann über seine gekühlte Umfangsfläche der Wärmestrom

$$\dot{Q} = 2R\pi L \lambda_{th} \left(\frac{dT}{dr} \right)_w \tag{2.127}$$

---

[8] Die dadurch bedingte Variation des Brechungsindex bewirkt eine Minderung der Strahlqualität ("thermische Linse").

fließen und abgeführt werden. Setzt man für den Temperaturgradienten an der Wand die Näherung $(dT/dr)_w \approx (T_{max} - T_w)/R$ ein, so folgt daraus

$$\dot{Q} \propto L . \tag{2.128}$$

Da nun die Wärmeverlustleistung wie die Laserleistung der Pumpleistung direkt proportional ist, ergibt sich die wichtige Aussage von (2.128), dass bei vorgegebenen Stoffwerten des Mediums und darin umsetzbaren Leistungsdichten auch die Laserleistung entsprechend

$$P \propto L \tag{2.129}$$

skaliert. Lampengepumpte Festkörperlaser und "sealed off" (d.h. ohne Gasaustausch) in Entladungsrohren betriebene CO_2-Laser sind Beispiele dafür, dass eine Erhöhung der Laserleistung im Wesentlichen nur durch eine Verlängerung des laseraktiven Mediums in Richtung der Strahlausbreitung zu erzielen ist.

Plattengeometrie

Betrachtet sei ein prismatisches Gebilde, über dessen begrenzende Flächen $B \times L$ die Wärme abzuführen ist. Seine Dicke d sei sehr viel geringer als die Abmessungen B, L, sodass der maßgebliche Temperaturgradient eindimensional und senkrecht zu den gekühlten Flächen steht und sich dazwischen eine ebenfalls parabelförmige Temperaturverteilung einstellt. Mit

$$\dot{Q} = 2BL\lambda_{th}\left(\frac{dT}{dz}\right)_w \tag{2.130}$$

und $(dT/dt)_w \approx (T_{max} - T_w)/(d/2)$ folgt hier

$$\dot{Q} \propto BL / d \tag{2.131}$$

und

$$P \propto BL / d . \tag{2.132}$$

Die erzielbare Laserleistung ist also proportional zur gekühlten Fläche und umgekehrt proportional zur Dicke des Mediums. Ein Beispiel dafür stellen die in Abschnitt 2.3.2.1 aufgeführten diffusionsgekühlten CO_2-Laser dar (bei denen der Plattenabstand allerdings durch entladungstechnische Gegebenheiten bestimmt wird).

Auch die Leistung des Scheibenlasers skaliert mit der gekühlten Stirnfläche der Kristallscheibe, siehe Abschnitt 2.3.1.3. Bei diesem Konzept ist die Dicke praktisch beliebig klein wählbar (typischerweise 0,1 mm).

Kühlung durch konvektiven Wärmetransport (Konvektionskühlung)

Bei dieser Methode sind Wärme- und Stofftransport inhärent miteinander gekoppelt. Die erforderliche Begrenzung auf T_{max} geschieht durch stete Einbringung frischen Mediums mit niedriger Temperatur T_0 in den Bereich, wo seine Anregung und die Auskopplung der Laserstrahlung erfolgen, und durch kontinuierliche Abfuhr des erwärmten. Die eigentliche Kühlung des in einem geschlossenen Kreislauf geförderten Gases erfolgt dann, getrennt vom laserkinetischen Geschehen, in entsprechenden Kühlern.

Eine Energiebetrachtung erbringt auch hier hilfreiche Hinweise. Die einfachste Form der Energiebilanz bei eindimensionaler Strömung lautet

$$\rho w c_p \frac{dT}{dz} = \dot{q}''' \, , \tag{2.133}$$

worin ρ die Dichte, w die Geschwindigkeit und c_p die spezifische Wärme des Fluids bezeichnen. Nimmt man vereinfachend an, dass sich diese drei Größen während der Aufenthaltsdauer τ_F des Fluids im Bereich der Energieumsetzung, der eine Erstreckung der Länge L habe, nicht stark ändern, so erbringt die Integration längs z den Zusammenhang

$$\rho w c_p (T_{\max} - T_o) = \dot{q}''' \cdot L \tag{2.134}$$

bzw. die Proportionalität (bei festgelegter zulässiger Temperaturerhöhung)

$$\dot{q}''' \propto \frac{w}{L} = \frac{1}{\tau_F} \, . \tag{2.135}$$

Letztlich besagt dies also, dass die je Volumeneinheit erzielbare Leistung eines konvektiv gekühlten Lasers verkehrt proportional zur Aufenthaltsdauer des Fluids im Bereich der Energieumsetzung ist.

So genannte quer- und längsgeströmte Laser, die sehr unterschiedliche Abmessungen L aufweisen, unterscheiden sich denn auch erheblich in ihrem Geschwindigkeitsniveau und dem technischen Aufwand, der für die Zirkulation der Strömung erforderlich ist. Allerdings ist die Geschwindigkeit bei längsgeströmten Gaslasern nicht beliebig hoch wählbar, da aufgrund der dann eine Rolle spielenden Kompressibilität die Machzahl sich dem Wert Eins am Ende des Rohres nähern würde. Um damit verknüpfte gasdynamische Instabilitäten zu vermeiden, wird auch bei diesem Lasertyp L begrenzt [12].

Diese eindimensionale Betrachtung vermittelt implizit die Aussage, dass – abgesehen von der Skalierungsbeziehung (2.135) – die Laserleistung auch mit dem Strömungsquerschnitt skalieren würde. Dies ist jedoch bei elektrisch angeregten Lasern aufgrund von entladungsphysikalischen Phänomenen (Umschlag von einer homogenen Glimm- in eine Bogenentladung) nur innerhalb enger Grenzen zutreffend.

2.2.5 Der Laser-Resonator

Wie oben besprochen, wird die Laserstrahlung in einem laseraktiven Medium erzeugt und durch stimulierte Emission verstärkt. Dies alleine genügt aber (abgesehen von exotischen Ausnahmen) nicht, um einen stark gerichteten Strahl möglichst geringer Divergenz zu erzeugen, da die Strahlung zunächst spontan in alle Raumrichtungen emittiert wird. Die Verstärkung durch stimulierte Emission ist in aller Regel auch zu schwach, um durch eine z. B. stabförmige Ausgestaltung des laseraktiven Mediums für den Strahl eine Vorzugsrichtung vorzugeben. Damit sich ein intensiver, gerichteter Laserstrahl ausbildet, muss dieser zur Verstärkung wiederholt durch das laseraktive Medium geleitet werden. Dies geschieht im so genannten Laser-Resonator.

Im einfachsten Fall besteht ein solcher Resonator aus lediglich zwei Spiegeln, wie dies schematisch in Bild 2.27 dargestellt ist. Das laseraktive Medium ist die eigentliche Strahlquelle

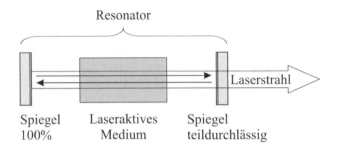

Bild 2.27 Schematischer Aufbau eines Lasers.

und verstärkt das zwischen den Resonatorspiegeln zirkulierende Licht. Bei den so genannt stabilen Resonatoren (siehe unten) ist einer der Spiegel für die Strahlung teildurchlässig. Durch diesen Spiegel wird damit ein Teil der Strahlung als nutzbarer Laserstrahl aus dem Resonator ausgekoppelt. Im Zusammenwirken des laseraktiven Mediums, welches die Strahlung durch die stimulierte Emission verstärkt, und dem Resonator, der die geometrische Beschaffenheit des Strahles formt, entsteht ein monochromatischer, kohärenter Strahl mit sehr geringer Divergenz.

Das laseraktive Medium bestimmt die Wellenlänge des Laserstrahles und kann das zeitliche Verhalten des Lasers beeinflussen. Alle anderen Eigenschaften der emittierten Laserstrahlung, nämlich Strahldivergenz, Strahldurchmesser, Intensitätsverteilung, Pulsdauer etc. werden hauptsächlich durch den Laserresonator bestimmt.

Laserresonatoren werden in zwei Klassen unterteilt. Die *stabilen Resonatoren* zeichnen sich dadurch aus, dass der Laserstrahl nach jedem vollständigen Resonatorumlauf (in Bild 2.27 einmal hin und zurück) wieder die selben Eigenschaften (Strahldurchmesser, Wellenfront-krümmung, Divergenz) aufweist. Solche Resonatoren werden durch die so genannten Resonatorparameter g_1 und g_2 charakterisiert. Für einen leeren Resonator, der nur aus den zwei Endspiegeln besteht, sind diese gegeben durch

$$g_1 = 1 - \frac{L}{\rho_1} \text{ und } g_2 = 1 - \frac{L}{\rho_2}. \tag{2.136}$$

Dabei ist L der Abstand zwischen den beiden Spiegeln und ρ bezeichnet die Krümmung der sphärisch ausgestalteten Spiegeloberflächen. Mit diesen Größen ist der (leere) Resonator mit zwei Spiegeln stabil, wenn

$$0 < g_1 g_2 < 1 \tag{2.137}$$

erfüllt ist.

Instabile Resonatoren werden hauptsächlich bei laseraktiven Medien mit sehr hoher Verstärkung eingesetzt. Bei dieser Klasse von Resonatoren vergrößert (selten verkleinert) sich der Strahl bei jedem vollständigen Resonatorumlauf. Es bildet sich so eine stabile Feldverteilung aus (eine Mode), welche zumindest auf einer Seite über den Spiegelquerschnitt hinausragt. Die Strahlungsauskopplung erfolgt hier also nicht durch einen teildurchlässigen Spiegel, sondern geometrisch am Spiegelrand vorbei. Solche Laserstrahlen zeichnen sich daher oft durch eine ringförmige Intensitätsverteilung aus.

Neben der Stabilitätsbedingung[9] unterscheiden sich stabile und instabile Resonatoren also in der Art der Strahlungsauskopplung. Im instabilen Resonator wird der Laserstrahl geometrisch ausgekoppelt, im stabilen Resonator durch einen teildurchlässigen Spiegel. Der *Auskoppelgrad* ist das Verhältnis zwischen ausgekoppelter und am Auskoppelspiegel reflektierter Leistung (beim teildurchlässigen Spiegel ist dies der Transmissionsgrad). Laseraktive Medien mit schwacher Verstärkung erfordern eine starke Rückkopplung im Resonator und damit einen geringen Auskoppelgrad. Bei hohen Auskoppelgraden kann es durch Rückreflexe – beispielsweise von einem bearbeiteten Werkstück oder von einem Strahlführungssystem – eher zu störenden Einflüssen des Laserbetriebs kommen als bei Resonatoren mit kleinen Auskoppelgraden.

2.2.6   Betriebsarten von Lasern

Ohne auf die technischen Einzelheiten einzugehen, seien abschließend die unterschiedlichen Laserbetriebsarten erwähnt.

Im *Dauerstrich*betrieb – im Englischen mit cw für continuous wave abgekürzt – wird der Laser kontinuierlich angeregt und betrieben. In der Materialbearbeitung werden solche Laser mit bis zu einigen kW an Leistung betrieben und beispielsweise zum Schneiden oder Schweißen – also hauptsächlich in der Makromaterialbearbeitung – eingesetzt.

Im Gegensatz dazu kann die Anregung auch *gepulst* erfolgen. Der Laserbetrieb wird damit zwischen den Pulsen immer wieder unterbrochen. Typische Pulsdauern reichen von einigen µs bis einige hundert ms.

Kürzere Pulse können mit der so genannten *Güteschaltung* erreicht werden (engl. Q-switch). Hier wird der Laserbetrieb im Resonator zunächst unterdrückt, damit sich durch die dabei ungehindert vonstatten gehende Anregung eine hohe Inversion aufbauen kann. Sobald die Unterdrückung der stimulierten Emission aufgehoben wird, entsteht ein kurzer und intensiver Laserpuls. Die Pulsdauern dieser so genannten Kurzpulslaser liegen im Nanosekundenbereich. Die Anregung kann hier entweder gepulst (niedrige Repetitionsrate) oder kontinuierlich (bei hohen Pulswiederholraten) erfolgen.

Die kürzesten Laserpulse werden durch die so genannte *Modenkopplung* erzeugt. Hier macht man sich zu Nutze, dass in einem Resonator eine große Anzahl longitudinaler Moden mit unterschiedlichen Frequenzen im Abstand $\Delta\nu = c/2L$ schwingen (wo L die Resonatorlänge ist). Durch eine Phasenkopplung dieser Moden kann eine Schwebung erzeugt werden, die zu sehr kurzen und sehr intensiven Laserpulsen führt. Die so erzeugten Pulsdauern decken den Bereich von einigen fs bis einige Hundert ps ab. Solche Laser werden gemeinhin als Ultrakurzpuls-Laser bezeichnet.

---

[9] Die dafür benutzten Begriffe „stabil" und „instabil" beschreiben ausschliesslich geometrische Verhältnisse und haben mit dem zeitlichen Verhalten der ausgekoppelten Strahlung nichts zu tun!

2.3 Strahlquellen für die Fertigung

Es ist üblich, die verschiedenen Laser nach besonderen Merkmalen des laseraktiven Mediums zu benennen. Die im industriell-fertigungstechnischen Umfeld gebräuchlichsten Bezeichnungen sind Gaslaser, Festkörperlaser, Diodenlaser (bzw. Halbleiterlaser), Faserlaser, Excimer-Laser und Farbstofflaser. Diese Einteilung ist zwar inkonsistent, da z. B. sowohl Faserlaser als auch Diodenlaser im physikalischen Sinne Festkörperlaser sind. Andererseits heben diese Bezeichnungen besondere Merkmale der unterschiedlichen Laserkonzepte hervor. Ein anderes Kennzeichnungsmerkmal ist die Art des Pumpens, wonach zwischen optisch, elektrisch, chemisch etc. angeregten Laser zu unterscheiden wäre.

Die Vielfalt der heute bekannten Laser ist zu umfangreich, um hier auf jede Variante einzeln eingehen zu können. Stattdessen sollen im Folgenden die prinzipiellen Funktionsweisen oben genannter Lasertypen kurz erläutert und bei den wichtigsten Klassen exemplarisch auf einige für die Materialbearbeitung besonders wichtige und dort verbreitete Lasersysteme konkret eingegangen werden.

2.3.1 Festkörperlaser

Wie der Name sagt, besteht das laseraktive Medium dieser Laser aus einem Festkörper. Heute sind dies in den allermeisten Fällen monokristalline Stäbe, Scheiben oder Quader (englisch: slab). Man spricht daher auch von Stab-, Scheiben- oder Slab-Lasern. Zur Erzeugung und Verstärkung der Laserstrahlung sind die Laserkristalle mit laseraktiven Ionen wie Neodym, Ytterbium, Erbium etc. dotiert. Bei Stablasern wurden früher auch mit laseraktiven Ionen dotierte Gläser verwendet. Abgesehen von den homogeneren spektroskopischen Eigenschaften besteht der herausragende Vorteil der Kristalle in der gegenüber Glas wesentlich höheren Wärmeleitfähigkeit und der höheren Bruchfestigkeit.

Die für einen effizienten Laserbetrieb erforderlichen Qualitäten des Lasermediums stellen sehr hohe Anforderungen an die Kristallzucht. Seit einigen Jahren wird daher auch an der Entwicklung so genannter keramischer Festkörperlaser gearbeitet. Diese bestehen im Wesentlichen aus demselben Material wie die herkömmlichen Laserkristalle, werden aber in Pulverform zu beliebigen Geometrien versintert. Dabei ist die Herstellung des kristallinen Pulvers einfacher als die Zucht großer Kristalle, aus denen erst danach die gewünschten Geometrien ausgesägt oder ausgebohrt werden.

Festkörperlaser werden ausnahmslos optisch angeregt. In den Anfängen standen dazu nur Blitzlampen zur Verfügung. Aufgrund der wesentlich höheren Effizienz setzen sich heute mehr und mehr Diodenlaser als Pumplichtquelle durch. Als separate Kategorie wird der Diodenlaser später in Abschnitt 2.3.1.6 behandelt.

2.3.1.1 Der Rubinlaser

Die erste experimentelle Realisierung eines Lasers gelang T. H. Maiman 1960 mit einem blitzlampengepumpten Rubin. Heute ist dieser Laser allerdings nur noch von historischer Bedeutung und soll hier auch aus diesem Grund erwähnt werden. Der Rubin ist ein Edelstein aus der Familie der Korunde (Al_2O_3, auch Saphir genannt), der aufgrund eines geringen An-

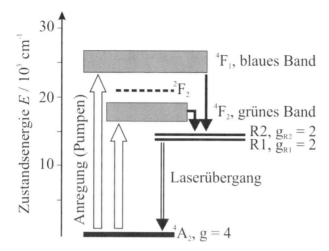

Bild 2.28 Energieschema des Rubinlasers. Die optische Anregung erfolgt über zwei Absorptionsbänder im grünen und blauen Spektralbereich. Die Entartungsgrade der einzelnen Zustände sind mit g bezeichnet.

teils von Chrom eine rötliche Verfärbung aufweist. Für die Verwendung als Laserkristall sind im Rubinkristall bis zu 1 % der Al^{3+}-Ionen des Saphir-Kristallgitters durch Cr^{3+}-Ionen ersetzt. Das Energiespektrum (ausgedrückt in so genannten Wellenzahlen $\nu = 1/\lambda$, einer in der Spektroskopie üblichen Energieeinheit) dieser Cr-Ionen ist in Bild 2.28 wiedergegeben. Beim Rubinlaser handelt es sich also um einen reinen 3-Niveaux-Laser.

Die optische Anregung des Rubinlasers erfolgt über die zwei spektroskopisch mit $^4F_2$ und $^4F_1$ bezeichneten Absorptionsbänder im grünen und blauen Spektralbereich. Die Absorptionsbänder sind breit genug, um die Anregung mittels Blitzlampen zu ermöglichen. Die Anregung des ersten Rubinlasers erfolgte mit einer Blitzlampe, welche spiralförmig um den Rubinstab angeordnet war, so wie dies in Bild 2.29 skizziert ist. Die beiden polierten Endflächen des Rubinstabes von Maiman waren teildurchlässig verspiegelt und bildeten so den optischen Laserresonator.

Wegen der höheren Boltzmannbesetzung im tiefer liegenden Laserniveau R1 erreicht der Laserübergang, der vom Zustand R1 ausgeht, die Inversionsbedingung vor dem Übergang ab

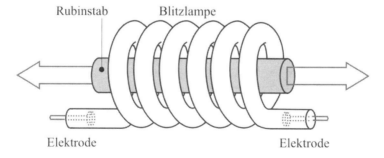

Bild 2.29 Aufbau des ersten Rubinlasers.

dem Niveau R2. Die Laseremission erfolgt somit immer über das Niveau R1 und weist eine Wellenlänge von 694,3 nm auf.

Die Entartungen der beteiligten Energiezustände kommen dem Laserbetrieb vereinfachend zugute. Da der Grundzustand im Gegensatz zur zweifachen Entartung des oberen Laserniveaus R1 sogar vierfachen entartet ist, muss die totale Besetzung in R1 nur die Hälfte der totalen Besetzung des Grundzustandes betragen, um die Inversionsbedingung zu erreichen.

Ähnlich wie der Rubinlaser wurden später auch andere Festkörperlaser aufgebaut, insbesondere – zumindest in den Anfängen – der Nd:YAG-Stablaser.

2.3.1.2   Nd:YAG Stab- und Slablaser

Nd:YAG steht für Neodym dotierter Yttrium-Aluminium-Granat. Dabei werden bis zu 2% (meist aber nur 1.1%) der Y^{3+}-Ionen des $Y_3Al_5O_{12}$-Kristallgitters durch Nd^{3+}-Ionen ersetzt. Der große Vorteil des Nd:YAG-Lasers ist sein Vier-Niveaux-Energieschema, welches in Bild 2.30 dargestellt ist. Nd:YAG-Laser sind daher vergleichsweise einfach kontinuierlich zu betreiben. In diesem Energiespektrum nicht eingezeichnet sind die bei der Anregung durch Lampen verwendeten Absorptionsbänder. Der Laserübergang findet zwischen den mit $^4F_{3/2}$ und $^4I_{11/2}$ bezeichneten Energiezuständen der Nd^{3+}-Ionen statt und weist eine Wellenlänge von 1064 nm auf.

Nebst dem reinen Vier-Niveaux-System zeichnet sich Nd:YAG auch durch einen vergleichsweise hohen Wirkungsquerschnitt für stimulierte Emission aus, was nach (2.122)

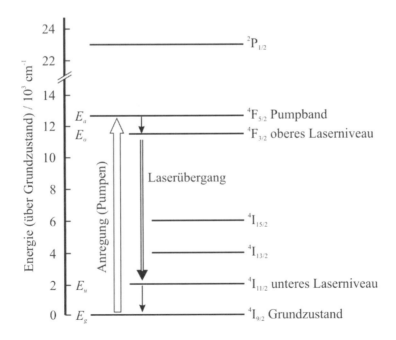

Bild 2.30 Vereinfachtes Energieschema des Nd:YAG-Lasers.

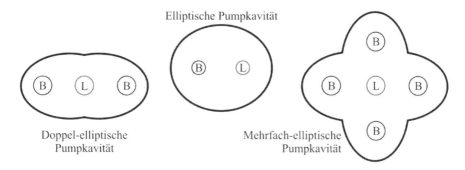

Elliptische Pumpkavität

Doppel-elliptische
Pumpkavität

Mehrfach-elliptische
Pumpkavität

Bild 2.31 Schematische Anordnung elliptischer Pumpkavitäten. In den gezeigten Querschnitten sind die stabförmigen Blitzlampen (B) und der Laserstab (L) skizziert.

für die Verstärkung vorteilhaft ist. Für den Übergang bei 1064 nm beträgt dieser $\sigma_{ou} = 2{,}8 \times 10^{-19}$ cm^2 [13]. Weiter besitzt YAG auch eine gute Wärmeleitfähigkeit von 0,13 Wcm^{-1}K^{-1} (bei Raumtemperatur) [13], was eine effiziente Kühlung und damit hohe Leistungsdichten zu realisieren erlaubt.

Obwohl die Bezeichnung Blitzlampe auf das kurze Aufblitzen früherer Anregungslampen zurückgeht, werden je nach Betriebsweise neben den gepulsten Blitzlampen auch kontinuierlich betriebene Lampen eingesetzt. Um die verfügbare Pumpstrahlung möglichst effizient auszunutzen, werden die stabförmigen Blitzlampen dabei mittels einfach-, doppelt- oder mehrfach-elliptischen Pumpkavitäten auf den Laserstab abgebildet, wie dies in Bild 2.31 skizziert ist. Sowohl der Laserstab als auch die Blitzlampen sind zur Kühlung dabei direkt mit Wasser umströmt. Die Wände der Pumpkavitäten sind poliert und zur Erhöhung des Reflexionsgrades meist vergoldet.

Alternativ zu Laserstäben werden gelegentlich auch prismatische Scheiben – so genannte Slabs – eingesetzt, wobei der Laserstrahl, wie in Bild 2.32 dargestellt, entweder wie beim

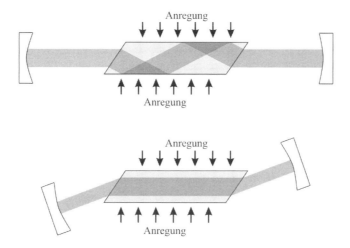

Anregung

Anregung

Anregung

Anregung

Bild 2.32 Schematische Darstellung der Anregungs- und Resonatorgeometrie bei Slablasern.

Stab gerade oder im Zickzack über mehrere Reflexionen durch den Laserkristall geführt wird. Die optische Anregung kann dabei durch jede beliebige Oberfläche des Lasermediums erfolgen.

Bei Slablasern oder bei Laserstäben mit rechteckigem Querschnitt werden die Ein- und Austrittsflächen oft im Brewster-Winkel geschnitten [2]. Dies hat den Vorteil, dass der p-polarisierte Laserstrahl auch ohne optische Vergütung der Flächen absolut verlustfrei transmittiert wird. Gleichzeitig wirkt der Laserkristall so als Polarisator und erzeugt damit einen linear polarisierten Laserstrahl.

Verglichen mit der Anregung mittels Diodenlasern hat die Verwendung von Lampen eine ganze Reihe von Nachteilen. Der wohl gravierendste Nachteil ist im breiten Emissionsspektrum der Lampen begründet, welches in der Regel wesentlich breiter ist als die Absorptionslinien der laseraktiven Medien. Dadurch wird nur ein geringer Anteil der verfügbaren Pumpleistung im Lasermedium absorbiert und ausgenutzt. Darüber hinaus können die hohen UV-Anteile im Spektrum auch unerwünschte Auswirkungen auf das Lasermedium selbst (Bildung von Farbzentren) oder andere optische Komponenten haben.

Diodenlaser weisen hingegen ein wesentlich schmaleres Emissionsspektrum auf, welches zudem gezielt auf die stärksten Absorptionslinien des Lasermediums abgestimmt werden kann. Nd:YAG-Laser werden mit Dioden bei einer Wellenlänge um 808 nm angeregt, wobei diese in der Regel eine spektrale Bandbreite von weniger als 5 nm aufweisen und so sehr gut vom Absorptionsband des Nd:YAG abgedeckt werden. Wie dies in Bild 2.33 anhand typischer Werte zusammengestellt ist, weisen diodengepumpte Festkörperlaser wegen der effizienteren Ausbeute der Pumpstrahlung daher einen wesentlich höheren Gesamtwirkungsgrad auf.

Der Einsatz von Diodenlasern führt derzeit im Vergleich zu Lampen noch zu leicht höheren Investitionskosten. Wegen des günstigeren Verhältnisses von Strahlleistung und Verlustwärme im Lasermedium bieten diodengepumpte Laser jedoch bei gleicher Ausgangsleistung wesentlich bessere Strahleigenschaften, im Sinne eines geringeren Strahlparameterproduktes. Thermisch verursachte Störungen erschweren nämlich die Erzeugung von Laserstrahlen mit guter

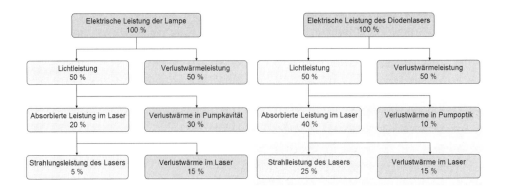

Bild 2.33 *Links*: typische Leistungsbilanz lampengepumpter Lasersysteme. *Rechts*: typische Leistungsbilanz diodengepumpter Lasersysteme.

Fokussierbarkeit. Besonders ausgeprägt sind diese Effekte in seitlich gekühlten Medien, weil dort die Temperaturverteilung und damit der Brechungsindex über den Querschnitt des Laserstrahles nicht konstant verläuft (siehe Fußnote auf Seite 53).

Stab- und Slablaser werden auch mit Diodenlasern meist seitlich angeregt. Die möglichen Anordnungen sind dabei sehr vielfältig. Die Hochleistungsdiodenlaser können dabei entweder als einzelne Barren montiert werden oder zu ganzen Stacks zusammengefasst sein. Da in der Regel die Diodenstrahlung in einem einzigen Durchgang durch den Stab nicht vollständig absorbiert werden kann, wird die verbleibende Strahlung oft mittels eines Reflektors nochmals zurück in den Stab geleitet.

Wegen der auch bei Hochleistungslaserdioden im Vergleich zu Lampen wesentlich stärker gerichteten Abstrahlung können Festkörperlaser mittels Dioden auch longitudinal angeregt werden. In solchen Systemen wird der Laserstab durch eine oder (seltener) durch beide Endflächen hindurch mittels eines kollimierten Diodenlaserstrahls angeregt. Wird nur eine Seite des Stabes gepumpt, dient diese meistens auch gleich als Resonator-Endspiegel und ist daher mit entsprechenden dielektrischen Beschichtungen versehen (hochreflektierend für die Laserwellenlänge und hochtransmittierend für die Pumpwellenlänge). Wegen den räumlich eingeschränkten Möglichkeiten für die Zuführung der Pumpstrahlung werden endgepumpte Nd:YAG-Laser nur bei vergleichbar niedrigen Leistungen eingesetzt. Analoge Anordnungen können auch bei Slablasern benutzt werden.

Sowohl lampengepumpte als auch diodengepumpte Stablaser werden heute mit kontinuierlichen Ausgangsleistungen bis zu mehreren kW kommerziell angeboten. Lampengepumpte Nd:YAG-Laser mit einer Ausgangsleistung von z. B. 4 kW erreichen ein Strahlparameterprodukt von etwa 25 mm×mrad. Ihr Gesamtwirkungsgrad beträgt allerdings lediglich etwa 3%. Demgegenüber sind diodengepumpte Nd:YAG-Stablaser bei derselben Ausgangsleistung schon mit einem Strahlparameterprodukt von 16 mm×mrad und einem Gesamtwirkungsgrad von 10% erhältlich. Noch bessere Strahlqualitäten und Wirkungsgrade von über 20% werden heute nur mit den weiter unten behandelten Scheibenlasern oder mit Faserlasern erreicht.

Kontinuierlich betriebene (cw) Laser hoher Leistung werden hauptsächlich in der Makro-Materialbearbeitung für Anwendungen wie Schweißen und Schneiden eingesetzt.

Gepulst angeregte Nd:YAG-Laser sind heute oft noch lampengepumpt. Typische Pulsdauern liegen zwischen 0,1 bis 100 ms und sind im Wesentlichen durch die Dauer der Anregungspulse bestimmt. Die Energie der Einzelpulse kann je nach Anwendung sehr unterschiedlich gewählt sein und beträgt je nach Pulsdauer zwischen 0,1 und 70 J. Die Pulsspitzenleistung liegt dabei in der Regel unter 10 kW. Die Pulsrepetitionsrate kann vom Einzelpulsbetrieb bis in die Größenordnung kHz variieren und bestimmt so die mittlere Leistung des Lasers. Derartige Laser werden in der Mikro-Bearbeitung – wie Bohren und Strukturieren – mit hohen Spitzenleistungen aber moderaten mittleren Leistungen eingesetzt.

Sind deutlich kürzere Pulse erforderlich, so werden die in Abschnitt 2.2.6 genannten Methoden der *Güteschaltung* oder der *Modenkopplung* eingesetzt. Mittels Güteschaltung werden in Nd:YAG-Lasern bei nahezu beugungsbegrenzter Strahlqualität Pulsdauern in der Größenordnung von 100 ns erzeugt. Für die Erzeugung von kurzen und ultrakurzen Pulsen im Pikosekunden- und Femtosekunden-Bereich gibt es allerdings geeignetere Lasermaterialien und -konzepte, die weiter unten beschrieben werden.

2.3.1.3 Yb:YAG-Scheibenlaser

Die Erzeugung guter Strahlqualität in Stab- und Slablasern wird durch die quer zur Strahlaus-
breitungsrichtung inhomogene Temperaturverteilung im laseraktiven Medium stark beeinträchtigt. Diesbezüglich bietet der Scheibenlaser einen ganz entscheidenden Vorteil. Wie in
Bild 2.34 dargestellt, besteht hier das Lasermedium aus einer dünnen Scheibe von typisch 0,1
bis 0,3 mm Dicke, die in Richtung der Strahlachse flächig gekühlt wird. Dies hat den großen
Vorteil, dass quer zum Strahl die Temperaturgradienten und die damit verbundenen inhomogenen Veränderungen der optischen Eigenschaften stark vermindert werden [14], [15].

Das günstige Verhältnis von gekühlter Stirnfläche zu Volumen erlaubt zudem eine sehr effiziente Kühlung des Laserkristalls. Dazu wird die Scheibe auf eine wassergekühlte Wärmesenke gelötet oder geklebt. Zur Vermeidung von Spannungen und Verformungen sollten dabei
die thermischen Ausdehnungskoeffizienten von Kühlkörper und Lot auf den des Laserkristalls
abgestimmt sein. Die gekühlte Rückseite der Laserkristallscheibe dient gleichzeitig als
Resonatorspiegel. Der Laserstrahl wird also in seinem Doppeldurchgang durch die dünne
Scheibe verstärkt.

Im Gegensatz zu den oben beschriebenen Stablasern wird der Scheibenlaser gewöhnlich nicht
seitlich angeregt. Die Pumpstrahlung wird von vorne auf die Scheibe geleitet und ebenfalls an
der Rückseite reflektiert. Ein einfacher Doppeldurchgang reicht für eine effiziente Absorption
der Pumpstrahlung allerdings bei weitem nicht aus. Um eine gute Pumpeffizienz zu erreichen,
wird das Pumplicht, wie in Bild 2.35 dargestellt, z. B. über einen Parabolspiegel und vier
Prismen wiederholt auf die Scheibe abgebildet. Mit dieser Maßnahme wird die effektive Absorptionslänge der Pumpstrahlung in der Scheibe auf das 16-fache ihrer Dicke vergrößert.

Damit die Anregung im Laserkristall möglichst homogen ist, wird die Strahlung der Pump-
dioden zur Homogenisierung entweder durch ein Faserbündel oder durch einen einfachen
Glasstab geleitet und danach mit einer Linse kollimiert. Von da gelangt der Pumpstrahl zunächst ein erstes Mal auf den Parabolspiegel (z. B. Position 1). Der Parabolspiegel fokussiert
den Pumpstrahl auf den Laserkristall. Nach dem ersten Doppeldurchgang durch den Laserkristall trifft der Pumplichtstrahl erneut auf den Parabolspiegel (Position 2) und wird von dort
auf ein Umlenkprisma geleitet. Das Umlenkprisma erzeugt einen Strahlversatz, damit der
Pumplichtstrahl um einen bestimmten Betrag verschoben auf den Parabolspiegel gelangt (Po-

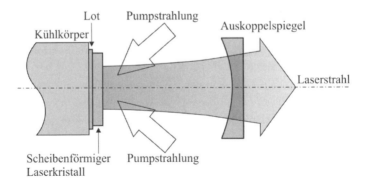

Bild 2.34 Schematischer Aufbau eines Scheibenlasers.

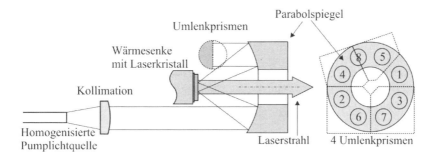

Bild 2.35 Schema der Pumpoptik des Scheibenlasers. Der Pumpstrahl wird hier über einen Parabol-spiegel und vier Prismen wiederholt auf die Laserscheibe abgebildet. Der Laserstrahl wird durch eine Aussparung in der Mitte des Parabolspiegels hindurch geführt.

sition 3) und von dort erneut auf die Laserscheibe abgebildet wird. Dies kann so oft wieder-holt werden, dass die Gesamtabsorption der Pumpstrahlung im Kristall gut 90 % beträgt.

Die mit dieser Anregungsoptik erreichte hohe Pumpleistungsdichte in der Laserscheibe eignet sich insbesondere auch zur Anregung von Quasi-3-Niveaux-Medien wie das im Scheibenlaser häufig verwendete Yb:YAG, dessen Energieniveaux in Bild 2.36 dargestellt sind. Yb:YAG kann auch mit vergleichsweise hohen Dotierungskonzentrationen gezüchtet werden, was einer starken Absorption der Pumpstrahlung zusätzlich entgegenkommt. Mittels Diodenlaser bei einer Wellenlänge von 941 nm gepumpt, erfolgt der Laserübergang bei einer Wellenlänge von 1030 nm. Da die Energie des unteren Laserniveaus nur knapp über der Grundzustandsenergie liegt, ist dieses bei einer durchaus üblichen Betriebstemperatur von 100 °C bereits mit 7,6% der Yb-Ionen besetzt. Trotzdem ist dank der hohen Pumpintensität bei dieser Anregungsme-

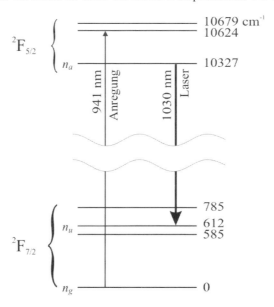

Bild 2.36 Energieniveaux und Übergänge im Yb:YAG-Laserkristall.

thode des Scheibenlasers und wegen der vergleichsweise geringen Energiedifferenz zwischen Anregung und Laseremission ein sehr effizienter Laserbetrieb möglich [15].

Kommerziell sind heute Yb:YAG-Scheibenlaser bis zu einer kontinuierlichen Leistung von 8 kW (demnächst auch 12 kW) mit einem Strahlparameterprodukt von 6 mm×mrad (nach der in der Praxis üblicherweise mittels eines Lichtleitkabel erfolgenden Strahlführung) und einem Gesamtwirkungsgrad von über 25% erhältlich. Die Leistungsskalierung erfolgt dabei grundsätzlich über eine Vergrößerung des gepumpten Durchmessers auf der Scheibe und durch Verwendung mehrerer Scheiben im Resonator, so wie es in Bild 2.37 zu sehen ist.

Scheibenlaser gibt es auch modengekoppelt, hochrepetitiv gütegeschaltet, frequenzvervielfacht oder als (regenerative) Verstärker für kurze und ultrakurze Pulse.

Die bei Wellenlängen um 1 μm mögliche, äußerst flexible Strahlführung mittels Glasfasern über sehr große Distanzen ist im industriellen Umfeld ein wichtiger Aspekt und Anwendungsvorteil. Aufgrund seiner spezifischen Eigenschaften und insbesondere wegen des geringen Auskopplungsgrades (siehe Abschnitt 2.2.5) kann der Strahl von Hochleistungsscheibenlasern (cw) ohne jegliche Schwierigkeiten weit über 100 m durch Lichtleitkabel übertragen werden. Dies ist derzeit mit keinem anderen Lasersystem möglich, wo nichtlineare Effekte und Rückreflexe aus der Glasfaser in den Resonator den Laserbetrieb gefährlich beeinflussen können.

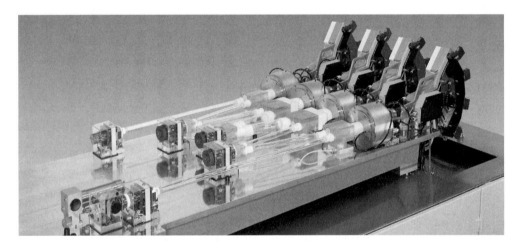

Bild 2.37 Scheibenlaser mit gefaltetem Resonator und vier Scheibenmodulen [Quelle: TRUMPF].

2.3.1.4   Andere Festkörperlaser

Besonders für die Erzeugung kurzer Pulse durch Güteschaltung oder ultrakurzer Pulse durch Modenkopplung gibt es Medien mit geeigneteren spektroskopischen Eigenschaften als die genannten Nd:YAG- und Yb:YAG-Laserkristalle. Dazu zählen insbesondere Nd:YLF, Nd:YVO$_4$ oder Ti:Saphir.

Bei Nd:YLF ist vor allem die vergleichsweise lange Fluoreszenzlebensdauer (480 μs gegenüber 270 μs bei Nd:YAG) für gepulst angeregte, gütegeschaltete Laser mit niedrigen Repetitionsraten bis 2 kHz von Vorteil (weil deshalb nach (2.119) und (2.121) die Energieverluste aus dem oberen Laserniveau infolge spontaner Emission sehr gering sind). Kommerzielle Nd:YLF-Laser erzeugen bei einer mittleren Leistung von typischerweise 20 W und beugungsbegrenzter Strahlqualität Pulse mit 20 bis 60 ns Länge bei Pulsrepetitionsraten in der Größenordnung von kHz bis etwa 20 kHz (kontinuierlich angeregt).

Im gütegeschalteten Betrieb führt bei Nd:YVO$_4$ insbesondere der sehr große Wirkungsquerschnitt für stimulierte Emission zu deutlich kürzeren Pulsen. Hier gibt es kommerzielle Systeme, die bei einer mittleren Leistung zwischen einigen Watt und etwa 20 W Pulsdauern von 10 bis 20 ns und beugungsbegrenzte Strahlqualität bei typischen Repetitionsraten um 50 kHz, aber auch bis zu 200 kHz liefern.

Das im Vergleich zu Nd:YAG breitere Emissionsspektrum von Nd:YVO$_4$ führt auch im modengekoppelten Betrieb zu kürzeren Laserpulsen von deutlich unter 100 ps. Bei Pulsenergien bis zu 300 μJ und 30 kHz Repetitionsrate (also ca. 10 W mittlere Leistung) liefern kommerzielle MOPA-Systeme etwa 12 ps Pulsdauer. MOPA steht dabei für Master Oscillator Power Amplifier, was bedeutet, dass die kurzen Pulse zunächst in einem Laseroszillator erzeugt und danach in einem Laser-Verstärkersystem verstärkt werden.

Noch viel kürzere Laserpulse werden jedoch mit modengekoppelten Ti:Saphir-Lasern erreicht. Diese können bis zu wenigen fs (Femtosekunden) betragen. Bei kommerziellen Systemen für die Materialbearbeitung sind die Pulse dieses Lasersystems jedoch in der Regel länger als 100 fs. Die Pulsrepetitionsrate beträgt dabei typischerweise 80 MHz, und die mittlere Leistung übersteigt kaum 2 Watt. Mit ebenfalls kommerziell erhältlichen Verstärkern kann die Pulsenergie mit einer Repetitionsrate von wenigen kHz auf bis über 2 mJ gesteigert werden.

2.3.1.5   Faserlaser

Lichtführung in Fasern

Wie aus der Telekommunikation bekannt ist, können Lichtstrahlen in optischen Glasfasern geführt werden. In der sehr vereinfachten Betrachtungsweise der geometrischen Optik – also unter Vernachlässigung der Wellennatur des Lichtes – kann die Strahlführung in Glasfasern mit der Totalreflexion am Übergang von einem höherbrechenden (Brechungsindex n_1) in ein niedrigbrechendes (Brechungsindex $n_2 < n_1$) Medium erklärt werden. Wie in Bild 2.38 gezeigt, besagt das Brechungsgesetz von Snellius

$$n_1 \sin(\alpha_1) = n_2 \sin(\alpha_2),\tag{2.138}$$

dass der in das niederbrechende Medium eindringende Strahl vom Lot weg gebrochen wird. Dies geht allerdings nur bis zu einem maximalen Einfallswinkel α_g, bei dem der gebrochene Strahl genau in der Grenzfläche der beiden Medien verläuft, also $\alpha_2 = 90°$, wie rechts in Bild 2.38 dargestellt. Ist der Einfallswinkel α_1 größer als der Grenzwinkel α_g, so wird der Strahl nicht mehr ins niederbrechende Medium gelangen, sondern an der Grenzfläche vollständig reflektiert – es erfolgt die so genannte Totalreflexion.

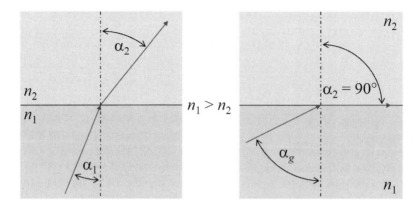

Bild 2.38 Brechung eines geometrischen Lichtstrahles. Rechts: Grenzwinkel für Totalreflexion.

Der Grenzwinkel α_g für Totalreflexion lässt sich sehr einfach aus der genannten Bedingung $\alpha_2 = 90°$ berechnen. Damit gilt nämlich $\sin(\alpha_2) = 1$ und aus (2.138) folgt

$$\sin(\alpha_g) = \frac{n_2}{n_1} \,. \tag{2.139}$$

Wie in Bild 2.39 dargestellt, kann diese Totalreflexion zur Führung von Lichtstrahlen in optischen Glasfasern ausgenutzt werden. Die Strahlführung erfolgt in einem Kern (engl. *core*), der von einem niederbrechenden Mantel (engl. *cladding*) umgeben ist.

Aus der Bedingung für Totalreflexion zwischen Kern und Mantel folgt, dass nur Lichtstrahlen bis zu einem maximalen Einfallswinkel α_{max} in die Glasfaser eingekoppelt und dort auch geführt werden können. Durch Anwendung des Brechungsgesetzes (2.138) auf die Brechung des gestrichelt gezeichneten Strahles an der Eintrittfläche links in Bild 2.39,

$$n_0 \sin(\alpha_{max}) = n_1 \sin(90° - \alpha_g) \,, \tag{2.140}$$

lässt sich der maximal zulässige Einkoppelwinkel einer Glasfaser bestimmen. Zunächst gilt

$$n_0 \sin(\alpha_{max}) = n_1 \sin(90° - \alpha_g) = n_1 \cos(\alpha_g) = n_1 \sqrt{1 - \sin^2(\alpha_g)} \,. \tag{2.141}$$

Mit (2.139) folgt schließlich

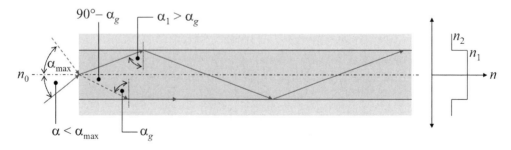

Bild 2.39 Strahlführung durch Totalreflexion in einer optischen Glasfaser.

$$n_0 \sin(\alpha_{max}) = n_1 \sqrt{1 - \frac{n_2^2}{n_1^2}} = \sqrt{n_1^2 - n_2^2} \ . \tag{2.142}$$

Wird davon ausgegangen, dass die Umgebung einen Brechungsindex von $n_0 = 1$ hat, so folgt für den maximal zulässigen Einkoppelwinkel

$$\sin(\alpha_{max}) = \sqrt{n_1^2 - n_2^2} \ . \tag{2.143}$$

Man nennt diesen Ausdruck die *numerische Apertur* (NA) des optischen Wellenleiters.

Zusammen mit dem Durchmesser des Faserkerns lässt sich daraus das maximale Strahlparameterprodukt berechnen, welches in eine gegebene Faser eingekoppelt und darin übertragen werden kann. Gleichzeitig kommt damit auch zum Ausdruck, dass ein umso niedrigeres Strahlparameterprodukt erforderlich ist, je geringer der Faserdurchmesser und die NA sein sollen.

Die soeben beschriebenen Betrachtungen vernachlässigen die Wellennatur des Lichtes. Ist der Faserkern klein und der Unterschied zwischen den Brechzahlen von Kern und Mantel gering, so ist eine sorgfältigere Behandlung auf der Grundlage der Maxwell-Gleichungen erforderlich. Dies ist insbesondere dann der Fall, wenn eine Glasfaser nur eine einzige Grundmode (single-mode Faser) oder wenige transversale Moden führen soll. Wie in Bild 2.40 dargestellt, zeigt die Lösung der Maxwell-Gleichungen, dass das Feld einer solchen Mode weit über den Kern in den Mantel hineinragt. Dieses Feld im Bereich des Fasermantels wird *evaneszentes Feld* genannt.

Aktive Fasern: Faserlaser

Aktive Laser-Fasern unterscheiden sich von optischen Fasern zur passiven Strahlführung dadurch, dass der Faserkern zusätzlich mit laseraktiven Ionen wie Nd, Yb, Er etc. dotiert ist. Zur Anregung dieser Ionen wird der Faserlaser mit Diodenlaserstrahlung gepumpt. Wegen der typischerweise sehr kleinen Kerndurchmesser von wenigen Mikrometern wäre die Anregungseffizienz bei seitlicher Bestrahlung der Faser jedoch völlig unzureichend. Die Pumpstrahlung wird daher longitudinal in die Faser eingekoppelt und wie die zu erzeugende Laserstrahlung in der Faser geführt.

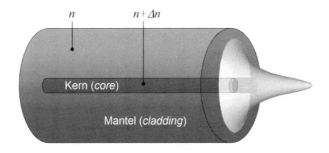

Bild 2.40 Amplitudenverteilung der Grundmode in einer single-mode Faser.

Wollte man die Pumpstrahlung ausschließlich im Faserkern führen, so müsste die Strahlqualität des Pumplasers allerdings praktisch gleich hoch sein, wie jene der zu erzeugenden Laserstrahlung. Um die hochgradig multimodige Pumpstrahlung der Diodenlaser in der Faser entlang des Laserkerns führen zu können, werden daher so genannte *double-cladding* Fasern eingesetzt. In diesen Fasern bilden der Laserkern und das erste Cladding den Wellenleiter für die zu erzeugende Laserstrahlung. Die Pumpstrahlung wird hingegen innerhalb dieses ersten Claddings geführt, wozu darum herum ein zweites Cladding mit einem noch tieferen Brechungsindex angebracht wird [16].

Bei vollständig konzentrisch aufgebauten double-cladding Fasern ist die Absorption der Pumpstrahlung im Laserkern eher gering, weil nur die tiefsten transversalen Moden des Pumpstrahls einen ausreichenden Überlapp mit dem Faserkern aufweisen. Um auch die höheren transversalen Moden des Pumpstrahls zu absorbieren, muss durch entsprechende Symmetriebrechungen die Strahlausbreitung gezielt beeinflusst werden. Wie in Bild 2.41 skizziert, wird dies in der Regel durch entsprechend asymmetrisch geformte Pump-Claddings und eine Biegung der Fasern erreicht [17].

Industriell wurden Faserlaser und vor allem faseroptische Laserverstärker zuerst hauptsächlich in der Telekommunikation eingesetzt. Nachdem der Telekommunikationsmarkt vor wenigen Jahren abrupt einbrach, wurde im Hochleistungsbereich für die Laser-Materialbearbeitung ein neues Geschäftsfeld entdeckt. Kommerziell sind heute bereits Grundmode-Faserlaser von über 1 kW mittlerer Leistung erhältlich. Neben der ausgezeichneten Strahlqualität, selbst bei Leistungen um 10 kW (wo die Leistungsskalierung durch inkohärente Überlagerung mehrerer Strahlen realisiert wird), zeichnen sich Faserlaser auch durch einen sehr hohen Gesamtwirkungsgrad von gegenwärtig bis zu 25% aus. Da die Leistung auf Faserlängen von einigen Metern verteilt wird, ist die Kühlung von Hochleistungsfaserlaser selbst bei Leistungen von mehreren kW unproblematisch und verursacht kaum thermisch induzierte Störungen.

Wegen des breiten Emissionsspektrums der laseraktiven Ionen in der Glasmatrix eignen sich Faserlaser auch zur Erzeugung ultrakurzer Pulse durch Modenkopplung; aber auch Güteschaltung ist möglich. Derartige Geräte finden Anwendung als Markierlaser und für weitere feinwerk- und mikrotechnische Verfahren wie Abtragen und Bohren.

Der große Vorteil der Faserlaser ist, dass die transversale Qualität des Laserstrahles alleine durch die Faserstruktur – also hauptsächlich durch Kerndurchmesser und Brechungsindexprofil – bestimmt wird. Thermische Einflüsse sind bis zu Leistungen von wenigen kW vernachlässigbar. Die Erzeugung einer guten Strahlqualität (kleines Strahlparameterprodukt) erfordert aber einen Faserkern mit sehr geringer numerischer Apertur (kleine Divergenz) und sehr klei-

Bild 2.41 Double-Cladding-Fasergeometrien zur Steigerung der Anregungseffizienz. Das dunkel gefärbte Cladding dient der Führung des Pumpstrahles.

nem Kerndurchmesser. Wie oben mit (2.143) gezeigt, erfordert eine kleine numerische Apertur einen geringen Brechzahlunterschied Δn zwischen dem Kern und dem ersten Cladding. Jedoch führt zum einen der kleine Kerndurchmesser zu einer hohen Leistungsdichte des geführten Laserstrahles und andererseits nimmt die Führungseigenschaft der Faser mit abnehmendem Δn ab. Noch bevor die Faser durch den Laserstrahl beschädigt wird, bewirken die hohen Intensitäten im Faserkern nichtlineare Effekte, welche den Laserbetrieb empfindlich beeinträchtigen. Gegenwärtige Entwicklungen streben daher einen möglichst großen effektiven Kernquerschnitt bei gleichzeitig noch brauchbaren Wellenleitereigenschaften an.

2.3.1.6 Diodenlaser

Diodenlaser nehmen heute eine besondere Stellung ein, indem sie zunehmend auch zur Anregung anderer Laser (Festkörperlaser und Faserlaser) eingesetzt werden. In der Materialbearbeitung beschränkt sich ihre direkte Anwendung heute hingegen auf Verfahren mit geringen Anforderungen an die Fokussierbarkeit der Laserstrahlung.

Wie der Name verrät, besteht ein Diodenlaser aus einer Halbleiterdiode, die wie eine Leuchtdiode Licht erzeugen kann, aber zusätzlich die stimulierte Strahlungsverstärkung in einem Laserresonator ausnutzt. Die Lichterzeugung basiert dabei auf der Energieabstrahlung der Elektronen, wenn diese im Bereich des p-n-Übergangs vom Leitungsband ins Valenzband wechseln. Diodenlaser sind also direkt elektrisch angeregt.

Eine genauere Betrachtung der laserphysikalischen Prozesse zeigt generell, dass die maximale Verstärkung eines Laserübergangs umso größer ist, je schmaler die Emissionslinie ist. Aus diesem Grund werden heute im Bereich des p-n-Übergangs des Diodenlasers mehrere so genannte Quantentöpfe (engl. *quantum well*) eingebracht, in welchen die Energiezustände der Elektronen scharf begrenzt sind.

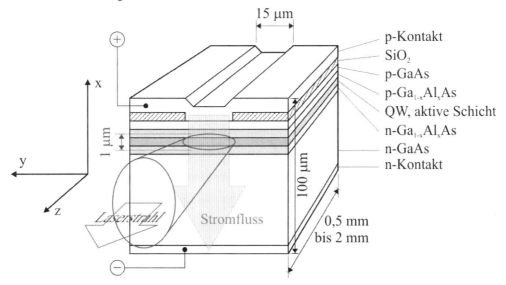

Bild 2.42 Aufbau eines Diodenlasers.

Wie bei anderen Laserarten kommen auch beim Diodenlaser die unterschiedlichsten Materialien und Anordnungen zur Anwendung. Ein typischer Aufbau von Diodenlasern ist in Bild 2.42 am Beispiel einer $Ga_{1-x}Al_xAs$-Diode dargestellt. In der Regel werden Diodenlaser epitaktisch auf ein geeignetes Substrat (hier n-GaAs) gewachsen. Der Laserstrahl entsteht in einer etwa 1 µm dicken Schicht. Oben und unten befinden sich die elektrischen Anschlüsse. Die Endflächen vorne und hinten des typisch 0,5 mm bis 2 mm langen Diodenlasers werden als Spiegel genutzt und bilden den Laserresonator [18].

Der Laserresonator dient hier allerdings hauptsächlich der Rückkopplung des Laserstrahls, sorgt also für die geeignete Anzahl Durchgänge des Lichtes in der verstärkenden Diodenlaserschicht und weniger für die Ausbildung der Strahlcharakteristik. In x-Richtung werden die transversalen Strahleigenschaften durch eine Wellenleiterstruktur bestimmt. Wie bei einer Glasfaser ist der Brechungsindex der oben und unten unmittelbar an die aktive Laserschicht angrenzenden Schichten niedriger als der der Quantentöpfe und bildet damit einen (ebenen) Wellenleiter, wie dies links in Bild 2.43 dargestellt ist.

Für die Wellenleitung würde eine einfache, durchgehende Brechungsindexstufe ausreichen. Mit der links in Bild 2.43 gezeigten Schichtfolge werden neben dem angesprochenen Wellenleiter für das Laserlicht gleichzeitig auch die Quantelung der Energiezustände der Elektronen (und der Löcher im Valenzband) erzielt. Dies ist eine Folge der örtlichen Lokalisierung der Elektronen (und Löcher) in den mittels dünnen Barriereschichten getrennten Quantentöpfen. Wie rechts in Bild 2.43 dargestellt, wird so der Laserübergang der Elektronen vom Leitungsband zum Valenzband des Halbleiters auf schmale und dafür starke Emissionslinien eingeschränkt.

Die soeben besprochene Struktur bildet nur in x-Richtung einen Wellenleiter. In y-Richtung wird der Laserstrahl durch die endliche Breite des Stromflusses eingeschränkt. Wie in Bild 2.42 gezeigt, wird der p-Kontakt oberhalb der aktiven Laserschicht durch eine entsprechende Isolationsschicht (hier SiO_2) auf einen etwa 15 µm breiten Bereich begrenzt. Der im monolithischen Resonator erzeugte Laserstrahl wird somit in der einen Richtung durch eine Wellen-

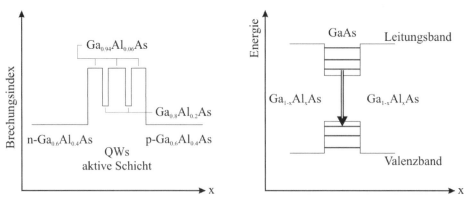

Bild 2.43 Schnitt durch die aktive Schicht des Diodenlasers aus Bild 2.42. Links: der Verlauf des Brechungsindex bildet einen Wellenleiter für die Laserstrahlung. Der Wellenleiter besteht hier aus drei Quantentöpfen (QWs), welche durch zwei Barriereschichten getrennt sind. Rechts: in den Quantentöpfen können die Elektronen (und die Löcher) nur scharf begrenzte Energiezustände einnehmen.

leiterstruktur geformt und in der anderen Richtung durch die endliche Breite der laseraktiv angeregten Schicht begrenzt.

Je nach Dimension der einzelnen Strukturen können solche Einzelemitter bis zu mehreren Watt an Laserstrahlung erzeugen. In x-Richtung sind diese Strahlen meist beugungsbegrenzt, weisen aber aufgrund der geringen Dicke der aktiven Diodenlaserschicht eine sehr hohe Divergenz von typisch 35° FWHM (d.h. *full width at half maximum*) bzw. 45° bis 65° Vollwinkel bei 95% des Maximums auf. In y-Richtung ist die Divergenz mit typisch 6° bis 12° FWHM geringer, die Strahlqualität variiert je nach Struktur des Diodenlasers.

Bei der Verwendung als Pumplichtquelle für Festkörper- und Faserlaser hoher Leistung werden sehr viele solcher Einzelemitter benötigt. Eine erste Leistungsskalierung erfolgt, indem man mehrere solcher Diodenlaser nebeneinander auf ein und demselben Halbleiterchip anordnet. Solche *Barren* weisen in der Regel eine Breite von 10 mm auf und beinhalten je nach Hersteller und Typ mehrere 10 Einzelemitter. Die einzelnen Diodenlaser eines Barrens sind zueinander inkohärent, wodurch diese Art der Leistungsskalierung auf Kosten der Strahlqualität geht. Die Leistung von Diodenlaser-Barren ist heute aufgrund der hohen Leistungsdichten in der Diodenlaserstruktur auf etwa 120 W beschränkt. Ist noch mehr Leistung erforderlich (z. B. zur Anregung von mulit-kW Scheibenlasern) werden viele Diodenlaser-Barren übereinander in einem so genannten *Stack* angeordnet. Die Kühlung solch dicht gepackter Diodenlaser ist dabei eine besondere Herausforderung und erfordert entsprechend ausgelegte Mikrokanäle für das Kühlwasser.

Aufgrund der inkohärent erfolgten Leistungsskalierung in Barren und Stacks ist die Strahlqualität von Diodenlasern sehr bescheiden. Andererseits zeichnen sich Diodenlaser durch einen äußerst hohen Steckdosenwirkungsgrad von bis über 50% aus. Dies und ein im Vergleich zu Blitzlampen wesentlich schmaleres Emissionsspektrum machen Diodenlaser zu einer sehr attraktiven Pumplichtquelle für Festkörper- und Faserlaser.

Als unmittelbar für die Materialbearbeitung genutzte Strahlquellen kommen Diodenlaser für Oberflächenverfahren wie Härten, Umschmelzen oder Wärmeleitungsschweißen zum Einsatz. Es ist nicht auszuschließen, dass die vielfältigen Bestrebungen zur Verbesserung der Strahlqualität dazu führen, dass Diodenlaser in Zukunft auch in anderen Gebieten Festkörperlaser ersetzen können.

2.3.2   Gaslaser

Die meisten Gaslaser werden durch Elektronenstöße in einer Gasentladungsstrecke angeregt. Zu den bekanntesten Gaslasern gehören der HeNe-Laser, der Ar-Ionen-Laser, der CO_2-Laser und der Excimerlaser.

HeNe-Laser sind in den optischen Laboratorien als Justierhilfe oder als kohärente Strahlquelle für Interferometer sehr verbreitet, da sie einen sichtbaren, roten Strahl bei $\lambda = 632{,}8$ nm erzeugen. Als Justierlaser werden heute aber zunehmend auch kollimierte Diodenlaser eingesetzt. Beim HeNe-Laser erfolgt die Elektronenstoßanregung mittelbar über das Helium, welches die so gespeicherte Energie an das laseraktive Neon überträgt.

Ar-Ionen-Laser erzeugen einen blau-grünen oder grünen Strahl bei einer Wellenlänge von $\lambda =$ 457,9 nm oder $\lambda = 488$ nm. In den Forschungslaboratorien besteht seine wohl häufigste Anwendung im Pumpen von Ti-Saphir-Lasern.

2.3.2.1   Der CO_2-Laser

Für die Materialbearbeitung ist der CO_2-Laser von größter Bedeutung, da er Strahlen von einigen 10 W bis zu mehreren kW Leistung mit nahezu beugungsbegrenzter Strahlqualität erzeugen kann. Hinzu kommt, dass seine im Vergleich zu Festkörperlasern geringeren Investitionskosten (€/kW) die Wirtschaftlichkeit seines fertigungstechnischen Einsatzes positiv beeinflussen.

Ein besonderes Merkmal des CO_2-Lasers ist, dass der Laserübergang nicht zwischen Energiezuständen der Elektronen, sondern zwischen vibratorischen Energieniveaux stattfindet. Wie in Bild 2.44 dargestellt, kann das an sich lineare CO_2-Molekül drei unterschiedliche Schwingungen vollführen. Bei der symmetrischen Streckschwingung v_1 schwingen die beiden Sauerstoffatome symmetrisch zum C-Atom hin und her. Die Biegeschwingung v_2, bei der sich das Molekül V-förmig verbiegt, ist aufgrund der beiden Richtungsfreiheitsgrade zweifach entartet. Bei der asymmetrischen Streckschwingung v_3 bewegen sich immer abwechslungsweise ein Sauerstoffatom und das C-Atom aufeinander zu, während das andere Sauerstoffatom sich nach außen verlagert.

Wie die Energie der Elektronen sind auch die Energien dieser Molekülschwingungen gequantelt und können nur diskrete Energiewerte annehmen. Da bei diesen Schwingungen Ladungen verschoben werden, wirkt ein solches Molekül wie eine mikroskopische Antenne und kann elektromagnetische Strahlung aufnehmen oder abstrahlen. Durch Ausnutzung geeigneter Energieübergänge kann daher auch mit diesen Schwingungszuständen elektromagnetische Strahlung mittels stimulierter Emission verstärkt werden. Die für den Laserprozess relevanten Energieniveaux des CO_2-Moleküls sind links in Bild 2.45 dargestellt.

Die Energiezustände der Molekülschwingungen werden in der Regel mit den drei Quantenzahlen $v_1 v_2 v_3$ notiert. Ausgehend vom ersten angeregten Zustand der asymmetrischen Streck-

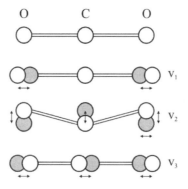

Bild 2.44 CO_2-Molekül (oben) und seine drei Schwingungsformen: symmetrische Streckschwingung v_1, Biegeschwingung v_2 und asymmetrische Streckschwingung v_3.

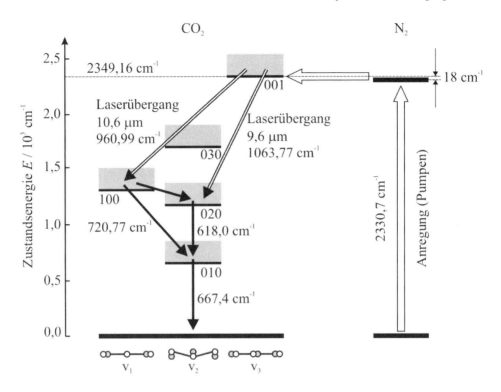

Bild 2.45 Die für den Laserprozess relevanten Energieniveaux des CO_2-Moleküls (links). Die Anregung erfolgt mittelbar über Elektronenstöße mit Stickstoff (rechts).

schwingung 001 gibt es zwei für den Laserbetrieb geeignete Übergänge. Der eine Laserübergang, bei einer Wellenlänge von 10,6 μm, ist mit der ersten angeregten symmetrischen Streckschwingung 100 verknüpft. Der andere korrespondiert mit der zweiten angeregten Biegeschwingung 020 und weist aufgrund des leicht höheren Energieunterschieds eine kürzere Wellenlänge von 9,6 μm auf. Von den beiden unteren Laserniveaus gelangen die CO_2-Moleküle über den Zustand 010 wieder in den Grundzustand 000.

Wegen des größeren Wirkungsquerschnitts oszilliert ein CO_2-Laser ohne entsprechende Maßnahmen immer bei einer Wellenlänge von 10,6 μm. Die Emission bei 9,6 μm kann durch Einsatz entsprechend schmalbandiger Spiegel erzwungen werden.

Die Anregung kann im Prinzip durch Elektronenstöße in einer Gasentladung direkt in das obere Laserniveau 001 erfolgen. Dies ist möglich, weil der Wirkungsquerschnitt für diese Stossanregung größer ist als jener für die drei unteren Niveaux 100, 020 und 010. Wie in Bild 2.45 dargestellt, gibt es allerdings einen effizienteren Weg, die CO_2-Moleküle anzuregen. Das Stickstoffmolekül N_2 hat einen vergleichsweise langlebigen Energiezustand, der sehr nahe bei der Energie des oberen Laserniveaus des CO_2-Moleküls liegt. Zudem lässt sich dieser Zustand des Stickstoffs in einer Gasentladung sehr effizient durch Elektronenstöße anregen. Die so gespeicherte Anregungsenergie wird dann durch Stöße zwischen den Molekülen vom Stickstoff auf das CO_2 übertragen. Aus diesem Grund enthält das Gasgemisch eines CO_2-Lasers typischerweise 3- bis 5-mal soviel N_2 wie CO_2.

Neben dem Stickstoff wird dem Gasgemisch auch He zugefügt. Dieses hat die Aufgabe, über Stöße mit den CO_2-Molekülen für eine rasche Entleerung der unteren Niveaux 100, 020 und 010 zu sorgen. Aufgrund seiner hohen thermischen Leitfähigkeit hat es gleichzeitig positive Auswirkungen auf die Homogenität und Stabilität der elektrischen Glimmentladung.

Wie mit den grauen Balken in Bild 2.45 angedeutet, befinden sich unmittelbar über den jeweiligen Schwingungszuständen des CO_2-Moleküls ganze Bänder an weiteren Energiezuständen. Diese sind eine Folge der Rotationsenergie, denn neben den Biege- und Streckschwingungen kann das CO_2-Molekül auch rotieren. Wie links in Bild 2.46 dargestellt, ist auch die Rotationsenergie des Moleküls gequantelt und wird mit der Rotationsquantenzahl J bezeichnet. Die quantenmechanisch hergeleiteten Rotationsenergien des CO_2-Moleküls sind gegeben durch

$$E_{rot} = J(J+1)Bhc ,\qquad\qquad (2.144)$$

wo B eine molekülspezifische Konstante und J eine ganze Zahl ist. Die Herleitung zeigt auch, dass die Energiezustände einen Entartungsgrad von

$$g_J = 2J+1 \qquad\qquad (2.145)$$

aufweisen. Aus quantenmechanischen Überlegungen folgt des Weiteren die Auswahlregel, wonach nur Übergänge mit

$$\Delta J = \pm 1 \qquad\qquad (2.146)$$

erlaubt sind.

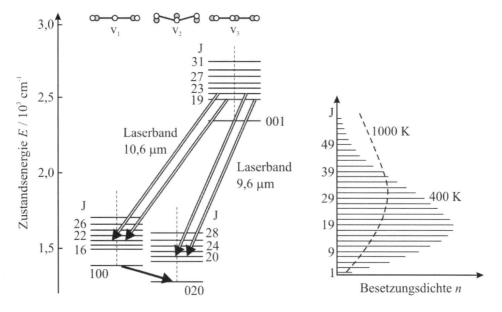

Bild 2.46 Links: detailliertes Energiespektrum des oberen und der unteren Laserniveaux unter Berücksichtigung der gequantelten Rotationsenergie. Rechts: Besetzungsdichteverteilung der Rotationszustände im oberen Laserniveau (001) unter Berücksichtigung der Entartungsgrade und der thermischen Boltzmannverteilung.

Aufgrund der mit der Energie zunehmenden Entartung folgt aus der thermischen Boltzmann-Verteilung der Rotationsenergie (die trotz der Inversion der Vibrationszustände weitgehend gegeben ist), dass nicht der tiefstliegende Energiezustand am stärksten besetzt ist. Wie rechts in Bild 2.46 dargestellt, weist das Energieniveau mit $J = 19$ bei einer Temperatur von 400 K die höchste Besetzung auf. Bei einer höheren Temperatur liegt sie bei entsprechend höheren Energieniveaux.

Die Laseroszillation kann einsetzen, sobald die Inversion hoch genug ist, um durch stimulierte Lichtverstärkung die Verluste im Resonator zu kompensieren. Da hier die Besetzungen der unteren Laserniveaux vernachlässigbar klein sind, ist für die Verstärkung alleine die Besetzungsdichte des oberen Laserniveaus ausschlaggebend. Da sich die Boltzmann-Verteilung mit der Temperatur ändert, bestimmt die Gastemperatur, von welchem der Rotations-Energieniveaux der Laserprozess ausgeht. Bei einer Temperatur von 400 K wird der CO_2-Laser daher ausgehend vom Energiezustand bei $J = 19$ anschwingen. Sobald der Laser stationär oszilliert, wird die Besetzung des oberen Laserniveaus laufend in dem Masse abgebaut, wie sie durch den Anregungsprozess aufgefüllt wird. Die thermische Boltzmann-Verteilung wird (bei Gasdrücken, wie sie in für die Fertigungstechnik entwickelten CO_2-Lasern üblich sind) dabei durch sehr schnelle Prozesse aufrechterhalten, weshalb der Laser durch die Entleerung des einen Niveaus (z. B. bei $J = 19$) nicht zur Oszillation über andere Energiezustände ausweicht.

Das Lasergas sollte allerdings eine Temperatur von typisch 550 K nicht überschreiten, um eine merkliche thermische Besetzung der unteren Laserniveaux zu vermeiden. Eine effiziente Kühlung des Gasgemisches ist daher wichtig. Wie schon in Abschnitt 2.2.4.3 dargelegt, wird die Bauform eines Lasers weitgehend durch die Art der Kühlung festgelegt.

Diffusionsgekühlte Laser ohne stetig erfolgenden Gasaustausch („sealed-off") werden heute in einem Leistungsbereich von einigen Watt bis zu wenigen kW gebaut. Während im niedrigen Leistungsbereich vorwiegend zylindrische Entladungsräume (Glas- oder Keramikrohre) verwendet werden, sind bei hohen Leistungen auch prismatische üblich (siehe Bild 2.47 unten). Bei *konvektionsgekühlten* Lasern unterscheidet man je nach Orientierung der optischen (Resonator-) Achse in längs- und quergeströmte Geräte (Bild 2.47 oben und Mitte rechts). In allen Fällen werden die geometrischen Abmessungen des Entladungsraumes (insbesondere dessen Erstreckung längs der Richtung des elektrischen Feldes) vom thermodynamischen bzw. fluidmechanischen Zustand des Lasergasgemisches und der davon beeinflussten Entladungsstabilität (Umschlag von einer homogenen Glimmentladung in eine Bogenentladung) limitiert [12]. So ist beispielsweise die Länge einer Entladungsstrecke auf etwa 0,5 bis 1 m bei typischen Gasdrücken von 100 bis 250 hPa infolge des Erreichens der Schallgeschwindigkeit begrenzt. Zur Leistungsskalierung längsgeströmter Laser werden deshalb mehrere Entladungsstrecken hintereinander im Resonator angeordnet (optisch in Serie, aber strömungsmässig parallel). Quergeströmte Laser können sehr kompakt aufgebaut werden. Wegen den quer zur Strahlachse inhomogenen Gas- und Verstärkungseigenschaften erreichen diese aber selbst bei mehrfacher optischer Durchdringung („multi-pass") in gefalteten Resonatoren eine weniger gute Strahlqualität.

Hohe Drücke im Bereich um 1 bar lassen keine stabile Glimmentladung zu. Für solche Bedingungen konzipierte TEA-Laser (TEA: transversely excited at atmospheric pressure) können deshalb nur gepulst betrieben werden.

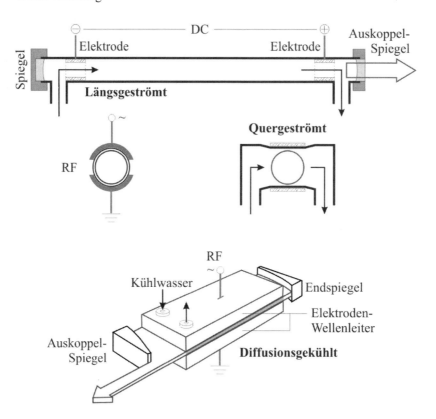

Bild 2.47 Konvektionsgekühlte – längsgeströmte (oben und Mitte links) und quergeströmter (Mitte rechts) – und diffusionsgekühlter (unten) CO_2-Laser. Die bei DC-Entladungen im Entladungsraum befindlichen Elektroden sind hier nur schematisch angedeutet; in der Praxis werden Stifte, Rohre, segmentierte Platten etc. genutzt. Die elektrische Feldstärke ist bei längsgeströmten Lasern entweder parallel (bei DC-Anregung) oder senkrecht (bei RF-Anregung), bei quergeströmten Geräten immer senkrecht zur Strömungsrichtung orientiert.

Die Elektronenstoßanregung erfolgt entweder in einer Gleichstromentladung (DC: engl. für direct current) oder in einer Hochfrequenzentladung (HF oder engl. RF für radio frequency), deren Frequenz üblicherweise 13,6 oder 27,3 MHz beträgt. Die meisten der heute in Deutschland gebauten CO_2-Laser sind HF-angeregt, weil mit diesem Entladungstyp eine Reihe von Vorteilen verbunden ist. So erlaubt die damit mögliche kapazitive Energieeinkopplung durch dielektrische Materialien (Glas, Keramik) die Anordnung der Elektroden außerhalb des Entladungsraums, wohingegen sie bei DC-Entladungen stets in Kontakt mit dem Gas sind (siehe Bild 2.47). Dieses verunreinigen sie durch ihren Abbrand (aufgrund des hohen Spannungsabfalls) und erfordern deshalb einen erhöhten Austausch mit frischem Gas. Weitere Vorteile der HF-Anregung sind die deutlich höheren erzielbaren Leistungsdichten sowie eine insgesamt im Vergleich zur DC-Anregung homogenere und stabilere Entladungsform. Diffusionsgekühlte Multi-kW-Laser mit großflächigen Elektroden (die gleichzeitig der Kühlung dienen) wie in Bild 2.47 unten schematisch gezeigt [19], lassen sich nur mittels HF-Entladungen realisieren. Andererseits weisen die HF-Generatoren einen geringeren Wirkungsgrad als die DC-Energieaufbereitung auf.

CO_2-Laser werden meist kontinuierlich (cw), gepulst bzw. moduliert angeregt betrieben und liefern bis zu einigen 10 kW mittlerer Leistung, wobei die Strahlqualität bis etwa 6 kW Leistung noch nahezu beugungsbegrenzt ist ($M^2 \approx 2$). Ihr industrieller Einsatz erfolgt für das Schneiden und Schweißen. Aufgrund der hohen Wirtschaftlichkeit werden die CO_2-Laser vor allem für ein- und zweidimensionale Bearbeitungsaufgaben dem Konkurrenzdruck der modernen Festkörperlaser noch einige Zeit standhalten.

2.3.2.2 Excimerlaser

In der Materialbearbeitung kommen Excimerlaser hauptsächlich dort zur Anwendung, wo hohe Pulsenergien im UV-Spektralbereich erforderlich sind. Zwar können heute durch nichtlineare Prozesse auch frequenzvervielfachte Festkörperlaser UV-Strahlen erzeugen, doch sind diese noch teurer in der Anschaffung.

Die Bezeichnung *Excimer* ist eine Zusammenfassung von *excited dimer*, womit ein angeregtes zweiatomiges Molekül bezeichnet wird, das lediglich im elektronisch angeregten Zustand und auch dort nur kurzzeitig existiert; d.h. die Energie des gebundenen Moleküls ist höher als die Energie der ungebundenen Atome.

Bei Edelgashalogenid-Excimerlasern wird ein derartiges Molekül aus einem Edelgas (Ar, Kr, Xe) und einem Halogenatom (Cl, F) gebildet. Die Lebensdauer dieser Moleküle – und damit des oberen Laserniveaus – beträgt nur etwa 10 ns. Die Bildung (bzw. Anregung) der Excimere erfolgt in elektrischen Entladungen in einer Abfolge sehr komplexer kinetischer Stossprozesse zwischen Elektronen und schweren Teilchen sowie zwischen diesen untereinander. Typische zum laseraktiven Medium führende Prozesse laufen über angeregte oder ionisierte Edelgasatome, wie beispielsweise:

$$Kr^* + F_2 \rightarrow KrF^* + F \qquad \text{oder} \qquad Kr^+ + F^- + Ar \rightarrow KrF^* + Ar, \qquad (2.147)$$

wobei angeregte Teilchen mit * bezeichnet sind. Da eine effiziente Anregung hohe Stossraten bedingt, sind hohe Gasdrücke erforderlich

Die verwendeten Gasgemische bestehen aus 0,1 bis 0,5% Halogen, etwa 5 bis 10% des entsprechenden Edelgases und einem überwiegenden Anteil an Puffergas (Helium oder Neon), das als Stosspartner bei den entladungsphysikalischen und laserkinetischen Vorgängen dient. Um bei Drücken bis zu einigen bar homogene Glimmentladungen realisieren zu können, bedarf es einer Vorionisierung zur Erzeugung hinreichend vieler Startelektronen, denen dann in der Hauptentladung die erforderliche Energie vermittelt wird. Funken- oder Coronaentladungen sind die gebräuchlichsten Techniken der Vorionisierung. Der dennoch nicht vermeidbare Umschlag in eine Bogenentladung schränkt die Dauer der Entladung und damit des Pumpens auf typischerweise 10 bis 30 ns ein; die begrenzte Pulsdauer ist also entladungstechnisch und nicht laserkinetisch bedingt.

Das heiße Gasgemisch – der Excimerlaser weist einen Wirkungsgrad von nur wenigen Prozent auf – wird entsprechend dem Konzept eines quergeströmten Geräts zirkuliert. Damit von Puls zu Puls stets gleiche Entladungsbedingungen herrschen, ist eine sorgfältige Abstimmung zwischen Pulsenergie und Gasgeschwindigkeit erforderlich. Für fertigungstechnische Anwen-

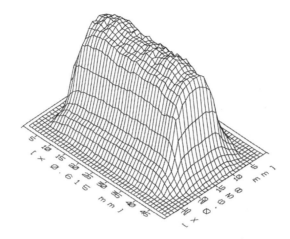

Bild 2.48 Für Excimerlaser typische (gemessene) Intensitätsverteilung im Strahlquerschnitt.

dungen sind heute Laser mit mittleren Leistungen zwischen Watt und Kilowatt bei Repetitionsraten bis zu 1 kHz verfügbar [20], [21].

Die Wellenlängen der gebräuchlichsten Excimerlaser sind in Tabelle 1 aufgeführt.

Tabelle 1. Kurzbezeichnung und Wellenlänge von Excimerlasern.

Excimer	Wellenlänge
ArF	193 nm
KrF	248 nm
XeCl	308 nm
XeF	351 nm
F_2	157 nm

Bei Excimerlasern werden meist stabile Resonatoren eingesetzt, wobei der Strahlquerschnitt an die durch die Entladung gegebene Verstärkungsgeometrie angepasst wird. Die erzielte Strahlqualität ist nicht beugungsbegrenzt und sehr asymmetrisch. Bild 2.48 gibt den typischen Rechteckquerschnitt mit in x- und y-Richtung unterschiedlich großen Werten der Beugungsmaßzahl M^2 wieder. Eine derartige Intensitätsverteilung, deren Homogenität in optischen Systemen verbessert werden kann (siehe z. B. [22]) eignet sich insbesondere für die abtragende Bearbeitung mit der Maskentechnik (siehe Abschnitt 4.4.3.1).

2.4   Systemtechnik

Wie einleitend bereits skizziert, bedarf es zur Realisierung des Fertigungsprozesses einer „Werkzeugmaschine", in welcher neben dem eigentlichen „optischen Werkzeug" Laserstrahl des Weiteren sämtliche technische Komponenten für die Werkzeug- wie Werkstückhandhabung und für den Prozessablauf erforderliche Komponenten integriert sind. Die Konzeption dieser auch „Bearbeitungsstation" genannten Einrichtung hat sich am durchzuführenden Prozess und vor allem an der Aufgabenstellung zu orientieren. So wird ein Versuchs- oder Vorserienbetrieb anderen Kriterien zu genügen haben, als beispielsweise eine Serienfertigung und das Schweißen von Karosserien anderen wie das Einbringen hochpräziser Bohrungen. Generell jedoch sind stets folgende Funktionen zu erfüllen:

- den Laserstrahl mit den vom Bearbeitungsprozess erforderlichen Eigenschaften an den zu bearbeitenden Ort zu bringen,

- das Werkstück – bzw. bei Fügeverfahren seine Teile – aufzunehmen, zu positionieren, zu spannen und, je nach Automatisierungsgrad der Anlage, den Werkstückwechsel zu steuern und durchzuführen,

- eine Relativbewegung Laserstrahl/Werkstück in einer, zwei oder drei Raumrichtungen mit der gewünschten Geschwindigkeit vorzunehmen,

- benötigte Prozessmedien (Prozessgase, Zusatzwerkstoffe) bereit zu stellen,

- entstehende Dämpfe und Stäube abzusaugen, um damit wie

- mit Schutzmassnahmen gegen unkontrolliert sich ausbreitende Laserstrahlung die Gesundheit und Sicherheit der Mitarbeiter zu gewährleisten.

Steigende Ansprüche an die zu erzielende Prozessqualität wie Gewährleistung derselben können darüber hinaus die Integration von Sensoren und Geräten zur Prozessüberwachung erforderlich machen. Für eine gegebenenfalls erfolgende Steuerung bzw. Regelung des Prozesses benötigte Mess- und Kontrollsysteme sind weitere Einrichtungen, die der Funktionserfüllung der Anlage dienen.

Trotz der vielfältigen Gestaltungsmöglichkeit von Bearbeitungsstationen sind diese immer aus den grundsätzlichen Teilsystemen der Strahlführung und -formung, mechanischen, antriebs- und steuerungstechnischen Einrichtungen sowie gasdynamischen Komponenten aufgebaut. Im Folgenden seien einige wichtige Elemente und Konzepte in knapper Form aufgeführt.

2.4.1   Optische Komponenten zur Strahlführung und Strahlformung

In den meisten Anlagen für die industrielle Fertigung befindet sich der Ort, an dem die Bearbeitung erfolgt, mehr oder weniger weit von der Strahlquelle entfernt. Art der Bearbeitung, Größe des Werkstücks und jeweilige Integration des Prozesses in den Fertigungsablauf bestimmen im Wesentlichen die Entfernung. Sie reicht von Distanzen von erheblich weniger als 1 m bei z. B. feinwerktechnischen Anwendungen oder bei Konzepten, wo der Laser von einem Roboter unmittelbar über das Werkstück geführt wird (bzw. das Werkstück unter dem

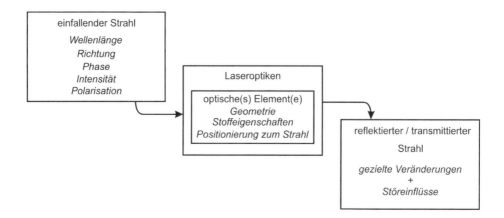

Bild 2.49 Schematische Darstellung zu prinzipiellen Aufgaben und Wirkungsweisen optischer Elemente.

feststehenden Laser) bis über 10 m bei Schneid- oder Schweißaufgaben an sehr großen Blechteilen wie beispielsweise im Schiffbau. Der Strahl*führung* kommt die Aufgabe zu, den Laserstrahl vom Ort seiner Erzeugung an die Bearbeitungsstelle zu führen, während die Strahl*formung* die Strahlabmessung(en) bzw. die Leistungsdichte auf das für den Bearbeitungsprozess erforderliche Maß bringt.

Mit Hilfe von im Laserstrahl eingebrachten optischen Elementen sind dessen Eigenschaften gezielt veränderbar. Die Veränderungen erfolgen in der erwünschten Wechselwirkung des Strahls mit den optischen oder/und geometrischen Gegebenheiten des betreffenden Elements. Dementsprechend lassen sich die Elemente entweder nach ihrer grundsätzlichen Funktionsweise – transmittierend oder reflektierend – oder ihrer Zielsetzung – z. B. abschwächend oder fokussierend – einteilen. Wiewohl heute für die Veränderung aller in Bild 2.49 angeführten Größen eine Auswahl an dafür geeigneten Optiken zur Verfügung steht, gilt zu beachten, dass infolge von Wärme (Absorption) wie unsachgemäßer Montage Störeinflüsse auftreten können, die das gewünschte Ergebnis u.U. in beträchtlichem Maße verfälschen.

Im Hinblick auf die Zielsetzung dieses Buches wird hier nur auf Elemente für die Fokussierung bzw. Aufweitung (Linsen und Spiegel) und Führung (Faser) sowie auf zwei Komponenten, welche Strahlführung und -formung in einer gerätetechnischen Einheit kombinieren, eingegangen.

2.4.1.1 Spiegel und Linsen als Elemente der Strahlführung und -formung

Spiegel und Linsen sind die wichtigsten Elemente jeder Strahlführung wie -formung. Dies gilt für die freie Strahlpropagation und die in der industriellen Materialbearbeitung am häufigsten vorkommende Formung, die Fokussierung des Laserstrahls. Aber auch das Konzept der Leistungsübertragung in Glasfasern bedarf fokussierender Optiken, um den Strahl in die Faser ein- und aus ihr auszukoppeln.

Die Auswahl der Materialien für *transmittierende* Elemente wird durch die Wellenlänge des Lasers festgelegt. Für CO_2-Laser gelangt zumeist Zinkselenid (ZnSe) zum Einsatz, das zudem den Vorteil der Transparenz für das rote Licht von HeNe-Justierlasern bietet; Galliumarsenid (GaAs) wird wegen seiner besseren thermischen Eigenschaften bei sehr hohen Intensitäten verwendet. Bei Festkörperlasern und Excimerlasern finden Optiken aus verschiedenen Glasarten als Substratmaterial Anwendung, wobei ausgeklügelte Beschichtungen aus dielektrischen wie metallischen „Kompositionen" erlauben, den Transmissions- bzw. Reflexionsgrad in weiten Bereichen zu gestalten.

Für *reflektierend* wirkende Optiken eignet sich in besonderem Maße sauerstofffreies Kupfer (OFHC), bei dem mittels Diamantfräsen eine hohe Oberflächengenauigkeit (Formabweichung $\leq \lambda/20$, Rauhigkeit < einige nm) erzielbar ist. Zur Absorptionsreduzierung oder als "mechanischer" Schutz der optischen Fläche können entsprechende Schichten aufgebracht werden. Die fertigungstechnisch leicht zu realisierende Einbringung von Kühlkanälen in unmittelbarer Nähe der Oberfläche und die hohe Wärmeleitfähigkeit dieses Materials erlauben eine effiziente Abfuhr der in der Absorption frei werdenden Wärme. Aus diesem Grunde sind solche Optiken vor allem für Hochleistungslaseranwendungen geeignet.

Um stets gleich bleibende bzw. reproduzierbare Strahleigenschaften an der Wirkstelle des Laserstrahls zu haben, sollten die optischen Elemente während des Betriebs

- ihre geometrische Sollform (Dicke, Oberflächenkrümmung) beibehalten, damit ihre Abbildungseigenschaften sich nicht verändern bzw.
- keine Veränderungen ihrer optischen Eigenschaften (z. B. der Brechzahl) erfahren.

Diese Ziele lassen sich nur erreichen, wenn die Absorption der Laserstrahlung gering gehalten und die entstandene Wärme effizient abgeführt werden kann.

Insbesondere im Hinblick auf die Störeinflüsse bei der Strahlpropagation unterscheiden sich

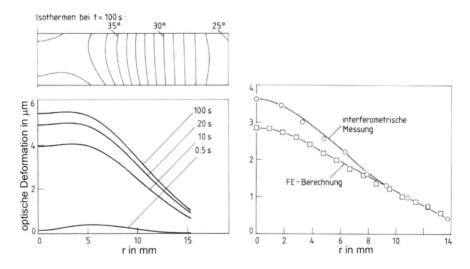

Bild 2.50 Berechnete zeitliche Entwicklung der optischen Deformation eines ZnSe-Fensters, das durch einen Laserstrahl (10,6 μm) mit $d = 21$ mm und $P = 5$ kW beaufschlagt wird (li) und Vergleich von Rechnung und Messung nach 90 s Bestrahldauer bei 1,5 kW (re). Der Strahl erfährt hier eine Fokussierung.

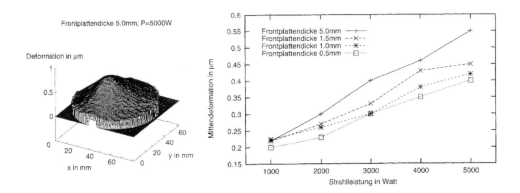

Bild 2.51 Interferometrisch gemessene Oberflächendeformation eines Kupferspiegels bei 5 kW (li) und Mittendeformation in Abhängigkeit der Laserleistung (re); 30 mm Strahldurchmesser. Die Deformation hat die Wirkung einer Streulinse mit Brennweiten von rund -600 m bis -200 m.

denn auch transmittierend von reflektierend arbeitenden Optiken. Während bei ersteren sowohl die temperaturabhängige Brechzahländerung wie auch die Verlängerung des optischen Wegs infolge einer geometrischen Verformung zu Phasenabweichungen gegenüber dem einfallenden Strahl führt, geschieht dies bei letzteren nur durch die Verformung der Oberfläche. Hinzu kommt, dass die einen ausschließlich an ihrem Umfang, die anderen – wie schon erwähnt – direkt unterhalb des Strahlauftreffs gekühlt werden können. Wiewohl beispielsweise für CO_2-Laserstrahlung der Absorptionsgrad einer ZnSe-Optik mit größenordnungsmäßig 0,05 (unbeschichtet) bis 0,2 % (beschichtet) unter dem eines Kupferspiegels von 0,1 (beschichtet) bis etwa 0,6 % liegt, sind die Auswirkungen dort nachteiliger: Nicht nur die Deformation der Oberfläche und damit das unerwünschte Wirksamwerden einer "thermischen Linse" ist größer, was ein Vergleich der Bild 2.50 und Bild 2.51 veranschaulicht, sondern diese Phänomene entstehen in Zeitintervallen von einigen Sekunden [23], die typischen (cw-)Bearbeitungen entsprechen. Die in Bild 2.51 zu sehende lineare Zunahme der Deformation mit steigender Laserleistung bis 5 kW [24] setzt sich bis in den Leistungsbereich um 15 kW fort. So zeigen die in [25] angeführten Messungen mit diesem Leistungswert ein Entstehen der Aufwölbung von 1 bzw. 1,7 µm für Strahldurchmesser von 22 bzw. 50 mm innerhalb deutlich weniger als einer Sekunde.

Das Ergebnis dieser Deformationen ist eine Änderung der Divergenz des transmittierten bzw. reflektierten Laserstrahls, im ersten Falle eine Fokussierung, im zweiten eine Aufweitung bedeutend. Trifft ein dergestalt in seinen Propagationseigenschaften veränderter Laserstrahl auf die Fokussieroptik, so sind Abweichungen des Fokusdurchmessers wie der -lage von ihren "Solldaten" die Konsequenz (siehe Abschnitt 2.1.9).

2.4.1.2 Fokussierende Optiken

Aufgabe fokussierender Optiken ist es, eine Änderung des Laserstrahldurchmessers während der Strahlpropagation herbeizuführen. Dies kann mit der Zielsetzung erfolgen, die Strahldivergenz entsprechend den technischen Gegebenheiten des Führungssystems zu gestalten, den

Linse   Spiegelsystem

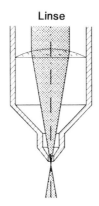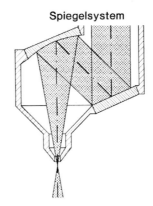

Bild 2.52 Schemata der Strahlfokussierung mittels Linse und Spiegelsystem („45°Off-Axis").

Durchmesser zu verringern, um den Strahl in eine Faser einzukoppeln oder die erforderliche Leistungsdichte am Werkstück zu realisieren.

Die Durchmesser- bzw. die Divergenzänderung des Strahls ergibt sich als Folge der Änderung des Krümmungsradius seiner Phasenfront durch das optische Element. Herbeigeführt wird sie von über dem Strahlquerschnitt unterschiedlichen Laufzeiten des Laserlichts: Eine Verzögerung der Wellenfront im Bereich der Strahlachse gegenüber dem Rand bewirkt eine Fokussierung, eine Verzögerung der Randbereiche gegenüber der Achse eine Aufweitung. Realisiert wird dies beim transmittierenden Element durch entsprechende Dickenvariationen über dem Querschnitt, beim reflektierenden durch Veränderungen des Reflektorwinkels an der Spiegelflächenkrümmung und damit der Wegstrecken.

Eine schematische Darstellung der Strahlfokussierung mittels Linse bzw. Spiegelsystem zeigt Bild 2.52. Bearbeitungsköpfe basierend auf beiden Konzepten sind heute von mehreren Anbietern und für einen weiten Anwendungs- und Leistungsbereich erhältlich. Für hohe Laserleistungen erweist sich letzteres wegen des an einem Spiegel besser beherrschbaren "thermischen Linseneffekts" als vorteilhaft. Während der mit einem Spiegelsystem erzeugte Fokusbereich beim Betrieb mit Laserstrahlung keine geometrische Veränderung erkennen lässt, kann es bei einer Fokussierung mittels einer Linse zu merklichen Abweichungen kommen.

Die in Bild 2.53 wiedergegebene Brennweitenverkürzung einer Linse von nur wenigen Zehntel mm kann sich beim Schneiden bereits negativ bemerkbar machen. Dies gilt vor allem, wenn hochreflektierende Werkstoffe bearbeitet werden und aufgrund der dann geringeren Absorption mehr Leistung zurückreflektiert wird. Infolge der somit noch erhöhten thermischen Belastung verstärkt sich der Effekt. Gleiches bewirkt eine starke Verschmutzung der Linse oder eines zusätzlich in den Strahlengang eingefügten Schutzfensters durch Rauch und Materialspritzer.

Mit dieser beim Einsatz von CO_2-Lasern bekannten Problematik ist auch bei Lasern mit Wellenlängen um 1 µm zu rechnen. Insbesondere bei Fokussieroptiken von Faser- und Scheibenlasern, die mit hohen Leistungen bzw. Leistungsdichten beaufschlagt werden, ist auf thermische Linseneffekte zu achten, worauf mit den folgenden Beispielen hingewiesen sei. So demonstriert Bild 2.54 die Auswirkung eines verschmutzten Schutzglases, während Bild 2.55

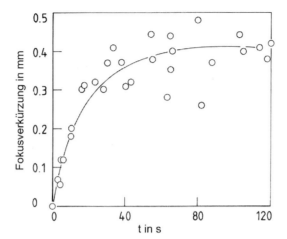

Bild 2.53 Interferometrisch gemessene zeitabhängige Brennweitenverkürzung einer ZnSe-Linse mit $f = 125$ mm bei 1,3 kW CO_2-Laserstrahlung.

leistungs- bzw. zeitabhängige Veränderungen der mit gängigen Optiken erzeugten Fokusgeometrien wiedergibt [26]. Auf aus solchen thermischen Einflüssen resultierenden Abweichungen vom Sollwert der Intensität im „ungestörten" Fokus wird in [27] hingewiesen.

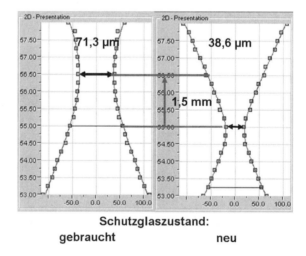

Bild 2.54 Einfluss eines verschmutzten Schutzglases von 8 mm Dicke am Bearbeitungskopf eines 1 kW Grund-Mode Faserlasers [Quelle: PRIMES].

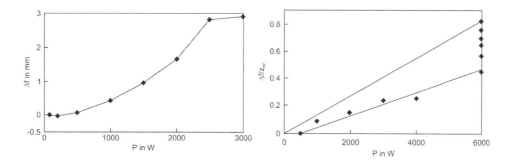

Bild 2.55 Gemessene leistungs- und zeitabhängige Fokuslagenveränderungen Δf von Bearbeitungsköpfen in Verbindung mit Faser- und Scheibenlasern. Links: 4 kW Faserlaser mit „not well prepared optical head", $d_f = 0,22$ bis $0,24$ mm, $z_{Rf} = 5,5$ mm; rechts: 6 kW Scheibenlaser, SPP = 9 mm×mrad, $d_f = 0,197$ mm, $z_{Rf} = 1$ mm; nach [26].

Fokussierende Spiegel werden nach der Geometrie ihrer reflektierenden Fläche bezeichnet, also z. B. zylindrische, sphärische, torische oder parabolische Spiegel. Bild 2.56 veranschaulicht die Funktion (wie auch das Grundprinzip der Herstellung von Spiegelflächen anhand verschiedener Positionen der zu fertigenden Elemente auf einer vom Fräser überstrichenen räumlichen Fläche) der beiden verbreitetsten Formen.

Neben den schon erwähnten thermisch induzierten Störeinflüssen können sich weitere bemerkbar machen, die von Unzulänglichkeiten bei der Montage und/oder grundsätzlichen Abbildungsfehlern herrühren. Zu letzteren zählen die *sphärische Aberration*, die bei allen Linsen

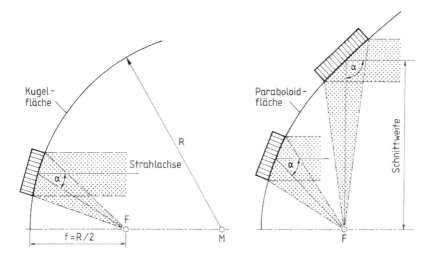

Bild 2.56 Fokussierprinzip sphärischer und parabolischer Spiegel: der Winkel α zwischen Strahlachse und ihrer Umlenkung zum Brennpunkt der spiegelnden Geometrie bestimmt die konstruktive Gestaltung des Bearbeitungskopfs und beeinflusst die Genauigkeit der Fokussierung.

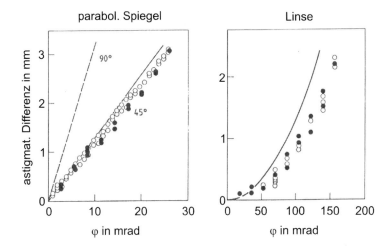

Bild 2.57 Astigmatische Differenz (der Abstand der beiden zueinander senkrecht stehenden Fokuslinien) in Abhängigkeit des Dejustierwinkels bei zwei "Off-axis"-Spiegeloptiken. Die offenen bzw. vollen Symbole entsprechen Messergebnissen in zwei zueinander senkrechten Ebenen; die Kurven geben den theoretisch erwarteten Verlauf wieder.

und Spiegeln mit kugelförmiger Oberfläche auftritt, und der *Astigmatismus*. Dieses Phänomen entsteht, wenn die Achse des zu fokussierenden Strahls eine Winkelabweichung zur Achse der Optik aufweist. So sind an die Justiergenauigkeit von Parabolspiegeln deutlich höhere Anforderungen zu stellen als an die von z. B. Linsen, worauf der Vergleich in Bild 2.57 hinweisen soll.

2.4.1.3   Strahlführung in freier Propagation

Aufgrund der Nichtverfügbarkeit von Materialien, welche einen verlustfreien Transport von Strahlungsenergie bei 10,6 µm auch über große Distanzen hinweg ermöglichen könnten, beruhen Anlagen der industriellen Fertigung mit CO_2-Lasern auf der Methode der freien Strahlpropagation. Gemeint ist damit das jeweils zwischen zwei optischen Elementen ungestört ablaufende Ausbreitungsverhalten des Strahls nach Gesetzmäßigkeiten, wie sie im Abschnitt 2.1.5.2 abgeleitet wurden. Mit Hilfe von im Strahlengang befindlicher, translatorisch oder rotatorisch bewegter Spiegel, siehe Bild 2.58, lässt sich der Strahl in alle Raumrichtungen umlenken und bewegen und in Überlagerung der jeweiligen Wegkomponenten letztlich längs einer beliebigen räumlichen Bahn führen.

Die Divergenz bzw. Abmessung(en) des Strahls als Funktion der Wegstrecke beschreibend, stellen die in Abschnitt 2.1.6 abgeleiteten Beziehungen die theoretische Basis für die Auslegung des Systems und die Dimensionierung der darin benötigten optischen Elemente dar. Auf konkrete Probleme und Aufgaben bei der Realisierung von Strahlführungssystemen wird u.a. in [24], [28], [29] und [30] eingegangen, auf die Veränderungen der Eigenschaften von optischen Elementen unter Strahlungsbelastung u.a. in [31]. Die geometrischen Strahleigenschaften zu kennen, ist auch aus prozesstechnischen Gesichtspunkten vor allem dann wichtig,

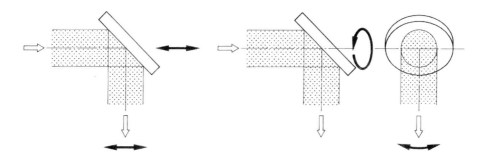

Bild 2.58 Translatorische und rotatorische Spiegelbewegungen als "Basiselemente" einer jeden Strahlführung in freier Propagation.

wenn – wie z. B. bei Strahlführungssystemen mit „fliegenden" Optiken (s. Abschnitt 2.4.3.1) – die Position der Bearbeitungsoptik sich längs der Strahlachse in einem weiten Bereich ändert und somit der Laserstrahl mit unterschiedlichen Werten seines Durchmessers auf die Fokussieroptik trifft. Die dabei auftretenden Änderungen der Fokusgeometrie machen sich im Prozessergebnis bemerkbar. Ob sie tolerierbar sind oder technische Maßnahmen erfordern, wie sie in den beiden folgenden Abschnitten beschrieben werden, ist von der konkreten Qualitätsanforderung abzuleiten.

Die laterale Dimension von im Strahlengang befindlichen Elementen, also im wesentlichen der Durchmesser von Spiegeln und Blenden, ist im Hinblick auf die an deren Berandung auf-

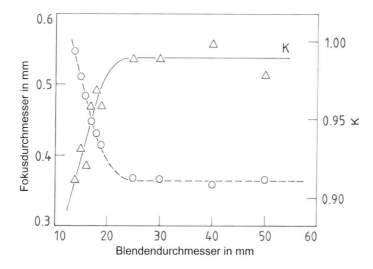

Bild 2.59 Das "Abschneiden" von Randbereichen eines Laserstrahls durch Spiegel- oder Blendenbegrenzungen führt zu einer Zunahme des Strahlparameterprodukts, hier durch die Strahlqualitätszahl ($K = 1/M^2$) gekennzeichnet. Zur Demonstration wurde ein CO_2-Messlaser mit TEM_{00}-Mode bei 20 W benutzt; der Strahldurchmesser am Ort der Blende beträgt 14 mm.

tretende Beugung zu beachten: Im Vergleich zum Strahldurchmesser große Abmessungen halten zwar diese die Strahlqualität negativ beeinflussenden Effekte gering, machen aber die technische Gestaltung größer und teurer und sind der Dynamik des Maschinensystems abträglich. Eine zu starke „Beschneidung" des Strahlungsfelds kann andererseits zu merklichen Einbußen der Fokussierbarkeit eines Laserstrahls führen; Bild 2.59 soll qualitativ auf diese Problematik hinweisen.

Teleskope

Der Einsatz von Teleskopen zur Strahlaufweitung kann aufgrund zweier unterschiedlicher Zielsetzungen erfolgen: Zum einen, um die Divergenz des Laserstrahls zu reduzieren, was für die Strahlführung in begrenzten Räumen, z. B. in Roboterarmen oder von Robotern geführten „Strahlrohren" essentiell und für große Anlagen (siehe oben) zumindest von Vorteil ist. Zum anderen führt ein großer Strahldurchmesser auf der fokussierenden Optik zu einem kleineren Brennfleckdurchmesser, ein Umstand, der in Bearbeitungsstationen mit kurzen Wegen zwischen Laser und Bearbeitungskopf nicht immer gegeben ist; hier ist die Strahlaufweitung ein Mittel zur besseren Fokussierung.

Das Prinzip der Strahlaufweitung mittels Galileischem und Keplerschem Teleskops ist in Bild 2.60 gezeigt. Der Anschaulichkeit halber wird eine Darstellung in geometrischer Optik und für Linsensysteme gewählt; es kann in gleicher Weise mit Spiegeloptiken realisiert werden, was in Anlagen mit CO_2-Hochleistungslaser geschieht.

Aus der Konstanz des Strahlparameterprodukts und dem Abbildungsgesetz folgt

$$\frac{d_2}{d_1} = \frac{\Theta_2}{\Theta_1} = \frac{f_2}{f_1}, \tag{2.148}$$

worin die Indizes „1" die Parameter des aufzuweitenden und „2" die des aufgeweiteten Strahls kennzeichnen. Das Verhältnis d_2/d_1 wird mit A (Aufweitungsfaktor) oder M (magnification) bezeichnet. Durch Verschieben der Optiken aus der konfokalen Position lässt sich die Taille des aufgeweiteten Strahls in gewissen Bereichen variieren [32]. Bild 2.61 demonstriert die mögliche Divergenzreduktion bzw. verringerte Variation des Strahldurchmessers über große Distanzen hinweg.

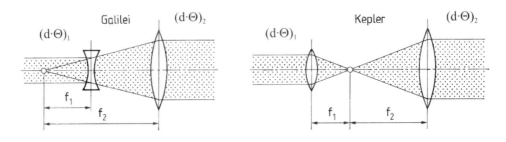

Bild 2.60 Prinzip der Strahlaufweitung mittels Teleskopen in geometrisch-optischer Darstellung. Gauß'sche Strahlen sind selbstverständlich divergenzbehaftet und ihr Strahlparameterprodukt bleibt bei der Transformation konstant.

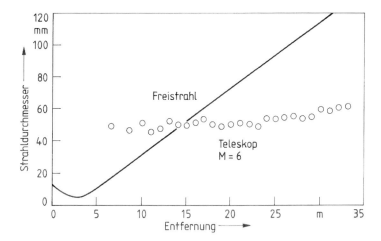

Bild 2.61 Gemessene Strahldivergenz eines frei propagierenden und mittels Spiegelteleskop ($M = 6$) aufgeweiteten Strahls; CO_2-Laser bei $P = 1,5$ kW.

Adaptive Spiegel

Dieser Begriff bezeichnet Spiegelkonzepte, bei denen über eine gezielt herbeigeführte Veränderung der Spiegelflächenkrümmung die Abbildungseigenschaften verändert werden (es sei erinnert, s. Bild 2.56, dass die Brennweite f eines sphärischen Spiegels durch seinen Krümmungsradius R entsprechend $f = R/2$ bestimmt ist). Sie finden Anwendung zur Kompensation von Phasenstörungen oder zur aktiven Strahlformung.

Für Zwecke der Materialbearbeitung ist eine integrale Veränderung der sphärischen Oberfläche des Spiegels – also seines Krümmungsradius R – ausreichend, um die hier gewünschten Effekte einer variablen Fokussierung zu erzielen. Bewerkstelligt wird dies durch eine in elastischer Deformation erfolgende Auslenkung einer dünnen Kupferscheibe entweder mittels eines daran angelenkten Piezo-Aktuators [33] oder durch den auf der Rückseite der Spiegelscheibe wirkenden und in seiner Höhe gesteuerten Kühlwasserdruck [24], [28], [34]. Auf dieses Prinzip, das in zahlreichen industriellen Anlagen zum Schneiden eingesetzt wird, sei

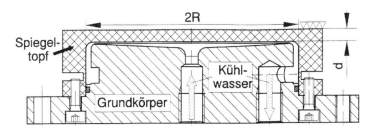

Bild 2.62 Schnittzeichnung eines adaptiven Spiegels mit typischen Dimensionen von $2R = 60$ mm und $d = 2$ mm. Der Spiegeltopf ist aus OFHC-Kupfer gefertigt, die gezielte Deformation der Spiegelfläche geschieht durch die Regelung des Kühlwasserdrucks.

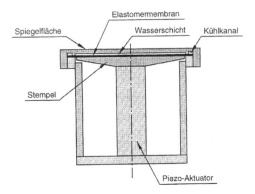

Bild 2.63 Prinzipskizze eines adaptiven Spiegels, bei dem die Spiegeldeformation durch den infolge eines Stempelhubs erzeugten Druckaufbau in einer abgeschlossenen Wasserschicht erfolgt.

kurz eingegangen.

Bild 2.62 gibt den grundsätzlichen Aufbau eines solchen wasserdruckgesteuerten Spiegels wieder. Die Herstellung (z. B. durch Diamantfräsen) einer planen Spiegeloberfläche ($R = \infty$) bei gegenüber dem Nominalwert etwas erhöhtem Kühlwasserdruck lässt eine konkave Fläche entstehen, wenn der Druck abgesenkt wird. Auf diese Weise ist ein Betrieb des Spiegels möglich, der einen kontinuierlichen Wechsel von fokussierender zu defokussierender Wirkung erlaubt.

Eine Weiterentwicklung dieses Konzepts mit dem Ziel, die Verstelldynamik zu erhöhen, zeigt Bild 2.63. Hier erfolgt die Deformation nach wie vor als Folge einer großflächigen Druckübertragung vom Wasser auf die Spiegelscheibe, der Druck selbst entsteht jedoch in der Beaufschlagung bzw. Verdrängung einer dünnen Wasserschicht durch einen von einem Piezo-

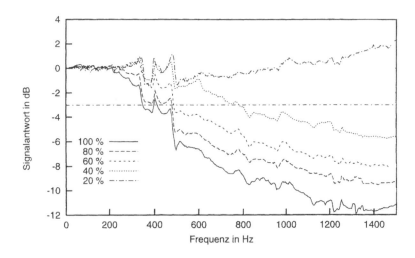

Bild 2.64 Signalantwort des in Bild 2.63 gezeigten Spiegels (bezogen auf eine Brennweite von 150 mm entspricht 100 % Amplitude einer Fokuslagenverschiebung von 7,5 mm).

Aktuator angetriebenen Stempel. Gegenüber einer direkten Ankopplung der Spiegelplatte beruht ein Vorteil darin, dass die Amplitude der Spiegeldeformation – und somit die erzielbare Fokusveränderung – deutlich größer ist, als der Hub des Aktuators; dies erlaubt die Verwendung von Aktuatoren mit geringerem Hub. Allerdings kann die absorbierte Leistung hier nicht direkt von der Rückseite des Spiegels abgeführt werden, sondern nur über einen am Umfang angeordneten Kühlkanal. Um die thermische Deformation der Spiegelscheibe gering zu halten, ist bei dieser Ausführung eine absorptionsmindernde Beschichtung erforderlich. Bild 2.64 dokumentiert, dass ein solcher Spiegel – je nach Amplitude – bis in einem Frequenzbereich von 350 bis 1000 Hz betrieben werden kann. Des Weiteren weist ein wasserdruckbetriebener adaptiver Spiegel eine nahezu über die gesamte Spiegelfläche reichende sphärische Deformation auf, die den gesamten Laserstrahlquerschnitt deshalb in der gleichen Weise beeinflusst.

Typische Anwendungen solcher adaptiver Spiegel sind in Bild 2.65 beispielhaft gezeigt: die mögliche Kompensation von Phasenstörungen, die durch optische Elemente im Strahlengang hervorgerufen werden, und die gezielte Brennweitenveränderung fokussierender Spiegel.

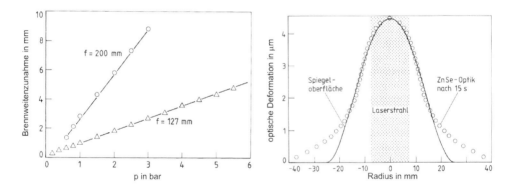

Bild 2.65 Typische Einsatzzwecke adaptiver Spiegel: Kompensationen von Phasendeformationen (rechts: thermische Linse eines ZnSe-Fensters) und gezielte Brennweitenveränderungen (links: in hinreichend weiten Bereichen erfolgt eine lineare Variation mit dem Wasserdruck).

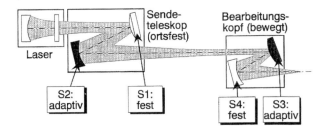

Bild 2.66 Schema eines Strahlführungssystems mit zwei adaptiven Spiegeln (S2 und S3) zur Konstant-haltung der Fokusgeometrie in Anlagen mit großen Längenunterschieden des zwischen Laser und Bearbeitungskopf frei propagierenden Strahls, z. B. in Flachbettschneidanlagen.

Letztere ist der zentrale Aspekt bei Strahlführungssystemen, in denen bei freier Strahlpropagation vom Laser zu dem im Raum bewegten Bearbeitungskopf die Fokusgeometrie – Durchmesser und Lage – einer gezielten Steuerung unterliegen soll. Bild 2.66 gibt das Schema eines derartigen Systems wieder. Um beide Größen – d_f und Δz_f – gleichzeitig beeinflussen zu können, bedarf es zweier adaptiver Spiegel: S2 verändert die Divergenz des Freistrahls, seinen Durchmesser auf der Fokussieroptik und damit den Fokusdurchmesser. Die Fokuslagenverschiebung erfolgt über S3, wobei der Einfluss der Durchmesservergrößerung

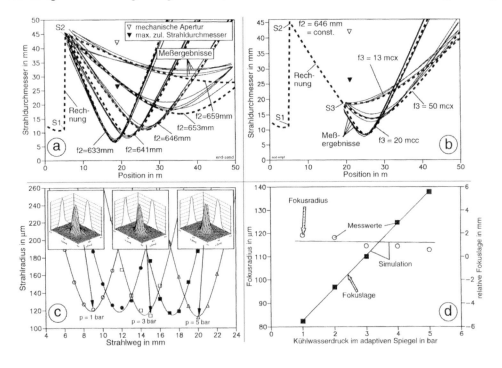

Bild 2.67 Berechnete und gemessene Strahlgeometrien und Intensitätsverteilungen in einem System nach Bild 2.66, s. Text.

auf S4 auf den Fokusdurchmesser aufgrund des geringen Abstands zwischen S3 und S4 vernachlässigbar ist. Die in Bild 2.67 dargestellten Ergebnisse von Simulationsrechnungen und Messungen eines Experimentalsystems verdeutlichen das Potential der adaptiven Spiegel insbesondere im Hinblick auf die Schaffung von Voraussetzungen für eine gleich bleibende Bearbeitungsqualität in großen Bearbeitungsräumen: Zunächst zeigen die Teilbilder a) bzw. b) eine gute Übereinstimmung zwischen berechnetem und gemessenem Strahlverlauf nach dem Teleskop bzw. nach dem an der Position $z = 20$ m befindlichen adaptiven Spiegel S3. Das letztlich wichtige Resultat wird in c) und d) verdeutlicht. Es zeigt sich, dass die Fokuslage in einem weiten Bereich (± 6 mm gegenüber dem Referenzfall mit einer planen Spiegelfläche S3) variierbar ist, während die Intensitätsverteilung dabei nahezu unverändert bleibt.

Scanner-Optiken

Schwingspiegel bilden die Basis einer zunehmende Verbreitung findenden Systemkomponente, in welcher Strahlführung und Strahlformung kombiniert erfolgt: so genannte Scanner-Optiken vereinen eine schnelle zweidimensionale Strahlablenkung mit der Fokussierung in einer apparativen Einheit. Entsprechende technische Ausgestaltungen der kommerziell erhältlichen Geräte erfüllen die spezifischen Anforderungen der jeweiligen Anwendungen hinsichtlich unter anderem des Arbeitsfeldes, der Ablenkfrequenz und der nutzbaren Laserleistung.

Das Prinzip einer derartigen Optik ist in Bild 2.68 gezeigt. Zwei orthogonal angeordnete Spiegel lenken in gesteuerten Drehbewegungen den (hier bereits) fokussierten Strahl in x- und

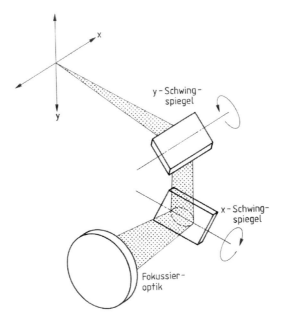

Bild 2.68 Prinzip einer Schwingspiegeloptik zur gleichzeitigen zweidimensionalen Ablenkung eines fokussierten Laserstrahls.

y-Richtung ab, und die gewünschte Bahn entsteht in der Überlagerung der beiden Geschwindigkeitskomponenten. Die Brennweiten können einige zehn bis mehr als 1000 mm betragen, und die Frequenzen liegen im Bereich bis zu einigen 100 Hz. Die Fokussierung kann *vor* (z. B. beim „Remote" Schweißen) oder *nach* (z.B beim Beschriften) der Strahlablenkung erfolgen; zum Einsatz gelangen dafür spezielle Einzellinsen oder Linsensysteme (F-Theta Objektive), um Abbildungsfehler im Scanfeld gering zu halten.

Je nach Auslegung der Optik sind extrem hohe Bahngeschwindigkeiten möglich, die häufig weit über den in cw-Prozessen (z. B. Schneiden oder Schweißen) realisierbaren Werten der Bearbeitungsgeschwindigkeit liegen. Sind auf einem Bauteil mehrere getrennt voneinander befindliche Bahnen abzufahren, so lässt sich die hohe Ablenkgeschwindigkeit dennoch sinnvoll nutzen, da die Zeiten zur Positionierung des Laserstrahls auf die Startpunkte der jeweiligen Bahnen drastisch verkürzt werden. Nicht zuletzt deshalb hat im Zusammenhang mit der Verfügbarkeit von Hochleistungslasern hoher Strahlqualität diese Art der Strahlführung Eingang auch in typische Makrobearbeitungen gefunden. So stellen die Scanner-Optiken wichtige Systemkomponenten dar, deren Einsatzgebiete vom Beschriften (der zunächst typischen Anwendung für Bahnlängen im mm-Bereich), über abtragend/strukturierende Verfahren der Fein- und Mikrotechnik, dem Sintern (als Rapid Prototyping Verfahren) bis hin zum Schweißen von Karosserieteilen reichen.

Trepanier- und Wendelbohroptiken

Eine insbesondere in der Fein- und Mikrotechnik häufig vorkommende Bahnkurve ist der Kreis. Erfolgt dabei eine abtragende Bearbeitung, beispielsweise zum Herstellen von Bohrungen, so gelangen die Technologien des Trepanierens und des Wendelbohrens (siehe Abschnitt 4.4.2.3) zum Einsatz. Charakteristisches Merkmal von hierfür konzipierten optischen Komponenten ist der um die Symmetrieachse einer zu erzeugenden Spur rotierende Laserstrahl.

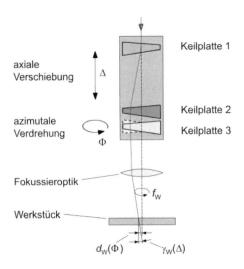

Bild 2.69 Prinzip einer Trepanier- bzw. Wendelbohroptik; Erläuterungen siehe Text.

Die prinzipielle Funktionsweise einer derartigen Optik geht aus Bild 2.69 hervor. Wiedergegeben ist darin ein Konzept [35], das neben einer variablen Einstellung des Spurdurchmessers ($0 < d_w < 0,4$ mm) auch den Auftreffwinkel der Laserstrahlachse auf der Werkstückoberfläche ($0 < \gamma_w < 5°$) zu verändern erlaubt: Im Strahlengang vor der Fokussierlinse platziert, setzt die aus drei rotierenden Keilplatten bestehende Optik den Laserstrahl in Rotation. Durch Veränderung des Abstandes Δ zwischen der ersten und zweiten Keilplatte, die sich beide in einer gemeinsamen Dreheinheit befinden, verändert sich der radiale Auftreffort auf der Linse und somit der Winkel zwischen Strahl und optischer Achse, d.h. $\gamma(\Delta)$. Die davon unabhängig, aber synchron rotierende dritte Keilplatte lenkt den Laserstrahl aus der Parallelität zur Drehachse ab (wegen der Kleinheit des Winkels in der Graphik kaum wahrnehmbar), was von der Linse in eine radiale Auslenkung vom Brennpunkt transformiert wird. Mittels einer radialen Verdrehung dieser Keilplatte relativ zur zweiten lässt sich der Spur- oder Wendeldurchmesser $d_w(\phi)$ verändern. Die Variation beider Größen kann stufenlos und auch während des Bearbeitungsvorgangs erfolgen. Damit sind neben zylindrischen auch konische Bohrungen herstellbar.

2.4.1.4   Leistungsübertragung durch flexible Glasfasern

Für Laserwellenlängen um 1 μm eröffnet die Strahlführung in flexiblen Glasfasern eine Vielzahl von Möglichkeiten, den Strahlungstransport von der Strahlquelle zu einem räumlich bewegten Bearbeitungskopf systemtechnisch zu gestalten. Im Vergleich zu Anlagen mit freier Strahlpropagation bietet dieses Konzept die Vorteile

- des Wegfallens optischer Elemente zur räumlichen Umlenkung des Strahls,

- der damit fehlenden negativen Beeinflussung des Strahlparameterprodukts infolge von Beugungseffekten von deren Berandungen sowie Leistungsverlusten infolge Absorption,

- eines unabhängig von der Propagationsdistanz gleich bleibenden „Strahl"durchmessers und konstanter Intensität (bei den in der Regel benutzten Stufenindexfasern) und schließlich

- eines insgesamt deutlich geringeren maschinentechnischen Aufwands bei der Realisierung von Bearbeitungsstationen, insbesondere für die 3D-Makrobearbeitung.

Das physikalische Prinzip der Lichtleitung und die wichtigsten Kenngrößen der Faser wurden bereits in Abschnitt 2.3.1.5 erörtert. Ihre numerische Apertur NA (2.143) und ihr Kerndurchmesser d_k bestimmen über die Beziehung

$$N_A \cdot \frac{d_k}{2} \geq \left(\frac{df \cdot \theta}{4} \right) \tag{2.149}$$

das Kriterium, welches das SPP festlegt, das ein Laserstrahl höchstens aufweisen darf, um in eine Faser mit vorgegebenen Eigenschaften eingekoppelt und darin transportiert werden zu können.

Wird jedoch die Faser gebogen, so ändert sich der Winkel α_1 an der Grenzfläche n_1/n_2. Er wird kleiner, siehe Bild 2.70, und bei einer starken Krümmung kann der nach (2.139) definierte

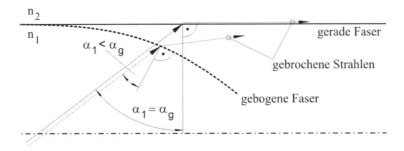

Bild 2.70 Reduzierung der numerischen Apertur einer Faser durch deren Krümmung.

Grenzwinkel unterschritten werden. Nach [36] führt das Biegen zu einer Reduktion der NA entsprechend

$$NA_{eff} = \sqrt{n_1^2 - n_2^2 (1 + \frac{d_k}{2R})^2} , \qquad (2.150)$$

was einer „effektiven" Erhöhung von n_2 gleichkommt. Aus (2.150) ist ersichtlich, dass im praktischen Betrieb der Biegeradius R auch aus funktionalen Gründen und nicht nur in Hinsicht auf die mechanische Beanspruchung der Faser zu begrenzen ist.

Das Prinzip der Strahlführung mittels Glasfaser umfasst im Wesentlichen drei Komponenten: Optiken zur Einkopplung durch Fokussierung der Laserstrahlung auf den Kerndurchmesser, die Faser selbst zur Übertragung oder Leitung (der griffige Term „Lichtleitkabel" ist hierfür weit verbreitet) und Optiken für die Auskopplung. Letztere erfolgt üblicherweise zusammen mit einer Kollimierung und Fokussierung des Strahls in einer einzigen Komponente, die den Bearbeitungskopf darstellt.

Eine am Eingang der Faser vom Laser vorgegebene Intensitätsverteilung $I(r)$ erfährt als Folge der zahlreichen Reflexionen während der Propagation eine Homogenisierung, so dass am Ende eine über dem Radius konstante Verteilung I = const vorliegt. Diese findet sich in der Taille des ausgekoppelten und fokussierten Strahls wieder (außerhalb des Rayleigh-Bereichs liegen „Gauß-ähnliche" Intensitätsverteilungen vor). Bild 2.71 gibt solcherart typische Intensitätsverteilungen und Strahlkaustiken wieder. Gleichermaßen würde eine gegebenenfalls beim Eintritt vorliegende definierte Polarisationsorientierung in der hier behandelten Stufenindexfaser in eine statistische umgewandelt.

Ein industrieller Einsatz der Faserübertragung ist heute bis in den Hochleistungsbereich möglich. Die Strahlung lampen- und diodengepumpter Festkörperlaser, Scheibenlaser und Multimodefaserlaser erfährt in den jeweils geeigneten (d.h. dem Strahlparameterprodukt angepassten) Fasern von mehreren 10 bis zu einigen 100 µm Kerndurchmesser eine praktisch verlustfreie Leitung bei Leistungen im Multi-kW-Bereich über Strecken von bis zu 100 m. Limitierend sind die in Abschnitt 2.3.1.5 bereits erwähnten nichtlinearen Effekte, die bei extrem hohen Leistungsdichten, d.h. bei sehr hohen Leistungen und gleichzeitig Werten von M^2 der Größenordnung eins, auftreten würden. Sie reduzieren die Übertragungsstrecken ganz drastisch, beeinträchtigen den Laserbetrieb oder führen u.U. zur Zerstörung der Faser. Ganz ohne Verluste ist indessen auch eine Übertragung bei „sicheren" Parametern nicht, da sowohl bei

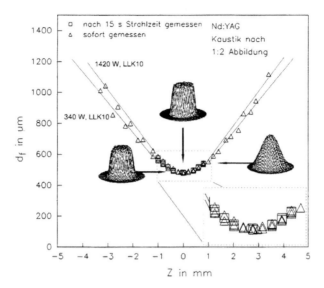

Bild 2.71 Gemessene Kaustiken eines nach der Faserübertragung fokussierten Laserstrahls und von der
z-Position abhängige Intensitätsverteilungen.

der Ein- wie Auskopplung Leistungsverluste (ein Laserstrahl hat keine scharfe radiale Begrenzung!) von wenigen Prozent auftreten.

2.4.2 Gasdynamische Komponenten

Generelle Aufgabe gasdynamischer Komponenten ist die gezielte Beeinflussung von Zustän-
den und Vorgängen in der WWZ Laserstrahl/Werkstück oder der Schutz optischer Komponenten vor von dort ausgehenden Quellen der Verschmutzung bzw. Beschädigung. So umfassen
denn die konkreten Zielsetzungen einerseits die Verhinderung /Verminderung von Oxidations-
vorgängen an Schmelzen (z. B. beim Schweißen), das Entfernen derselben (z. B. beim
Schneiden), die Reduzierung des Umgebungsdrucks deutlich unter eine Atmosphäre (beim
Bohren) und andererseits das „Wegblasen" von Schmelzespritzern und Dämpfen.

2.4.2.1 Düsen

Düsen werden benötigt, um einen Gasstrahl mit den erforderlichen Eigenschaften (z. B. Impuls, Abmessung, Orientierung bezüglich der WWZ) zu erzeugen. Ihre geometrische Ausgestaltung, die für die Ausprägung der fluiddynamischen Merkmale der Strömung verantwortlich
ist, hat entsprechend der unterschiedlichen Aufgabenstellungen zu erfolgen.

Diesem Aspekt wird nicht immer Rechnung getragen, denn es gelangen in vielen Fällen
bevorzugt technisch leicht zu realisierende Lösungen zum Einsatz.

So ist es nicht verwunderlich, dass die Zufuhr von Schutzgas beim Schweißen, wo ein die
Oxidation verhinderndes „Gaspolster" auf dem Schmelzbad und/oder eine Kühlung bzw. Ver-

dünnung des aus der Kapillare strömenden Metalldampfes/-plasmas erzielt werden soll, häufig durch einfache Röhrchen geschieht. Abhängig von den geometrischen Verhältnissen der zu fügenden Bauteile sind sie schleppend, stechend oder seitlich bezüglich der Schweißrichtung angeordnet. Eine zur Laserstrahl koaxiale Zufuhr über eine konische Düse ist ebenfalls üblich.

Soll hingegen ein Gasstrahl mit hohem Impuls eine möglichst effiziente Entfernung des aufgeschmolzenen Materials aus der WWZ bewirken, so ist der Auswahl wie der Auslegung der Düsen weit mehr Beachtung zu widmen. Da die Eigenschaften der Gasströmung beim Schneiden auf das Engste mit der Effizienz und Qualität des Prozesses verknüpft sind, werden Schneiddüsen im Kontext dieses Verfahrens in Abschnitt 4.1 behandelt. Ähnliches gilt für Düsen, die beim Beschichten mit pulverförmigem Zusatzwerkstoff Anwendung finden, siehe dazu Abschnitt 4.3.

2.4.2.2   Aerodynamische Fenster

Darunter versteht man – vereinfachend und verallgemeinernd gesprochen – eine Anordnung aus Düse und Diffusor, die eine Gasströmung erzeugt, welche in der Lage ist, Gebiete unterschiedlichen Drucks voneinander zu trennen. In der industriellen Lasertechnik fanden aerodynamische Fenster in den 70er bis 90er Jahren Anwendung als Auskoppelfenster für CO_2-Hochleistungslaser [37], [38], [39], [40], [41], um anstelle eines „materiellen" Fensters den Entladungsraum gegen Umgebungsatmosphäre abzudichten (siehe Bild 2.72). Sie boten den Vorteil einer nur geringen Beeinflussung des durchtretenden Laserstrahls als Folge thermischer Effekte [41]. Transmittierende Materialien mit im Vergleich zu damals verbesserten optischen und thermischen Eigenschaften sowie Laserleistungen, die in der (heutigen) industriellen Praxis unterhalb 20 kW liegen, haben ihre diesbezügliche Bedeutung sinken lassen. Zurzeit findet das Konzept jedoch Interesse als gasdynamische Komponente zur Beeinflussung des Umgebungsdrucks beim Bohren und Abtragen.

Untersuchungen zur Steigerung der Produktivität bei Verwendung von Ultrakurzpulslasern für diese Verfahren haben gezeigt [42], dass der Materialabtrag bei gegenüber Atmosphärendruck reduzierten Werten zunimmt. Zur gezielten und praxistauglichen Nutzung dieses Effekts wurde ein aerodynamisches Fenster entwickelt, das – auf der Oberfläche eines Werkstücks verfahrend – in einem lokalisierten Bereich um die WWZ herum einen Unterdruck erzeugt;

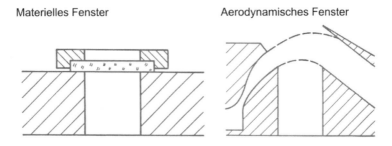

Bild 2.72 Materielle und aerodynamische Fenster dienen der Trennung von Gebieten unterschiedlichen Druckes und ermöglichen die ungehinderte Laserstrahlpropagation dazwischen.

Bild 2.73 veranschaulicht die prinzipielle Funktion dieser gasdynamischen Komponente [43]. Sie basiert auf dem in [38] bis [41] untersuchten und in der Praxis bewährten Konzept des ebenen Potentialwirbelfensters. Der damit realisierte Überschallfreistrahl zeichnet sich durch ein Strömungsfeld aus, in dem Druck und Geschwindigkeit längs jeder Stromlinie, wie auch der radiale Druckgradient, konstant sind. Dies ist der Grund für seine hohe optische Qualität, d.h. die geringe Beeinflussung des durchtretenden Laserstrahls infolge von Dichtegradienten. Die Auslegung der Düse erfolgt nach dem Charakteristikenverfahren, siehe Bild 2.74, während die des Diffusors (eines gleichermaßen wichtigen Elements) einigen experimentellen Aufwand erfordert. Der Gasverbrauch (z. B. Druckluft) wird durch den zu realisierenden Druck in der Kavität p_{Kav} und die Größe der zu überbrückenden Apertur bestimmt. Bild 2.75 gibt den Verlauf von p_{Kav} in Abhängigkeit des Ruhedrucks p_K wieder. Eine Auslegung für $p_{Kav} = 0,1$ bar wurde deshalb gewählt, weil Untersuchungen bei Umgebungsdrücken unterhalb dieses Wertes keine weitere Steigerung der Abtragsrate erbrachten; typische Prozessergebnisse mit dem aerodynamischen Fenster werden in Bild 4.218 und Bild 4.220 präsentiert.

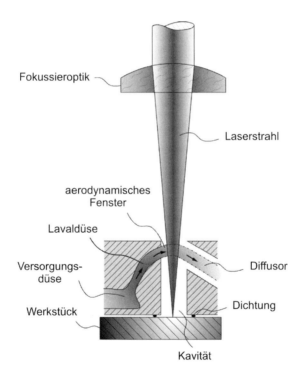

Bild 2.73 Anordnung eines aerodynamischen Fensters zur lokalen Erzeugung eines Unterdrucks an der zu bearbeitenden Stelle auf dem Werkstück.

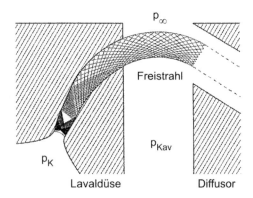

Bild 2.74 Elemente des Potentialwirbelfensters; im Gasstrahl sind die Charakteristiken (Mach'schen Linien) eingezeichneten, mit deren Hilfe die Auslegung der Düse erfolgt.

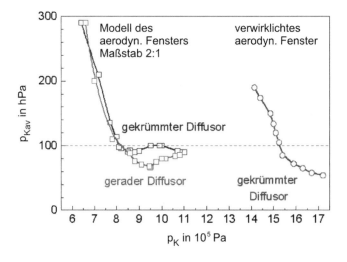

Bild 2.75 Druck in der Kavität in Abhängigkeit des Ruhedrucks der Düse bei verschiedenen Modellen.

2.4.2.3   Querjet

In der Wechselwirkungszone entstehende Schmelzespritzer und Materialdämpfe verlassen diese mit hohen Geschwindigkeiten und gelangen – abhängig von den dort herrschenden prozessbedingten geometrischen, thermischen und gasdynamischen Randbedingungen – mit mehr oder weniger großer Häufigkeit bzw. Intensität auch an die optischen Elemente des Bearbeitungskopfes. Als Folge der Verschmutzung steigt deren (zunächst sehr geringe) Absorption der Laserstrahlung mit der Zeit an, was zu einem sich verstärkenden thermischen Linsen-

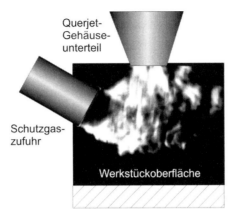

Querjet-
Gehäuse-
unterteil

Schutzgas-
zufuhr

Werkstückoberfläche

Bild 2.76 Ein nicht richtig ausgelegter Querjet saugt Schutzgas von der WWZ ab und initiiert eine Strömung von Umgebungsgas in diese hinein.

effekt führt. Dadurch weichen die für den Prozess erforderlichen Fokussierbedingungen zunehmend von ihren Sollwerten ab; ein Umstand, der die Sicherheit bzw. Qualität des Ergebnisses beeinträchtigt und deshalb als begrenzender Faktor für die Standzeit der optischen Elemente wirkt. Deren aus diesem Grunde häufiger notwendiges Reinigen oder Austauschen[10] macht Unterbrechungen des Fertigungsablaufs erforderlich und führt zur Herabsetzung der Wirtschaftlichkeit. Um diesen nachteiligen Auswirkungen zu begegnen, wurden schon frühzeitig senkrecht zur Laserstrahlachse gerichtete Gasstrahlen (der „denglische" Ausdruck *Querjet* hat sich dafür fest eingebürgert) im Bereich zwischen Fokussieroptik und Werkstückoberfläche zur Anwendung gebracht, um damit auf die optischen Elemente zufliegende Verunreinigungen abzulenken.

Gravierende Nachteile üblicher technischer Anordnungen waren das Absaugen des Schutzgases aus der Wechselwirkungszone (WWZ) durch die Ejektorwirkung der Querjet-Strömung, siehe Bild 2.76, und eine unzureichende Spritzerablenkung. Vor diesem Hintergrund wurde auf der Basis einer experimentellen Ermittlung typischer Geschwindigkeitsverteilungen von Schweißspritzern und in gasdynamischen Untersuchungen ein Querjet entwickelt, der einen guten Schutz der Optiken ohne kontraproduktive Nebeneffekte gewährleistet [44]. Seine im Folgenden vorgestellten Merkmale finden sich zwischenzeitlich in den meisten kommerziell erhältlichen Geräten wieder.

Das technische Konzept ist in Bild 2.77 schematisch wiedergegeben. In einer ebenen Lavaldüse wird ein Überschallstrahl mit rechteckigem Querschnitt erzeugt. In dieser druckangepassten Strömung ohne gasdynamische Stöße (siehe dazu auch die Diskussionen der Strömungsfelder von Schneiddüsen in Abschnitt 4.1.4.1) erfolgt die Impulsübertragung auf die Spritzer besonders effizient. So ist mit dieser Düse ein um mehr als 20% niedrigerer Staudruck (und damit Massenstrom) für eine Spritzerablenkung um 60 Grad erforderlich, als mit einer Geometrie ohne divergente Lavalkontur. Da die Sogwirkung eines Freistrahls infolge

---

[10] Um dieses bei noch zufrieden stellenden Prozessergebnissen durchführen zu können, werden Optiken angeboten, die den Verschmutzungsgrad überwachen.

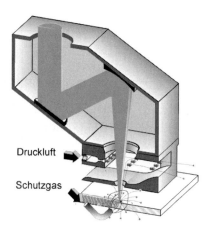

Bild 2.77 Bearbeitungskopf zum Laserstrahlschweißen mit den beiden Basiskomponenten des Querjets, der ebenen Überschalldüse und einem Leitkanal, durch den Umgebungsluft gezielt abgesaugt wird.

von an seiner Mantelfläche mit der Umgebungsatmosphäre stattfindender Reibung unvermeidlich ist, kann die Lösung des Absaugproblems nur in einer gezielten Beeinflussung der Zuströmbedingungen zum Querjet liegen. Simulationsrechnungen der Überschallströmung wie des Strömungsfelds im gesamten angrenzenden Umfeld führten zur Ausgestaltung eines „Gehäuses". Dessen besonderes Merkmal einer bis vor die Düsenmündung gezogenen Platte bewirkt ein dadurch lokalisiertes Zuströmen von Umgebungsluft in einem vom Bereich der WWZ getrennten „Kanal". Damit ist ein Absaugen des darunter liegenden Schutzgaspolsters unterbunden, was die Schlierenaufnahmen in Bild 2.78 veranschaulichen.

Die Art und Weise der Schutzgaszufuhr ist ohne Belang für die Funktion des Querjets, der auch – wie Bild 2.79 (re) zeigt – bei koaxialer Schutzgasführung genutzt wird [45]. Hingegen ist ein unbehindertes Zuströmen von Umgebungsluft in das „Gehäuse" essentiell (bei manchen Bauteilgeometrien, z. B. längs Wänden oder in Eckenbereichen, kann es dennoch zu Beeinträchtigungen dieser Strömung und damit der sicheren Aufgabenerfüllung des Querjets kommen).

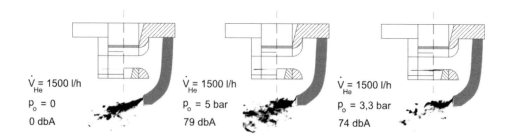

Bild 2.78 Schlierenaufnahmen der Schutzgaszufuhr (1500 l/h Helium) lassen keinerlei Auswirkungen eines vom Querjet induzierten Strömungsfeldes erkennen. Mit p_0 ist hier der Ruhedruck der Querjetströmung bezeichnet.

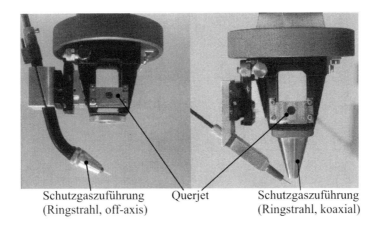

Schutzgaszuführung   Querjet   Schutzgaszuführung
(Ringstrahl, off-axis)   (Ringstrahl, koaxial)

Bild 2.79 Bearbeitungsköpfe für das Laserstrahlschweißen mit Zusatzdraht und integriertem Querjet; links: seitliche Schutzgaszufuhr (entsprechend Bild 2.78), rechts: koaxiale Zufuhr.

2.4.3   Bearbeitungsstationen

Die in der industriellen Praxis im Einsatz befindlichen Bearbeitungsstationen lassen sich – etwas vereinfachend betrachtet – in zwei Gruppen unterteilen. Das sind

- „Spezial"- oder „Sonder"-Lösungen, die in besonderem Maße auf einen ganz speziellen Fertigungsablauf abgestimmt sind, und

- „Standard"-Lösungen, die von Systemherstellern für gleiche oder ähnlich ablaufende Fertigungsverfahren bzw. Prozessschritte in einer Vielzahl von Varianten angeboten werden, welche den unterschiedlichen Anforderungen bezüglich Bauteilgröße, Leistungsbedarf, Genauigkeit etc. Rechnung tragen.

Je nach dem, wie die Relativbewegung Laserstrahl/Werkstück technisch realisiert wird, ist die letztgenannte Gruppe selbst wieder nach zwei Konzepten einteilbar, nämlich in Maschinen, in welchen der Bearbeitungskopf in einer Überlagerung *kartesisch* geführter Trägerelemente bewegt wird, oder in solche, wo ein *Roboter* diese Aufgabe wahrnimmt. Die nachstehende, sich auf prinzipielle Aspekte der Strahlführung beschränkende Darstellung folgt diesem Ordnungsprinzip. Bezüglich des eingangs erwähnten Zusammentreffens optischer, mechanischer, antriebs-, steuerungs- und messtechnischer Aspekte bei der Konzeption und dem Bau von Bearbeitungsstationen sei auf [30] verwiesen.

2.4.3.1   Anlagen mit kartesisch erzeugten Bearbeitungsbahnen

Alle Bearbeitungsstationen mit dieser Art von Strahlführung bzw. Bahnerzeugung beruhen auf einem der in Bild 2.80 wiedergegebenen Schemata. Die zwei- bzw. dreidimensionalen Bahnen entstehen durch Überlagerung von Linearbewegungen

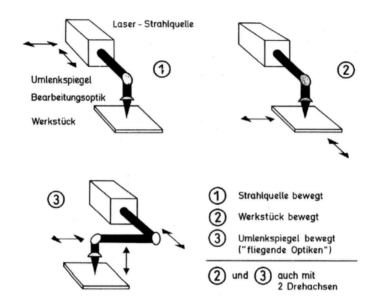

Bild 2.80 Prinzipien zur Erzeugung einer Relativbewegung Laserstrahl/Werkstück.

- in *x*- und *y*-Richtung des mittels einer Doppelbrücke verfahrenden Lasers bei feststehendem Werkstück (1),

- des in *x*- und *y*-Richtung auf einem Tisch befindlichen und von diesem bewegten Werkstücks, wobei der Laser ortsfest ist (2) bzw.

- in *x*-, *y*- und *z*-Richtung des auf einem Brückensystem bewegten Bearbeitungskopfes bei feststehendem Laser und Werkstück (3); da hier sämtliche für die Strahlführung benötigten optischen Elemente mit hoher Geschwindigkeit verfahren werden, spricht man vom Konzept der „fliegenden Optiken".

Auf der Basis der Konzepte (2) und (3) lassen sich durch Integration von zwei senkrecht zueinander stehenden Drehachsen – bei (2) bevorzugt auf dem Tisch, bei (3) am *z*-Schlitten angeordnet – 3D-Bahnen realisieren und dergestalt abfahren, dass der Laserstrahl dann stets mit der Ortsnormalen der Werkstückoberfläche zusammenfällt.

Anlagen nach Prinzip (1) werden vor allem zum Schneiden ebener Werkstücke, beispielsweise aus dünnem Blech, Kunstoffen, Textilien und dergleichen eingesetzt. Wegen des hierfür relativ niedrigen Leistungsbedarfs (einige 10 bis 100 W) und somit geringen Lasergewichts sind damit, anders als es mit Hochleistungslasern der Fall wäre, hohe Beschleunigungen und Geschwindigkeiten realisierbar. Stationen nach (2) finden insbesondere für das Bearbeiten kleinerer bis mittelgroßer Werkstücke Anwendung; das Schweißen von Rundnähten, was u.a. im Aggregatebau eine wichtige Aufgabe ist, erfolgt auf Anlagen dieses Typs mit bewegtem (hier: rotierendem) Werkstück.

Bearbeitungsstationen, bei denen CO_2-Hochleistungslaser ($P > 1$ kW) zum Einsatz gelangen, sind zumeist nach dem Prinzip der fliegenden Optiken aufgebaut. Besonders große Verbrei-

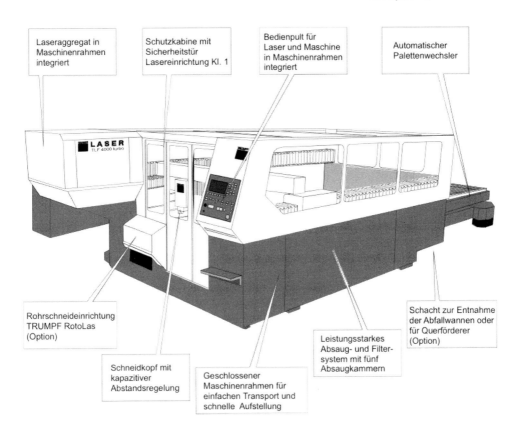

Bild 2.81 Beispiel einer nach dem Prinzip der „fliegender Optiken" aufgebauten Bearbeitungsstation für die 2D-Bearbeitung [Quelle: TRUMPF].

tung und wirtschaftliche Bedeutung haben so genannte Flachbettmaschinen, auf denen ebene Formteile aus Blechplatinen ausgeschnitten werden. Derartige Standardanlagen werden für Tischabmessung bis zu 2×6 m gebaut, wobei – je nach Größe – Verfahrgeschwindigkeiten um 100 m/min mit Positionsabweichung von der Größenordnung ± 0,1 mm realisierbar sind. Bei dem in Bild 2.81 gezeigten Beispiel ist das zugrunde liegende Prinzip (3) deutlich erkennbar durch die in x-Richtung fahrende Brücke, längs welcher der Bearbeitungskopf die y-Bewegung ausführt. Die z-Position wird entsprechend der Blechdicke eingestellt und die Konstanz des Arbeitsabstandes (Fokuslage) mit Hilfe eines kapazitiven Abstandssensors geregelt. Die Legende lässt erkennen, dass und wie den eingangs formulierten grundsätzlichen Anforderungen an jede Bearbeitungsstation hier Rechnung getragen wird.

Mit dem in Bild 2.82 [46] wiedergegebenen Konzept soll schließlich verdeutlicht werden, dass neben Maschinentypen, die ausschließlich einem Prinzip in Bild 2.80 zuzuordnen sind, häufig auch solche gebaut werden, welche Elemente von mehreren in sich vereinen. Des Weiteren findet die Scannertechnik zunehmend Eingang in Anlagen mit „fliegenden Optiken" [47].

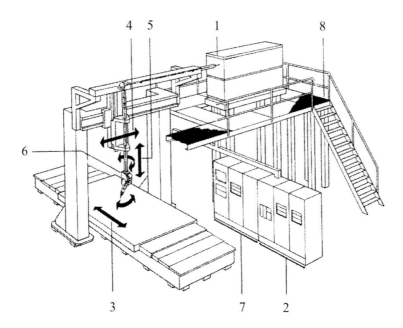

Bild 2.82 Schema einer Portalmaschine für die räumliche Bearbeitung großer Werkstücke, nach [46]. Hier sind Elemente des Prinzips 2 (*x*-Bewegung wird von einem das Werkstück tragenden Schlitten durchgeführt) und 3 („fliegende Optiken" für die *x*- und *z*- Richtung) zusammengeführt. 1: Laser; 2 und 7: Energieversorgung und Steuerschrank; 3: *x*-Schlitten; 4 und 5: *y,z*-Schlitten; 6: Bearbeitungskopf über zwei Drehachsen rotierbar; 8: Podest.

2.4.3.2   Roboterbasierte Bearbeitungsstationen

Wiewohl Roboter stets vorteilhaft verwendet werden, wenn *räumliche* Bearbeitungsbahnen abzufahren sind, lässt sich ihr Einsatz bzw. ihre primäre Aufgabe ebenfalls anhand der in Bild 2.80 dargestellten Prinzipien klassifizieren, nämlich der Roboter

- bewegt den Laser über das Werkstück,
- führt das Werkstück unter dem ortsfesten Strahl oder
- führt die Bahnbewegung aus, dabei nur den Bearbeitungskopf und die Strahlführung tragend.

Der Laser sozusagen im „Huckepack" eines Roboters ist stets als ein geradezu ideales Konzept für die räumliche Bearbeitung angesehen worden; dies gilt vor allem für die Zeit, als die Fertigungstechnik den Laser als Werkzeug zu verstehen begann: Hohe cw-Leistungen waren damals, bis Mitte der 1980er Jahre, ausschließlich durch CO_2-Laser realisierbar, und der von diesem Konzept verheißene Wegfall eines Strahlführungssystem erschien ein lohnenswertes Ziel. Einer industriellen Umsetzung standen indes die mit dem großen zu bewegenden Gewicht verbundenen Nachteile entgegen. Mit den heute verfügbaren sehr kompakt bauenden „Sealed-off" Geräten, mit denen Leistungen von wenigen Watt bis zu mehreren 100 W reali-

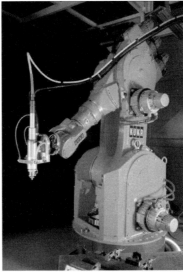

Bild 2.83 Roboterbasierte Bearbeitungsstationen für CO_2-Laser (mit freier Strahlpropagation in Gelenkrohren) und für Laser mit Wellenlängen um 1 μm (Glasfaserübertragung).

sierbar sind, lassen sich nunmehr auch hinsichtlich der erreichbaren Dynamik wirtschaftlich sinnvolle Lösungen darstellen. Heute wird dieses Konzept, vor allem für das (Be-)Schneiden von Kunststoffteilen, von mehreren Herstellern angeboten und zum Teil durch die Scannertechnik in seiner Funktionalität erweitert.

Der Ansatz, das robotergeführte Werkstück die Bearbeitungsbahn durchführen zu lassen, war und ist eine preisgünstige Lösung, wenn nicht zu große Bauteile in kleinerer bis mittlerer Zahl zu bearbeiten sind. Insbesondere für das Einbringen von Aussparungen/-schnitten oder das Beschneiden von Halbzeugen und Rohren hat sich diese Technik bewährt.

Dem Prinzip der „fliegenden Optiken" vergleichbar ist die letztgenannte, jedoch am weitesten verbreitete Methode: Hier ist der Roboter primär für die Erzeugung der Bahn verantwortlich, längs welcher der Bearbeitungskopf bewegt wird; das Strahlführungssystem wird mitgeführt. Zwei Ausführungsbeispiele dieses einfachen und kostengünstigen Konzepts (weil auf Standardindustrieroboter zurückgegriffen werden kann) sind in Bild 2.83 dargestellt: mit Strahlführung für 10,6 μm Strahlung in freier Propagation innerhalb von aneinander gelenkten Rohren und für 1 μm in einer Faser. Die Vergleichbarkeit mit Prinzip (3) in Bild 2.80 ist nur insofern gegeben, als – wie dort – Laser und Werkstück ortsfest sind, die Distanz zwischen Laser und Bearbeitungskopf hier jedoch konstant bleibt. Da das vom Roboter mitzuführende Rohrsystem (in dessen Gelenkteilen die Umlenkspiegel untergebracht sind) eine gewisse Beeinträchtigung sowohl des dynamischen Verhaltens als auch der Zugänglichkeit mit sich bringt, werden immer wieder Roboterkonstruktionen mit innerhalb ihrer Tragarmen erfolgender Strahlführung angeboten.

Als Folge der Verfügbarkeit von Hochleistungsscheiben- und -faserlasern mit im Vergleich zu lampengepumpten Festkörperlasern sehr viel geringerem SPP, ist die Scannertechnik für das „Remote"-Bearbeiten (die Wirkstelle des Laserstrahls befindet sich weit entfernt – engl.: re-

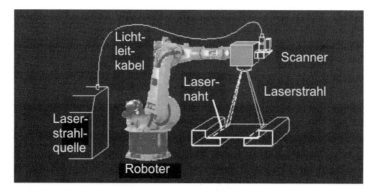

"Welding on the fly"
- Wegfall der Positionierzeiten, optimierte Ausnutzung
  der zur Verfügung stehenden Strahlzeiten
Robotergeführtes System
- Höchste Flexibilität
- Kombiniert Vorteile von robotergeführten und
  Remote-Schweißsystemen

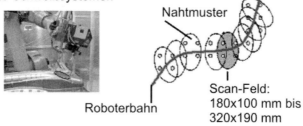

Bild 2.84 Schweißanlage mit robotergeführter Scannerschweißoptik (oben) und damit ermöglichte außerordentlich flexible Bearbeitungsstrategie unter Wegfall von Positionierzeiten (unten) [Quelle: Daimler].

mote – vom Bearbeitungskopf) großer Werkstücke nicht mehr nur den CO_2-Lasern vorbehalten. So hat die Kombination „Roboter + Faser + Scanner" gerade in jüngster Zeit erhebliche fertigungstechnische und wirtschaftliche Fortschritte vor allem in der Automobilindustrie für das Schweißen von Karosserieteilen erbracht. Auch hierzu sind verschiedene Varianten auf dem Markt [47], [48], [49]. Eines der Konzepte [48] und eine dafür beispielhafte Anwendung sind in Bild 2.84 gezeigt.

2.4.4   Laserintegration in Werkzeugmaschinen

Die generellen Eigenschaften des Werkzeugs Laserstrahl (siehe Einleitung) und die Besonderheiten der damit durchführbaren Prozesse (siehe Kapitel 4) lassen es sinnvoll erscheinen, seine Anwendungen nicht nur in eigenständigen Verfahren und dafür konzipierten Anlagen, sondern auch in unmittelbarer Kombination mit anderen Fertigungstechnologien vorzunehmen. Der wirtschaftliche Gewinn eines solchen Ansatzes kann in der gleichzeitigen Verwirklichung der jeweiligen technologischen Vorzüge, den kürzeren Durchlauf- und Rüstzeiten für das Werkstück, einer höheren Präzision sowie in weiteren positiven Aspekten liegen, was sich mittels Nutzwertanalysen darstellen lässt [50]. Aufgrund der vergleichsweise einfachen Hand-habung des Laserstrahls, insbesondere bei Wellenlängen, die eine Strahlungsübertragung in Fasern erlauben, wird das technische Konzept der Bearbeitungsstationen weniger vom Laser, als weitgehend von der „Partnertechnologie" geprägt – weshalb es angemessen ist, von Laser-*integration* zu sprechen.

Den laserbasierten Verfahren kommt bei einer derartigen Kombination bzw. Integration unter-schiedliches Gewicht zu [51], da der Laser dienen kann als

- „unterstützendes" Werkzeug, z. B. in Drehmaschinen integriert für das Spänebrechen [52] oder die Warmzerspanung von Keramiken und speziellen Stählen [53], [54],

- „äquivalentes" Werkzeug, z. B. in Stanzmaschinen zum Trennen [55] oder in Hon-maschinen zum strukturierenden Abtragen [56],

- den Technologieumfang der Fertigungseinrichtung „erweiterndes" Werkzeug, z. B. um in einer Fräs- oder Drehmaschine [50], [51], [57] oder in einer Stanz-Biegema-schine [58] gefertigte und montierte Teile zu verschweißen.

Entsprechend diesen sehr verschiedenartigen Aufgaben gelangen nicht nur Laser mit unter-schiedlichen Eigenschaften zum Einsatz, sondern insbesondere die Fertigungseinrichtungen selbst unterscheiden sich erheblich; von einer systematischen Darstellung wird deshalb abge-sehen. Die nachstehenden Beispiele sollen dem Leser jedoch als Anregung dienen, sich auch mit diesem Aspekt des fertigungstechnischen Potentials des Lasers auseinander zu setzen.

Die Kombination der beiden trennenden Verfahren, Stanzen und Laserstrahlschneiden, ist die bekannteste Realisierung dieses Ansatzes. In der „Aufgabenteilung" übernimmt der Laser-strahl das Schneiden komplexer und gegebenenfalls von Teil zu Teil variierender Konturen, während mit den Stanzwerkzeugen einfachere und wiederkehrende Formen erzeugt werden [55]. Flexibilität und hohe Trenngeschwindigkeiten als jeweils spezifische Technologiemerk-male werden hier vorteilhaft mit einander verknüpft und genutzt. Neuere Kombimaschinen

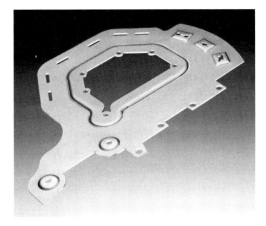

Bild 2.85 In einer Stanz-Biege-Maschine erzeugtes Blechwerkstück. Sämtliche Konturen sind mit dem Laserstrahl geschnitten, während die Rundlöcher gestanzt werden; Umformungen und Gewinde wer-den mit entsprechenden Werkzeugen erzeugt [Quelle: TRUMPF].

auf dieser Grundlage erlauben auch Umformoperationen, was die „Komplettbearbeitung" eines Blechbauteils in einer Aufspannung ermöglicht; Bild 2.85 zeigt ein dergestalt erzeugtes Werkstück.

Die Integration des Laserstrahlschweißens in Stanzautomaten wird in [59] beschrieben. Zielsetzung dieser Kombination ist das Fügen gestanzter Einzelbleche zu einem Statorpaket in einer einzigen Aufspannung bzw. Anlage. Weitere Beispiele einer Komplettbearbeitung von Blechbauteilen, die das Stanzen, Biegen, Montieren, Beschriften und Schweißen mit dem Laser umfasst, werden in [60] vorgestellt.

Wiewohl die Integration des Laserstrahlschweißens in Dreh- und Fräszentren während der 90er Jahre Gegenstand mehrerer Forschungs- und Entwicklungsvorhaben war, haben nur wenige Ansätze Eingang in die industrielle Fertigung gefunden – möglicherweise ist das Spektrum an Werkstücken, bei denen eine Komplettbearbeitung in einer spanenden Werkzeugmaschine unter Einbeziehung des Lasers deutliche wirtschaftliche Vorteile bringt, nicht so breit (oder erkannt). Bei der Herstellung von aus drei Teilen bestehenden Magnetschlusshülsen erwiesen sie sich indessen als sehr deutlich: Alle Schritte des Fertigungsablaufs – Drehen, Montieren und Fügen – erfolgen in einer Vertikaldrehmaschine, wobei der Materialfluss von einer Bearbeitungsposition zur anderen durch eine hängende Spindel geschieht, siehe Bild 2.86. Der große Gewinn an Wirtschaftlichkeit ergab sich in diesem durch hohe Variantenvielfalt geprägten Falle in einer Reduktion der Arbeitsfolgen von fünf auf eine und in einer drastischen Verkürzung der Durchlaufzeit von 20 Tagen auf eine „Just-in-Time"-Fertigung.

Das in [56] geschilderte „Laser-Honen" hat als Bearbeitungstechnologie von Zylinderbuchsen Eingang in die Serienfertigung gefunden: Nach Prozessschritten des Honens werden im Bereich der stärksten Belastung der Laufbuchse mittels Laserabtragen definierte Strukturen eingebracht, die als Schmiermitteltaschen funktionieren und das tribologische Verhalten positiv

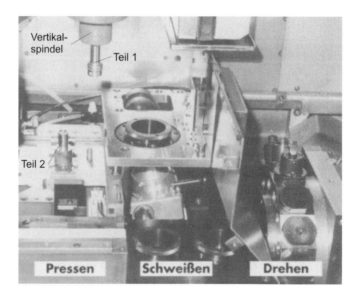

Bild 2.86 Fertigung von Magnetschlusshülsen in einer Drehmaschine INDEX V200 [Quelle: Herion].

beeinflussen. Dem Laserprozess, siehe Bild 2.87, folgt ein Fertighonen, bei dem die beim Abtragen entstandenen Schmelzeauswürfe an den Strukturrändern entfernt werden und die Gleitfläche ihre endgültige Feinheit erhält. Das außerordentlich positive Resultat dieses Bearbeitungsverfahrens ist eine drastische Senkung des Ölverbrauchs und der Schadstoffemission der dergestalt ausgestatteten Motoren.

 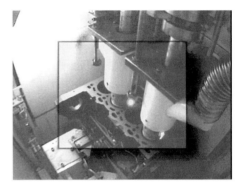

Bild 2.87 In einer Honmaschine integrierte Eintauchoptik (li) und damit durchgeführter Abtragsprozess (re); um die Wirtschaftlichkeit zu erhöhen, werden zwei Zylinderbohrungen gleichzeitig bearbeitet [Quelle: Gehring].

3 Grundlagen der Wechselwirkung Laserstrahl/Werkstück

Wie in Kapitel 1 bereits einleitend dargelegt wurde, beruhen die mit Lasern durchführbaren Fertigungsprozesse auf der Umwandlung von auf das Werkstück treffender elektromagnetischer Energie in Wärme. Die Effizienz der Lasermaterialbearbeitung wird deshalb entscheidend davon abhängen, welcher prozentuale Anteil der Strahlenergie diesen Weg nimmt. Denn allein die in der Wechselwirkungszone (WWZ) Laserstrahl/Werkstück freigesetzte Wärmemenge steht bestenfalls (bei Vernachlässigung von Wärmeleitungsverlusten) zur Verfügung, um den gewünschten Bereich des Werkstücks auf die für den Prozess erforderliche Temperatur zu bringen. Die je Energie- und Zeiteinheit „bearbeitbare" (d.h. in einen bestimmten thermodynamischen Zustand überführbare) Masse bzw. die daraus folgende Prozessgeschwindigkeit ist also ein direktes Maß für die Prozesseffizienz. Im Hinblick auf die Materialbearbeitung nimmt somit die Energieeinkopplung, also die Überführung von eingestrahlter Laserenergie in Prozesswärme, eine zentrale und entscheidende Rolle ein. Die Kenntnis der dabei involvierten physikalischen Mechanismen stellt den Schlüssel zu einer gezielten Prozessgestaltung und -optimierung dar.

Entsprechend ihrer Bedeutung werden nachstehend deshalb die Energieeinkopplung und damit zusammenhängende Themenfelder ausführlich behandelt. An dieser Stelle seien vor allem allgemein gültige, in systematischem Zusammenhang stehende Vorgänge betrachtet. Den daraus abgeleiteten Inhalt dieses Kapitels zeigt Bild 3.1 auf. Gleichzeitig verdeutlicht die Skizze, dass es aufgrund der Reaktion des Werkstücks auf die Bestrahlung gerechtfertigt ist, von einer *Wechsel*wirkung zu sprechen. Auf prozessspezifische Besonderheiten und Modifikationen, beispielsweise bedingt durch extrem kurze Laserpulse oder hervorgerufen durch fluiddynamische Phänomene, wird im Kontext mit den einzelnen Verfahren eingegangen.

Neben der Prozessgeschwindigkeit stellt die erzielbare Bearbeitungsqualität ein weiteres Kri-

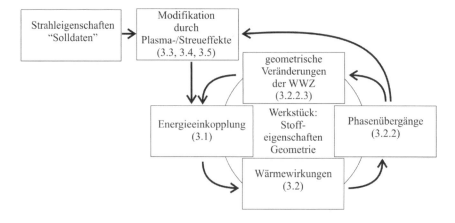

Bild 3.1 In diesem Kapitel behandelte grundsätzliche Wechselwirkungsvorgänge.

terium zur Beurteilung der Wirtschaftlichkeit einer Fertigungstechnologie und nicht zuletzt auch ihrer technischen Eignung an sich dar. Anders als die Geschwindigkeit ist sie indessen keine absolut und für sich allein zu bewertende Größe, da ihre Festlegung (sinnvoller Weise) stets mit konkreten Erfordernissen einhergeht. Solche leiten sich aus einer Reihe von Randbedingungen ab: ob z. B. dem Laserprozess ein weiterer Fertigungsprozess folgt, die bearbeitete Stelle sichtbar ist und einem „gewissen" Erscheinungsbild zu genügen hat, Festigkeits- oder Funktionsanforderungen gewährleistet sind und dergleichen mehr. Es muss also keinesfalls immer die maximal erzielbare Qualität erzeugt werden. Ein Umstand, der vorteilhaft genutzt werden kann: über den Prozessmechanismus – insbesondere infolge dabei ablaufender thermischer und fluiddynamischer Vorgänge – sind Bearbeitungsgeschwindigkeiten und Bearbeitungsqualitäten miteinander verknüpft.[11] Für die Praxis bedeutet dies, dass häufig eine auf den konkreten Anwendungsfall bezogene Prozessoptimierung möglich ist, welche die Wirtschaftlichkeit sicherstellt und den Qualitätsanforderungen genügt. Bild 3.2 gibt diese Aussage graphisch wieder.

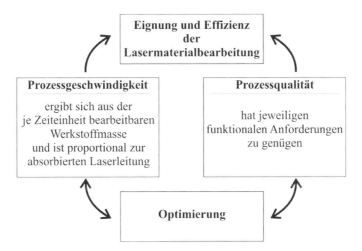

Bild 3.2 Die technologische Eignung und Effizienz der Lasermaterialbearbeitung basiert auf der erzielbaren Prozessgeschwindigkeit und der dabei sich ergebenden Prozessqualität.

---

[11] Besonders auffällig ist dies beim Abtragen, wo die Rauhigkeit der erzeugten Form direkt proportional der Abtragsrate ist und man deshalb, in Anlehnung an mechanisch trennende Verfahren, auch hier von Schruppen und Schlichten sprechen könnte.

3.1   Energieeinkopplung

3.1.1   Energiebilanz in der Wechselwirkungszone, Wirkungsgrade

Trifft ein Laserstrahl mit der Leistung P auf eine Werkstückoberfläche, so wird ein Anteil davon reflektiert, P_R. Die Differenz $(P - P_R)$ dringt in das Werkstück ein und wird dort – in den allermeisten Fällen – vollständig absorbiert, P_A. Unter bestimmten Gegebenheiten, auf die in 3.1.2 hingewiesen wird, kann Leistung auch transmittiert werden, P_T. Aus der Energieerhaltung folgt somit

$$P = P_R + P_A + P_T .$$
(3.1)

Der Übersichtlichkeit halber sei nachstehend zunächst das einmalige Auftreffen eines Laserstrahls auf eine ebene Fläche betrachtet. Für diesen Fall erbringt die modifizierte (3.1)

$$1 = \frac{P_R}{P} + \frac{P_A}{P} + \frac{P_T}{P}$$
(3.2)

die Definition wichtiger Begriffe für die Energieeinkopplung:

$$1 = R + A + T .$$
(3.3)

Mit *Reflexionsgrad R*, *Absorptionsgrad A* und *Transmissionsgrad T* wird demnach das Verhältnis von Leistungen, Leistungsdichten/Intensitäten (wenn die Vorgänge je Flächeneinheit betrachtet werden, wie es in theoretischen Beschreibungen stets geschieht) oder Energien bezeichnet. Die Werte hängen von der Wellenlänge der Laserstrahlung, ihrer Polarisation, dem Einfallswinkel, den Stoffwerten des Materials und seiner Temperatur sowie der Beschaffenheit der Oberfläche ab; ob mit einem Wert des Transmissionsgrads $T = 0$ gerechnet werden kann, was im folgenden stets bei der Betrachtung der einzelnen Prozesse als gegeben vorausgesetzt sei, wird durch (3.12) festgelegt.

Für den Prozess selbst ist der absorbierte Leistungsanteil P_A, der sich als Wärme wieder findet, von Bedeutung. Da die Einzelheiten der Energieabsorption sehr stark von der Geometrie der Wechselwirkungszone, siehe Bild 3.3 (wonach auch ein mehrmaliges Auftreffen des Laserstrahls in der WWZ möglich ist), und dem Aggregatzustand des Materials dort bestimmt werden, bietet es sich an, einen generell gültigen Begriff für die Wirksamkeit der Umwandlung von Laserenergie in Wärme zu verwenden. Mit der nachstehenden Definition des *Einkoppelgrades* η_A,

$$\eta_A = \frac{P_A}{P}$$
(3.4)

ist ein solcher gegeben. Er hat zudem den Vorteil, für jedes Verfahren recht einfach aus kaloriemetrischen Messungen ermittelbar zu sein.

Nachdrücklich sei darauf hingewiesen, dass nur im Fall eines einmaligen Auftreffens des Laserstrahls auf die Oberfläche der Wechselwirkungszone der Einkoppelgrad dem Absorptionsgrad gleichgesetzt werden kann (siehe Bild 3.3).

An der Energiebilanz der Wechselwirkung sind neben der oben diskutierten grundsätzlichen Aufteilung der Strahlungsenergie weitere Mechanismen beteiligt. Vor allem gilt zu beachten,

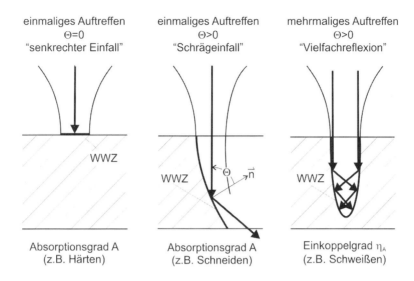

Bild 3.3 Prinzipiell mögliche Geometrien der WWZ in fertigungstechnischen Prozessen und daraus resultierende unterschiedliche Energieabsorption. Nur bei einmaligem Auftreffen der Strahlung in der WWZ gilt für die absorbierte Leistung $P_A = A \cdot P$, bei Vielfachreflexion gilt $P_A = \eta_A \cdot P$; der Einfallswinkel Θ wird von der Flächennormalen aus gemessen.

dass nicht die gesamte freigesetzte Wärmeleistung P_A als Prozessleistung P_P zur Verfügung steht – in Bild 3.4 beispielsweise für das Aufschmelzen einer Naht –, sondern ein um (mindestens) P_V verringerter Wert. Diese Verlustleistung resultiert aus der über die Grenzfläche des „bearbeiteten" Volumens in das Werkstück fließenden Wärmemenge je Zeiteinheit. Damit hängt P_V von der Differenz zwischen der dort und im übrigen Werkstück herrschenden Temperatur, seinen thermophysikalischen Stoffwerten und seiner Geometrie ab; bei gleichem Prozess an unterschiedlichen Werkstücken kann der Leistungsverlust infolge von Wärmeleitung P_V also sehr wohl unterschiedlich groß sein. Weitere Verluste stellen thermische Strahlung, $P_r \propto T^4$, und konvektive Wärmeabfuhr durch eine über die Oberfläche der WWZ fließende Gasströmung, P_k, dar (siehe Bild 3.4). Abschätzungen unter praxisnahen Bedingungen zeigen jedoch, dass beide Mechanismen zu typischen Leistungsdichteverlusten von nur einigen 10 W/cm^2 führen. Damit sind sie sehr viel kleiner als die eingestrahlten Werte, die allemal oberhalb von 10^3 W/cm^2 liegen. Schließlich gibt es Prozesse, bei denen neben der eingekoppelten Laserleistung ein weiterer Fluss an zugeführter Energie zu berücksichtigen ist: Wird Sauerstoff in die Wechselwirkungszone eingeblasen, so setzt dort bei hinreichend hoher Prozesstemperatur Verbrennung ein, die dem Prozess die chemische Leistung P_{ch} bereitstellt.

Unter Berücksichtigung dieser Beiträge lautet die ausführliche Energiebilanz

$$P_A + P_{ch} = P_P + P_k + P_r + P_V \, . \tag{3.5}$$

Zwar stellen Abstrahlung von und konvektive Kühlung der WWZ auch Verlustleistungen dar, doch sind sie anderer Natur als die konduktiven Wärmeverluste im Werkstück und werden diesen deshalb (auch rein formal) nicht zugeschlagen. Bei Vernachlässigung der im allgemei-

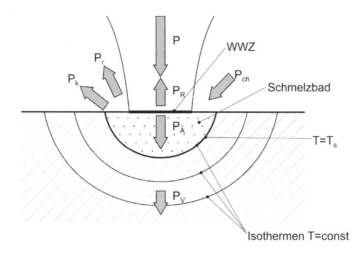

Bild 3.4 An der Energiebilanz beteiligte Mechanismen (Bezeichnungen siehe Text). In dem hier gezeigten Beispiel entspricht die Prozessleistung P_P der für das Aufschmelzen des Schmelzbadvolumens benötigten Leistung.

nen sehr geringen Beiträge von P_r sowie P_k folgt für alle Prozesse mit $P_{ch} = 0$ demnach in guter Näherung

$$P_P = P_A - P_V .$$ (3.6)

Hieraus ist offenkundig, dass eine umso höhere Prozesseffizienz zu erzielen ist, je geringer sich P_V einstellt. Das Verhältnis aus für den Prozess genutzter zu insgesamt freigesetzter Wärme wird deshalb als *thermischer Wirkungsgrad* des Prozesses bezeichnet:

$$\eta_{th} = \frac{P_P}{P_A} = 1 - \frac{P_V}{P_A} .$$ (3.7)

Er ist insbesondere für die theoretische Behandlung und daraus abgeleitete Beurteilung und Optimierung von Prozessen eine hilfreiche Größe. Im Gegensatz zum Einkoppelgrad η_A ist η_{th} experimentellen Messungen nicht zugänglich.

Als direktes Maß für die Prozesseffizienz dient der *Prozesswirkungsgrad*, der als Verhältnis von genutzter Prozessleistung zu eingestrahlter Laserleistung definiert ist:

$$\eta_P = \frac{P_P}{P} .$$ (3.8)

Mit Verwendung von (3.4) und (3.7) ergibt sich daraus der für jeden Anwender wichtige Zusammenhang

$$\eta_P = \eta_A \cdot \eta_{th} .$$ (3.9)

Er zeigt, dass mit geeigneter Wahl der Lasereigenschaften bzw. optimierter Prozessgestaltung – Einflussnahme auf η_A bzw. η_{th} – die Wirtschaftlichkeit des Prozesses positiv beeinflusst werden kann.

3.1.2   Energiedeposition im Werkstück

In Abschnitt 2.1.10 wurde der Transport von Laserstrahlung anhand der Ausbreitung elektromagnetischer Wellen beschrieben. Dabei wurde gezeigt, dass in einem absorbierenden Medium die Amplitude der Feldstärken in Fortpflanzungsrichtung abnimmt, die Welle gedämpft wird. Da nach (2.22) die mit der Welle transportierte Energieflussdichte proportional zum Quadrat der Amplitude der elektrischen Feldstärke ist, verringert sich entsprechenderweise auch die Intensität. Aus der Energieerhaltung folgt, dass die der Welle entzogene Energieflussdichte sich im absorbierenden Medium wieder finden muss. Diesem Mechanismus, dem Absorptionsvorgang, liegt auch die Energieeinkopplung in das Werkstück zugrunde.

Trifft nun Laserstrahlung der Intensität I auf eine ebene Werkstückoberfläche, so wird nach (3.3) und entsprechend Bild 3.4 der Anteil $R{\cdot}I$ reflektiert. In das Werkstück dringt der Betrag $(1 - R) \cdot I$ ein und wird dort absorbiert, siehe Bild 3.5. Der Verlauf $I(z)$ wird durch das Beersche Gesetz

$$\frac{dI(z)}{dz} = -\alpha \cdot I(z) \tag{3.10}$$

mit α als dem *Absorptionskoeffizienten* beschrieben.[12] Gleichzeitig stellt die rechte Seite von (3.10) den beim Eindringen der Strahlung je Volumeneinheit als Wärme freigesetzten Energiebetrag dar. Die Strahlintensität erfährt also einen exponentiellen Abfall entsprechend

$$I(z) = (1 - R) \cdot I \cdot e^{-\alpha \cdot z} . \tag{3.11}$$

Die Strecke z, nach welcher die Intensität im Material auf den Bruchteil $1/e$ des an der Oberfläche eindringenden Wertes $(1-R){\cdot}I$ abgenommen hat, $z = l_\alpha$, mit

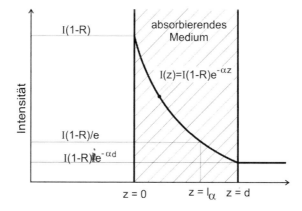

Bild 3.5 Intensitätsverlauf beim Eindringen von Laserstrahlung in ein absorbierendes Medium.

---

[12] Man beachte, dass α eine dimensionsbehaftete Größe ist [m^{-1}] und weder sprachlich noch in ihrer physikalischen Bedeutung mit dem Absorptions*grad* verwechselt werden sollte!

$$l_\alpha = \frac{1}{\alpha},$$ (3.12)

wird als *Absorptionslänge* oder *optische Eindringtiefe* bezeichnet. Sie erweist sich bei verschiedenen Betrachtungen zur Energieeinkopplung als sehr hilfreiche Größe.

So lässt sich mit Hilfe von l_α z. B. die Frage unmittelbar beantworten, ob ein Werkstück der Dicke d transparent für Laserstrahlung ist oder sie vollständig absorbiert. Ist $d \gg l_\alpha$, so wird $T = 0$ und (3.3) reduziert sich zu

$$1 = R + A \quad \text{bzw.} \quad A = 1 - R .$$ (3.13)

Obige Beziehung ist bei metallischen Werkstücken praktisch immer erfüllt, da l_α für diese Materialien und alle gebräuchlichen Laserwellenlängen im Bereich von einem bis zu einigen zehn Nanometern liegt. Hier erfolgt also die Wärmefreisetzung in einer sehr dünnen oberflächennahen Schicht. Die Energieeinkopplung bei Metallen kann deshalb mit dem Wirken einer *Oberflächen*wärmequelle gleichgesetzt werden.

Bei keramischen Werkstoffen hingegen kann l_α durchaus Werte bis zur Größenordnung von Millimeter annehmen. Dies bedeutet, dass man bei deren Bearbeitung nicht generell von $T = 0$ ausgehen und den Absorptionsgrad nach (3.13) ermitteln darf; so ist A bei dünnen Plättchen oder Schichten eine Funktion auch deren Dicke d. In diesem Falle entspricht die Energiedeposition der Wirkung einer *Volumen*wärmequelle.

Laut Abschnitt 2.1.10 hängt der Absorptionskoeffizient von der (Vakuum-)Wellenlänge der Strahlung und den Materialeigenschaften *Brechungsindex n* und *Absorptionsindex κ* entsprechend

$$\alpha = \frac{4 \cdot \pi \cdot n \cdot \kappa}{\lambda_0}$$ (3.14)

ab.

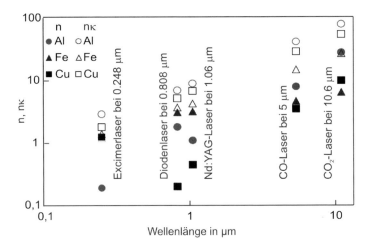

Bild 3.6 Abhängigkeit des Brechungsindex n und Absorptionsindex κ (hier dargestellt als Produkt $n \times \kappa$) von der Wellenlänge für Eisen, Aluminium und Kupfer.

Die theoretische Bestimmung von α, ebenso wie die des Reflexionsgrades, beruht auf der Ermittlung von *n* und κ. Diese beiden Stoffgrößen selbst hängen von der Wellenlänge ab und können im Rahmen unterschiedlicher theoretischer Modelle berechnet werden; ein Überblick dazu findet sich in [61]. Die entsprechenden Ansätze beschreiben die Aufnahme von Energie durch die Elektronen aus dem elektrischen Feld der Strahlung und deren Übertragung durch Stöße an die schweren Teilchen der Materie (Atome, Ionen). Da sowohl die Häufigkeit der energieübertragenden Stöße, die Stoßfrequenz, als auch die beteiligten energetischen Zustände der Elektronen von der Temperatur bestimmt werden, sind *n* und κ und damit der Absorptionskoeffizient wie der Reflexionsgrad temperaturabhängige Größen.

Eine Vorstellung von der Wellenlängenabhängigkeit des Brechungs- und Absorptionsindexes von reinen Metallen bietet Bild 3.6, das auf einer Zusammenfassung von Daten verschiedener Autoren beruht [62].

3.1.3 Fresnelabsorption

Für realitätsnahe Betrachtungen zur Energieeinkopplung ist der Absorptionsgrad in seiner Winkel- und Temperaturabhängigkeit eine zentrale Größe. Prinzipiell erfolgt seine Bestimmung auf der Grundlage der in (3.3) beschriebenen Energiebilanz. Bei experimenteller Vorgehensweise sind mehrere Methoden verfügbar, um jede einzelne der drei Größen – *A*, *R*, *T* – direkt zu messen. Theoretische Werte des Reflexions- bzw. Absorptionsgrads können mit Hilfe der Fresnel'schen Gleichungen berechnet werden [2], [63], [64]. In ihrer Originalform beschreiben sie die reflektierten und transmittierten Anteile der elektrischen Feldstärkekomponenten beim Auftreffen von Licht auf eine ebene, glatte Grenzfläche zwischen zwei dielektrischen Medien. Da ihre Gültigkeit sich auch auf absorbierende Medien erstreckt, hat sich eingebürgert, die damit erfassten Mechanismen und Zusammenhänge der Absorption als *Fresnelabsorption* zu bezeichnen. Nachstehend sei auf grundsätzliche physikalische Aspekte

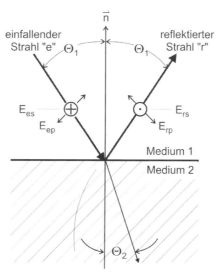

Bild 3.7 Orientierung der elektrischen Feldstärkekomponenten bei der Reflexion.

und wesentliche Abhängigkeiten von Reflexions- und Absorptionsgrad eingegangen.

In Bild 3.7 ist der im Kontext der Materialbearbeitung zumeist gegebene Fall skizziert, wo Licht von einem optisch dünneren Medium 1 kommend auf ein optisch dichteres, 2, auftrifft. Der elektrische Feldstärkevektor einer linear polarisierten Strahlung kann in eine Komponente senkrecht, E_s, und parallel, E_p, bezüglich der Einfallsebene (definiert durch die Flächennormale und den Vektor des einfallenden Strahls) zerlegt werden. Die Verhältnisse von reflektierten zu einfallenden Feldstärkekomponenten

$$r_s = \frac{E_{rs}}{E_{es}} \tag{3.15}$$

und

$$r_p = \frac{E_{rp}}{E_{ep}} \tag{3.16}$$

werden als *Reflexionskoeffizienten* für senkrechte und parallele Polarisation bezeichnet; in gleicher Weise sind die *Transmissionskoeffizienten* definiert.[13] Mit $\mu = B/H$ lauten die Fresnel'schen Formeln für die Reflexionskoeffizienten

$$r_s = \frac{\dfrac{n_1}{\mu_1} \cdot \cos\theta_1 - \dfrac{n_2}{\mu_2} \cdot \cos\theta_2}{\dfrac{n_1}{\mu_1} \cdot \cos\theta_1 + \dfrac{n_2}{\mu_2} \cdot \cos\theta_2} \tag{3.17}$$

und

$$r_p = \frac{\dfrac{n_2}{\mu_2} \cdot \cos\theta_1 - \dfrac{n_1}{\mu_1} \cdot \cos\theta_2}{\dfrac{n_1}{\mu_1} \cdot \cos\theta_2 + \dfrac{n_2}{\mu_2} \cdot \cos\theta_1} \cdot \tag{3.18}$$

Unter Berücksichtigung des Snellius'schen Brechungsgesetzes

$$\frac{\sin\theta_1}{\sin\theta_2} = \frac{n_2}{n_1} \tag{3.19}$$

und der Tatsache, dass für Dielektrika $\mu_1 \approx \mu_2 \approx \mu_0$ gilt, erhält man die üblicherweise zu findenden Ausdrücke

$$r_s = -\frac{\sin(\theta_1 - \theta_2)}{\sin(\theta_1 + \theta_2)} \tag{3.20}$$

und

---

[13] Im Hinblick auf die hier primär interessierende Energiedeposition sind sie nicht unmittelbar von Belang und werden deshalb nicht weiter betrachtet.

$$r_p = \frac{\tan(\theta_1 - \theta_2)}{\tan(\theta_1 + \theta_2)} \, . \tag{3.21}$$

Handelt es sich beim Medium 1 um Umgebungsatmosphäre (Luft, Prozessgase), so ergeben sich für einen auf $n_1 = 1$ bezogenen Brechungsindex $n_2 \triangleq n$ des Mediums 2 mit $\theta \triangleq \theta_1$ die Beziehungen

$$r_s = -\frac{(\cos\theta - \sqrt{n^2 - \sin^2\theta})^2}{n^2 - 1} \tag{3.22}$$

und

$$r_p = \frac{n^2 \cdot \cos\theta - \sqrt{n^2 - \sin^2\theta}}{n^2 \cdot \cos\theta + \sqrt{n^2 - \sin^2\theta}} \, . \tag{3.23}$$

Das negative Vorzeichen von r_s bedeutet, dass die senkrecht zur Einfallsebene schwingende Komponente E_s nach der Reflexion eine Phasenverschiebung von π erfahren hat. Im Gegensatz dazu kann die reflektierte parallele Komponente sowohl in Phase wie auch um π verschoben zur einfallenden schwingen. Dies ist aus dem in Bild 3.8 (links) wiedergegebenen Verlauf der Reflexionskoeffizienten als Funktion des Einfallswinkels ersichtlich. Gleichzeitig wird deutlich, dass bei einem bestimmten Wert von θ parallel polarisiertes Licht nicht reflektiert wird. Dieser Winkel wird als *Polarisations-* oder *Brewsterwinkel* bezeichnet; für ihn gilt

$$\tan\theta_B = n \, . \tag{3.24}$$

Üblicherweise werden in graphischen Darstellungen der Reflexionskoeffizienten nicht ihre vorzeichenbehafteten Verläufe, sondern die absoluten Werte angegeben, so auch im rechten Teil von Bild 3.8.

In Bild 3.9 sind Kurvenpaare r_s und r_p auch für absorbierende Medien ($\kappa \neq 0$) dargestellt. Deren Berechnung erfolgte mittels der Fresnel'schen Gleichungen, in denen statt des reellen (auf Vakuum bzw. Luft bezogenen) Brechungsindex eine komplexe Brechzahl $\hat{n}$ nach (2.114)

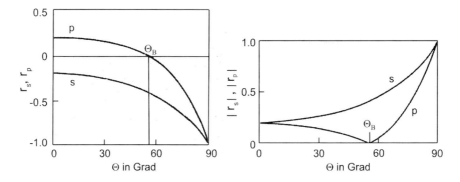

Bild 3.8 Reflexionskoeffizienten für Glas in Abhängigkeit vom Einfallswinkel; $\theta_B = 56{,}3°$; den Phasensprung von E_p bei der Reflexion berücksichtigende Darstellung (li) und die üblicherweise wiedergegebenen absoluten Beträge (re), nach [64].

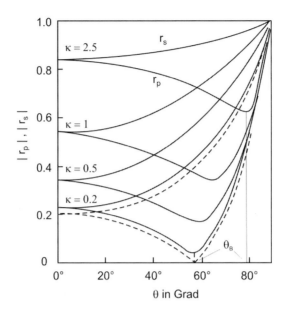

Bild 3.9 Absolute Werte von Reflexionskoeffizienten verschiedener Medien mit $n = 1{,}5$ und verschiedenen Werten für κ, nach [64].

eingeführt wurde [64]. Man erkennt, dass die Verläufe von r_s und r_p in ihrer prinzipiellen Charakteristik denen von Dielektrika ähnlich sind, sich jedoch, wie auch der Brewsterwinkel, mit steigendem Absorptionsindex zu höheren Werten hin verschieben.

Unter Beachtung des Zusammenhangs $I \propto E^2$ ergeben sich aus den Reflexionskoeffizienten (3.15) und (3.16) die entsprechenden *Reflexionsgrade* als Verhältnis der Intensitätswerte zu

$$R_s = r_s^2 \tag{3.25}$$

und

$$R_p = r_p^2 . \tag{3.26}$$

Die aus den Daten in Bild 3.8 resultierenden Reflexionsgradverläufe sind in Bild 3.10 dargestellt. Mit eingezeichnet ist die Kurve $R_z(\alpha)$, die den Reflexionsgrad für unpolarisiertes bzw. zirkular polarisiertes Licht wiedergibt. Da in diesen Fällen von einer statistischen bzw. durch die Frequenz des Laserlichts erzwungenen Gleichverteilung der Polarisationszustände auszugehen ist, gilt der Mittelwert aus den Reflexionsgraden für senkrechte und parallele Polarisation:

$$R_z = \frac{R_s + R_p}{2} . \tag{3.27}$$

„Handliche" Formeln für die Reflexionsgrade lassen sich nur für einige spezielle Randbedingungen darstellen. So folgt für den senkrechten Lichteinfall auf ein dielektrisches Medium

$$R = \frac{(r_s \cdot E_{es})^2 + (r_p \cdot E_{ep})^2}{E_{es}^2 + E_{ep}^2} = \left(\frac{n-1}{n+1}\right)^2 \tag{3.28}$$

und auf ein absorbierendes (unter Beachtung von (2.114))

$$R = \left(\frac{\hat{n}-1}{\hat{n}+1}\right)^2 = \frac{(n-1)^2 + n^2 \cdot \kappa^2}{(n+1)^2 + n^2 \cdot \kappa^2}. \tag{3.29}$$

Des Weiteren ist auch die Winkelabhängigkeit der Reflexionsgrade metallischer Oberflächen bei Wellenlängen oberhalb von etwa 0,5 μm nach [65] durch relativ einfache Beziehungen gut beschreibbar:

$$R_s = \frac{(n - \cos\theta)^2 + n^2 \cdot \kappa^2}{(n + \cos\theta)^2 + n^2 \cdot \kappa^2} \tag{3.30}$$

und

$$R_p = \frac{(n \cdot \cos\theta - 1)^2 + n^2 \cdot \kappa^2 \cdot \cos^2\theta}{(n \cdot \cos\theta + 1)^2 + n^2 \cdot \kappa^2 \cdot \cos^2\theta}. \tag{3.31}$$

Während für Metalle sich die Absorptionsgrade unmittelbar aus (3.13) und (3.30) bzw. (3.31) ergeben

$$A_s = 1 - R_s = \frac{4 \cdot n \cdot \cos\theta}{(1 + \kappa^2) \cdot n^2 + 2 \cdot n \cdot \cos\theta + \cos^2\theta} \tag{3.32}$$

und

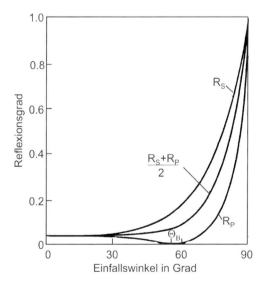

Bild 3.10 Reflexionsgrade für Glas entsprechend der Reflexionskoeffizienten in Bild 3.8.

$$A_p = 1 - R_p = \frac{4 \cdot n \cdot \cos \theta}{(1 + \kappa^2) \cdot n^2 \cdot \cos^2 \theta + 2 \cdot n \cdot \cos \theta + 1} , \qquad (3.33)$$

ist das für dielektrische Materialien nicht von vorneherein der Fall. Deshalb erfolgt der Überblick typischer Daten getrennt für beide Werkstoffklassen.

3.1.3.1 Absorptionsgrad von Metallen

Die in diesem Abschnitt wiedergegebenen theoretischen Daten des Absorptionsgrads an glatten, sauberen Oberflächen sind [61] entnommen. Zunächst soll Bild 3.11 für senkrechten Strahleinfall verdeutlichen, wie sehr der Absorptionsgrad technisch bedeutender Metalle von der Wellenlänge abhängt. Von einem mehr oder minder gleichförmigem Abfall mit steigender Wellenlänge weichen die Verhältnisse bei zweien deutlich ab: Kupfer (und Edelmetalle) weisen einen starken Rückgang der Absorption im Sichtbaren auf, während sie bei Aluminium im gesamten betrachteten Wellenlängenbereich sehr gering ist und bei 800 μm ein Maximum hat.

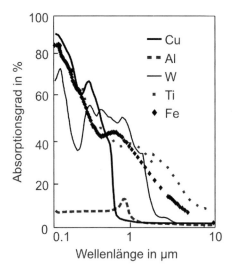

Bild 3.11 Wellenlängenabhängigkeit des Absorptionsgrads verschiedener Metalle bei Raumtemperatur und senkrechtem Strahleinfall.

Ebenfalls für θ = 0 gibt Bild 3.12 den Einfluss der Temperatur wieder. Gezeigt ist das Verhalten von Eisen, Stahl und Aluminium bei unterschiedlichen Wellenlängen. Während bei Aluminium der Absorptionsgrad unabhängig von der Wellenlänge mit der Temperatur stets ansteigt, trifft ein solches Verhalten für Eisen nicht zu; hier hängt der Verlauf $A(T)$ von der Wellenlänge ab.

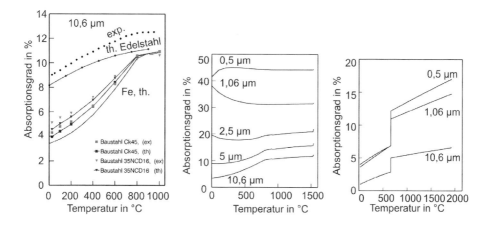

Bild 3.12 Temperaturabhängigkeit des Absorptionsgrads verschiedener metallischer Werkstoffe. Links: experimentelle und berechnete Daten bei λ = 10,6 μm und senkrechtem Strahleinfall. Mitte: berechnete Werte bei senkrechtem Strahleinfall und verschiedenen Wellenlängen für Eisen. Rechts: berechnete Daten bei senkrechtem Strahleinfall und verschiedenen Wellenlängen für Aluminium.

Berechnete Winkel- und Polarisationsabhängigkeit des Absorptionsgrades von Eisen zeigt Bild 3.13. Während A_s sowohl bei Raum-[14] wie auch bei Schmelztemperatur mit sinkender Wellenlänge steigt, zeigt A_p im Bereich des Brewsterwinkels bei der höheren Temperatur eine gegenläufige Tendenz. Als Konsequenz daraus unterscheidet sich für zirkular polarisierte Strahlung und stark streifenden Einfall der Absorptionsgrad bei 1,06 und 10,6 μm nicht allzu sehr. Bei Aluminium, siehe Bild 3.14, weist A_p stets den höheren Wert bei der größeren Wellenlänge auf.

---

[14] Wiewohl die Prozesstemperatur viel höher ist, herrscht zu Beginn der Bestrahlung bzw. im Vorfeld eines über das Werkstück sich bewegenden Brennflecks in den meisten Fällen Raumtemperatur; insofern sind derartige Daten für die Diskussion einer detaillierten Energiebilanz dennoch auch von Bedeutung.

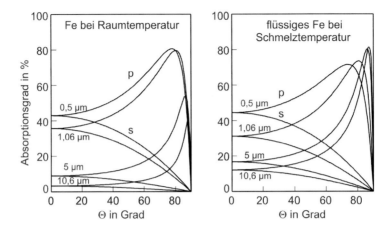

Bild 3.13 Berechnete Winkel-, Polarisations- und Wellenlängenabhängigkeit des Absorptionsgrads von Eisen für Raum- und Schmelztemperatur.

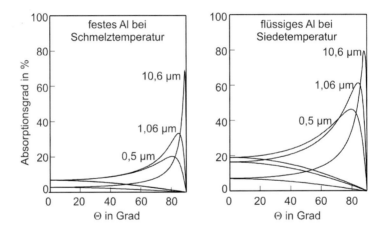

Bild 3.14 Berechnete Winkel-, Polarisations- und Wellenlängenabhängigkeit des Absorptionsgrads von Aluminium für Schmelz- und Siedetemperatur.

Während die aufgeführten Daten für glatte, saubere Oberflächen gewonnen wurden, sind solche Bedingungen bei den tatsächlichen Prozessen kaum gegeben. Hier dominieren Oberflächenzustände, die insbesondere durch bestimmte Rauhigkeitswerte und Oxidation gekennzeichnet sind. Die Schwierigkeit, die dadurch modifizierten Stoffwerte n und κ in theoretischen Modellen zu erfassen, sind enorm, weshalb zu dieser Problematik nur vereinzelte und für besondere Fälle geltende quantitative Aussagen existieren. Grundsätzlich ist für beide Effekte mit einer Erhöhung der Absorption gegenüber einer „idealen" Oberfläche auszugehen. Den Einfluss der Rauhigkeit beispielhaft erläuternd zeigt Bild 3.15 wie der Absorptionsgrad bei kleiner werdender Strukturperiode von Riefen auf einer ebenen Oberfläche ansteigt [66]. Erklärbar ist dies durch das dann möglich gewordene Auftreten von Mehrfachreflexion. Experimentell ermittelte Werte des Absorptionsgrades von unterschiedlichen Materialien und Oberflächenzuständen sind in Bild 3.16 [67] und Bild 3.17 [68] dargestellt.

Inwieweit die erkennbaren Vorteile der höheren Absorption bei einer linearen, parallel orientierten Polarisation in der Praxis direkt nutzbar sind, hängt von den konkreten Bearbeitungsaufgaben ab. Fakt ist, dass bei allen Prozessen, wo große Einfallswinkel in der absorbierenden WWZ auftreten, wie insbesondere beim Schneiden, Schweißen und Trepanierbohren, sich dieser Effekt in einer deutlichen Steigerung der Prozesseffizienz niederschlägt. Als Hemmnis für eine generelle Umsetzung erweist sich jedoch die Anforderung, im Hinblick auf stets gleiche Prozessqualität und damit konstante Einkoppelbedingungen die Polarisationsebene bei zwei- und dreidimensionalen Bearbeitungsbahnen „mitdrehen" zu müssen. Zwar ist dies technisch problemlos realisierbar, doch hat sich die Verwendung zirkular polarisierter (CO_2-Laser) Strahlung durchgesetzt; auch die bei Festkörperlasern typische Faserübertragung steht der Nutzung einer definierten Polarisation (noch) entgegen. Wo indessen nur geradlinige Bahnen auftreten, wie z. B. beim Rohrschweißen, gelangt lineare, parallel zur Vorschubrichtung orientierte Polarisation zum Einsatz.

Auf das fertigungstechnische Potential einer erst in jüngster Zeit bei hinreichend hoher Laserleistung verfügbaren *radialen* Polarisation wird in Abschnitt 4.1.3.2 eingegangen.

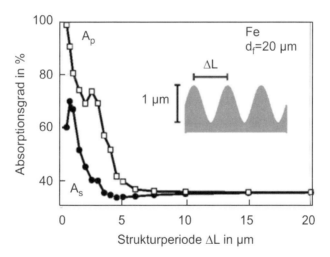

Bild 3.15 Berechnete Absorptionsgrade bei senkrechtem Strahleinfall auf eine Oberfläche mit Gitterstruktur; $\lambda = 1{,}06$ μm, Raumtemperatur.

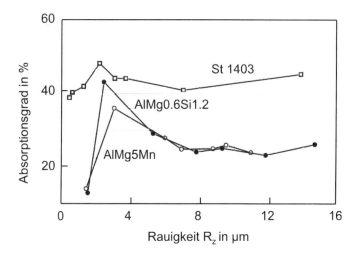

Bild 3.16 Gemessene Absorptionsgrade an geschliffenen Oberflächen bei λ = 0,808 μm, senkrechtem Strahleinfall und Raumtemperatur.

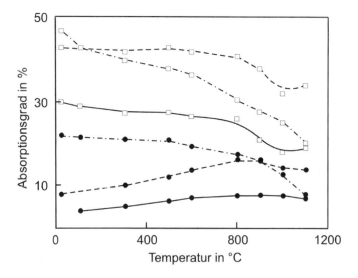

Bild 3.17 Gemessene Temperaturabhängigkeit des Absorptionsgrads von Ck45 an verschiedenen Oberflächenzuständen bei senkrechtem Strahleinfall; λ = 1,06 μm (Quadrate), 10,6 μm (Kreise); Oberfläche poliert (durchgezogene Kurven), geschliffen (strichlierte Kurven), sandgestrahlt (strichpunktierte Kurven), nach [68].

3.1.3.2   Optische Daten keramischer Werkstoffe

Hinsichtlich ihres Absorptionsverhaltens ist bei Keramiken zwischen *reinen* und *technischen* Keramiken zu unterscheiden. Erstere verhalten sich wie homogene Isolatoren, bei denen eine nennenswerte Absorption erst bei sehr hohen Intensitäten ($I > \approx 10^{10}$ W/cm^2) auftritt, wenn durch nichtlineare Wechselwirkungseffekte hinreichend viele freie Elektronen erzeugt werden.

Technische Keramiken hingegen weisen ein heterogenes Gefüge aus Kristallen, Glasphasen und Poren auf, das sich nicht nur entsprechend ihrer Elemente, sondern auch als Folge der Herstellungsverfahren ergibt. Insbesondere die Korngröße des verwendeten kristallinen Materials sowie Sinteradditive können einen erheblichen Einfluss haben: an den Korngrenzen erfolgende Streuung des eindringenden Laserstrahls führt zu einer Modifikation der Absorptionslänge und damit des Absorptions- und Transmissionsgrads im Vergleich zu monokristallinem Material.

Bild 3.18 gibt die Wellenlängenabhängigkeit der Absorptionslänge in monokristallinen Keramiken wieder [69], Bild 3.19 und Bild 3.20 zeigen optische Daten von polykristallinen Keramiken. Die Buchstabenfolge bei den Kurven für Siliziumnitrid in Bild 3.19 kennzeichnet das Material entsprechend der mittleren Korndurchmesser und verwendeten Sintermittel [70]. Man beachte nicht nur deren starke Auswirkung auf l_α, sondern auch den Umstand, dass das *technische* Material Strahlung mit Wellenlängen absorbiert, für die das *reine* transparent ist. Der starke Anstieg des Reflexionsgrads bei hohen Temperaturen in Bild 3.20 wird auf die dabei erfolgende Dekomposition der Keramik und ein dann sich einstellendes „metallähnliches" Verhalten zurückgeführt [71].

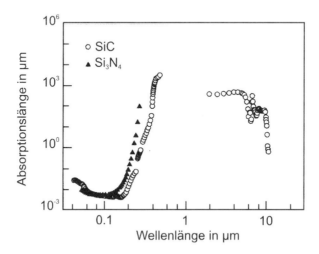

Bild 3.18 Absorptionslängen in monokristallinem Siliziumkarbid und Siliziumnitrid in Abhängigkeit der Wellenlänge bei senkrechtem Strahleinfall und Raumtemperatur, nach [69].

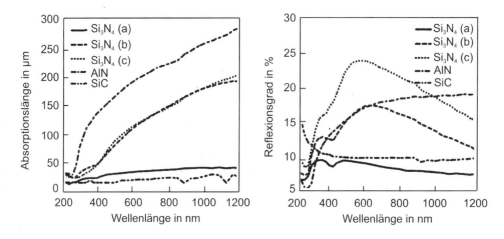

Bild 3.19 Gemessene Absorptionslängen und Reflexionsgrade in technischen Keramiken in Abhängigkeit der Wellenlänge bei senkrechtem Strahleinfall und Raumtemperatur; mit (a), (b), (c) sind Typen von Siliziumnitrid gekennzeichnet, die sich durch Art der Sinteradditive und die Korngrößen unterscheiden. Die Maxima deren Reflexionsgrade korrespondieren recht gut mit den jeweiligen Korngrößen.

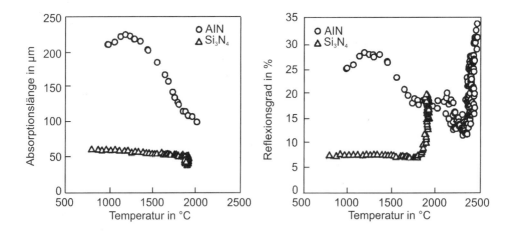

Bild 3.20 Gemessene Temperaturabhängigkeit von Absorptionslängen und Reflexionsgraden technischer Keramiken; senkrechter Strahleinfall, $\lambda = 1,06$ µm, nach [71].

3.1.3.3 Einkoppelgrad an dreidimensionalen Modellgeometrien

Die bisher dargestellten Abhängigkeiten des Absorptionsgrads von Wellenlänge und Temperatur stellen die Basis für jede Ermittlung der Energiedeposition in das Werkstück dar. Ein direkter proportionaler Zusammenhang zwischen absorbierter und eingestrahlter Leistung über den Absorptionsgrad entsprechend

$$P_A = A \cdot P \tag{3.34}$$

ist, wie schon eingangs in Abschnitt 3.1.1 betont, indessen nur bei solchen Prozessen gegeben, bei denen innerhalb der WWZ lediglich einmaliges Auftreffen der Laserstrahlung erfolgt. Beispiele hierfür sind das Härten, Biegen, Umschmelzen, Wärmeleitungsschweißen, Legieren und Beschichten, wo die WWZ eine mehr oder weniger ebene oder leicht gekrümmte Fläche ist. Bei einer dreidimensionalen Geometrie hingegen, wie sie insbesondere beim Tiefschweißen und Bohren entsteht, wird der beim ersten Auftreffen nicht absorbierte Anteil der Laserstrahlung auf einen anderen Ort innerhalb der WWZ reflektiert, wo eine weitere Absorption stattfindet; dieser Vorgang kann sich mehrfach wiederholen. Für solche Fälle von *Mehrfachreflexionen* ist der Einkoppelgrad unter Berücksichtigung der konkreten Geometrie, welche die Anzahl der Reflexionen wie auch die Einfallswinkel bestimmt, zu ermitteln.

Die Ergebnisse für die nachfolgend aufgeführten Modellgeometrien dürfen als gut brauchbare Näherungen für die Verhältnisse beim Schneiden und Schweißen betrachtet werden. *Der Vorteil einer Vorgehensweise, bei der die Geometrie der WWZ als gegeben vorausgesetzt wird, liegt darin, dass eine einfache algebraische Berechnung von η_A möglich und deshalb der Einfluss von Parametern wie Wellenlänge und Polarisation direkt darstellbar ist.*

Geneigte Halbzylinderfläche als Schnittfront

Bild 3.21 zeigt die betrachtete Geometrie sowie die angenommenen Zusammenhänge zwischen dem Neigungswinkel des Zylindermantels und dem Brennfleckdurchmesser sowie der Schnitttiefe s. Der hier verwendeten Beziehung

$$\tan\theta = \frac{s}{d_f} \tag{3.35}$$

liegen Verhältnisse zugrunde, bei denen eine optimale Nutzung der Strahlleistung gegeben ist [61]: Der gesamte Strahlquerschnitt trifft auf die geneigte Fläche, sodass keine Strahlung an

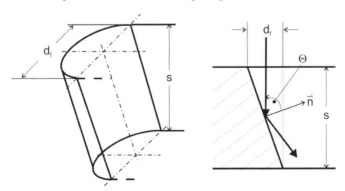

Bild 3.21 Mantelfläche eines geneigten Halbzylinders als WWZ; der Neigungswinkel θ ist hier entsprechend der Beziehung $\tan\theta = s/d_f$, *Aspektverhältnis* genannt, vorgegeben.

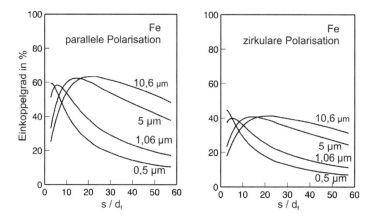

Bild 3.22 Einkoppelgrad für Eisen an der in Bild 3.21 definierten Fläche als Funktion des Aspektverhältnisses und der Wellenlänge bei linearer (dort in der Zeichenebene liegend) und zirkularer Polarisation.

der ebenen Oberfläche des Werkstücks absorbiert wird und auch kein Anteil an der unteren Kante ungenutzt vorbei gelangt.

In Bild 3.22 sind unter Verwendung von in Bild 3.12 gezeigten Daten des Absorptionsgrades mit Hilfe der Fresnel'schen Formeln berechnete Werte des Einkoppelgrads für zwei Polarisationsformen und verschiedene Wellenlängen wiedergegeben. Zunächst ist der Vorteil einer parallel zur Vorschubrichtung orientierten linearen Polarisation klar erkennbar, der bei allen Wellenlängen und Einfallswinkeln gleichermaßen in Erscheinung tritt. Die vorteilhafte Nutzung einer bestimmten Wellenlänge hingegen hängt vom Verhältnis s/d_f ab: Bei großen Werten, also bei dicken Blechen und/oder stark fokussierten Strahlen ergibt sich für 10,6 μm ein höherer Einkoppelgrad als bei 1,06 μm, bei kleineren Werten $s/d_f \ll 10$ kehrt der Effekt sich um.

Zylinder, Kegel und Kugel als absorbierende Hohlräume

Wie später noch dargestellt wird, führt Verdampfung in der WWZ zur Ausbildung eines in das Werkstück eindringenden Dampfkanals. Während seine Öffnung an der Werkstückoberfläche im Allgemeinen (d.h. bei nicht sehr hohen Vorschubgeschwindigkeiten, siehe auch Abschnitt

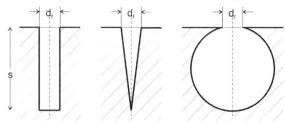

Bild 3.23 Modellgeometrien (Zylinder, Kegel, Kugel) zur Berechnung des Einkoppelgrades in einer Dampfkapillare.

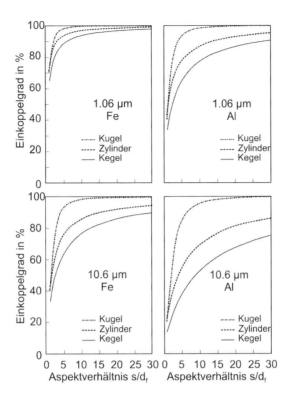

Bild 3.24 Einkoppelgrad (nach [72] berechnet) in Abhängigkeit verschiedener Geometrien und des mit s/d_f definierten Aspektverhältnisses für $\lambda = 1{,}06$ μm mit $A = 0{,}32$ für Eisen und $A = 0{,}12$ für Aluminium (oben) und für $\lambda = 10{,}6$ μm mit $A = 0{,}12$ für Eisen und $A = 0{,}05$ für Aluminium (unten). Bei gleichem Aspektverhältnis nimmt der Einkoppelgrad in der Reihenfolge Kegel, Zylinder, Kugel zu.

4.2.3) etwa dem Brennfleckdurchmesser entspricht, wird sich seine Geometrie entsprechend der spezifischen Laserstrahl- und Prozessparameter einstellen. Wie die Erfahrung zeigt, kann sie im Falle des Tiefschweißens (abgesehen von den Verhältnissen bei sehr hohen Vorschubgeschwindigkeiten, siehe z. B. Bild 4.56) recht gut durch eine der in Bild 3.23 dargestellten Konfigurationen wiedergegeben werden.

Die Berechnung der aus derartigen Geometrien resultierenden Einkoppelgrade kann nach einer in [72] vorgeschlagenen Methode erfolgen, welche die Bestimmung des integralen Emissionsgrads eines Hohlraums („schwarzer Strahler") zum Ziel hatte. Wird anstelle des dort benutzten Emissionsgrades ε der zahlenmäßig gleiche Absorptionsgrad A eingeführt, so ergibt sich ein für die betrachtete Geometrie charakteristischer Gesamtabsorptionsgrad, der Einkoppelgrad. Er berechnet sich zu

$$\eta_A = A \cdot \frac{1 + (1-A) \cdot (\%_O - \%_{O_k})}{A \cdot (1 - \%_O) + \%_O}, \tag{3.36}$$

worin o/O das Verhältnis von Öffnungsfläche ($d_f^2\pi/4$) zur gesamten Oberfläche (also einschließlich der Öffnungsfläche) des Hohlraums bezeichnet; der Index k steht für Kugel. Für die jeweiligen Geometrien gelten die Beziehungen

$$\frac{o}{O} = \frac{1}{2\cdot(1+2\cdot s/d_f)} \quad \text{für Zylinder,} \tag{3.37}$$

$$\frac{o}{O} = \frac{1}{1+\sqrt{1+(2\cdot s/d_f)^2}} \quad \text{für Kegel,} \tag{3.38}$$

$$\frac{o}{O} = \frac{1}{1+(2\cdot s/d_f)^2} \equiv \frac{o}{O_k} \quad \text{für Kugeln.} \tag{3.39}$$

Unter Verwendung entsprechender Daten $A(\lambda, T)$ lässt sich der Einkoppelgrad mit Hilfe von (3.36) somit unmittelbar für jeden Werkstoff (und prinzipiell auch für jede beliebige, analytisch beschreibbare Hohlraumgeometrie) ermitteln. Resultate für die in Bild 3.23 gezeigten Geometrien sind in Bild 3.24 für $\lambda = 1,06$ µm und für $\lambda = 10,06$ µm für jeweils zwei Metalle wiedergegeben. Man erkennt, wie stark er mit dem Verhältnis s/d_f, insbesondere bei Werten unterhalb des Bereichs 5 bis 10, anwächst. Dieser Anstieg ist bei der kürzeren Wellenlänge als Folge des hier höheren Absorptionsgrads stärker ausgeprägt. Daraus folgt, dass zum Erreichen eines bestimmten Einkoppelgrades ein umso kleineres Aspektverhältnis vorliegen muss, je höher der Absorptionsgrad ist (und umgekehrt).

Keil und Kegel als Strahlumlenker

Eine besonders einfache Methode, den Einkoppelgrad abzuschätzen, ergibt sich aus der Überlegung, nach wie vielen Reflexionen ein in eine keil- oder kegelförmige Kavität einfallender achsparalleler Strahl diese wieder verlässt. Sei ihr halber Öffnungswinkel durch das Aspektverhältnis

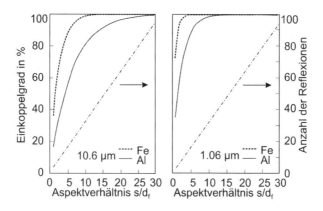

Bild 3.25 Anzahl der für eine Umlenkung von 180° erforderlichen Reflexionen in keilförmiger bzw. kegelförmiger Kavität und daraus resultierendem Einkoppelgrad als Funktion des Aspektverhältnisses.

$$\frac{s}{d_f} = \frac{\tan \Theta}{2} \tag{3.40}$$

gegeben, so sind für eine Umlenkung von 180° N Reflexionen erforderlich:

$$N = \frac{\pi}{2 \cdot \arctan \Theta} . \tag{3.41}$$

Da nach jeder Reflexion die im betrachteten Teilstrahl enthaltene Leistung um den Wert R des Reflexionsgrades reduziert wird, erhält man für den Einkoppelgrad (siehe auch [73])

$$\eta_A = 1 - R^N = 1 - (1-A)^N . \tag{3.42}$$

Diese Beziehung fußt auf einer Vereinfachung, da nicht alle Strahlen N-fache, sondern manche auch nur $(N-1)$-fache Umlenkungen erfahren. Allerdings unterscheiden sich die Werte von η_A nur geringfügig, wenn statt des Exponenten N der Wert $(N-1)$ in (3.42) verwendet wird; bei für den Tiefschweißprozess typischen Aspektverhältnissen $s/d_f \geq 2$ liegen sie im Bereich weniger Prozent und werden mit schlankeren Geometrien zunehmend kleiner [74]. Ähnliche Ansätze, jedoch mit formal etwas abweichender Umsetzung finden sich in [75], [76].

Nach (3.42) sich ergebende Werte – unter Zugrundelegung derselben Daten für den Absorptionsgrad wie in Bild 3.24 – zeigt Bild 3.25. Man erkennt, dass hiernach der Einkoppelgrad stärker mit s/d_f anwächst, als nach den Abschätzungen mittels des Ansatzes nach Gouffé [72] für „schwarze Strahler". Dass die so berechneten Einkoppelgrade ebenfalls brauchbare Werte darstellen, geht aus Untersuchungen in [75] hervor. Aus der dort vorgenommenen Deutung eines gemessenen Einkoppelgrads von 70 % ($\lambda = 10{,}6$ µm, Baustahl) wären etwa 8 Reflexionen erforderlich, was mit den in Bild 3.25 gezeigten Ergebnissen gut übereinstimmt.

3.2   Wärmewirkungen im Werkstück

In Abschnitt 3.1.2 ist der physikalische Mechanismus der Wärmeerzeugung während der Energieeinkopplung kurz dargelegt worden. Infolge ihrer Beschleunigung im elektrischen Feld der Laserstrahlung erfahren die Elektronen eine nahezu instantane Energiezufuhr, während die Atome noch „kalt" sind. Denn wie jeder durch Stöße erfolgende Energie- und Impulsaustausch zwischen Teilchen unterschiedlicher Masse benötigt auch die Energieübertragung von den leichten, beweglichen Elektronen an die Gitteratome eine gewisse Zeitdauer. Für den betrachteten Vorgang liegt sie in der Größenordnung 1 ps. Erst danach herrscht in der WWZ Temperaturgleichgewicht, d.h. die Energieinhalte der Elektronen und des Gitters werden durch ein und denselben Temperaturwert charakterisiert. Beschreibungen von thermischen Zustandsänderungen des Werkstücks in Zeitspannen, die länger sind als diese Relaxationszeit, können demgemäß mit Hilfe der klassischen Wärmeleitungstheorie erfolgen. Die Voraussetzungen dafür sind bei den allermeisten industriellen Fertigungsverfahren mit Lasern gegeben, weshalb die folgenden Ausführungen sich ausschließlich mit diesem Ansatz befassen. Auf Aspekte, die es zu berücksichtigen gilt, wenn die Bearbeitung mit Pulsdauern erfolgt, die vergleichbar oder kürzer als die Zeiten der Thermalisierung zwischen Elektronen und Gitter sind, wird in Abschnitt 4.4.1.1 eingegangen.

Wiewohl die Zielsetzungen theoretischer Prozessmodelle sehr unterschiedlich sind, ist für alle die Kenntnis der räumlichen und zeitlichen Temperaturentwicklung in der Wechselwirkungszone bzw. in dem Werkstück von zentraler Bedeutung. Der Verlauf einer den Prozess charakterisierenden und deshalb besonders interessierenden Isotherme, z. B. der Schmelztemperatur, stellt ein Kriterium dar, anhand dessen sowohl die Wirkung physikalischer Mechanismen aufgezeigt und untersucht werden kann, wie es anderseits dazu dient, ein Prozessergebnis in Abhängigkeit der frei wählbaren Parameter vorherzusagen und darzustellen. Auch die Berechnungen von thermischen Spannungen und Verzügen eines Werkstücks während bzw. nach der Bearbeitung beruhen auf dem aus dem Prozess resultierenden Temperaturfeld.

Die Temperaturverteilung $T(x,y,z,t)$ unter Berücksichtigung aller relevanten Mechanismen sowie realen Randbedingungen der verschiedenen Verfahren und Werkstückgeometrien zu berechnen ist analytisch gar nicht und numerisch auch nur mit Einschränkungen möglich. Andererseits bieten analytische Lösungen allein der Wärmeleitungsgleichung, die für vereinfachende Fälle existieren, hilfreiche Einblicke in die Auswirkungen von Prozessparametern und Werkstoffeigenschaften auf sich einstellende Ergebnisse. Da sie dem grundsätzlichen Verständnis der physikalischen Zusammenhänge dienen und somit die Basis jeder Prozessgestaltung bilden, seien einige dieser Fälle hier angeführt. Insbesondere vermitteln solche Lösungen unmittelbar die Schwellbedingungen für den betrachteten Prozess, d. h. sie formulieren die Beziehung zwischen den Stoffwerten und den erforderlichen, frei einstellbaren Prozessparametern Intensität und Einwirkzeit, die für das Erreichen der Prozesstemperatur in der WWZ erfüllt sein muss.

3.2.1   Wärmeleitungseffekte

Erfolgt der Energietransport in einem Medium ausschließlich infolge von Wärmeleitung, so wird der zeitliche und räumliche Temperaturverlauf darin durch Lösungen der Wärmeleitungsgleichung (hier vereinfachend mit von der Temperatur unabhängigen Stoffwerten benutzt)

$$\nabla^2 T - \frac{1}{k}\frac{\partial T}{\partial t} = -\frac{1}{\lambda_{th}} \cdot q(x,y,z,t) \qquad (3.43)$$

beschrieben. Darin bedeutet $k = \lambda_{th}/(\rho \times c_p)$ die Temperaturleitfähigkeit, λ_{th} die Wärmeleitfähigkeit, ρ die Dichte und c_p die spezifische Wärme je Masseneinheit. Diese Stoffwerte sind hier als von der Temperatur unabhängige Größen betrachtet, was zwar nicht den realen Gegebenheiten entspricht, das Auffinden von Lösungen jedoch erheblich erleichtert, welche primär dem Diskutieren physikalischer Zusammenhänge dienen. Das Koordinatensystem ist stets so gewählt, dass der Ursprung auf der Oberfläche des Körpers liegt und die positive z-Achse in diesen hinein zeigt.

Bei der Lasermaterialbearbeitung entspricht die je Volumen- und Zeiteinheit freigesetzte Wärmemenge nach (3.10) dem Ausdruck $\alpha \cdot I(x,y,z)$, sodass gilt:

$$q(x,y,z,t) = \alpha \cdot (1-R) \cdot I(x,y,0,t) \cdot e^{-\alpha \cdot z} . \qquad (3.44)$$

Für den hier betrachteten Fall einer Oberflächenwärmequelle (und bei Vernachlässigung konvektiver und radiativer Wärmeverluste von der Oberfläche der WWZ) ist dort die Randbedingung

$$\lambda_{th} \cdot \nabla T = A \cdot I(x,y,0,t) \tag{3.45}$$

zu beachten. Entsprechend wird sich hier – bei $z = 0$ – die höchste Temperatur einstellen.

Die den analytischen Lösungen zugrunde liegenden Annahmen beziehen sich nebst der Konstanz der Stoffwerte auf besondere Geometrien, Intensitätsverteilungen und Relativbewegungen der Wärmequelle auf der Oberfläche des betrachteten Körpers.

3.2.1.1 Ruhende Wärmequellen auf halbunendlichem Körper

Im Zusammenhang mit dieser einfachsten Modellgeometrie seien zwei Intensitätsverteilungen betrachtet, eine auf die gesamte Oberfläche wirkende gleichförmige Intensität und eine auf die Oberfläche fokussierte ($z = 0$) gaußförmige Intensitätsverteilung (2.101) mit einem entsprechend definiertem Durchmesser $d_f = 2w_0$. In beiden Fällen beginne die Bestrahlung bei $t = 0$ und dauere mit danach zeitunabhängigen Werten an.

Konstante Intensität

Für diesen Fall erfolgt die Wärmeleitung streng eindimensional in die Tiefe des Körpers, und für die Temperaturverteilung während der Bestrahlungsdauer gilt [77]

$$T(z,t) - T_0 = \frac{A \cdot I}{\lambda_{th}} \cdot \delta \cdot ierfc\left(\frac{z}{\delta}\right), \tag{3.46}$$

worin T_0 die Temperatur des Körpers vor Beginn der Bestrahlung bezeichnet. Da sämtliche im

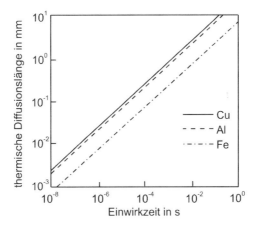

Bild 3.26 Für Raumtemperatur berechnete thermische Diffusionslängen. Als Folge der mit steigender Temperatur stark sinkenden Temperaturleitfähigkeit sind die Diffusionslängen bei Schmelztemperatur um etwa 40% geringer als die hier gezeigten Werte.

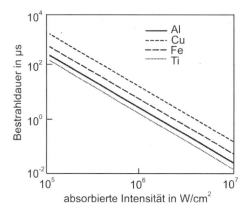

Bild 3.27 Erforderliche Bestrahlungsdauer, um bei vorgegebener absorbierter Intensität Schmelztemperatur an der Oberfläche zu erreichen.

Folgenden wiedergegebenen Lösungen die interessierenden Temperatur*erhöhungen* $\Delta T(z,t) =$ $T(z,t)-T_0$ beschreiben, wird statt des Differenzausdrucks die Notation $T(z,t)$ benutzt.

In (3.46) stellt δ eine charakteristische Längendimension dar, die so genannte *Diffusionslänge* oder *thermische Eindringtiefe* l_{th}. Definiert zu

$$l_{th} \stackrel{\wedge}{=} \delta = 2 \cdot \sqrt{k \cdot t} \tag{3.47}$$

kann sie anschaulich als der in der Zeit t zurück gelegte Weg einer Isotherme verstanden werden. Eine Vorstellung von der Größenordnung der Diffusionslänge in einigen Werkstoffen vermittelt Bild 3.26.

Von besonderem Interesse ist stets die Temperatur an der bestrahlten Oberfläche, da sie die infrage kommende Prozesstemperatur kennzeichnet. Mit dem für $z = 0$ aus (3.46) folgenden Ausdruck

$$T(0,t) = \frac{A \cdot I}{\lambda_{th}} \cdot \frac{l_{th}}{\sqrt{\pi}} \tag{3.48}$$

ergibt sich eine direkt und einfach zu beurteilende Abhängigkeit dieses Wertes von der eingestrahlten Intensität, der Einwirkzeit und den Stoffwerten. Wird (3.48) zusammen mit (3.47) nach der Zeit aufgelöst

$$t = \frac{\pi}{4} \frac{T^2 \cdot \lambda_{th}^2}{k \cdot A^2 \cdot I^2} = \frac{\pi}{4} \frac{T^2 \cdot \lambda_{th} \cdot \rho \cdot c}{A^2 \cdot I^2}, \tag{3.49}$$

so folgt daraus ein nur durch die Materialeigenschaften bestimmter Zusammenhang zwischen den beiden frei wählbaren Prozessparametern Intensität und Einwirkzeit für das Erreichen eines bestimmten Temperaturwerts; Bild 3.27 verdeutlicht ihn graphisch. Ergänzend sei betont, dass der auch von der Wellenlänge abhängige Absorptionsgrad A in vielen Fällen als „gewinnbringender" Prozessparameter durch die Festlegung von λ wählbar ist.

Der gesamte Temperaturzyklus – Aufheizen während einer Bestrahldauer τ und darauf folgendes Abkühlen – wird für diese Modellkonfiguration durch [77]

$$T(z,t) = \frac{A \cdot I}{\lambda_{th}} \cdot \left[l_{th} \cdot ierfc\left(\frac{z}{l_{th}}\right) - l_{th}{}^* ierfc\left(\frac{z}{l_{th}{}^*}\right) \right] \tag{3.50}$$

mit

$$l_{th}{}^* = 2 \cdot \sqrt{k \cdot (t - \tau)} \tag{3.51}$$

beschrieben. Damit berechnete Verläufe der Temperatur an der Oberfläche sowie im Inneren des Körpers sind in Bild 3.28 und Bild 3.29 gezeigt. Sie bieten eine gute Handhabe, um z. B. die beim Laserstrahlhärten zu erwartenden Einhärtetiefen abzuschätzen.

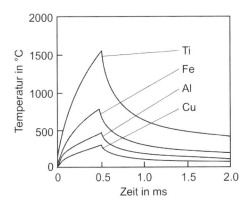

Bild 3.28 Verlauf der Oberflächentemperatur bei verschiedenen Materialien während und nach einer Bestrahlung mit konstanter absorbierter Intensität von 500 W/cm^2 und $\tau = 0{,}5$ ms.

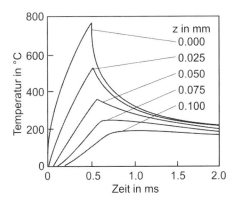

Bild 3.29 Temperaturverlauf in verschiedenen Tiefen bei Eisen während und nach der Bestrahlung mit konstanter absorbierter Intensität von 500 W/cm^2 und $\tau = 0{,}5$ ms.

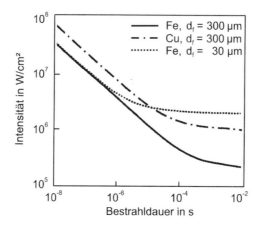

Bild 3.30 In Abhängigkeit von Einstrahldauer, Strahldurchmesser und Werkstoffeigenschaften erforderliche absorbierte Intensität, um Verdampfungstemperatur im Zentrum der WWZ zu erreichen.

Gaußförmige Intensitätsverteilung

Für die Temperatur im Zentrum des Brennflecks existiert die analytische Lösung [77]

$$T(0,0,0,t) = \frac{A \cdot I_0 \cdot d_f}{\lambda_{th} \cdot \sqrt{8} \cdot \pi} \cdot \arctan \frac{l_{th} \cdot \sqrt{8}}{d_f} \,, \tag{3.52}$$

worin I_0 den Intensitätswert auf der Strahlachse bezeichnet. In diesem schon deutlich realitätsnäheren Fall – zumindest im Hinblick auf die Bearbeitung großer Werkstücke – ergibt sich der in Bild 3.30 dargestellte Zusammenhang zwischen den Prozessparametern. Dabei ist augenscheinlich, dass für kurze Einwirkzeiten die gleiche funktionale Beziehung $I \propto 1/\sqrt{t}$ vorliegt, wie sie schon aus der Lösung für die homogene Bestrahlung des halbunendlichen Körpers erhalten wurde. Mit wachsender Wechselwirkungsdauer dagegen beginnt sich ein Einfluss des Strahldurchmessers abzuzeichnen, bis schließlich, bei sehr großen Zeiten, keine Abhängigkeit der benötigten Intensität von der Zeit mehr besteht.

Dieses Verhalten bzw. die ihm zugrunde liegenden Wärmeleitungsbedingungen lassen sich anhand des Verhältnisses l_{th}/d_f unmittelbar veranschaulichen. Für $l_{th}/d_f \ll 1$, also für kurze Zeiten oder große laterale Erstreckung der WWZ, lässt sich die arctan-Funktion durch ihr Argument annähern, sodass (3.52) identisch zu (3.48) wird, der für eindimensionale Wärmeleitung geltenden Beziehung. Für sehr lange Einstrahldauern bzw. geringe Fleckdurchmesser, also $l_{th}/d_f \gg 1$, nimmt die arctan-Funktion den Wert $\pi/2$ an, womit aus (3.52)

$$T(0,0,0,t) \rightarrow T = \frac{A \cdot I_0}{\lambda_{th}} \cdot d_f \cdot \sqrt{\frac{\pi}{32}} \tag{3.53}$$

folgt. Die erforderliche Intensität, um eine bestimmte Temperatur im Zentrum des Brennflecks zu erreichen, ist umgekehrt proportional zum Strahldurchmesser. Ferner fällt die Wärmeleitfähigkeit hier mit $I_0 \propto \lambda_{th}$ stärker ins Gewicht, als im eindimensionalen Fall, wo

$I \propto \sqrt{\lambda_{th}}$ gilt. Eine qualitative Darstellung des Isothermenverlaufs für beide aus (3.52) ableitbaren Extremfälle, ein- bzw. dreidimensionale Wärmeleitung, ist in Bild 3.31 gegeben. Gezeigt sind die charakteristischen Verhältnisse zum einen bei gleichem Brennfleckdurchmesser und unterschiedlichen Bestrahlzeiten und zum anderen bei gleichen Zeiten, aber verschiedenen Durchmessern.

Unter Verwendung des in (2.102) gegebenen Zusammenhangs zwischen der in einem Gaußstrahl transportierten Laserleistung und I_0 lässt sich (3.53) mit $d_f = 2w_0$ in eine für praktische Überlegungen geeignetere Form

$$T = \frac{P}{d_f} \cdot \frac{A}{\lambda_{th}} \cdot \sqrt{\frac{2}{\pi}} \tag{3.54}$$

bringen. Beispielsweise folgt daraus unmittelbar der Hinweis für die Prozessgestaltung, die Prozesstemperatur nicht nur durch eine entsprechend hohe Laserleistung, sondern – wirtschaftlichkeitsfördernd! – auch mit einem kleinen Brennfleck erzielen zu können.

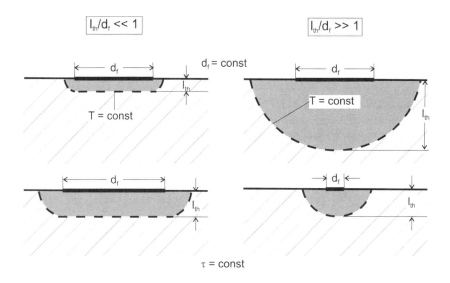

Bild 3.31 Qualitative Darstellung der mittels l_{th}/d_f charakterisierbaren eindimensionalen (links) und dreidimensionalen Wärmeleitung aus der WWZ. Die entsprechenden Skalierungsbeziehungen zum Erreichen der Prozesstemperatur sind $I \cdot \sqrt{t} = const.$ bzw. $I \cdot d_f = const.$.

3.2.1.2 Bewegte Wärmequellen auf halbunendlichem Körper und dünner Scheibe

Punktquelle auf halbunendlichem Körper

Wenngleich dieses Modell eine erhebliche Vereinfachung von bahnförmigen Bearbeitungen auf großvolumigen Werkstücken darstellt, vermittelt es doch einige praxisrelevante Aspekte.

So folgt aus dem für den Temperaturverlauf auf der Oberfläche längs x (also in Richtung des Geschwindigkeitsvektors) der in [78], [79] angegebene Ausdruck

$$T(x,0,0) = \frac{P}{2 \cdot \pi \cdot x \cdot \lambda_{th}} \cdot e^{-\frac{v \cdot x}{\kappa}} , \qquad (3.55)$$

wonach der Temperaturgradient vor der Quelle mit steigender Geschwindigkeit zunimmt. Im Querschnitt senkrecht zur Bewegungslinie stellen die Isothermen entsprechend

$$T(y,z) = \frac{P}{2 \cdot \pi \cdot \sqrt{y^2 + z^2} \cdot \lambda_{th}} \cdot e^{-v \cdot \sqrt{y^2+z^2}/2 \cdot \kappa} \qquad (3.56)$$

konzentrische Kreise dar, bzw. die Flächen $T = $ const. entsprechen Halbzylindern. Die Wärmeleitung aus der WWZ findet also zweidimensional statt. Unter P ist hier die absorbierte Leistung zu verstehen.

In der unmittelbaren Umgebung der Wärmeeinbringung ($x,y,z \rightarrow 0$) liefert dieses Modell mit $T \rightarrow \infty$ keine brauchbare Aussage, weshalb es – wie die Linienquelle – für die Diskussion von Schwellbedingungen ungeeignet ist.

Von Interesse ist jedoch der in [78] berechnete Schmelzwirkungsgrad für eine schnell bewegte Quelle. Mit $T(y,z) = T_s$ lässt sich die Geometrie eines Schmelzbades ermitteln, woraus dann ein maximaler thermischer Wirkungsgrad von 36,8 % folgt.

Gaußstrahl auf halbunendlichem Körper

Das mit dieser Konfiguration beschriebene Beispiel vermag die Temperaturfelder, wie sie typischerweise beim Umschmelzen, Legieren und Wärmeleitungsschweißen auftreten, bereits recht gut wiederzugeben. Für die quasi-stationäre Temperaturverteilung $T(x,y,z)$, die der mit der Geschwindigkeit v (in positiver x-Richtung) sich bewegenden Wärmequelle folgt, existiert die analytische Lösung [80]

$$T(x,y,z) = \frac{2 \cdot P \cdot A}{d_f \cdot \lambda_{th}} \cdot f(x,y,z,v) , \qquad (3.57)$$

worin f eine „Verteilungsfunktion" darstellt (es ist darauf hinzuweisen, dass in der englischsprachigen Literatur verschiedene, von der hier verwendeten abweichende Definitionen für den Radius einer Gaußverteilung der Intensität benutzt werden [81], weshalb unterschiedliche Vorfaktoren in den Lösungen erscheinen). Sie ergibt sich als Integral dimensionslos formulierter Orts-, Zeit- und thermophysikalischer Größen und ist in Bild 3.32 dargestellt. Die Wirkung der Geschwindigkeit wird anhand der Abhängigkeit der Funktion f vom Parameter RV/D anschaulich demonstriert. Dieser Ausdruck entspricht einer Definition der Peclet-Zahl nach $Pe = d_f v/(4k)$, welche nach ihrer physikalischen Bedeutung das Verhältnis von infolge Konvektion bzw. Diffusion in einem Fluid transportierter Energiemengen wiedergibt. Die Verwendung von Pe in nur auf Wärmeleitung basierenden Energiebilanzen und daraus berechneten Temperaturfeldern darf nicht zu dem Schluss verleiten, dass damit z. B. in einem Schmelzbad stattfindende Strömungsvorgänge berücksichtigt wären. In diesen Fällen wird durch Pe lediglich die „Streckung" von bei $v = 0$ rotationssymmetrischen Temperaturverteilungen beschrie-

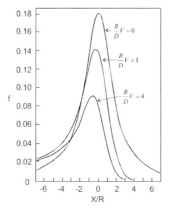 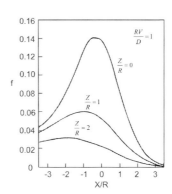

Bild 3.32 Dimensionslose Temperaturverteilungsfunktion f längs dimensionsloser x-Koordinate (Bewegungsrichtung des Strahls) X/R für verschiedene Werte der „dimensionslosen Geschwindigkeit" RV/D (li) und der Tiefe Z/R (re), nach [80]; die Bezüge zu den hier benutzten Notationen sind $R = d_f/4$ und $D = k$.

ben. So ist denn auch aus Bild 3.32 zu entnehmen, dass f bei $v = 0$ symmetrisch ist. Man erkennt, wie dann mit steigender Geschwindigkeit die Oberflächentemperatur entlang der Vorschubrichtung abnimmt und gleichzeitig sich das Maximum weiter hinter die Strahlachse verschiebt. Dies geht gleichermaßen aus dem in Bild 3.33 gezeigten Verlauf der Isothermen hervor [73]. Zudem wird hier deutlich, wie der Temperaturgradient vor dem Brennfleck mit steigender Geschwindigkeit wächst und die Isothermen nicht so tief in den Körper dringen.

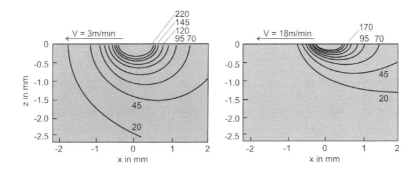

Bild 3.33 Temperaturverteilung in der xz-Ebene eines halbunendlichen Körpers für eine eingekoppelte Leistung von 150 W, $d_f = 1$ mm, $v = 3$ m/min (li) und 18 m/min (re); Aluminium.

Gaußstrahl auf unendlich ausgedehnter Scheibe der Dicke s

Die oben betrachtete Modellgeometrie des halbunendlichen Körpers, der eine „unbehinderte" Wärmeableitung aus der WWZ zulässt, stellt zweifelsohne eine gute Näherung für zu bearbeitende Werkstücke dar, wo d_f klein gegenüber deren typische Abmessungen ist. Dies ist aber nicht mehr zutreffend für z. B. das Wärmeleitungsschweißen oder Hartlöten von Blechen, wenn d_f von der gleichen Größenordnung wie deren Dicke s ist. Als Erweiterung von (3.57) wird in [73] eine analytische Lösung auch für diesen Fall angegeben, deren wesentliche Aussagen grafisch aufgeführt seien.

Zunächst zeigt Bild 3.34 im Vergleich zu Bild 3.33 wie infolge des Wärmestaus an der unteren Seite der Platte (dort findet kein Wärmeübergang an die Umgebung statt, weshalb die Isothermen senkrecht auf die Fläche stehen) eine Erwärmung im Vorlauf erfolgt. Weiterhin steigt die Temperatur mit kleiner werdender Plattendicke und Geschwindigkeit. Besonders deutlich wirkt sich hier die Wärmeleitfähigkeit aus; siehe Bild 3.35. Während bei Aluminium die Geschwindigkeit einen nur geringen Einfluss zeigt, ist sie bei Eisen – abgesehen von Verhältnissen für $s < d_f$ – der gewichtigere Parameter.

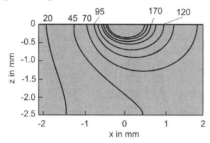

Bild 3.34 Temperaturverteilung in der xz-Ebene einer Aluminiumscheibe der Dicke s = 2,5 mm bei den gleichen Daten wie in Bild 3.33 (li).

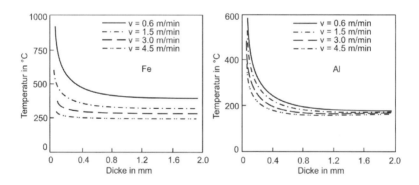

Bild 3.35 Temperatur auf der Oberfläche in Abhängigkeit der Scheibendicke und Geschwindigkeit für Aluminium (re) und Eisen (li); $P \cdot A = 100$ W, $d_f = 1$ mm.

Linienquelle in unendlich ausgedehnter Scheibe der Dicke s

In diesem Modell erfolgt die Einbringung der Wärme entlang einer parallel zur z-Achse orientierten Linie, die sich mit der Geschwindigkeit v in x-Richtung durch die Scheibe bewegt. Die Wärmefreisetzung geschieht mit einer längs z konstanten Rate P/s; ein Wärmefluss in dieser Richtung, z. B. infolge Kühlung der Oberflächen, wird nicht betrachtet. Die sich einstellende zweidimensionale Temperaturverteilung genügt der Beziehung [82]

$$T(x,y) = \frac{P}{s \cdot 2 \cdot \pi \cdot \lambda_{th}} \cdot e^{-\frac{x \cdot v}{2 \cdot k}} \cdot K_0 \left(\frac{v}{2 \cdot k} \sqrt{x^2 + y^2} \right). \tag{3.58}$$

Darin ist K_0 eine Besselfunktion zweiter Art und nullter Ordnung, für die tabellierte Werte zur Verfügung stehen; P/s ist als absorbierte Leistung je Längeneinheit zu interpretieren.

Neben obiger Lösung ist in [82] eine weitere für den Fall aufgeführt, dass an beiden Oberflächen der Scheibe Wärme an die Umgebung abgegeben wird. Sie unterscheidet sich von (3.58) lediglich durch einen den Wärmeverlust berücksichtigenden Term im Argument von K_0. Ein dazu identische Ergebnis wird in [78] präsentiert, wo zudem die Einflüsse von Stoffwerten und Prozessparametern in graphischer Form erläutert werden.

Obwohl beide Arbeiten sich mit dem Lichtbogenschweißen befassen, hat der darin entwickelte Ansatz Eingang in zahlreiche theoretische Modelle gefunden, die den Prozess des so genannten Tiefschweißens beschreiben. So sind denn auch die in [78] erhaltenen physikalischen Aussagen qualitativ auf die Lasermaterialbearbeitung übertragbar: Bild 3.36 illustriert die Effekte unterschiedlicher Stoffwerte, wobei sich, wie schon in Bild 3.27 und Bild 3.28, auch hier die „Erschwernis" bei Materialien mit großer Wärmeleitfähigkeit zeigt, hinreichend hohe Werte der Prozesstemperatur in der WWZ zu erhalten. Bild 3.37 verdeutlicht die Einflüsse der variierten Prozessparameter P und v. Während das Temperaturfeld mit steigender Geschwindigkeit (Bild 3.37a) schmaler wird, dehnt es sich mit zunehmender Leistung aus. Beachtenswert in Bild 3.37c sind die trotz $P / (s \cdot v)$ = const. (also je Tiefen- und Längeneinheit gleicher Energiedeposition) sich unterschiedlich einstellenden Temperaturfelder, woraus zu folgern ist, dass die *Streckenenergie P/v* kein Skalierungsparameter sein kann. Man erkennt, dass der von einer bestimmten Isotherme umschlossene Bereich (z. B. 800°C) mit steigender Leistung und Geschwindigkeit wächst. Dies ist eine Folge der mit wachsender Geschwindigkeit abnehmenden Wärmeleitungsverluste in Richtung der bewegten Wärmequelle.

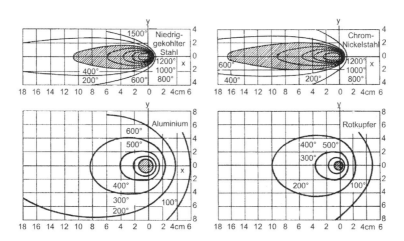

Bild 3.36 Zweidimensionale Temperaturverteilungen in unterschiedlichen Werkstoffen mit s = 10 mm, P/s = 418,6 W/mm und v = 0,12 m/min, nach [78]. Die von der Isotherme T = 600°C umschlossenen schraffierten Bereiche sollen die Auswirkung der Wärmeleitfähigkeit erkennbar machen.

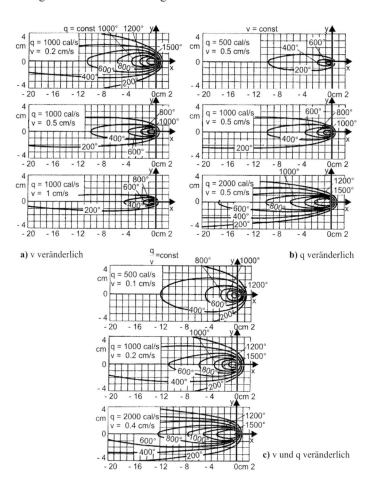

Bild 3.37 Temperaturfelder um bewegte Linienquellen in Stahl, nach [78]; Variation von Geschwindig-keit, Leistung und beiden Größen gleichzeitig, sodass in diesem Fall P/v = const. bleibt.

Im Grenzfall sehr hoher Geschwindigkeit findet Wärmeleitung schließlich nur noch eindimensional in y-Richtung statt. Unter der Maßgabe, dass die in einem bestimmten Abstand y auftretende Temperatur der Schmelztemperatur entspricht, lässt sich – ebenfalls analytisch – die Schmelzbadbreite und der maximale thermische Wirkungsgrad bestimmen; er ergibt sich zu 48,4% [78], [80]. Dieser Wert ist deutlich höher, als der für die schnell bewegte Punktquelle angegebene, was eine Folge der dort zweidimensionalen Wärmeleitung ist.

3.2.2   Phasenübergänge

Um die wesentlichen Auswirkungen von Bearbeitungsparametern auf das Temperaturverhalten des Werkstücks anschaulich darlegen zu können, waren in Kapitel 3.2.1 in der Energiebilanz keine Phasenübergänge berücksichtigt worden. Im Hinblick auf reale Bearbeitungsprozesse ist dies jedoch nur vereinzelt zutreffend, beispielsweise für das Härten oder Biegen. Bei den weitaus meisten Verfahren sind zumindest ein, wenn nicht zwei, Phasenumwandlungen involiert. So tritt beim Schneiden metallischer Werkstoffe Schmelzen oder bei einigen keramischen Sublimationen (Zustandsänderung vom festen direkt in gasförmigen Zustand) auf. Beim Bohren und Tiefschweißen erfolgt zusätzlich zum Schmelzen auch Verdampfung.

Bei jeder Phasenumwandlung wird Wärme entweder verbraucht oder freigesetzt, je nachdem, ob der Temperaturverlauf im betrachteten System von niedrigen zu hohen Werten oder umgekehrt vonstatten geht. Die entsprechenden stoffabhängigen Umwandlungswärmen oder latenten Wärmen sind deshalb in der Energiebilanz zu berücksichtigen, wenn der infrage kommende Bearbeitungsprozess eingehender untersucht werden soll. Allgemein gültige analytische Beziehungen für das dann resultierende Temperaturfeld sind hierfür nicht verfügbar, umso mehr, als eine „exakte" Beschreibung auch die Massen- und Impulsübertragung mit einbeziehen müsste. *Grundsätzlich gilt, dass der Leistungsbedarf eines Prozesses steigt, wenn die Prozesstemperatur oberhalb derjenigen eines Phasenübergangs liegt.*

Hier seien lediglich drei die Energieeinkopplung indirekt betreffende Aspekte als Folge von Phasenumwandlungen qualitativ und beispielhaft erörtert.

3.2.2.1 Änderungen des Temperaturverlaufs

Soll ein Stoff geschmolzen werden, so ist ihm beim Erreichen der Schmelztemperatur Energie zuzuführen, damit die Bindungsenergie des Kristallgitters überwunden wird. Bei reinen kristallinen Materialien ist dies – ebenso wie die Erstarrung – ein isothermer Vorgang, bei zweikomponentigen Systemen erfolgt die Phasenumwandlung mischungsabhängig in einem Temperaturintervall (siehe z. B. das Eisen-Kohlenstoff-Diagramm). Die Auswirkung der Schmelzwärme (-enthalpie) kann während des Aufheizvorgangs als die einer Wärmesenke verstanden werden, die den Temperaturanstieg verzögert. Bei der Abkühlung von Temperaturen oberhalb der Schmelztemperatur (die der Erstarrungstemperatur gleich ist) wirkt die latent in der Schmelze gespeicherte Energie als Wärmequelle, die das Absinken der Temperatur ebenfalls zeitlich verzögert. Prinzipiell die gleichen Effekte treten bei der Verdampfung bzw. Kondensation auf. Ein grundsätzlicher Unterschied besteht aber darin, dass die Schmelztemperatur T_S druckunabhängig ist, während die Siede-/Verdampfungstemperatur T_V entsprechend des Clausius-Clapeyronschen Gesetzes [83] mit dem Druck entsprechend

$$p(T) = p_0 \cdot \exp\left[-\frac{h_v}{R_{sp}} \cdot \left(\frac{1}{T_v} - \frac{1}{T_{v0}}\right)\right] \tag{3.59}$$

verknüpft ist. Darin bedeutet h_V die Verdampfungsenergie und R_{sp} die spezifische Gaskonstante, der Index „0" kennzeichnet den Zustand beim Atmosphärendruck $p_0 = 1$ bar.

Obiger Zusammenhang gilt für thermodynamisches Gleichgewicht, bei dem die Verdampfungs- der Kondensationsrate gleich ist. Bei intensiver Laserbestrahlung mit hohen Intensitätswerten, wie sie für abtragende Verfahren typisch sind, ist dieser Umstand indessen nicht gegeben: es verlassen mehr Teilchen die Oberfläche der Schmelze als dort wieder auftreffen. Als Konsequenz herrscht in ihrer unmittelbaren Nähe (innerhalb einer Schicht von mehreren freien Weglängen, Kundsen-Schicht genannt) kein thermodynamisches Gleichgewicht und der Druck kann nur über die abströmende Massenstromdichte berechnet werden. Eine den Prozessablauf direkt betreffende Folge ist die Verdrängung der benachbarten At-

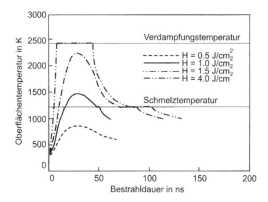

Bild 3.38 Einfluss von Phasenänderungen auf den Verlauf der Oberflächentemperatur; halbunendlicher Körper, konstante Intensität, τ = 30 ms, Silber.

mosphäre, was zur Ausbildung gasdynamischer Stoßwellen führt. Im Rahmen theoretischer Modelle können diese Detailvorgänge beschrieben werden (siehe Abschnitt 3.3.2).

Die aus der Aufnahme bzw. Abgabe latenter Wärmen resultierenden Änderungen des Temperaturverlaufs seien anhand zweier Beispiele erörtert.

Bild 3.38 gibt den numerisch berechneten Temperaturverlauf an der Oberfläche eines halbunendlichen Körpers wieder, dem während einer Bestrahlungsdauer von 30 ns unterschiedliche Energiedichten zugeführt werden. Die verzögernden Vorgänge des Schmelzens, Verdampfens und Erstarrens sind als isotherme Zustände erkennbar.

Im zweiten Beispiel, eine durch eine Scheibe bewegte Linienwärmequelle, äußern sich die oben diskutierten zeitlichen Verzögerungen als Verschiebungen der Isothermen mit Bezug auf den Ort der Wärmeeinbringung. In dem vor ihm liegenden Bereich muss mehr Energie deponiert werden, um den Bedarf an Schmelzenergie zu decken. Nach den Gesetzen der Wärmeleitung kann dies nur durch einen steileren Temperaturgradienten erfolgen, weshalb die Schmelzisotherme näher zum Ort der Wärmeeinbringung rückt. Infolge des Freiwerdens der latenten Wärme am hinteren Ende des geschmolzenen Bereichs vergrößert sich dieser, was dort zu einer Verlängerung der Schmelzisotherme führt.

3.2.2.2 Änderungen des Energietransports im Werkstück

Der wohl wichtigste Aspekt bei der Phasenumwandlung fest/flüssig ist der Umstand, dass ein Fluid entstanden ist. Die Hydrodynamik lehrt, dass ein solches infolge von Druckgradienten, Reibungskräften, Oberflächenspannungen und Volumenkräften (Schwerkraft oder elektromagnetische Kräfte) beschleunigt werden kann. Treten derartige Mechanismen innerhalb oder an der Oberfläche einer durch Laserstrahlung erzeugten Schmelze (Schmelzbad beim Schweißen, Beschichten, Legieren oder Schmelzefilm beim Schneiden, Bohren) auf, so wird dieser ein Geschwindigkeitsfeld aufgeprägt. Da die geometrische Erstreckung der auf hoher Temperatur befindlichen WWZ im allgemeinen kleiner als die der Schmelze ist, geht mit dem Massentransport stets auch ein konvektiver Energietransport darin einher. Als Folge kann die resultierende Temperaturverteilung und damit die Geometrie einer besonders interessierenden Isotherme (T_S, T_V) erheblich von den Voraussagen der Wärmeleitungsgleichung abweichen.

Auch dazu sei an dieser Stelle lediglich ein illustrierendes Beispiel angeführt. So ist in Bild 3.39 die Auswirkung einer durch einen entsprechenden Gradienten der Oberflächenspannung induzierten, vom Zentrum der WWZ nach außen gerichteten Strömung erkennbar [84]: die absorbierte Leistung wird infolge des konvektiven Wärmeflusses deutlich anders im Werkstück „verteilt", als es Wärmeleitung alleine tun würde.

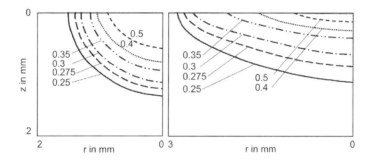

Bild 3.39 Veränderung des Schmelzbadquerschnitts und Temperaturfeldes (normierte Isothermen) infolge einer vom heißen Zentrum nach außen gerichteten Strömung (re) im Vergleich zu einem aus der Wärmeleitungsgleichung resultierenden Temperaturverlauf, nach [84].

3.2.2.3 Geometrische Veränderungen der Wechselwirkungszone

Dieser Aspekt ist bei allen Prozessen von Bedeutung, bei denen Verdampfung involviert ist: die Impulsübertragung des abströmenden Materialdampfes deformiert die schmelzflüssige und zunächst ebene Fläche der WWZ, wodurch sich die geometrischen Einkoppelbedingungen (siehe Bild 3.3) drastisch ändern können.

Im Falle einer cw-Bearbeitung bildet sich eine von Schmelze umgebene Dampfkapillare aus, in welcher der Laserstrahl tief in das Werkstück eindringen kann. Die Energieeinkopplung erfolgt im Wesentlichen auf ihrer Mantelfläche infolge Fresnelabsorption bei mehrmaligem Auftreffen der Strahlung unter großen Einfallswinkeln; der resultierende Einkoppelgrad kann den Wert des Absorptionsgrades um ein Mehrfaches übertreffen (siehe 3.1.3.3).

Bei gepulster Bearbeitung treten so hohe Drücke auf (siehe Abschnitt 3.3.2), dass die hier nur sehr dünne Schmelzeschicht aus der WWZ verdrängt wird und sich als Folge davon deren Geometrie verändert – erst recht im Verlauf mehrerer, auf die gleiche Stelle gerichteter Pulse. Wo die Laserstrahlenergie dann weiterhin zu welchen Anteilen an der Stirnfläche oder der Seitenwand einer entstehenden Bohrloch- bzw. Abtragsgeometrie absorbiert wird, hängt von den Prozessparametern ab und ist im Einzelfall entsprechend zu betrachten.

3.3   Modifikation der Energieeinkopplung durch laserinduzierte Plasmen

Mit Plasma wird ein gasförmiges Medium bezeichnet, in dem Moleküle, Atome, Ionen und Elektronen in ständigem Energieaustausch miteinander und mit dem Strahlungsfeld wechselwirken. Als charakteristische Eigenschaft gilt, dass es elektrisch leitfähig ist. Hierfür verantwortlich zeichnet die Zahl der frei beweglichen Elektronen je Volumeneinheit, die Elektronendichte n_e. Sie ergibt sich für einen stationären Zustand aus einer Bilanzierung der Erzeugungs- und Vernichtungsmechanismen für Elektronen. Da die Zahl der Elektronen als Träger negativer Ladungseinheit derjenigen der positiven Ladungen entspricht (im Falle einfacher Ionisation ist die Ionendichte $n_i = n_e$), ist ein Plasma „nach außen" elektrisch neutral.

Eine hohe Temperatur gilt als weiteres Merkmal eines Plasmas. Inwieweit sein thermodynamischer Zustand durch einen einzigen Temperaturwert charakterisiert werden kann, hängt von mehreren Randbedingungen ab, unter anderem von seiner Dichte und der Vernachlässigbarkeit räumlicher und zeitlicher Gradienten der Plasmaeigenschaften im Verhältnis zu den sie beschreibenden Größen am betrachteten Ort. Sie definieren, ob ein vollständiges, ein lokales oder ein partiell lokales thermodynamisches Gleichgewicht herrscht. Eine derartige Unterscheidung ist insofern bedeutsam, als die Berechnung der Elektronendichte entsprechend zu erfolgen hat.

Propagiert ein Laserstrahl auf seinem Weg zum Werkstück durch ein Plasma, so kommt es aufgrund des Vorhandenseins von freien Elektronen zur Wechselwirkung zwischen diesen und dem elektromagnetischen Strahlungsfeld. Als Folge heizt sich das Plasma auf und ändert seine optischen Eigenschaften, während dem Laserstrahl Energie entzogen und seine Form verändert wird. Im Hinblick auf den Bearbeitungsprozess bedeutet dies, dass das Strahlwerkzeug nicht mit seinen „Solldaten" – Leistung, Leistungsdichteverteilung, Strahlgeometrie – an die vorgesehene WWZ gelangen kann. Unterliegen die Eigenschaften des Plasmas (wozu auch seine geometrischen Abmessungen zählen) dazu noch zeitlichen Veränderungen, so kann daraus eine insgesamt erhebliche Modifikation der Energieeinkopplung und letztendlich des Prozessergebnisses resultieren.

Plasmen entstehen bei fertigungstechnisch so wichtigen Bearbeitungsverfahren wie dem Tiefschweißen und dem Bohren. Die nachfolgenden Ausführungen sollen ihre Rolle verdeutlichen und gleichzeitig zumindest in Ansätzen aufzeigen, wie negativen Auswirkungen begegnet werden kann. Da bei gepulster Bestrahlung auch dynamische Effekte auftreten, werden diese gesondert behandelt.

3.3.1   Entstehung und optische Eigenschaften laserinduzierter Plasmen

Als erstes sei der Frage nachgegangen, wie die für die Wechselwirkung verantwortlichen freien Elektronen entstehen und auf welche Weise sie vom Laserstrahl Energie vermittelt bekommen. Sind die Mechanismen und die daraus resultierenden Elektronendichten bekannt, so lassen sich die hier besonders interessierenden Eigenschaften der Plasmen, Absorptionskoeffizient und Brechzahl, berechnen und ihre Auswirkungen diskutieren. Eine umfassende Literaturzusammenstellung zu diesem Themenbereich ist in [62] zu finden.

Um ein freies Elektron zu erzeugen, bedarf es der Zufuhr eines bestimmten Energiebetrags an das Atom, der die Bindung zu lösen vermag. Diese Ionisationsenergie E_i ist ein Stoffwert, auch Ionisationspotential genannt. Je nach der Art, wie die Energieübertragung stattfindet, unterscheidet man zwischen Photoionisation und Stoßionisation.

Im ersten Fall handelt es sich um die direkte Absorption von Strahlungsenergie. Da hierfür $h \cdot \nu \geq E_i$ gelten muss, das Ionisationspotential von Metallen und erst recht von Gasen jedoch höher als die Photonenenergie von im allgemeinen in der Materialbearbeitung genutzter Laser liegt, spielt dieser Effekt nur bei UV-Licht (und noch kürzerer Wellenlänge) eine Rolle. Doch selbst hier bedarf es eines Multiphotonenprozesses, bei dem mehrere Photonen gleichzeitig ihre Energie an das Atom abgeben. Dieser Mechanismus ist dann von Bedeutung, wenn kurze Wellenlängen und gleichzeitig sehr hohe Intensitäten (hohe Photonenflussdichten) vorliegen, was beispielsweise in der Startphase der gepulsten Bearbeitung mit Excimerlasern oder frequenzvervielfachten Festkörperlasern der Fall ist. Bei der Stoßionisation dient die kinetische Energie schneller Teilchen, bei den hier interessierenden Plasmen die der Elektronen, als Energiequelle für die Ionisation.

Um in Gang zu kommen, ist eine hinreichende Ladungsträgerdichte bereits zu Beginn der Plasmabildung erforderlich. Eine solche „Startelektronendichte" kann sich aufgrund mehrerer Mechanismen einstellen: Die natürliche und stets vorhandene Elektronendichte als Folge der kosmischen Höhenstrahlung ist mit bis zu 10^3 cm^{-3} für die „Zündung" eines Plasmas zunächst nicht ausreichend. Dem Prozess der Plasmabildung geht jedoch stets eine Aufheizung der WWZ, beim Schweißen und Bohren bis zur Siedetemperatur, voraus. Da heiße Materie Elektronen emittiert, deren Zahl nach der so genannten Richardson-Formel [85] in Abhängigkeit der Temperatur und stoffspezifischer Größen bestimmbar ist, stellt dieser Mechanismus bereits eine wesentliche Quelle für die Startelektronen dar. Mikroskopische Spitzen an der Oberfläche sowie Aerosole in deren Nähe befördern den Effekt. Weitere Elektronen werden durch thermische Ionisation (Stoßionisation infolge der thermischen Teilchengeschwindigkeit) im entstehenden Dampf gebildet. Die das Plasma schließlich charakterisierende Energie (Temperatur) erhalten die Elektronen aus dem elektromagnetischen Feld des Laserstrahls vermittels des Mechanismus der inversen Bremsstrahlung (bei den in der Materialbearbeitung typischen Intensitätswerten): bei ihrer Annäherung an Ionen werden sie unter Absorption von Strahlung (Photonen) beschleunigt.

In den hier interessierenden laserinduzierten Plasmen, die bei Drücken von etwas über einem bar (bei cw-Bearbeitung) bis zu einigen kbar (bei Pulsbearbeitung) entstehen, kann lokales thermodynamisches Gleichgewicht angenommen werden, bei dem Besetzungs- und Ladungsträgerdichten mittels der Elektronentemperatur beschreibbar sind (zumeist wird sie auch der der schweren Teilchen, Ionen und Neutralgasatomen bzw. -molekülen, gleichgesetzt). Es gilt dann die Saha-Gleichung, in der Elektronen-, Ionen- und Neutralgasdichte n_0 entsprechend

$$n_e \cdot n_i / n_0 \propto T^{3/2} \cdot \exp\left(-E_i / k \cdot T\right) \qquad (3.60)$$

miteinander verknüpft sind [86]. Damit ist bei gegebener (gemessener oder berechneter) Temperatur die Elektronendichte als der die Wechselwirkung Plasma/Laserstrahl bestimmende Parameter bekannt.

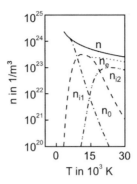

Bild 3.40 Teilchendichten in einem Eisendampfplasma als Funktion der Temperatur: n = Gesamtteilchendichte, n_e = Elektronendichte, n_{i1} bzw. n_{i2} = Ionendichte einfacher bzw. zweifacher Ionisation.

Bild 3.40 zeigt den Verlauf der Teilchendichten als Funktion der Temperatur. Der Abfall der Gesamtteilchendichte ($n_e + n_i + n_0$) sowie der von n_e nach dessen Maximum ist eine Konsequenz der isobar betrachteten Ionisationsvorgänge entsprechend

$$p = (n_e + n_i + n_0) \cdot k \cdot T = const. \tag{3.61}$$

3.3.1.1 Absorption von Laserstrahlung

Mit Kenntnis des Absorptionskoeffizienten für inverse Bremsstrahlung α' kann die dem Laserstrahl entzogene Energie direkt berechnet werden. Für die Ermittlung von α' stehen verschiedene theoretische Ansätze zur Verfügung, die zu dem wichtigen Ergebnis führen, wonach (hier lediglich prozesstechnisch relevante Zusammenhänge als Proportionalität wiedergebend [87])

$$\alpha' \propto n_e \cdot \lambda^3 \quad \text{für} \quad h\nu \gg kT \tag{3.62}$$

und

$$\alpha' \propto n_e \cdot \lambda^2 \quad \text{für} \quad h\nu \ll kT \tag{3.63}$$

ist, also eine starke Wellenlängenabhängigkeit des Absorptionskoeffizienten deutlich wird. Bild 3.41 gibt diesen Sachverhalt wieder. Die Beziehung (3.63) veranschaulicht, dass z. B. ein Plasma mit vorgegebener Elektronendichte einen CO_2-Laserstrahl je Wegstreckeneinheit 100-mal stärker absorbieren würde als einen Nd:YAG-Laserstrahl.

Über den aus der Saha-Gleichung ersichtlichen Zusammenhang zwischen n_e und n_0 ist der Absorptionskoeffizient eines Plasmas weiterhin eine druckabhängige Größe. Bild 3.42 zeigt dies anhand berechneter Werte für λ = 10,6 µm bei Atmosphärendruck, 10 und 100 bar (solch hohe Drücke können bei abtragenden Verfahren durchaus auftreten). Werte der Absorptionskoeffizienten bei 100 bar für beim Abtragen und Bohren eher verwendete kürzere Wellenlängen gibt Bild 3.43 wieder.

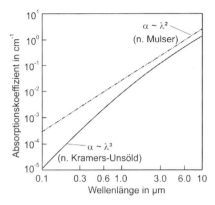

Bild 3.41 Absorptionskoeffizient eines Eisendampfplasmas in Abhängigkeit der Wellenlänge bei 1 bar und 10'000 K.

Den Verlauf des Absorptionskoeffizienten in einigen Metall- und Edelgasplasmen zeigt Bild 3.44. Die aus (3.60) folgende Auswirkung unterschiedlicher Ionisationspotentiale ist deutlich erkennbar: die niedrigeren Werte von E_i bei Metallen führen schon zu n_e- und α-Werten, die in Edelgasen erst bei deutlich höheren Temperaturen erreicht werden. Diesen Unterschied macht man sich z. B. beim Schweißen zunutze, wo durch eine Verdünnung des Metalldampfes mit dem Schutz- oder Prozessgas die schädlichen Einflüsse des Plasmas reduziert werden.

Mit den Darlegungen dieses Abschnitts ist *ein* nachteiliger Effekt laserinduzierter Plasmen deutlich geworden, die Absorption von Laserenergie, die dem Werkstück nicht mehr zur Verfügung steht. Diese „abschirmende" Wirkung nimmt mit steigendem Druck, größerer Wellenlänge und niedrigerem Ionisationspotential zu.

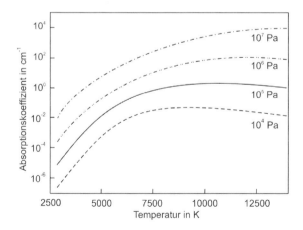

Bild 3.42 Absorptionskoeffizient eines Eisendampfplasmas in Abhängigkeit von Temperatur und Druck bei $\lambda = 10{,}6\ \mu m$.

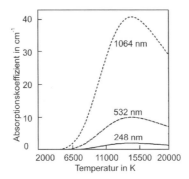

Bild 3.43 Absorptionskoeffizient eines Aluminiumdampfplasmas bei 100 bar als Funktion der Temperatur und der Wellenlänge.

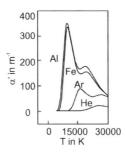

Bild 3.44 Absorptionskoeffizienten in Metalldampf- und Edelgasplasmen bei 10,6 µm.

3.3.1.2 Brechungseffekte

Ein weiterer, für die Materialbearbeitung ebenfalls nachteiliger Effekt des Plasmas ist auf die darin herrschende räumliche und von $n = 1$ abweichende Verteilung des Brechungsindex zurückzuführen: wegen $c = c_0 / n$ verändert sich die lokale Ausbreitungsgeschwindigkeit der elektromagnetischen Welle. Propagiert nun ein Laserstrahl (mit beispielsweise zunächst ebener Phasenfront) durch ein derartiges Medium von der Höhe h, so durchmessen seine verschiedenen radialen Teilbereiche Gebiete mit unterschiedlichen Werten des Brechungsindex. Entsprechend

$$s = \int_0^h n(s)ds \tag{3.64}$$

stellen sich unterschiedliche optische Weglängen s ein, die eine Deformation der Wellenfront und damit eine Änderung der Strahlgeometrie bewirken (Phasenfront und Fortpflanzungsrichtung stehen senkrecht zu einander!). Die möglichen Folgen sind in Bild 3.45 qualitativ verdeutlicht: je nach Verteilung des Brechungsindex senkrecht zur Strahlachse kann es zu einer

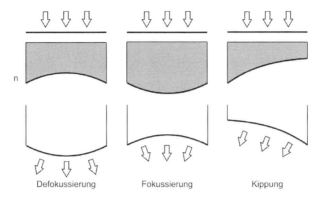

Bild 3.45 Deformation einer ebenen Phasenfront infolge ungleichförmiger Verteilungen des Brechungsindex n über dem Strahlquerschnitt und daraus sich ergebende Veränderungen der Strahlpropagation.

Fokussierung, Defokussierung oder Kippung im Vergleich zur ungestörten Strahlausbreitung kommen.

Für jeden Bearbeitungsprozess, bei dem Plasma entsteht (oder auch nur heißer Metalldampf), ist also zu beachten, dass in den Strahlengang des Lasers ein „optisches Element" eingebracht wird, welches neben der Leistungsübertragung auch die „Nominalgeometrie" des Werkzeugs modifiziert. Mit Kenntnis des Brechungsindex, der den physikalischen Abhängigkeiten

$$(n-1) \propto \lambda^2 \cdot n_e \tag{3.65}$$

folgt [62], und unter Beachtung von (3.64) lassen sich diese Auswirkungen eines Plasmas berechnen.

Den temperaturabhängigen Verlauf des Brechungsindex gibt Bild 3.46 wieder. Auch hier – wie schon bei den korrespondierenden Daten des Absorptionskoeffizienten in Bild 3.44 – wirkt sich die geringere Elektronendichte in Edelgasplasmen vorteilhaft aus.

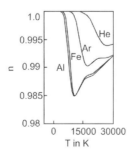

Bild 3.46 Brechungsindex in Abhängigkeit von der Temperatur für die auch Bild 3.44 zugrunde liegenden Parameter.

3.3.2   Dynamische Effekte

Bei gepulster Bearbeitung wie dem Bohren oder dem strukturierenden Abtragen sind die Intensitäten deutlich höher als beim Schweißen, sodass der Verdampfungsprozess sehr rasch unter wachsendem Druck einsetzt. Der von der Oberfläche der WWZ abströmende Dampf bzw. das daraus entstandene Plasma überträgt seinen Impuls zum einen an das Werkstück und zum anderen wird das unmittelbar benachbarte Umgebungsgas verdrängt. Als Folge davon kommt es darin zur Ausbildung gasdynamischer Stoßwellen, die sich von der WWZ aus drei-dimensional in die umgebende Atmosphäre ausbreiten. Mit Hilfe der so genannten Resonanz-absorptionsspektroskopie können die Entstehungsmechanismen sichtbar gemacht werden; Bild 3.47 veranschaulicht, wie abströmender Aluminiumdampf eine Stoßwelle vor sich „her-schiebt".

Da sich diese dynamischen Vorgänge als Folge der Absorption von Laserleistung entwickeln, werden sie als LSA-Wellen bezeichnet (LSA = Laser Supported Absorption).

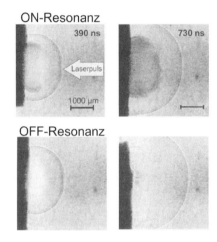

Bild 3.47 Sichtbarmachung der Stoßwellenentstehung bei gepulster Bestrahlung einer Aluminiumober-fläche mit λ = 248 nm: im Falle der „ON-Resonanz" ist die Wellenlänge des Diagnostiklasers genau auf eine spektrale Linie des verdampfenden Aluminiums eingestellt, als Folge deren Absorption ist der vom Targetmaterial erfüllte Bereich sichtbar; eine nur geringfügig veränderte Wellenlänge wird bei „OFF-Resonanz" nicht absorbiert. Die Stoßwellen*front* selbst ist in beiden Fällen zu erkennen.

3.3.2.1 LSA-Wellen

In der frühen Literatur zur gepulsten Wechselwirkung werden *modellhaft* zwei Fälle unter-schieden, die durch den Ort der wesentlichen Absorption charakterisiert sind: LSC- (Laser Supported Combustion) und LSD- (Laser Supported Detonation) Wellen. Bild 3.48 soll die beiden Modelle und die darin involvierten Phänomene schematisch verdeutlichen, siehe z. B. [88], [89].

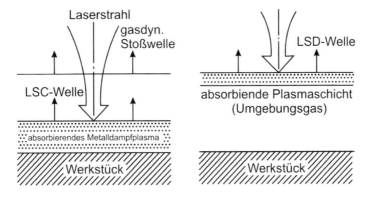

Bild 3.48 Schematische Wiedergabe der charakteristischen Absorptionsgebiete und gasdynamischen Unstetigkeiten bei eindimensionalen LSA-Wellen.

LSC-Wellen

Hier findet die Plasmaentstehung und Energieabsorption im abdampfenden Material nahe der Werkstückoberfläche statt. Die Plasmafront bewegt sich mit Geschwindigkeiten von der Größenordnung einiger 10 bis 100 m/s in die Umgebungsatmosphäre, wobei die Abströmung immer senkrecht zur Oberfläche erfolgt. Eine dabei entstehende Stoßwelle im Umgebungsgas und die Plasmaströmung sind bzw. bleiben stets separiert, siehe Bild 3.47.

LSD-Wellen

Diese Form tritt – wellenlängenabhängig! – bei Intensitäten oberhalb von $10^7\,\text{W/cm}^2$ und Pulsdauern unterhalb einer µs auf. Unter diesen Umständen kommt es im Bereich der Stoßwellenfront zu Ionisation und Plasmabildung im Umgebungsgas. Aufgrund der hohen Absorption dort wird die (gesamte) Strahlenergie in einer dünnen Plasmaschicht deponiert, die –

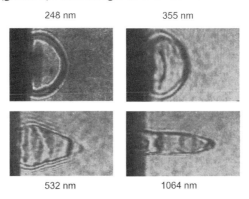

Bild 3.49 Schattenaufnahmen laserinduzierter Stoßwellen bei Bestrahlung einer Aluminiumoberfläche mit unterschiedlichen Wellenlängen von KrF-Excimerlaser (248 nm) und Nd:YAG-Lasern (1064, 532, 355 nm) mit $\tau = 25$ ns und $I = 10^9\,\text{W/cm}^2$.

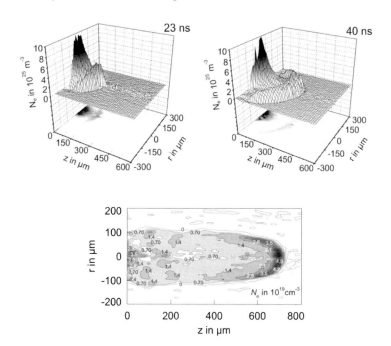

Bild 3.50 Elektronendichteverteilungen im Wechselwirkungsbereich zu verschiedenen Zeitpunkten nach Pulsbeginn für Wellenlängen von 248 nm (oben) und 1064 nm (unten). Oben: Excimerlaser $\tau = 30$ ns, $H = 37$ J/cm^2, Al. Unten: Nd:YAG-Laser, $\tau = 12$ ns, $t = 15$ ns, $H = 1200$ J/cm^2, Si$_3$N$_4$.

gekoppelt an die Stoßwellenfront – in Richtung des einfallenden Laserstrahls propagiert (auch wenn der Laserstrahl nicht senkrecht auf die Werkstückoberfläche trifft).

Zwar lassen sich die beiden Modelle in ihrer jeweils „reinen" Form in der Realität nicht beobachten, jedoch können in Abhängigkeit von Wellenlänge, Intensität und Art des Umgebungsgases auftretende Phänomene mit ihrer Hilfe gut gedeutet werden. Eine qualitative Zuordnung kann deshalb von praktischem Interesse sein, weil für beide Fälle unterschiedliche Beziehungen z. B. für die Ausbreitung der Stoßwelle gelten. Am Beispiel von der Wellenlänge geprägten Formen von LSA-Wellen sei dies demonstriert.

Zunächst zeigt Bild 3.49 Schattenaufnahmen der Stoßwellenausbreitung bei vier verschiedenen Wellenlängen. Auffallend ist die ganz offenkundig wellenlängenabhängige Geometrie, die in ihrer charakteristischen Ausprägung von Beginn an besteht: eine nahezu halbkugelförmige Form bei der kürzesten und eine zylinderförmige bei der längsten verwendeten Wellenlänge.

Korrespondierend zu diesen Schattenaufnahmen wurden interferometrische Messungen in dem von der LSA-Welle erfassten Bereich durchgeführt. Mit Hilfe der daraus gewonnenen Brechungsindexverteilungen lassen sich unter Verwendung von (3.65) räumliche Verteilungen der Elektronendichte gewinnen [90], [91]. Beispiele für die kürzeste (248 nm) und längste (1064 nm) Wellenlänge sind in Bild 3.50 wiedergegeben.

Hieraus wird deutlich, dass das Erscheinungsbild bei $\lambda = 248$ nm weitgehend einer LSC-Welle entspricht: Laserstrahlung wird hier überwiegend im oberflächennahen Materialplasma, wo die höchsten Werte der Elektronendichte auftreten, absorbiert und vermittelt von da aus der Stoßwelle den größten Teil deren Energie. Anders hingegen die Situation bei λ = 1064 nm: in diesem Falle liegt das Gebiet mit der höchsten Elektronendichte unmittelbar hinter der Stoßfront, wo demzufolge auch ein nennenswerter Anteil der Laserstrahlung eingekoppelt wird. Damit ist ein wesentliches Merkmal einer LSD-Welle offenkundig.

Die Propagation der sphärischen Stoßfront mit dem Radius r lässt sich unter den für λ = 248 nm typischen Umständen nach der Sedov'schen Stoßwellentheorie [92] zu

$$r(t) = \lambda_0 \cdot \left(\frac{E_0}{\rho_\infty} \right)^{1/5} \cdot t^{2/5} \tag{3.66}$$

bestimmen; λ_0 ist eine dimensionslose Konstante und ρ_∞ die Dichte des ungestörten Umgebungsgases. Dabei ist angenommen, dass die Energie der Stoßwelle E_0 zum Zeitpunkt $t = 0$ in einem deltaförmigen Puls freigesetzt wird. Um der zeitlichen Energiefreisetzung während der endlichen Pulsdauer Rechnung zu tragen und die Ausbreitung besser beschreiben zu können, wurde (3.66) in [93] entsprechend modifiziert. Bild 3.51 zeigt die so berechnete Stoßfrontausbreitung, wobei die Werte $r(t)$ aus Schattenaufnahmen zu verschiedenen Zeiten erhalten wurden. Man erkennt, dass damit – anders als nach (3.66) – das Ausbreitungsverhalten auch schon während der Bestrahlung richtig wieder gegeben wird.

Aus der Differenz des Energieinhalts der Stoßwelle zur Laserpulsenergie ergibt sich schließlich der für die eigentliche Bearbeitung verbleibende Betrag, der entweder direkt gemessen [90] oder mit Hilfe von (3.66) aus diagnostischen Untersuchungen abgeleitet werden kann. Wie der Zusammenstellung in Bild 3.52 zu entnehmen ist, wächst der im Plasma deponierte Anteil mit steigender Energiedichte drastisch an und hängt zudem von den Eigenschaften des Werkstücks ab. Diese dem Verständnis der grundsätzlichen Wechselwirkungsmechanismen dienenden Ergebnisse dürfen jedoch nicht dahingehend interpretiert werden, dass der Prozesswirkungsgrad bei den kleinsten Energiedichten generell am höchsten wäre. Eine detaillierte Energiebilanz z. B. für den Abtrag von Aluminium zeigt, dass er bei obigen Experimenten mit Energiedichten zwischen 8 und 15 J/cm^2 sein Maximum (ca. 25 %) hat [90].

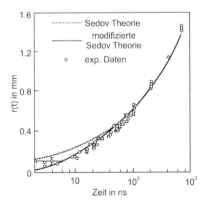

Bild 3.51 Gemessene und berechnete Ausbreitung einer sphärischen Stoßfront; Kupfer, λ = 248 nm, τ = 30 ns, 30 J/cm^2. Der Energieinhalt der Stoßwelle beträgt hier 80% der Pulsenergie.

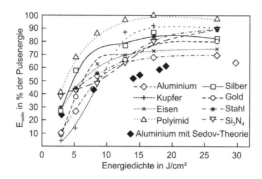

Bild 3.52 In der LSC-Welle deponierter prozentualer Anteil der eingestrahlten Laserpulsenergie bei $\lambda = 248\,\text{nm}$. Die experimentellen Daten resultieren aus der Energiebilanz unter Nutzung der direkt gemessenen reflektierten und der vom Werkstück absorbierten Beträge.

Im Falle $\lambda = 1064\,\mu\text{m}$ treten die größten Werte der Elektronendichte an der Stoßfront auf, wo – im Gegensatz zu $\lambda = 248\,\text{nm}$ – die meiste Energie absorbiert wird. Die Stoßwelle erhält hier also die sie „treibende" Energie unmittelbar vom Laserstrahl während der Propagation, woraus die beobachtete Zylinderform resultiert (bei $10{,}6\,\mu\text{m}$ tritt die Zylinderform noch ausgeprägter auf [94]). Für die Berechnung des Ausbreitungsverhaltens einer solchen als LSD-Welle interpretierbaren Form existieren theoretische Modelle in ein- und zweidimensionaler Formulierung. Danach folgt für deren Geschwindigkeit, siehe z. B. [95]

$$v = \beta \cdot \left[2 \cdot \left(\gamma^2 - 1 \right) \cdot I_0 / \rho_\infty \right]^{1/3}, \tag{3.67}$$

worin γ das Verhältnis der spezifischen Wärme des Umgebungsgases und I_0 die einfallende Intensität bedeutet. Im Falle eindimensionaler Ausbreitung (die nur für die Anfangsphase gelten kann, wo die Entfernung der Front klein gegenüber der lateralen Erstreckung der WWZ ist) beträgt $\beta = 1$, für zweidimensionale gilt $\beta = 0{,}5$.

Den Vergleich der Erscheinungsformen von LSA-Wellen abschließend sei erwähnt, dass sich mit sinkendem Umgebungsdruck und abnehmender einfallender Intensität Verhältnisse einstellen, die – wie bei kürzeren Wellenlängen – dem LSC-Typus ähnlicher werden.

Wie bei den cw-Plasmen sind auch bei den LSA-Plasmen Modifikationen der Strahlpropagation zu erwarten. Abschätzungen in [90] zeigen, dass sie im UV-Wellenlängenbereich vernachlässigbar, bei $1\,\mu\text{m}$ jedoch zu Vergrößerungen des Brennfleckdurchmessers um ca. $10\,\%$ führen können.

Neben den bisher diskutierten Vorgängen in der Umgebungsatmosphäre, die vor allem im Hinblick auf die Energiebilanz bei gepulster Bearbeitung von Interesse sind, kommt dem Druck an der Werkstücksoberfläche eine ebenso große Bedeutung zu: er ist in den meisten Fällen der einzige Mechanismus, aufgrund dessen geschmolzenes oder verdampftes/sublimiertes Material aus der WWZ entfernt wird. Eine Vorstellung von Größenordnung und zeitlichem Verlauf des Drucks an der Oberfläche vermitteln Bild 3.53 und Bild 3.54. Direkt gemessene Maximalwerte gibt Bild 3.53 wieder, woraus eine starke Materialabhängigkeit und eine nahezu direkte Proportionalität zur Energiedichte ersichtlich werden [96]. Das nach den oben erwähnten theoretischen Modellen berechnete zeitliche Abklingen des Drucks an der Werkstückoberfläche zeigt Bild 3.54. Aufgrund des auch noch lange nach Ende des Laserpulses herrschenden Drucks erfährt die Schmelze während eines Zeitraums $\Delta t > \tau$ einen Impuls und kann ausgetrieben werden.

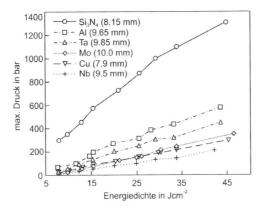

Bild 3.53 Für verschiedene Materialien gemessener Druck an der Oberfläche des Werkstücks in Abhängigkeit der Energiedichte; $\lambda = 248$ nm.

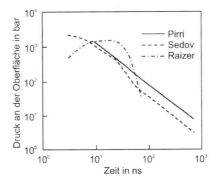

Bild 3.54 Berechneter zeitlicher Verlauf des durch LSA-Wellen an der Werkstückoberfläche induzierten Drucks; $\tau = 60$ ns, 47 J/cm^2. Verglichen sind Ergebnisse verschiedener Modelle: Stoßwellenausbreitung entsprechend modifizierter Sedov-Theorie [93], eindimensionale LSD-Welle nach Raizer [87] und ein Ansatz nach Pirri [89], der einen Umschlag von ein- nach zweidimensionalem Strömungscharakter berücksichtigt (hier bei $d_f = 0{,}19$ mm nach 9 ns).

3.3.2.2 Durchbruch

Unter diesem Begriff versteht man das Entstehen eines Plasmas während der Propagation eines fokussierten Laserstrahls in freier Atmosphäre. Der Vorgang tritt bei sehr hohen Intensi-

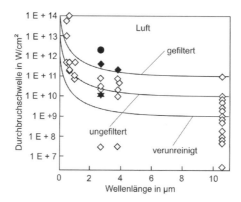

Bild 3.55 Wellenlängenabhängigkeit der Schwellintensität für das Entstehen eines Durchbruchs in Luft von unterschiedlichem Reinheitsgrad, nach [97].

täten ($\geq 10^9$ W/cm^2) auch in Abwesenheit einer die Ionisationsvorgänge initiierenden Verdampfung an Werkstückoberflächen auf. Energietransport und Propagationseigenschaften des Laserstrahls werden dadurch so stark beeinträchtigt, dass die Durchbruchsintensität eine Obergrenze für die in der Fertigungstechnik nutzbaren Leistungsdichten darstellt.

Exakte Werte für das Einsetzen dieses Phänomens lassen sich nicht angeben. Dies hat zu tun mit einer fehlenden einheitlichen Definition der Schwellintensität I_{Schw} – beispielsweise anhand von Kriterien wie das Auftreten von Leuchterscheinungen, Verhältnis von transmittierter zu einfallender Intensität – und vor allem mit dem komplexen Zusammenspiel von Strahlgeometrie, Pulsdauer, Wellenlänge, Energie, Art und Druck des Umgebungsgases und dessen Gehalt an Aerosolen. Die experimentellen Daten in Bild 3.55 zeigen eine Wellenlängenabhängigkeit, die wegen $I_{Sch} \propto 1 / \alpha$ [97] und $\alpha \propto \lambda^2$ nach (3.63) der Proportionalität $I_{Sch} \propto \lambda^{-2}$ qualitativ folgt. Sehr deutlich macht sich die Verunreinigung der Atmosphäre bemerkbar, welche eine Herabsetzung der Schwellwerte um zwei Größenordnungen und mehr bewirken kann. Da die Reinheitsgrade der Umgebungsluft in der täglichen Praxis im Allgemeinen nicht bekannt sind, können die in Bild 3.55 wiedergegebenen Werte nur als Orientierung dienen.

Arbeiten mit Ultrakurzpulslasern lassen als Folge eines Durchbruchs neben den geläufigen Phänomenen der Leistungsabschirmung und Defokussierung auch eine nichtlineare Frequenzumwandlung eines Teils der Laserstrahlenergie erkennen [98]. Die Schwellintensität folgt im dort untersuchten Pulsdauerbereich von 0.1 bis 10 ps der Beziehung $I_{Sch} \propto \tau^{-1/2}$.

3.4   Streu- und Absorptionsvorgänge an Partikeln

Trifft Laserstrahlung bei ihrer Propagation durch ein homogenes Medium (saubere Luft, Plasma, Glas etc.) auf darin eingebettete Inhomogenitäten in Form diskreter Materie wie Atome, Moleküle, Cluster, Tröpfchen etc., so induziert ihr elektrisches Feld in diesen „Widerstandskörpern" Ladungsträgerschwingungen. Die dergestalt angeregten Dipole senden Strahlung in alle Raumrichtungen aus und streuen so das einfallende Laserlicht. Wird ein Teil der wechselwirkenden Strahlungsenergie nicht abgegeben, so ist dies gleichbedeutend mit einer Absorption. Streuung und Absorption an Partikeln sind demzufolge gekoppelte Mechanismen, die gleichermaßen zur Abschwächung (Extinktion) der Strahlungsintensität führen. Die nachstehenden, weitgehend qualitativen Ausführungen zu einigen grundsätzlichen Aspekten dieser Extinktionsvorgänge folgen der Behandlung in [99].

Ihre Wirkung lässt sich formal durch das Beer'schen Gesetz wiedergeben, wenn statt des in (3.10) auftretenden Absorptionskoeffizienten ein *Extinktionskoeffizient* α_{Ext} eingeführt wird. Er ist definiert als Summe aus *Streuungs-* und *Absorptions*koeffizient

$$\alpha_{Ext} = \alpha_{Str} + \alpha_{Abs} . \tag{3.68}$$

Befinden sich n gleiche Partikel pro Volumeneinheit im durchstrahlten Medium und wechselwirkt jedes Partikel nur einmal mit der Strahlung (was für die hier zu betrachtenden Gegebenheiten gilt [99]), so lässt sich der Extinktionskoeffizient als

$$\alpha_{Ext} = n \times C_{Ext} = n \times (C_{Str} + C_{Abs}) \tag{3.69}$$

ausdrücken. Die so genannten effektiven Querschnitte der Extinktion C_{Ext}, Streuung C_{Str} und Absorption C_{Abs} folgen aus theoretischen Berechnungen. Im einzelnen hängen sie – wie auch die Winkelverteilung der gestreuten Strahlungsintensität und das Verhältnis von C_{Str}/C_{Abs} – von Größe, Form, Orientierung und Stoffeigenschaften der Teilchen sowie dem Polarisationszustand und der Wellenlänge der Strahlung ab. Ihre physikalische Bedeutung lässt sich anhand des bereits mit Bild 2.24 eingeführten Wirkungsquerschnitts σ veranschaulichen.

Die Intensität des von einem Partikel gestreuten Lichts in einem Abstand R von diesem berechnet sich zu

$$I = I_0 \cdot \frac{\lambda^2}{4 \cdot \pi^2 \cdot R^2} \cdot F(\theta, \varphi) . \tag{3.70}$$

Darin gibt I_0 die Intensität des einfallenden Lichts und die dimensionslose Funktion $F(\theta,\varphi)$ die Winkelverteilung des gestreuten Lichts wieder. Der Streuwinkel θ wird von der Propagationsrichtung des einfallenden Lichts aus gemessen, während φ die azimuthale Verteilung kennzeichnet.

Der Zusammenhang zwischen dem in (3.69) eingeführten effektiven oder totalen Streuungsquerschnitt und $F(\theta,\varphi)$ in (3.70) ist durch

$$C_{Str} = \frac{\lambda^2}{4\pi^2} \int F(\theta,\varphi) \sin\theta \, d\theta \, d\varphi \tag{3.71}$$

gegeben. Hieraus wird ersichtlich, dass $F(\theta,\varphi)$ die Bedeutung eines differentiellen (d.h. in einem bestimmten Raumwinkel wirkenden) Streuquerschnitts hat.

Nach welchem theoretischen Ansatz die Berechnung der Koeffizienten zu erfolgen hat, wird vom Verhältnis der Partikeldimension (im einfachsten Fall der Durchmesser a einer Kugel) zur Wellenlänge, dem so genannten *Streuparameter* $\pi a/\lambda$, und dem Brechungsindex (bei absorbierenden Partikeln ist der Imaginärwert zu berücksichtigen) der Partikel wie auch dem des sie umgebenden Mediums (also z. B. des laserinduzierten Plasmas) festgelegt. Als Kennzeichnung bzw. Geltungsbereiche für die adäquaten Modelle werden in der Literatur üblicherweise angeführt für $a \ll \lambda$ die Rayleigh-Theorie, für Sphären mit $a = \lambda$ die Mie-Theorie und für im Verhältnis zur Wellenlänge sehr große Teilchen, $a \gg \lambda$, geometrisch-optische Berechnungsmethoden. Wiewohl demnach eine Behandlung nach der Mie-Theorie auf Bedingungen mit Streuparametern der Größenordnung eins begrenzt wäre, ist sie nach [99] für einen sehr viel weiteren Bereich gültig und wird zur theoretischen Beschreibung von Streuvorgängen an Clustern, Aerosolen sowie an Pulverteilchen beim Beschichten verwendet.

Eines der im Hinblick auf die Materialbearbeitung wohl interessantesten Ergebnisse der Mie-Theorie besagt, dass (bei vorgegebener Wellenlänge) die Streuung in Vorwärtsrichtung, also in Richtung des propagierenden Laserstrahls, mit steigender Partikelgröße anwächst. Dies geht aus Bild 3.56 anschaulich hervor, in dem $F(\theta, \varphi)$ für vier verschiedene Streuparameter den Berechnungen in [100] folgend wiedergegeben ist. Die dort angestellten Untersuchungen für 1,06 µm und 10,6 µm zeigen ferner, dass bei kleineren Teilchen ($\pi \cdot a / \lambda \ll 1$) die Absorption und bei größeren die Streuung den überwiegenden Teil der Extinktion hervorruft (siehe dazu auch Bild 3.58).

Auf seinem Weg von der Fokussieroptik zur WWZ am Werkstück kann der Laserstrahl mit Partikeln unterschiedlicher Größe (Cluster, Aerosole, Tröpfchen etc.) und Eigenschaften in Wechselwirkung treten: Deren Auswirkung(en) auf den Prozess wird von der Länge des Strahlwegs in den Bereichen mit einer bestimmten Partikelart und -dichte n wie auch von der Lage dieser Gebiete in Bezug zur WWZ abhängen und deshalb sehr unterschiedlich sein können, was anhand zweier plakativer Beispiele verdeutlicht sei. So wird beim Bohren und Abtragen als Folge der Energieabsorption durch in unmittelbarer Nähe zur bestrahlten Oberfläche entstehende Cluster eine Modifikation der Einkoppelmechanismen signifikant sein. Propagiert ein Strahl beispielsweise beim Scanner-Schweißen durch einen großen, von Rauch und Schmauch erfüllten Arbeitsraum, so werden primär die Folgen einer reduzierten Leistungsdichte am Werkstück auftreten und wahrgenommen.

Auf beide Effekte wird im folgenden Abschnitt nochmals kurz eingegangen. Darüber hinaus

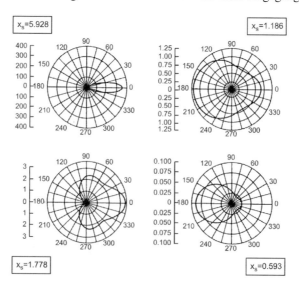

Bild 3.56 Berechnete Winkelverteilung der Streustrahlungsfunktion $F(\theta)$ für Eisenpartikel bei 10,6 µm und verschiedene Werte des Streuparameters $a \cdot \pi / \lambda$, nach [100].

sind, insbesondere in Situationen wie der zuletzt beschriebenen, Brechungseffekte nicht aus-zuschließen, die sich in einer Fokusvergrößerung und vom Prozessergebnis her ebenfalls als eine (vermeintliche) Leistungsabnahme bemerkbar machen könnten. Die beim Beschichten und Legieren auftretende Wechselwirkung des Laserstrahls mit Partikeln, die im allgemeinen viel größer als die Wellenlänge sind, wird bei der Behandlung dieser Prozesse in Abschnitt 4.3.2.2 gesondert diskutiert.

3.4.1   Extinktion von Laserstrahlung

Ist die Strecke zwischen Fokussieroptik und WWZ sehr groß und wird dabei nicht für eine effektive Entfernung des Schweißrauches gesorgt, so kann es entsprechende (3.10) und (3.68) zu einer Abschwächung der Laserleistung kommen, die sich im Prozessergebnis nieder-schlägt. Hierzu relevante Untersuchungen werden in [101] berichtet. Für Verhältnisse bei Schweißungen mit 2 kW, $\lambda = 1{,}036$ μm und $f = 560$ mm an Stahl wurden aus Transmissions-messungen oberhalb der WWZ die Dichte der Partikel mit $n = 3 \times 10^7$ cm^{-3}, deren Durchmes-ser mit $a \approx 150$ nm und eine integrale Leistungsabschwächung um ca. 7% ermittelt. Da je-doch die Einschweißtiefe in diesen Experimenten um mehr als 20% ansteigt, wenn der Schweißrauch weggeblasen wird, kann dessen nachteilige Wirkung auf das Prozessergebnis nicht allein auf die Extinktion an den darin befindlichen Aerosolen zurück geführt werden. Als weitere infrage kommende Mechanismen werden in [101] eine Brennfleckvergrößerung infolge von Streuung nahe der Fokussieroptik und eine thermischen Linse in der Umge-bungsatmosphäre vermutet.

 Allgemein gültige Aussagen zur Leistungsabschwächung im Schweißrauch lassen sich auf-grund der nur wenigen quantitativen Daten in der Literatur derzeit kaum treffen. Dennoch darf als Tendenz gelten, dass dieser Effekt umso stärker zur Wirkung gelangt, je kürzer die Wellenlänge des benutzten Lasers ist. Geht man davon aus, dass die Aerosole stets sehr viel kleiner als die Wellenlänge sind (in [102] werden Verteilungen der gemessenen Partikelgrößen berichtet, die ihre Maxima für Aluminiumlegierungen um ca. 200 nm und für Stahl um ca. 70 nm aufweisen), so gilt für nichtmetallische Partikel [103], deren Existenz in großen, Sauer-stoff enthaltenden Arbeitsräumen wahrscheinlicher ist, als die rein metallischer Cluster, eine Wellenlängenabhängigkeit der Querschnitte von

$$C_{Abs} \approx \lambda^{-1} \tag{3.72}$$

und

$$C_{Str} \approx \lambda^{-4}. \tag{3.73}$$

Scannerschweißen mit Scheiben- oder Faserlaser wird deshalb anfälliger für Streumechanis-men sein, als mit CO_2-Lasern.

3.4.2   Auswirkungen auf die Energieeinkopplung

Abtragende Verfahren mit hohen Intensitäten an metallischen Werkstoffen sind durch Dampf-bildung in der WWZ gekennzeichnet. Einhergehend damit tritt auch Kondensation auf, bei der Cluster entstehen, die sich aus bis zu einigen Tausend Atomen zusammensetzen. Ihre An-wesenheit in unmittelbarer Nähe der Oberfläche und die dort stattfindende Wechselwirkung mit der einfallenden Laserstrahlung beeinflusst die Energieeinkopplung. Detaillierte experimentelle bzw. theoretische Untersuchungen zu dieser Thematik finden sich in [90] bzw. [104], wo insbesondere auch die relative Bedeutung von inverser Bremsstrahlung und Mie-Absorption für den Wellenlängenbereich $248 \leq \lambda \leq 1064$ nm dargestellt wird.

Für das Abtragen mit Excimerlasern typische Verteilungen der Clustergröße sind in Bild 3.57 wiedergegeben. Die berechneten Werte des Absorptions- und Streukoeffizienten für einen als repräsentativ angenommenen Clusterdurchmesser von 10 nm zeigen in Bild 3.58, dass bei diesen Bedingungen die Absorption der weit bedeutsamere Mechanismus ist. Schließlich verdeutlicht Bild 3.59, dass bei kurzen Wellenlängen (248 nm) die „Mie-Absorption" weit überwiegt, während bei 1 μm die inverse Bremsstrahlung bereits an Bedeutung gewinnt. Dennoch dürfte auch bei dieser Wellenlänge die Absorption an Clustern – zumindest zu Beginn der Bestrahlung – einen Einfluß haben, da diese einen Teil der von ihnen absorbierten Energie an den Dampf abgeben und ihn aufheizen. Dadurch steigt dessen Temperatur und bei weiterer Energiezufuhr wird die Ionisation leichter in Gang gebracht und unterstützt so das Einsetzen der inversen Bremsstrahlung als letztlich maßgeblicheren Mechanismus [104].

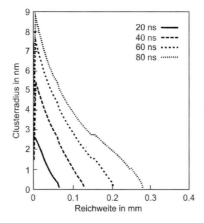

Bild 3.57 Berechnete Clusterverteilung im Aluminiumdampf längs der Strahlachse zu verschiedenen Zeitpunkten nach Beginn der Bestrahlung ($\tau_P = 30$ ns).

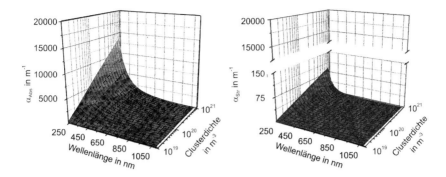

Bild 3.58 Berechnete Absorptions- und Streukoeffizienten an Al-Clustern von 10 nm Durchmesser in Abhängigkeit der Clusterdichte und der Wellenlänge.

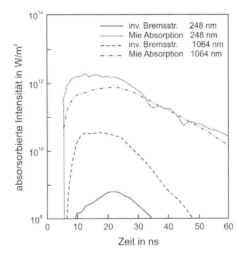

Bild 3.59 Berechneter Verlauf von infolge Mie-Absorption und inverser Bremsstrahlung absorbierter Intensitätsanteile eines eingestrahlten Pulses mit $I = 6{,}66 \cdot 10^8$ W/cm^2 und $\tau_P = 30$ ns; Aluminium.

3.5 Absorption an Molekülen

Da die Schwingungsenergie von Molekülen in der Größenordnung von typischerweise 0,1 eV liegt, entsprechend also der Wellenlänge von Moleküllasern wie der des CO$_2$-Lasers, absorbieren sie deren Strahlung besonders effizient. Die Atmosphäre einer Fertigungsumgebung beinhaltet häufig Verunreinigungen in Form von Verbrennungsprodukten, Feuchtigkeit (Wassertröpfchen) oder Lösungsmitteldämpfen. Während der Propagation des Laserstrahls durch ein solches Medium wird dieses infolge der Absorption lokal aufgeheizt und erfährt dadurch Änderungen seiner Dichte im vom Strahl erfassten Bereich. Die daraus resultierende inhomogene Brechzahlverteilung führt zu einer Aufweitung des Strahls (in der englischsprachigen Literatur als „thermal blooming" bezeichnet), was letztlich seine Beugungsmaßzahl M^2 vergrößert. Wiewohl dieser Effekt keine direkte Wechselwirkung Laserstrahl/Werkstück darstellt, kann er dennoch von Relevanz für die Materialbearbeitung sein, da durch ihn die „Solleigenschaften" des Werkzeuges an der WWZ beeinträchtigt werden.

Die nachfolgend gezeigten Beispiele sollen demonstrieren, dass selbst sehr geringe Konzentrationen von Verunreinigungen erhebliche Verschlechterungen des Strahlparameterprodukts bewirken können [24]. So führten bei Lösungsmitteln Werte bereits weit unterhalb der gesetzlichen „Maximalen Arbeitsplatzkonzentration" (MAK-Werte) von 1000 ppm zu einer deutlichen Beeinträchtigung, siehe Bild 3.60. Aber auch die eines erhöhten CO_2-Gehaltes in der Atmosphäre kann nicht vernachlässigt werden: Bild 3.61 veranschaulicht, wie sich der „thermal blooming"-Effekt als streuende Linse im Strahlgang darstellen lässt.

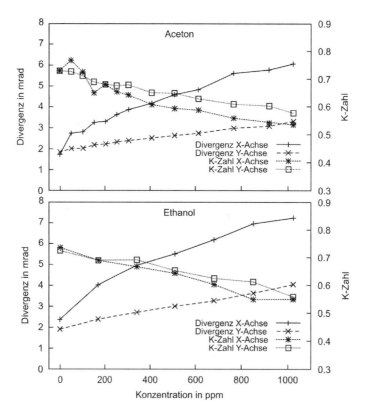

Bild 3.60 Gemessene Divergenz und daraus resultierende Veränderung des Strahlparameterprodukts (hier $K = 1/M^2$) eines CO_2-Laserstrahls in Abhängigkeit der Konzentration von Lösungsmitteln in der Atmosphäre: Messstrecke 2 m, $P = 2$ kW. Die unterschiedlichen Werte in x- und y-Richtung sind eine Folge der sich im Messrohr einstellenden Konvektionsströmung senkrecht zur Ausbreitungs-(z)-Achse.

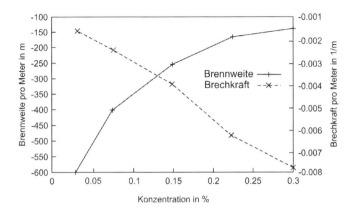

Bild 3.61 Als Wirkung einer Streulinse im Strahlgang wiedergegebener Effekt einer mit CO_2 kontaminierten Atmosphäre [Quelle: TRUMPF].

3.6   Abschätzung erzielbarer Prozessergebnisse aus der Energiebilanz

Wiewohl die im Folgenden abgeleiteten Beziehungen nicht unmittelbar Aspekte der Wechselwirkung Laserstrahl/Materie betreffen, seien sie diesem Kapitel zugeordnet. Da sie auf Betrachtungen der Energiebilanz und somit der eingekoppelten Laserleistung beruhen, beinhalten sie implizit die vorstehend diskutierten Mechanismen. Zudem veranschaulichen die entsprechenden grafischen Darstellungen in übersichtlicher Weise die physikalischen Zusammenhänge zwischen Prozessergebnissen und -parametern und liefern für die Praxis brauchbare Orientierungen.

Ist für die Erwärmung auf Prozesstemperatur T_p ein Energiebedarf je Masseneinheit von $f(T_p)$ erforderlich, so lässt sich mit (3.6)

$$P_p = \dot{M} \cdot f(T_p) = P_A - P_V \tag{3.74}$$

schreiben, worin

$$\dot{M} = \rho \, \dot{V} \tag{3.75}$$

die je Zeiteinheit "bearbeitete" Masse und ρ deren Dichte bezeichnet. Im Rahmen derartiger Abschätzung kann das entsprechende bearbeitbare Volumen $\dot{V}$ für die meisten cw- (und quasi-cw-) Verfahren in einiger Näherung als das Produkt aus einer charakteristischen Breite und Tiefe der "Bearbeitungsspur", ihrem Querschnitt F, sowie der dabei realisierten Prozessgeschwindigkeit v dargestellt werden:

$$\dot{V} = b \cdot s \cdot v = F \cdot v \, . \tag{3.76}$$

Daraus folgt schließlich die generell gültige Beziehung

$$b \cdot s \cdot v = (P \cdot \eta_A - P_V) / f(T_p), \tag{3.77}$$

welche erlaubt, die Abhängigkeiten darin auftretender Größen von einander als einfache Proportionalitäten darzustellen, was beispielhaft für einige gezeigt werden soll. Zahlreiche weitere graphische Darstellungsformen von Prozessergebnissen, wie sie später im Zusammenhang mit den einzelnen Verfahren benützt werden, sind ebenfalls auf dieser globalen Energiebilanz begründet.

Zunächst gilt darauf hinzu weisen, dass das auf der linken Seite von (3.77) auftretende Prozessergebnis in seiner Leistungsabhängigkeit einen Schwellwert aufweist, welcher der Verlustleistung P_V infolge von Wärmeleitung in das Bauteil entspricht, siehe Bild 3.62. Diese Schwelle liegt bei umso niedrigeren Leistungen, je kleiner die Wärmeleitfähigkeit und je höher die Vorschubgeschwindigkeit ist. Der Zuwachs an bearbeitbarem Volumen mit der Leistung fällt umso geringer aus, je größer $f(T_p)$ ist, also je größere Werte die Stoffeigenschaften wie z. B. ρ, c, T_m und gegebenenfalls die latenten Energien aufweisen. Ein hoher Absorptions- bzw. Einkoppelgrad wirkt sich positiv aus durch die Herabsetzung der Schwelle und Zunahme des Proportionalitätsfaktors zwischen bearbeitbarem Volumen und Laserleistung.

Entsprechend (3.8), (3.76) und (3.77) ist das Verhältnis

$$\frac{\dot{V}}{P} \propto \eta_p \tag{3.78}$$

ein Maß für den Prozesswirkungsgrad. Dieser Ausdruck mit der Dimension mm^3/J wird *energiespezifisches Volumen* V_E genannt. Für praktische Diskussionen und Vergleiche, um z. B. gewisse Tendenzen zu diskutieren, ist diese Größe manchmal geeigneter als der Prozesswirkungsgrad, da hier eine Kenntnis der Stoffwerte (die in den Energiebedarf $f(T_P)$ eingehen) nicht erforderlich ist.

Beim Schneiden und Schweißen ist eine häufig gestellte Frage, wie schnell bei vorgegebener Leistung ein Blech der Dicke s zu trennen bzw. zu fügen ist. Da die Schnittfugen- wie die Nahtbreite in weiten Bereichen proportional dem Durchmesser des fokussierten Strahls an-

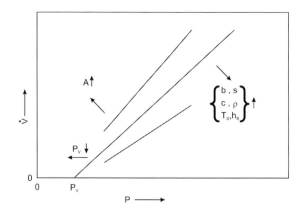

Bild 3.62 Aus der integralen Energiebilanz folgende Abhängigkeit des bearbeitbaren Volumens von der Laserleistung und anderen prozessrelevanten Parametern.

genommen werden kann, folgt aus (3.77) – unter Vernachlässigung von P_V und unter der Annahme eines konstanten Einkoppelgrads – die Beziehung

$$s \cdot v \approx const \propto P, \tag{3.79}$$

siehe Bild 3.63.

Die *Streckenenergie* P/v ist ein beim Schweißen, Schneiden und Oberflächenbehandeln oft gebrauchter Korrelationsparameter für die Wiedergabe des bearbeiteten Querschnitts; Bild 3.64 ist eine solche Darstellung, wobei die Neigung der Geraden dem Prozesswirkungsgrad entspricht.

Darüber hinaus ist P/v eine Indikationsgröße für die thermische Belastung eines Werkstücks: je höher ihr Wert, desto höher ist die bei der Bearbeitung zugeführte Energie. Im Hinblick auf diesen Aspekt ist es also stets vorteilhaft, bei tunlichst geringer Streckenenergie zu arbeiten. Wie die Diskussion in Abschnitt 3.2.1.2 gezeigt hat, sind hohe Vorschubgeschwindigkeiten günstig, weil dann weniger Wärme in das Bauteil abfließen kann, der thermische Wirkungsgrad also steigt.

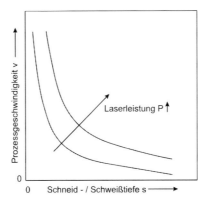

Bild 3.63 Zusammenhang zwischen erzielbarer Schneid- bzw. Schweißtiefe und Prozessgeschwindigkeit (unter Voraussetzung von $b \propto d_f$ und $P_V \to 0$).

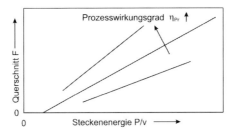

Bild 3.64 Naht-, Fugen- oder Spurquerschnitt senkrecht zur Vorschubrichtung als Funktion der Streckenenergie.

4 Verfahren

4.1 Schneiden

Das Laserstrahlschneiden ist bis heute das in der Industrie am weitesten verbreitete laserbasierte Fertigungsverfahren. Ein Grund dafür mag in seiner relativ einfachen *technischen* Realisierung liegen; vor allem jedoch ist es die ihm eigene außenordentliche Flexibilität, die es Eingang in so viele Branchen hat finden lassen: Mit dem denkbar einfachsten Schneidwerkzeug, wie es ein fokussierter Laserstrahl darstellt, lässt sich in nahezu jedem Material praktisch jede beliebige Kontur erzeugen. Der Informationsgehalt der herzustellenden Form ist also nicht im Werkzeug, sondern in dessen Bahnführung bzw. Steuerung enthalten, während die verschiedenen Varianten des Verfahrens eine Adaption an die Stoffeigenschaften bei gleichzeitiger Berücksichtigung von Wirtschaftlichkeits- und Qualitätsmerkmalen erlauben. Die Vorteile gegenüber anderen thermischen Verfahren liegen in der sehr viel höheren Schneidgeschwindigkeit, der größeren Maßhaltigkeit und Formtreue und in der geringeren Abmessung von Wärmeeinflusszonen (WEZ), in welchen chemische und metallurgische Veränderungen auftreten. Beim Trennen von biegeschlaffen Teilen aus Kunststoffen, Textilien oder dünnen Metallfolien kann auch die kraftfreie Wirkung des Scheidwerkzeugs Laserstrahl als positives Kriterium gelten.

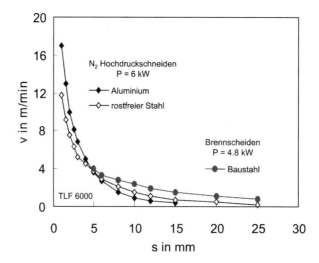

Bild 4.1 Zusammenhang von Schneidgeschwindigkeit und Blechdicke bei konstanter Laserleistung; CO_2-Laser mit zirkularer Polarisation [Quelle: TRUMPF]: Die gezeigten Daten sind produktionsrelevante Richtwerte eines robusten Prozesses, der auch bei gewissen Schwankungen der Prozessparameter, so z. B. der Fokuslage innerhalb eines Millimeters, noch eine gute Schnittqualität liefert. Die Geschwindigkeiten liegen damit unterhalb des maximal erzielbaren Werts der so genannten Trenngeschwindigkeit.

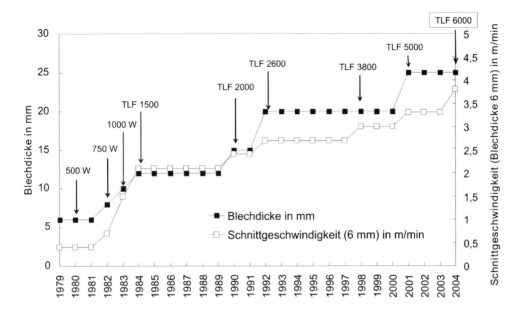

Bild 4.2 Beispiel für die historische Entwicklung des Leistungsniveaus von CO_2-Lasern zum Schneiden und damit ermöglichten Geschwindigkeitssteigerungen [Quelle: TRUMPF].

Im Rahmen dieser Abhandlung steht der *Prozess* im Vordergrund; von einem Eingehen auf beim Schneiden besonders wichtige steuerungstechnische Aspekte muss abgesehen werden. Eine weitere Einschränkung erfolgt bezüglich der Werkstoffe, von denen hier nur metallische betrachtet seien.

Was als industrieller Standard von Leistungsdaten für das Schneiden von Stahl und Aluminium mit CO_2-Lasern, dem überwiegend hierfür benutzten Lasertyp, gelten darf, ist in Bild 4.1 exemplarisch wiedergegeben. In Ergänzung dazu dokumentiert Bild 4.2, wie mit der Verfügbarkeit von Geräten mit immer höheren Leistungen (bei gleich bleibend guter Fokussierbarkeit) die trennbare Materialstärke und erzielbare Geschwindigkeit im Verlaufe der vergangenen 30 Jahren zugenommen haben.

4.1.1 Verfahren

Das Verfahren beruht darauf, dass der fokussierte Laserstrahl auf die geneigte Schnittfront auftrifft, siehe Bild 4.3, dort den Werkstoff aufschmilzt und ihn teilweise oder ganz verdampft. Ein im allgemeinen koaxial zum Laserstrahl gerichteter Gasstrahl entfernt durch Impulsübertragung dieses Material im wesentlichen längs der Schnittfront und hinterlässt infolge der Relativbewegung Strahl(en)/Werkstück die Schnittfuge. Die entstandenen Schnittflächen zeigen eine Riefenstruktur, deren geometrische Merkmale von den Prozessparametern abhängen.

Wiewohl die Technologie des Laserstrahlschneidens als beherrscht und abgesichert wahrgenommen wird (und in der industriellen Praxis sich auch so bewährt!), sind die involvierten physikalischen Vorgänge äußerst komplex und – insbesondere was den Austrieb der Schmelze

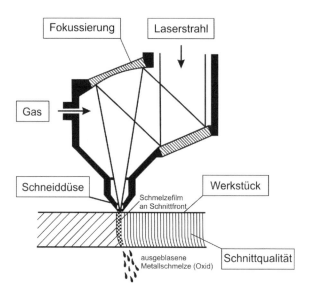

Bild 4.3 Schematische Darstellung des Laserstrahlschneidens. Die Fokussierung erfolgt entweder mittels einer Spiegeloptik oder – meistens – einer Linse. Im hier gezeigten Falle müsste ein Fenster beim Strahleintritt in den Bearbeitungskopf für den Druckaufbau sorgen, während eine Linse auch die Funktion des druckdichten Elements übernimmt.

und die dabei entstehende Riefenstruktur anbelangt – nicht voll verstanden. Dies hat mit dem Zusammen- und Wechselwirken von Mechanismen der Energie- und Impulsübertragung auf den im wesentlichen an der Schnittfront entstehenden und dort existierenden Schmelzefilm zu tun, sowie mit den nicht vorhandenen Möglichkeiten, das Geschehen *direkt* beobachten zu können.

Die den Schneidvorgang beeinflussenden Einflussfaktoren sind in Bild 4.4 wiedergegeben. Die Strahleigenschaften Wellenlänge und Polarisation bestimmen die Absorption, die zudem von der Neigung und Krümmung der Schnittfront (den mittleren Einfallswinkel und gegebenenfalls eine zweite Reflexion festlegend) beeinflusst wird, während M^2 und die Fokussierbedingungen die Geometrie des Strahles definieren und damit primär für die Fugenbreite verantwortlich sind; als brauchbare Näherung dafür kann $b \approx d_f$ gelten. Zusammen mit der Leistung wird dadurch der zugängliche Parameterbereich von Werkstückdicke und erzielbarer Schneidgeschwindigkeit festgelegt, was unmittelbar aus der integralen Energiebilanz (4.2) ersichtlich ist. Die für den Materialaustrieb benötigte Gasströmung wird in einer Düse erzeugt. Deren Strömungscharakteristik und die sich daraus ergebenden Wirkungen im Spalt hängen von der Geometrie der Düse, dem darin herrschenden Ruhedruck und – insbesondere bei konventionellen Düsen – ihrem Abstand von der Werkstückoberfläche ab. Je nach Gasart kann es zudem zu chemischen Reaktionen in der WWZ kommen.

Die Unterscheidung der verschiedenen Schneidverfahren erfolgt allgemein üblich nach dem Zustand – flüssiges Werkstückmaterial, Oxidationsprodukt oder Dampf/Gas –, in welchem der Fugenwerkstoff entfernt wird:

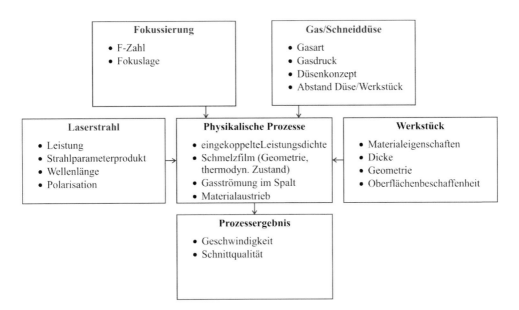

Bild 4.4 Physikalische Prozesse des Schneidvorgangs und damit das Ergebnis beeinflussende Faktoren.

■ Beim *Schmelzschneiden* wird der durch die eingekoppelte Laserstrahlung aufgeschmolzene Werkstoff mittels eines Inertgases – Stickstoff oder Argon – ausgetrieben. Nach diesem Verfahren lassen sich Metalle oxidfrei und mit hoher Schnittkantenqualität trennen.

■ Der beim *Brennschneiden* verwendete Sauerstoff setzt in einer exothermen chemischen Reaktion mit dem Material Energie frei, die zusätzlich zur eingekoppelten Strahlenergie für den Aufschmelzvorgang zur Verfügung steht. Insbesondere im Bereich niedriger Laserleistung lassen sich mit diesem Verfahren deshalb weit höhere Geschwindigkeiten als mit dem Schmelzschneiden erzielen. Auch für das Trennen dicker Bleche bietet sich aus Wirtschaftlichkeitsgründen diese Variante an. Als Nachteil können eine auf der Schnittfläche haftende Oxidschicht und eine geringere Schnittqualität gelten. Ist das Oxidationsprodukt wie bei Aluminium eine Keramik (Al_2O_3) mit höherer Schmelztemperatur und Zähigkeit als die des flüssigen reinen Metalls, so kann es zu Problemen beim Austrieb kommen; die Begrenzung bei der erzielbaren Geschwindigkeit ist dann nicht das Leistungsangebot, sondern eine als Folge hoher zu überwindender Reibungskräfte nicht mehr hinreichende Impulsübertragung von der Gasströmung.[15]

■ Beim *Sublimierschneiden* erfolgt durch die absorbierte Laserleistung eine direkte Umwandlung des festen Fugenmaterials in einen gasförmigen Aggregatzustand. Dabei kann es sich je nach Werkstoff um einen Verdampfungsvorgang (z. B. bei Kunststoffen) oder einen „echten" Sublimationsvorgang (z. B. bei manchen Keramiken

---

[15] Der naheliegende Ansatz, den Ruhedruck in der Düse zu erhöhen, ist aufgrund einer dann nicht mehr zu akzeptierenden starken Riefenbildung nicht zielführend; siehe auch Bild 4.36.

und Graphit) handeln. Dem Gasstrahl kommt hier vor allem die Aufgabe zu, den Fugenbereich vor Oxidation und die Bearbeitungsoptik vor Ablagerungen zu schützen.

- Eine in ihrer Wirkweise von den vorstehend definierten Verfahren abweichende Variante des Laserstrahlschneidens wird allgemein üblich als „Hochgeschwindigkeitsschneiden" bezeichnet. Dabei erfolgt die Energieeinkopplung – ähnlich wie beim Tiefschweißen – in einer Kapillare und die Schmelze wird erst in einem Bereich ausgetrieben, der in einem Abstand von mehreren Strahldurchmessern hinter der Kapillare liegt [105]. Aufgrund dieser andersgearteten physikalischen Vorgänge bietet es sich an, hierbei von *Kapillarschneiden* zu sprechen.

Die folgenden Ausführungen beziehen sich ausschliesslich auf das Schmelz- und Brennschneiden mit Lasern im cw-Betrieb. Das so genannte „Feinschneiden" mit gepulster Laserstrahlung wird zumeist im Zusammenhang mit feinwerktechnischen Anwendungen erwähnt.

4.1.2   Energiebilanz und daraus ableitbare Prozessergebnisse

Die Erörterung des mit einem Laser vorgegebener Parameter (Leistung, Strahlqualität, Wellenlänge und gegebenenfalls Polarisation) erschließbaren Bereichs trennbarer Blechdicken s in Abhängigkeit von der Geschwindigkeit v, $s(v)$, lässt sich anschaulich anhand einer globalen Energiebilanz durchführen. Aus der Energiebilanz in Abschnitt 3.1.1 und mit einer Prozessleistung P_P von

$$P_P = vbs\rho \left[c \cdot \Delta T_p + h_s \right]$$
(4.1)

folgt für die hier interessierenden Verfahren

$$\eta_A P + P_{ch} = vbs\rho \left[c \cdot \Delta T_p + h_s \right] + P_V ,$$
(4.2)

worin vbs das je Zeiteinheit erschmelzbare Schnittfugenvolumen $\dot{V}$ darstellt, siehe Bild 4.5

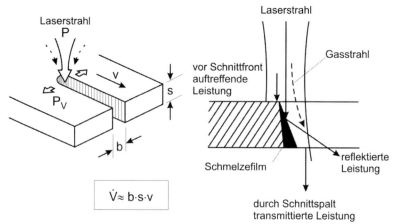

Bild 4.5 Schematische Illustrationen zur integralen Energiebilanz des Laserstrahlschneidens (li) und zu den gebräuchlichen Modellvorstellungen der Wechselwirkungen an der Schnittfront (re).

(li). Nachstehend seien die einzelnen Terme in (4.2) näher beleuchtet, zunächst aus dem Blickwinkel theoretischer Aussagen und sodann experimenteller Evidenz.

4.1.2.1   Energieeinkopplung durch Fresnelabsorption

Der an der Schnittfront nicht absorbierte Anteil der Laserleistung wird aus der Fuge schräg nach unten reflektiert; ob es dabei zu einer Energieeinkopplung in die seitlichen Schnittflächen bzw. den dort z.T. anhaftenden Schmelzefilm kommt, ist wahrscheinlich, aber nicht quantifizierbar. Entsprechend der in Bild 4.5 (re) stark vereinfacht wiedergegebenen Verhältnisse kann je nach Schnittfrontneigung ein Teil der Strahlung die Schnittfuge auch ungenutzt verlassen. Weiterhin wird ein Großteil der im „Vorlauf" des Strahls senkrecht auf die Blechoberfläche gelangenden Laserleistung reflektiert. In welchem Ausmaß die beiden letztgenannten Vorgänge auftreten, hängt vom Schnittfrontwinkel ab, der sich selbstregulierend aus dem Prozess ergibt. In der Literatur werden Werte zwischen 70 und 89 Grad erwähnt, wobei die Neigung der Schnittfront mit wachsender Geschwindigkeit und abnehmender Blechdicke zunimmt, siehe z. B. [106] [107]. Die in Bild 3.21 aufgeführten Beträge .des Einkoppelgrads stellen wegen der zugrunde liegenden Annahme, dass die Schnittfrontprojektion in Strahlrichtung dem Strahldurchmesser entspricht ($\tan\Theta = d_f/s$), demgemäß Obergrenzen dar. Von Bedeutung sind insgesamt neben ihrer Neigung die Krümmung der Front, die Dicke des Materials, der wellenlängen- wie temperaturabhängige Absorptionsgrad sowie die Strahleigenschaften, eine Vielzahl von Parametern also, welche – gegebenenfalls auch über das Auftreten von Mehrfachreflexionen – den Einkoppelgrad bestimmen. Zwei Aspekte sind dabei offenkundig, nämlich dass die Wahrscheinlichkeit eines weiteren Strahlauftreffs umso grösser wird, je gekrümmter die Front ist und dass dieser umso weniger Bedeutung hat, je höher der Absorptionsgrad ist.

Die Schilderung dieser Situation zeigt, dass die modellmässige Zuordnung der Energieeinkopplung auf Vorgänge allein an einer geraden Schnittfront eine Vereinfachung bedeuten muss.

4.1.2.2   Energiezufuhr infolge Oxidation

Neben der Absorption von Laserstrahlung an der Oberfläche des die Schnittfuge bedeckenden Schmelzefilms stellt beim Brennschneiden die *Verbrennungsleistung* P_{ch} eine weitere Energiequelle dar. Sie geht in die Energiebilanz a priori nicht als eine konstante Größe ein (was man bei einem konstant gehaltenen Sauerstoffstrom annehmen könnte), sondern erweist sich als ein von Blechdicke, Fugenbreite und vor allem von der Geschwindigkeit abhängiger Beitrag. Dies sei mit folgenden Überlegungen gezeigt.

Mit dem je Zeiteinheit oxidierten Volumen $\dot{V}_{ox}$ und der bei der Verbrennung frei werdenden spezifischen Enthalpie h_{ox} ergibt sich die Verbrennungsleistung zu

$$P_{ch} = \rho \cdot \dot{V}_{ox} \cdot h_{ox} \,. \tag{4.3}$$

Der größtmöglichste Anteil, den P_{ch} bei der Energiezufuhr liefern kann, tritt dann auf, wenn das gesamte aufgeschmolzene Volumen auch oxidiert wird, d.h. bei

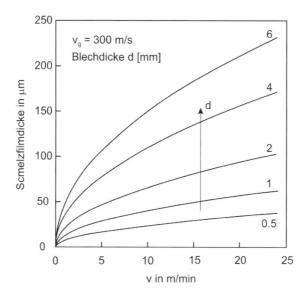

Bild 4.6 Berechnete Schmelzefilmdicken (an der Blechunterseite) in Abhängigkeit von Schneidgeschwindigkeit und Blechdicke (Fe); v_g ist die Gasgeschwindigkeit im Spalt.

$$\dot{V} = \dot{V}_{ox} \ \text{bzw.} \ v_{ox} = v \,, \tag{4.4}$$

wenn also die Vordringgeschwindigkeit der Oxidationsfront in den Schmelzefilm v_{ox} der Schneidgeschwindigeit v entspricht. Hier würde also die Oxidationsfront mit der Phasengrenze flüssig/fest an der Schnittfront zusammen fallen, und die Dicke des Oxidfilms entspräche der Schmelzefilmdicke. Da die Oxidation ein diffusionsgesteuerter Prozess ist, hängt sie von der Temperatur des Schmelzefilms ab. Mit Erreichen der Verdampfungstemperatur hat deshalb die Vordringgeschwindigkeit ihren größten Wert erreicht. Damit wird deutlich, dass eine Abschätzung von P_{ch} die Kenntnis von Dicke und Temperatur des Schmelzefilms voraussetzt.

Der Ermittlung von sowohl unter Aspekten der Energiebilanz wie des Schmelzeaustriebs wichtigen Größen wird im Rahmen mehrerer theoretischer Modelle nachgegangen [108], [109], [110], [111], [112], [113]. Sie liefern u.a. qualitativ übereinstimmende Aussagen, wonach Dicke wie Temperatur des Schmelzefilms bei konstanter Leistung und Bleckdicke mit der Schneidgeschwindigkeit so lange ansteigen, bis Verdampfung einsetzt.

Die nachstehend gezeigten Bilder sind einer Arbeit entnommen, in welcher die Verbrennungsleistung aus dem Verhältnis der Dicken von Oxidationsschicht und Schmelzefilm berechnet wurden [107]. Diesem Ansatz folgende Rechnungen weisen ein stetes Anwachsen der Schmelzefilmdicke mit der Geschwindigkeit und der Blechdicke auf, siehe Bild 4.6 (in [114] wird aus experimentellen Befunden auf Filmdicken von etwa 100 µm geschlossen). Auf darauf beruhenden Abschätzungen der eindimensionalen Wärmestromdichte durch den Schmelzefilm an das noch feste Fugenmaterial ergeben sich die in Bild 4.7 gezeigten Temperaturen auf dessen Oberfläche. Mit Erreichen von T_v führt der Materialverlust infolge von Verdampfung zu einer Abnahme der Schmelzefilmdicke, weshalb die wiedergegebenen Daten nur für jenen Geschwindigkeitsbereich als relevant anzusehen sind, wo $T < T_v$ gilt. Dies bedeutet

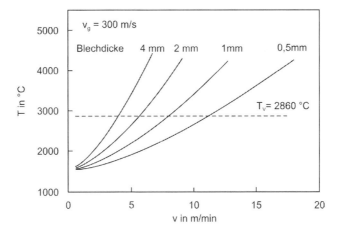

Bild 4.7 Für den konduktiven Energietransport durch den Schmelzefilm (mit Dicken entsprechend Bild 4.6) erforderliche Oberflächentemperaturen. Der zugrunde liegende Ansatz ist nur für Prozesstemperaturen bis zu Verdampfungstemperatur gültig, wenn kein Massenverlust und keine damit verknüpfte Dickenreduzierung auftritt.

jedoch keine Einschränkung bezüglich der hier geführten Diskussion, da zum einen in dem interessierenden Bereich die Schmelzefilmdicken gut mit den Ergebnissen eines Modells übereinstimmen, in dem Impuls- und Energiebilanz gekoppelt behandelt wurden [113], und zum anderen für sehr hohe Schneidgeschwindigkeiten sich P_{ch} ohnedies nicht mehr ändert. Die aus den Daten von Bild 4.6 und Bild 4.7 resultierende Abhängigkeit der Verbrennungsleistung von der Schnittgeschwindigkeit und der Blechdicke, siehe Bild 4.8, ist physikalisch plausibel und steht in qualitativem Einklang mit experimentellen Befunden.

Obige Ausführungen haben u.a. auch deutlich gemacht, dass als charakteristische Prozesstemperatur nicht die Schmelztemperatur, sondern ein deutlich höherer Wert in einer globalen

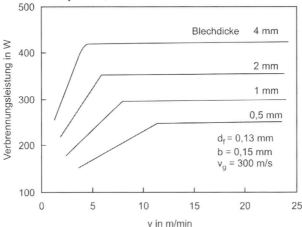

Bild 4.8 Aus den Daten von Bild 4.6 und Bild 4.7 sowie damit verknüpften Oxidschichtdicken berechnete Verbrennungsleistungen P_{ch}.

Energiebilanz zu berücksichtigen ist. Ein häufig benutzter Ansatz dafür ist $T_p = (T_s + T_v)/2$.

4.1.2.3   Verlustleistung

Für die Abschätzung der infolge Wärmeleitung in das Bauteil verlorenen Leistung P_V stehen mehrere theoretische Modelle zur Verfügung. Sie unterscheiden sich jedoch insbesondere in der Wiedergabe des Geschwindigkeitseinflusses. Dies ist eine Folge der unterschiedlichen Ansätze wie auch des Wertes des Exponentialkoeffizienten in den grundsätzlich verwendeten Beziehungen, welche die Verlustleistung als Funktion der Peclet-Zahl wiedergeben:

$$P_V \propto f(Pe^m). \tag{4.5}$$

Der in [112] benutzte Ansatz führt zu Ergebnissen, die den Einfluss sowohl der Geschwindigkeit als auch der Stoffwerte in qualitativer Übereinstimmung mit Experimenten wiedergeben [106]. Bild 4.9 dokumentiert einen von der Geschwindigkeit praktisch unabhängigen Wert der Verlustleistung, welcher im Wesentlichen von der Wärmeleitfähigkeit bestimmt ist.

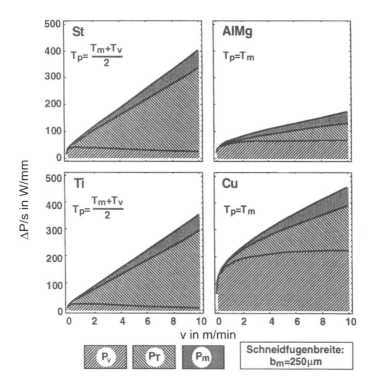

Bild 4.9 Berechnete Leistungsanteile ΔP (auf die Blechdicke bezogen) beim Schmelzschneiden verschiedener Werkstoffe, nach [112]. Es bedeuten P_V die Verlustleistung und P_T bzw. P_m die für die Temperaturerhöhung auf Prozesstemperatur bzw. das Schmelzen erforderlichen Beiträge.

4.1.2.4   Experimentelle Evidenz

In Bild 4.10, Bild 4.11 und Bild 4.12 sind Ergebnisse von Schmelz- und Brennschnitten wiedergegeben, die mit unterschiedlichen Materialien aber ansonsten jeweils gleichen Fokussierbedingungen und Blechdicken durchgeführt wurden. Sofern nicht anders erwähnt, handelt es sich bei allen im Folgenden angeführten Geschwindigkeiten um die maximal erzielbaren Werte, also jene, bei denen eine Trennung ohne Berücksichtigung der Qualität gerade noch erfolgt, und um CO_2-Laser mit linearer, parallel zur Schneidrichtung orientierter Polarisation. Zusammen mit obigen Aussagen vermitteln sie ein schlüssiges Bild der energetischen Vorgänge des Schneidprozesses. Im Einzelnen können folgende Feststellungen getroffen werden:

- Der Schneidprozess ist durch eine materialabhängige Schwelle gekennzeichnet. Der sie charakterisierende Leistungsbetrag entspricht den Wärmeleitungsverlusten, die in [106] für $v = 0$ nach

$$P_V = 2\sqrt{b \cdot s}\lambda_{th}(T_s - T_\infty) \tag{4.6}$$

berechnet wurden (einer Beziehung, die durch Grenzwertbildung aus dem in [112] angegebenen Ausdruck für die Verlustleistung folgt).

- Beim Brennschneiden liegt die Schwelle bei niedrigeren Werten, was auf den durch Oxidation erhöhten Absorptionsgrad und vor allem auf die zusätzliche Energie zurückzuführen ist.

- Die Neigung der Kurven wird durch den jeweiligen spezifischen Energiebedarf ($\rho[c \cdot \Delta T_p + h_s]$ in (4.2)) festgelegt. So können Werkstoffe mit großer Wärmeleitfähigkeit, aber geringerer spezifischen Masse, Schmelztemperatur und Schmelzenthalpie bei höherer Leistung durchaus schneller geschnitten werden als solche, wo diese

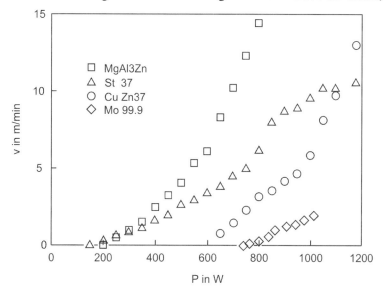

Bild 4.10 Schneidgeschwindigkeit beim Schmelzschneiden in Abhängigkeit von der Leistung und den Materialeigenschaften; $s = 1$ mm, $d_f = 0,18$ mm.

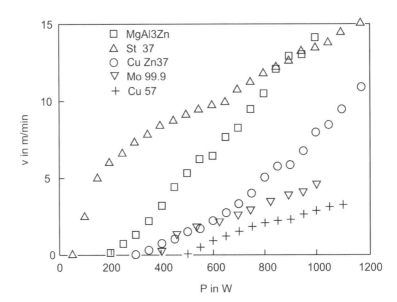

Bild 4.11 Schneidgeschwindigkeit beim Brennschneiden in Abhängigkeit von der Leistung und den Materialeigenschaften; $s = 1$ mm, $d_f = 0{,}18$ mm.

Verhältnisse umgekehrt liegen. Der Vergleich von Stahl (Bild 4.10 und Bild 4.11) und Aluminium (Bild 4.12) verdeutlicht dies; die gleiche Aussage liefern die Ergebnisse von Rechnungen in Bild 4.9.

Der Einfluss der Verbrennungsleistung ist aus einer Gegenüberstellung der in Bild 4.13 gezeigten Daten für Baustahl anschaulich abzuleiten. Die in diesen Graphen gewählten Koordinaten geben die je Zeiteinheit erzeugte Fugenfläche in Abhängigkeit der auf die Bleckdicke bezogenen Leistung wieder. Auch hier lassen sich neben der schon diskutierten Verringerung der Schwellenleistung durch den Verbrennungsprozess einige grundsätzliche Aussagen festhalten:

- Beim Schmelzschneiden erfolgt von der Schwelle an ein linearer Anstieg der Geschwindigkeit mit der Leistung. Setzt man voraus, dass η_A im gesamten Parameterbereich einen konstanten Wert hat (was in grober Näherung gelten kann), so impliziert die lineare Abhängigkeit $vb \propto P/s$ einen konstant bleibenden Wert der Verlustleistung P_V. Dies steht mit den in Bild 4.9 wiedergegebenen theoretischen Ergebnissen weitgehend im Einklang.

- Im Bereich kleiner Geschwindigkeit bzw. Leistung beim Brennschneiden führt die exotherme Reaktion zunächst zu einem starken Geschwindigkeitszuwachs mit der Leistung.

- Bei einem Wert P/s von etwa 120 W/mm erfolgt ein Knick im Geschwindigkeitszuwachs, der ab nun mit der gleichen Steigung wie die Gerade des Schmelzschneidens verläuft. Die Daten dieses „Sättigungspunktes" sind offensichtlich von inhärenten physikalischen Prozessen und nicht von den spezifi-

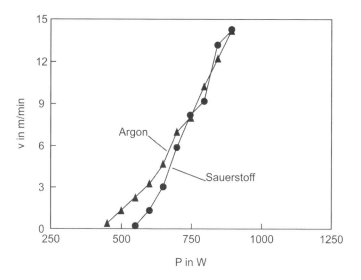

Bild 4.12 Schneidgeschwindigkeit beim Schmelz- und Brennschneiden von Aluminium; $s = 0,6$ mm, $d_f = 0,18$ mm.

schen Gegebenheiten dieser Experimente bestimmt, denn sie entsprechen voll den in [109] gezeigten experimentellen *und* theoretischen Werten.

- Dieses Verhalten kann mit der in Abschnitt 4.1.2.2 erörterten geschwindigkeitsabhängigen Begrenzung der Oxidschichtdicke bzw. mit der durch Erreichen der Verdampfungstemperatur limitierten Verbrennungsgeschwindigkeit qualitativ erklärt werden: Während die Verbrennung bei niedrigen Geschwindigkeiten einen wachsenden Beitrag zur Energiezufuhr leistet, bleibt dieser bei hohen Geschwindigkeiten konstant, und der Zuwachs $\Delta(vb)$ erfolgt hier nur durch die Erhöhung $\Delta(P/s)$ der Laserleistung.

- Im untersuchten Blechdickenbereich ist aus dem Versatz der beiden Geraden auf eine maximale Verbrennungsleistung von $P_{ch} \approx 400$ bis 500 W zu schließen, die mit den berechneten Werten von 300 bis 350 W (bei vergleichbaren Blechdicken s), siehe Bild 4.8, in befriedigender Übereinstimmung steht.

- Aus der gleichen Steigung der beiden Geraden im Bereich der Sättigung folgt weiterhin, dass hier Einkoppelgrad und Verlustleistung vergleichbar mit denen des Schmelzschneidens sein müssen.

Die in Bild 4.13 gewählte Darstellungsform von Schneiddaten bietet zudem die Möglichkeit einer einfachen und direkten Abschätzung des Prozesswirkungsgrads. Nach seiner Definition in (3.8) folgt er als Quotient von $vb/(P/s)$ multipliziert mit dem materialabhängigen Energiebedarf $f(T_P)$. Da die Stoffwerte nicht immer genau genug bekannt sind, ist es insbesondere auch bei Vergleichen sinnvoll, nur das Verhältnis $vb/(P/s)$ heranzuziehen; es gibt das je Energieeinheit entfernte Fugenvolumen [mm³/J] wieder. Der Verlauf dieser Größe, des energiespezifischen Volumens V_E, siehe (3.78), für die in Bild 4.13 gezeigten Daten ist in Bild 4.14 zu sehen. Während bei niedrigen Geschwindigkeiten die Verbrennungsleistung einen

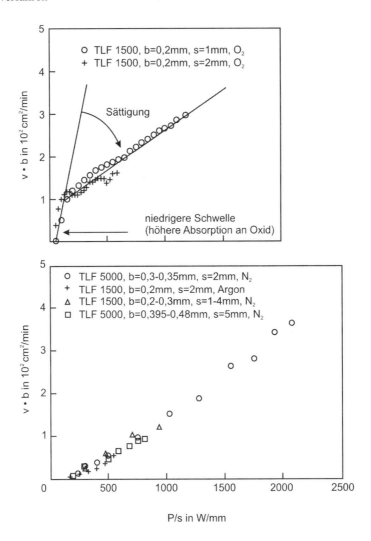

Bild 4.13 Vergleich von Schmelz- und Brennschneiden mit CO_2-Lasern anhand der je Zeiteinheit erzeugten Fugenfläche vb in Abhängigkeit der auf die Blechdicke bezogenen Laserleistung P/s; diese aus (4.2) folgende Darstellungsweise setzt voraus, dass η_A konstant und P_V direkt proportional zu s sowie unabhängig von b ist.

erheblichen Beitrag liefert (hier würde der Prozesswirkungsgrad Werte über 100 % annehmen), nähern sich die beiden Kurven einander mit steigendem P/s an.

Die Ausführungen anhand von Bild 4.13 und Bild 4.14 erlauben auch einen fundierten Vergleich der beiden Verfahren. Es ist deutlich geworden, dass Brennschneiden aus energetischen Gründen dann besonders effizient ist, wenn eher niedrigere Laserleistungen zur Verfügung stehen oder dickere Bleche zu schneiden sind. Dabei ist zu beachten, dass Brennschnitte im allgemein zu größeren Fugenbreiten führen.

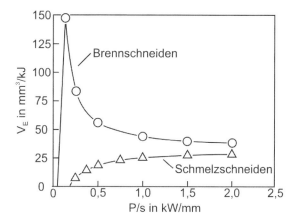

Bild 4.14 Vergleich der Energieeffizienz von Schmelz- und Brennschneiden anhand des je Energieeinheit aufgeschmolzenen Schnittfugenvolumens $\dot{V}/P$ für die in Bild 4.13 gezeigten Daten. Mit $\rho f(T_P)$ multipliziert folgt aus V_E unmittelbar der Prozesswirkungsgrad.

Abschließend sei darauf hingewiesen, dass Werkstoffe, deren Oxide einen Schmelzpunkt haben, der deutlich über dem des reinen Metalls liegt und deshalb ein „austriebsdominiertes" Verhalten zeigen – beispielhaft seien die Verhältnisse beim Aluminiumschneiden erwähnt, siehe Bild 4.12 –, sich nicht in dieser oben erfolgten Weise diskutieren lassen.

4.1.3   Einfluss der Laserstrahleigenschaften

Für den Anwender, der das Laserstrahlschneiden für ein bestimmtes Werkstückspektrum nutzen möchte, ist es vorrangig zu wissen, welcher Laser einzusetzen ist, um typische Dicken mit der gewünschten Qualität und der aus Wirtschaftlichkeitsaspekten erforderlichen Geschwindigkeit trennen zu können. Wie die Erörterungen im vorstehenden Abschnitt gezeigt hatten, ist die Laserleistung die generell wichtigste Größe, welche den Zusammenhang $s(v)$ bestimmt. Weitere Strahleigenschaften wie die Wellenlänge und Polarisation, von denen der Einkoppelgrad abhängt, und das Strahlparameterprodukt, das zusammen mit der F-Zahl der Fokussierung die Geometrie des fokussierten Strahls festlegt, beeinflussen die Energieumsetzung und sind deshalb ebenfalls von Interesse bei der Entscheidungsfindung für ein bestimmtes Gerät. So wäre es denn wünschenswert, den Einfluss der verschiedenen Parameter auf die erzielbare Schnittgeschwindigkeit anhand experimenteller Evidenz nicht nur qualitativ, sondern auch quantitativ und dabei vor allem explizit darstellen zu können.

Dass dies nur in begrenztem Maße möglich ist, ist eine Folge der inhärent engen Verknüpfung von Mechanismen der Energieeinkopplung und des Schmelzeaustriebes, die in ihren Details – wie eingangs bereits erwähnt – noch nicht hinreichend beschreibbar ist. Wenn man die Strömung der Schmelze (siehe Abschnitt 4.1.4) im Sinne der hier geführten Diskussionen vereinfachend als eindimensionale Strömung eines inkompressiblen Fluids in einem Kanal betrachtet, so wird die zugrunde liegende Problematik deutlich: Von der Geometrie des „Kanals" ist nur dessen ungefähre Länge durch die Blechdicke s von vorne herein festgelegt, während seine Breite, die Schnittfugenbreite, und die Höhe der strömenden Schmelze, die (mittlere) Schmelzefilmdicke, sich selbst regulierend aus der Strahlgeometrie und der hiervon wie von der Wellenlänge und Polarisation lokal und integral geprägten Energiebilanz ergeben. Zudem von Einfluss auf diese beiden Größen ist die Gasart, da exotherme chemische Reaktionen die räumliche Verteilung der Wärmestromdichte im Schnittspalt modifizieren. Damit ist klar, dass ein und dieselbe Geometrie des fokussierten Laserstrahls bei gleicher Leistung aber ansonsten unterschiedlichen Strahl- und Gaseigenschaften sowie Blechdicken zu verschiedenen Fugengeometrien führen muss. Selbst wenn dabei die je Energieeinheit aufgeschmolzene Masse V_E bzw. $\dot{V}$ gleich bliebe, ändert sich die Trenngeschwindigkeit entsprechend $v \propto 1/b$, siehe Bild 4.5. Eine weitere Verknüpfung von b und v ergibt sich aus der Massen- und Impulsbilanz im Spalt. Diese folgt aus dem Umstand, dass der den Spalt verlassende Volumenstrom an Schmelze (gleich dem Produkt aus s, b und der mittleren Schmelzegeschwindigkeit) dem geschwindigkeitsabhängig aufgeschmolzenen Volumen $\dot{V}$ entsprechen muss (konstante Dichte des festen und flüssigen Materials sowie vernachlässigbarer Verdampfungsanteil dabei vorausgesetzt). Diese Geschwindigkeit stellt sich als Folge einer Impulsübertragung von der Gasströmung ein (siehe Abschnitt 4.1.4), die selbst wiederum von der Spaltgeometrie mit geprägt wird.

Explizite und in einfachen Zusammenhängen darstellbare Aussagen, wie $s(v)$ von der jeweils betrachteten Strahleigenschaft beeinflusst wird, sind (mit Ausnahme des Einflusses der Laserleistung) deshalb von Experimenten und selbst anspruchsvollen theoretischen Modellen nicht zu erwarten. So sollten auch die im Folgenden wiedergegebenen Abhängigkeiten vor allem als Aufzeigen von physikalisch nachvollziehbaren Trends aufgenommen werden.

4.1.3.1   Laserleistung

Unabhängig von den sonstigen Strahleigenschaften lässt sich bei Blechdicken stets eine weitgehend lineare Zunahme der (Trenn-) Geschwindigkeit mit der Leistung feststellen; zahlrei-

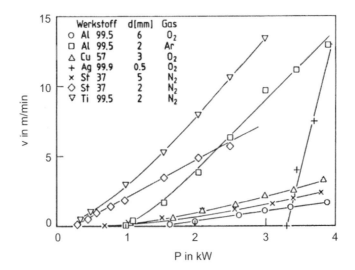

Bild 4.15 Schneidgeschwindigkeit in Abhängigkeit der Laserleistung beim Schmelz- und Brennschneiden an unterschiedlichen Werkstoffen und Blechdicken; $d_f = 0{,}34$ mm, $F = 4{,}2$.

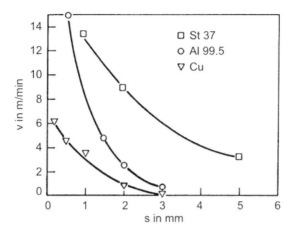

Bild 4.16 Schneidgeschwindigkeit in Abhängigkeit der Blechdicke bei Brennschnitten; $P = 1$ kW bei Baustahl und Aluminium, $P = 1,2$ kW bei Kupfer.

che der hiereits aufgeführten Bilder mögen als Beispiel dienen. Der Anstieg dieser mehr oder weniger direkten Proportionalität $v \propto P$ auch bei höheren Leistungen in Bild 4.15 ist werkstoffabhängig und kann zudem den Auswirkungen sich ändernden Verlustleistungen oder Schmelzeaustriebsvorgängen unterliegen.

Im Hinblick auf die eingangs gestellte Frage, welcher Blechstärken/Geschwindigkeitsbereich sich mit einer vorgegebenen Laserleistung abdecken lässt, geben Darstellung $s(v)$ wie in Bild 4.1 und Bild 4.16 erste Antworten. Der darin näherungsweise zum Ausdruck kommende (hyperbolische) Zusammenhang $s \cdot v = const$ erlaubt orientierende Abschätzungen. Abweichungen davon treten auf bei großen Blechdicken als Folge eines dort erschwerten Schmelzeaustriebs und andererseits bei sehr kleinen Geschwindigkeiten, weil hier die Verlustleistung P_V relativ stärker ins Gewicht fällt.

4.1.3.2   Polarisation

Auf den lange Zeit nicht erkannten Einfluss des Polarisationszustands des Laserstrahls auf das Schneidergebnis wird erstmals in [115] hingewiesen.

Wie Bild 4.17 veranschaulicht, äußert sich der Einfluss einer *linearen* Polarisation durch einen lokal sehr stark variierenden Absorptionsgrad. Dabei ist unmittelbar einleuchtend, dass eine parallel zur Schnittgeschwindigkeit orientierte Polarisationsebene die höchsten Werte des Absorptionsgrades unmittelbar an der vordersten Front, eine senkrecht dazu ausgerichtete dagegen im Bereich der seitlichen Fugenwände erbringt. Dass dieser Umstand die jeweils erzielbaren Schneidgeschwindigkeiten in erheblichem Masse beeinflussen kann, zeigen die Daten in Bild 4.18 und Bild 4.19. Sie dokumentieren die unabhängig von sonstigen Parametervariationen (Fokuslage, Gasart und -strömung, Laserleistung) positive Auswirkung einer in Vorschubrichtung höheren Energieeinkopplung. Andererseits deuten Untersuchungen in [106] darauf hin, dass diesem Effekt bei großen Blechdicken (und den dafür erforderlichen

höheren Leistungen) Grenzen gesetzt sind, weil dann die sehr geringe seitliche Energieeinkopplung die Entwicklung des Schmelzefilmes und dessen Austrieb beeinträchtigt. In dieses
Bild passt, dass im Gegensatz zum Schmelzschneiden sich beim Brennschneiden die
geschwindigkeitssteigernde Wirkung einer parallelen Polarisation noch bei größeren Dicken
bemerkbar macht. Auch die in [116] angestellten theoretischen Betrachtungen untermauern
dies, wo in Modellrechnungen die 3D-Geometrie der Schnittfront in Abhängigkeit der
Polarisation berechnet wird (allerdings nur auf einer Energiebilanz beruhend und die Impulsbilanz nicht berücksichtigend), siehe Bild 4.20. Dabei zeigt sich, dass bei parallel orientierter
linearer Polarisation infolge der vorne höchsten Absorption eine keilförmige Geometrie entsteht, während zirkulare zu einer zwar flacheren, aber auch in der Tiefe breiteren Form führt.
Daraus folgern die Autoren, dass deshalb die Prozesseffizienz hier höher sein sollte.

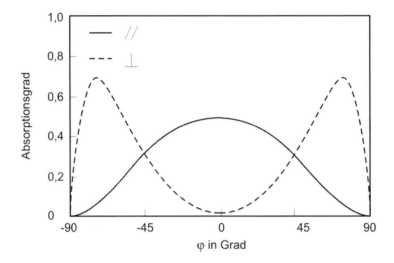

Bild 4.17 Absorptionsgrad längs des Umfangs einer unter 81 Grad geneigten halbzylindrischen Schnittfront in Abhängigkeit der Orientierung der Polarisationsebene parallel ($\varphi = 0$ Grad) und senkrecht ($\varphi =$
90 Grad) zur Vorschubrichtung; Fe, $T = 1500\ °C$.

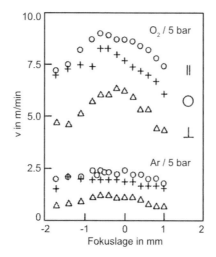

Bild 4.18 Erzielbare Schneidgeschwindigkeit beim Brenn- und Schmelzschneiden in Abhängigkeit der Polarisationsform und der Fokuslage; St37 (S235JR), s = 2 mm, P = 1,5 kW.

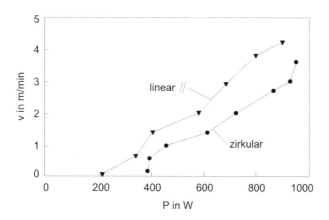

Bild 4.19 Auswirkungen unterschiedlicher Polarisationen beim Schmelzschneiden; St37 (S235JR), s = 1,5 mm.

In der industriellen Praxis des Laserstrahlschneidens mit CO_2-Lasern wird ohnedies zumeist mit *zirkularer* Polarisation gearbeitet. Der Vorteil einer unabhängig von der Vorschubrichtung gleich bleibenden Energiedeposition wiegt schwerer als der mit einer „nachgeführten" parallelen Polarisation zu gewinnende Geschwindigkeitszuwachs, der einen erheblichen technischen Aufwand erforderte. Beim Einsatz von Festkörperlasern mit Leistungsübertragung durch Fasern liegt unpolarisierte Strahlung vor.

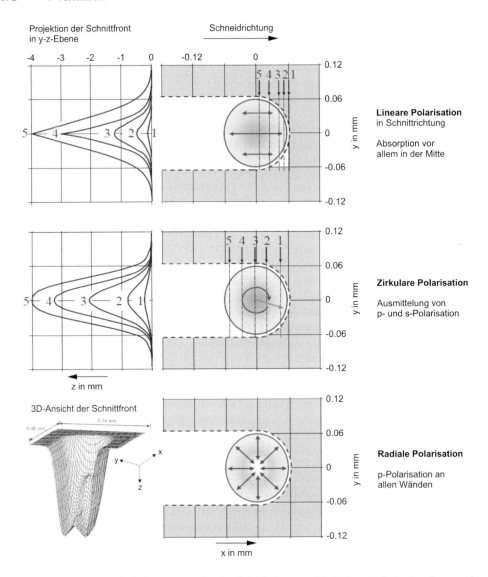

Bild 4.20 Berechnete Schnittfrontgeometrien in Stahl bei unterschiedlichen Polarisationsformen des Laserstrahls, nach [116]; $\lambda = 10,6$ µm, $d_f = 0,12$ mm; TEM_{00} bei linearer und zirkularer, TEM_{01*} bei radialer Polarisation.

Inwieweit eine in jüngster Zeit realisierte *radiale* Polarisation [117], [118] sich auf die Schneidergebnisse auswirkt, werden derzeit noch laufende Untersuchungen erbringen. In [116] wird ein Zuwachs der trennbaren Materialdicke bzw. der Geschwindigkeit um einen Faktor 1,5 bis 2 postuliert. Erste mit CO_2-Lasern erzielte Daten zeigen deutliche Vorteile dieser Polarisationsform nicht nur hinsichtlich der Geschwindigkeit, sondern auch bezüglich der erzielbaren Schnittqualität auf [119].

4.1.3.3   Wellenlänge

Die schon seit Jahrzehnten während Verfügbarkeit von CO_2-Lasern mit hoher Strahlqualität auch bei hohen Leistungen haben zur Etablierung dieser Laser als typische Schneidlaser geführt. Daran änderte sich auch nichts, als Anfang der 1990er Jahre lampengepumpte Festkörperlaser im kW-Leistungsbereich auf den Markt kamen, die zwar den prozesstechnischen Vorteil eines bei metallischen Werkstoffen höheren Absorptionsgrads boten, aber eine deutlich geringere Fokussierbarkeit aufwiesen. Aus Gründen dieser nicht kompatiblen Eigenschaften existieren nur wenige und nicht direkt vergleichbare Daten, die den Einfluss der Wellenlänge unmittelbar aufzeigen könnten.

Einen gleichermaßen sinnvollen wie fairen (d.h. die spezifischen Gegebenheiten des Lasertyps berücksichtigenden) Vergleich erlauben Darstellungen, die auf der Energiebilanz (4.2) bzw. dem sich daraus ergebenden $\dot{V}$ beruhen [120], [121], [122]. Dieser sollte sich jedoch auf geringe Blechdicken beschränken, weil dann die Vorstellung eines einmaligen Auftreffens der Laserstrahlung auf einer geneigten Front am besten zutrifft [107]. Strahlgeometrie wie Mehrfachreflexion spielen in diesem Falle keine Rolle, so dass eine graphische Wiedergabe von Daten, die auf den Fugenquerschnitt bezogen sind, den Einfluss des Absorptionsgrades zeigt. So lässt Bild 4.21 den Vorteil der kürzeren Wellenlänge für die Energieeinkopplung deutlich werden. Beim Schmelzschneiden ist (für diese Parameter!) nahezu eine Verdopplung der Geschwindigkeit erreichbar, wobei zu beachten ist, dass die CO_2-Laserstrahlung parallel polarisiert war. Auch beim Brennschneiden kann immerhin noch ein Zuwachs von etwa 25% erzielt werden. Einen ähnlichen Vergleich zeigt Bild 4.22 aus [122].

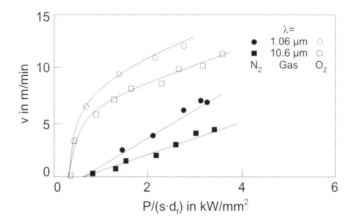

Bild 4.21 Bei gleichem Schnittfugenquerschnitt $s \cdot d_f$ sind mit der kürzeren Wellenlänge höhere Geschwindigkeiten zu erzielen; Baustahl, $s = 1{,}5$ mm.

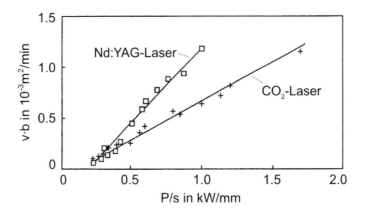

Bild 4.22 Schmelzschneiden mit Nd:YAG- und CO_2-Laser, nach [122]; AlMg3, $P \leq 1,7$ kW, $1 \leq s \leq 4$ mm.

Die Frage nach dem Einfluss der Wellenlänge (und der Fokussierbarkeit) stellt sich gegenwärtig erneut, da mit Faserlasern erzielte Resultate $s(v)$ die für CO_2-Laser typische Daten weit übertreffen [123], [124]. Die extrem starke Fokussierung bei diesen Experimenten legt den Schluss nahe, dass hier ein Mechanismus der Energieeinkopplung zur Wirkung gelangt, der eher dem des Kapillarschneidens gleicht, als dem des klassischen Schnittfrontmodells; dem sei anhand von Bild 4.23 nachgegangen. Verglichen werden darin mit CO_2-Lasern im Modus des Schmelz- bzw. Kapillarschneidens erzielte *produktionstaugliche* Geschwindigkeiten (d.h. Schnitte ohne Bart und mit hinreichend geringer Rauhigkeit) mit *Trenn*geschwindigkeiten (d.h. maximalen Werten) von Faserlasern. Zunächst geht aus dem direkten Vergleich der CO_2-Daten eindeutig hervor, dass beim Kapillarschneiden ein Einkoppelgrad auftritt, der deutlich höher als die im Wesentlichen an der Front erfolgende Absorption beim klassischen Schneiden ist. Die noch größere Steigung der Kurven für $\lambda = 1,03$ µm, die einen Geschwindigkeitszuwachs um etwa den Faktor 2 gegenüber denen für $\lambda = 10,6$ µm zeigen, ist als Auswirkung der höheren Energieeinkopplung und damit der kürzeren Wellenlänge zu deuten. Dass die dabei auftretenden Vorgänge bei der Energieumsetzung in der Tat jenen beim Tiefschweißen vergleichbar sind, untermauern die nahezu identischen Werte von Trenn- bzw. Schweissgeschwindigkeit, die sich bei gleichen Werten des Schnittfugenquerschnitts bzw. des Nahtquerschnitts von Einschweißungen ergeben. Inwiefern der bei diesem Schneidmodus anders geartete Schmelzeaustrieb für die typischerweise doppelt so großen Rauhigkeitswerte [125] verantwortlich ist, bedarf noch einer endgültigen Klärung.

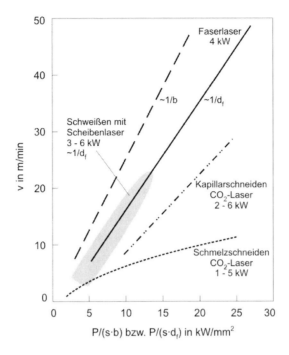

Bild 4.23 Erzielbare Schneidgeschwindigkeiten in Abhängigkeit des Fugenquerschnitts, der nach $s{\times}b$ bzw. $s{\times}d_f$ ermittelt wurde; die eingezeichneten Kurven sind Trendlinien durch experimentelle Daten des Schmelz- und Kapillarschneidens („Hochgeschwindigkeitsschneidens") mit CO_2-Lasern [Quelle: TRUMPF] wie durch solche, die mit einem Faserlaser erhalten wurden, nach [123], [124]. Der angelegte Bereich gibt mit Scheibenlasern bei Einschweissungen erzielte Geschwindigkeiten für Verhältnisse mit schlanken Nahtquerschnitten wieder. Da in allen Fällen Edelstahl bearbeitet wurde, sind die Ergebnisse auch quantitativ vergleichbar.

4.1.3.4   Strahlparameterprodukt, Fokusdurchmesser

Aussagen dazu sind nur unter den gleichen Einschränkungen wie beim Einfluss der Wellenlänge möglich. Hinzu kommt, dass in Veröffentlichungen üblicherweise nur der Fokusdurchmesser genannt wird und nicht die zur Beschreibung der Strahlgeometrie zusätzlich erforderlichen Angaben von Strahlparameterprodukt und Fokussierzahl. Ungeachtet dessen sind Vergleiche auf der Basis von d_f dann sinnvoll, wenn ein näherungsweise rechteckiger Fugenquerschnitt $s{\times}b$ und eine Proportionalität $b \propto d_f$ vorausgesetzt werden können.

Dies ist für Verhältnisse $s/z_{Rf} \approx 1$ zu erwarten. Für einen Blechdickenbereich, in dem diese Voraussetzungen gelten und der Trennvorgang von energetischen und nicht fluiddynamischen Mechanismen dominiert ist, kann festgehalten werden, dass ein kleinerer Fokusdurchmesser zu höheren Geschwindigkeiten führt. Dies belegen alle hierin präsentierten Daten und die generelle praktische Erfahrung.

4.1.3.5   Fokuslage

Wiewohl dieser Parameter keine Strahleigenschaft darstellt, ist seine Auswirkung auf das Schneidergebnis doch eng mit der Geometrie des fokussierten Laserstrahls, d.h. mit dem Strahlparameterprodukt und der F-Zahl, verknüpft. Sein charakteristischer Einfluss auf die erzielbare Geschwindigkeit geht aus Bild 4.18 hervor: eine Fokuslage, bei der sich die Strahltaille *im* Blech etwas unterhalb der Oberfläche befindet, erzeugt die höchsten Werte. Damit einher geht auch die beste Schnittqualität (siehe Abschnitt 4.1.5). Der Grund für beides ist in einer ausreichend großen Energieeinkopplung auch noch im unteren Bereich der Schnittfront und der daraus resultierenden Aufheizung des Schmelzefilmes dort zu sehen.

4.1.4   Schmelzeaustrieb

Um einen kontinuierlichen Trennvorgang zu realisieren, muss der an der Schnittfront entstehende Schmelzefilm in stetiger Wechselwirkung mit einem Gasstrahl stehen, sodass sich dort aus der Energie- und Massenbilanz zwischen aufgeschmolzenem und ausgetriebenem (bzw. auch verdampften) Material ein quasi-stationärer Zustand einstellt. Die für das Eindringen in den Schnittspalt und dort erfolgende Impulsübertragung auf den Schmelzefilm erforderliche Impulsstromdichte $\rho v^2 + p$ erhält die Gasströmung aus der Umwandlung von Druckenergie während ihrer Expansion in einer Düse. Da die Eigenschaften der so erzeugten Strömung unmittelbar in das Prozessgeschehen eingehen, werden die Schneiddüsen hier und nicht im Abschnitt 2.4.2 behandelt.

4.1.4.1   Schneiddüsen und charakteristische Strömungsfelder

Typische Geometriemerkmale heute verwendeter Düsen sind in Bild 4.24 schematisch wiedergegeben. Sie betreffen zum einen die Anordnung der Gasströmung mit Bezug zum Laserstrahl und zum anderen die Erzeugung einer Überschallströmung entweder erst außerhalb oder schon innerhalb der Düse. Bei den in der Praxis üblichen Druckverhältnissen $p_K/p_\infty \gg 1$ wird der Schneidstrahl immer Überschallcharakter aufweisen, beim Brennschneiden hingegen, wo der Kesseldruck p_K häufig nur um etwa 1 bar höher als der Atmosphärendruck p_∞ ist, liegen transsonische Verhältnisse vor.

Sind Gas- und Laserstrahl koaxial angeordnet, so wird der für die Expansion verantwortliche Ruhe- oder Kesseldruck p_K zwischen Düsenöffnung und Fokussierlinse aufgebaut. Unter Gesichtspunkten der technischen Realisierung steht eine sehr einfache Vorrichtung dem Umstand gegenüber, dass zum Druckaufbau ein optisch transmittierendes Element benötigt wird; bei hohen Laserleistungen und hohen Drücken kann dies zu Problemen führen. Exzentrische Anordnungen erlauben dagegen die Verwendung von Spiegeloptiken und vermeiden solche Nachteile.

Die Eigenschaften des erzeugten und auf das Werkstück auftreffenden Gasstrahls hängen von der Düsenform ab. Weist sie eine im wesentlichen konische Innenkontur auf, die mit dem engsten Durchmesser d_e endet, so erfolgt bei $p_K/p_\infty \gg 1$ erst außerhalb der Düse, im Freistrahl, eine Nachexpansion auf den Umgebungsdruck p_∞. Die dabei sich entwickelnden Überschallstrukturen sind deutlich verschieden von jenen, welche für einen innerhalb einer Düse bei vergleichbarem Expansionsverhältnis erzeugten Überschallstrahl typisch sind. Kenn-

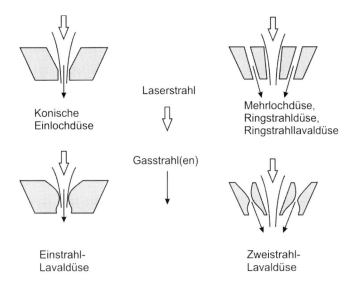

Konische
Einlochdüse

Laserstrahl

Mehrlochdüse,
Ringstrahldüse,
Ringstrahllavaldüse

Gasstrahl(en)

Einstrahl-
Lavaldüse

Zweistrahl-
Lavaldüse

Bild 4.24 Düsenkonzepte für das Laserstrahlschneiden; Lavaldüsen erzeugen eine Überschallströmung, koaxiale Anordnungen von Gas- und Laserstrahl benötigen ein optisches Element, das den Druckaufbau ermöglicht.

zeichnend für derartige Überschall- oder Lavaldüsen ist ein dem engsten Querschnitt folgender divergenter Konturverlauf.

Die strömungsmechanischen Verhältnisse im engsten Querschnitt sind dadurch gekennzeichnet, dass dort ab einem vom Adiabatenexponent γ des Gases abhängigen Druckverhältnis von

$$\frac{p_K}{p_e} = (1 + \frac{\gamma - 1}{2})^{\frac{\gamma}{\gamma - 1}} \tag{4.7}$$

Schallgeschwindigkeit herrscht [126]. Mit $\gamma = 1,67$ für einatomige und $\gamma = 1,4$ für zweiatomige Gase beläuft sich dieser Wert auf 2,055 bzw. 1,893. Jede weitere Steigerung von p_K erhöht nur den Druck und die Dichte im engsten Querschnitt, nicht jedoch die Geschwindigkeit, die mit

$$v = \left(\frac{2\gamma}{\gamma + 1} R \times T_K \right)^{1/2} \tag{4.8}$$

der Schallgeschwindigkeit entspricht und konstant bleibt, solange die Ruhe- oder Kesseltemperatur T_K sich nicht ändert. Für die Massenstrom*dichte*, die im Verlauf der Expansion dort einen Maximalwert annimmt, folgt

$$\dot{m}'' = p_K \cdot \left(\frac{\gamma}{R \times T_K} \left(\frac{2}{\gamma + 1} \right)^{\frac{\gamma + 1}{\gamma - 1}} \right)^{1/2} . \tag{4.9}$$

Der Massenstrom, d.h. der Gasverbrauch beim Schneiden, ergibt sich zu

$$\dot{m} = \dot{m}'' \cdot d_e^2 \pi / 4 \,, \tag{4.10}$$

der bei gewählter Gasart und festgehaltener Ruhetemperatur somit nur vom Kesseldruck und dem engsten Querschnitt der Düse abhängt.

Konische und konisch-zylindrische Düsen

Bei diesen Düsen fallen engster und Endquerschnitt zusammen. In allen für die Praxis relevanten Fällen gilt $p_K/p_\infty > p_e/p_\infty \geq 1$, was bedeutet, dass eine Nachexpansion außerhalb der Düse erfolgt. In einer solchen unterexpandierten Strömung geschieht die Anpassung an den Umgebungsdruck nicht in einem räumlich stetigen Vorgang, sondern infolge diskreter Druckänderungen: Ein vom Düsenrand ausgehender Expansionsfächer durchdringt den Strahl und trifft auf dessen sich aufweitenden Rand. Dort werden die so genannten Verdünnungslinien als Verdichtungswellen reflektiert, die sich einander nähernd auf der Strahlachse durchkreuzen, siehe Bild 4.25 (li). Weiter stromabwärts treffen sie vereint auf den Strahlrand, von wo sie als System von Verdünnungswellen reflektiert werden. Es entsteht auf diese Weise eine periodische Struktur mit einander folgenden Aufweitungen und Einschnürungen des Strahlquerschnitts und diskreten Unterschieden der gasdynamischen Eigenschaften innerhalb des Strahls. Die Reibung zwischen Strahlrand und Umgebungsgas lässt die Struktur jedoch nach einigen Perioden verschwinden.

Wird gegenüber diesen Verhältnissen der Kesseldruck weiter erhöht, so weitet sich der Strahlrand zunehmend stärker auf und die reflektierten Verdichtungswellen vereinigen sich zu einem tonnenförmig gekrümmten „schiefen" Verdichtungsstoß. Dieser auf die Strahlachse zulaufende Stoß kann sich schließlich – etwa ab $p_K/p_\infty \geq 8$ – nicht mehr durchdringen und führt zum Entstehen eines „senkrechten" Verdichtungsstoßes in der Strahlmitte. Hinter dieser auch *Mach'sche Stoßscheibe* genannten Diskontinuität schließt sich ein Gebiet mit Unterschallcharakter an. Der Außenbereich des Strahls, der nur von einem schrägen Verdichtungsstoß durchsetzt ist, befindet sich weiterhin im Überschall. Infolge des dort herrschenden Stoßsystems erfährt die Kernströmung eine Einschnürung und wird deshalb wieder auf Überschall beschleunigt. Die prinzipiellen Details sind Bild 4.25 (re) zu entnehmen.

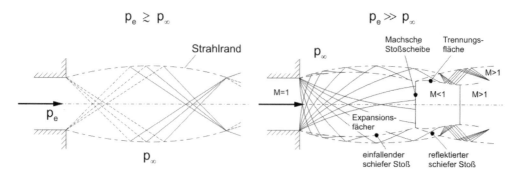

Bild 4.25 Charakteristische Strömungsfelder im Freistrahl bei Austritt aus einer konischen bzw. zylindrischen Düse bei geringem Druckverhältnis, $p_e / p_\infty \geq 1$ (li) und sehr hohem, $p_e / p_\infty \gg 1$ (re); Erläuterungen im Text.

Die axiale Position z_M der Mach'schen Scheibe und ihr Durchmesser d_M lassen sich als Funktion des Austrittsdurchmessers d_e und des Druckverhältnisses vorhersagen. Für einatomige Gase ergeben sich nach [127] die aus experimentellen Daten gewonnenen Beziehungen

$$z_M / d_e \approx 0,786 (p_K / p_\infty)^{0,5} \tag{4.11}$$

und

$$d_M / d_e \approx 0,333 (p_K / p_\infty)^{0,55} . \tag{4.12}$$

Es ist nicht zu erwarten, dass zweiatomige Gase (O_2, N_2) ein davon stark abweichendes Verhalten zeigen.

Die geschilderten Phänomene und Strukturen lassen sich mittels Schlieren-, Schatten- oder interferometrischen Methoden sichtbar machen. Bild 4.26 verdeutlicht die Strömungsverhältnisse für zunehmende Werte des Druckverhältnisses p_K/p_∞.

Konische bzw. konisch-zylindrische Düsen sind das mit Abstand am häufigsten benutzte Konzept, und der Enddurchmesser beträgt 1 bis 2 mm. Ihre Positionierung erfolgt sehr knapp oberhalb der Werkstückoberfläche in Entfernungen, die üblicherweise wenige Zehntel mm betragen. Erfahrungsgemäß erbringt dies gute Schnitte, doch sind die Anforderungen an die Positionierungsgenauigkeit hoch und nur mittels geeigneter Maßnahmen (z. B. kapazitiver Abstandssensor, gleitender Aufsatz) zu bewältigen.

Verglichen mit diesen Arbeitsabständen ist der in Abwesenheit des Werkstücks sich einstellende Abstand der Mach'schen Scheibe vom Düsenende groß und beträgt zumindest das zwei- bis dreifache des Düsendurchmessers d_e (siehe Bild 4.26 und Bild 4.27). Daher ist die Frage zu beantworten, wie sich das Strömungsfeld des Freistrahls ändert, wenn die geschilderte Nachexpansion nicht „frei" vonstatten gehen kann, sondern durch die Anwesenheit des Werkstücks beeinträchtigt wird.

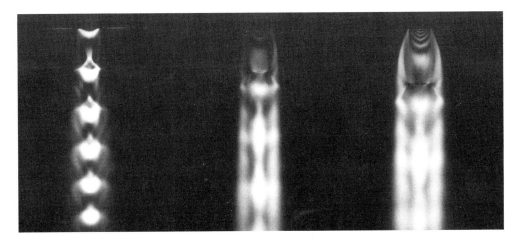

Bild 4.26 Mit einer konisch/zylindrischen Düse erzeugter Freistrahl; mit steigendem Kesseldruck (p_K = 5, 10, 15 bar) geht die zunächst periodische Überschallstruktur in eine solche über, wo hinter der Mach'schen Stoßscheibe Unterschall herrscht.

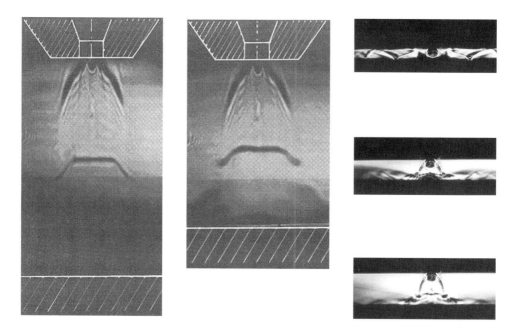

Bild 4.27 Mit geringer werdendem Abstand (8, 6, 3, 2 und 1 mm) Düse/Werkstück weicht das Strömungsfeld von dem einer freien Expansion zunehmend stärker ab; $p_K = 15$ bar. Während sich die Strömung bei 8 mm Abstand in „freier" Expansion ausbilden kann, ist dies bei 1 mm nicht der Fall!

Eine anschauliche Antwort liefert Bild 4.27, welches die unterexpandierte Strömung bei Verringerung des Düsenabstands zeigt: Ist die Düse weiter als $8d_e$ vom Werkstück entfernt, so zeigt sich die oben diskutierte Struktur. Mit geringer werdendem Abstand beginnt jedoch die an der Werkstückoberfläche vorhandene Staupunktströmung die Mach'sche Scheibe gegen die Düse hin zu „drücken", bis – etwa ab $3d_e$ – der Charakter der Diskontinuität sich ändert. Die nun entstehende Form entspricht eher der eines „abgelösten senkrechten" Verdichtungsstoßes, wie er vor stumpfen Widerstandskörpern in Überschallströmungen auftritt. Der in Bild 4.28 gezeigte Staudruck an der Werkstückoberfläche in seiner Abhängigkeit vom Abstand Düse/Blech und vom Kesseldruck untermauert diese Interpretation der Strömungsbilder: Bei einem Abstand von $z = 1$ mm befindet sich die Messstelle stets vor z_M und wird deshalb mit einer weitgehend gleichbleibenden Machzahl angeströmt. Da das Verhältnis der Staudrücke vor und hinter dem abgelösten Stoß eine Funktion nur der Machzahl und des Adiabatenkoeffizienten ist [126], resultiert daraus der weitgehend lineare Verlauf des Staudrucks mit dem Kesseldruck. Wird hingegen an einer Stelle $z > z_M$ gemessen, so nimmt die Machzahl als Folge eines mit p_K wachsenden Expansionsverhältnisses im Bereich davor zu, und die Drosselverluste durch die Mach'sche Scheibe müssen größer werden. Die in Bild 4.27 anhand von Schlierenaufnahmen verdeutlichte Veränderung des Strömungscharakters mit varierendem Abstand ist in [128] Gegenstand theoretischer Untersuchungen. Der dort zur Verifizierung herangezogene Massendurchfluss durch eine koaxial zur Düse angeordnete Bohrung mit $d \approx d_e/2$ zeigt als Funktion des Kesseldrucks und des Abstands den gleichen Verlauf wie der Staudruck in Bild 4.28. Die Relevanz dieser Grösse für den Schneidprozess

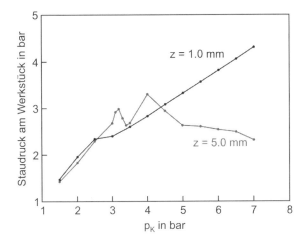

Bild 4.28 Verlauf des Staudrucks an der Werkstückoberfläche in Abhängigkeit vom Kesseldruck und Düsenabstand.

wird mit dem Hinweis betont, dass – obzwar die Strömung in einer zylindrischen Bohrung nicht genau der in einem Schnittspalt entsprechen kann – sie dennoch charakteristisch für die Impulsübertragung von der Gasströmung auf die Schmelze ist.

Bei sehr kleinen Abständen schließlich bildet sich eine radial nach außen gerichtete Überschallströmung aus. Das dort von schrägen Verdichtungsstößen geprägte Strömungsfeld wird auch von der Abmessung der Düsenstirnfläche beeinflusst. Die in Bild 4.29 wiedergegebenen Druckverläufe im Staupunktbereich bei kleinen Düsenabständen lassen ein Gebiet mit Unterdruck als Folge der raschen radialen Expansion erkennen, während der darauf folgende Druckanstieg durch den auftreffenden schrägen Verdichtungsstoß verursacht wird (der in Gegenwart einer Fuge in diese hineinreicht). Gleichzeitig deutet der geringe Druckverlust auf der Strahlachse für $z = 0{,}5$ mm darauf hin, dass unter diesen Randbedingungen eine Expansion außerhalb der Düse kaum noch stattfindet und der Raum zwischen Stirnfläche und Werkstückoberfläche gewissermaßen als eine Erweiterung des "Kessels" wirkt. Untersuchungen in [129] bestätigen dies, wo für $z = 0$ eine sehr homogene Strömung im Spalt beobachtet wird, die nur von einem vom hinteren Strahlrand auf die Front zulaufenden schwachen Verdichtungsstoß (in dem die Anpassung an den Umgebungsdruck erfolgt) geringfügig gestört wird.

Als Fazit dieser Befunde gilt festzuhalten, dass die Gasströmung im Schnittspalt keinesfalls durch die Verhältnisse in einem unterexpandierten Freistrahls charakterisiert werden kann.

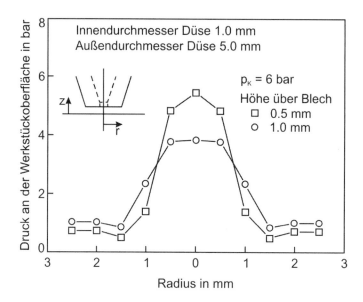

Bild 4.29 Druckverlauf im Staupunktbereich in Abhängigkeit des Abstands Düse/Werkstückoberfläche.

Lavaldüsen

Mit einer entsprechenden Formgebung des dem engsten Querschnitt folgenden divergieren-
den Düsenteils kann eine so genannte „angepasste" Überschallströmung erzielt werden. Das
bedeutet, dass bei einem bestimmten Druckverhältnis p_K/p_∞, für welches der Querschnittsverlauf berechnet wurde, ein paralleler Strahl mit homogener Verteilung der gasdynamischen
Eigenschaften entsteht. Abweichungen des Druckverhältnisses gegenüber dem Auslegungs-

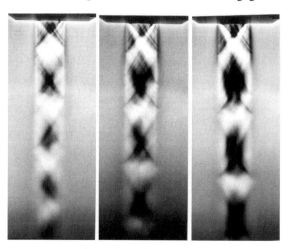

Bild 4.30 Freistrahlen einer rotationssymmetrischen Lavaldüse bei $p_K = 4$, 5 und 6 bar; $d_e = 2$ mm; der
Auslegungsdruck ist 5 bar.

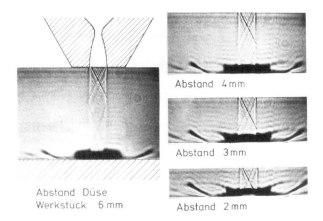

Abstand 4 mm

Abstand 3 mm

Abstand Düse
Werkstück 6 mm

Abstand 2 mm

Bild 4.31 Ein in einer Lavadüse erzeugter paralleler Überschallstrahl führt in einem großen Abstandsbereich zu gleichbleibenden Strömungsverhältnissen an der Werkstückoberfläche.

wert um etwa ± 25 % verändern das Strömungsfeld kaum, wie die Aufnahmen in Bild 4.30 zeigen. Zwar sind auch hier periodische Strukturen wie in Bild 4.25 (li) zu erkennen, doch sind die damit einhergehenden Änderungen der Zustandsgrößen sehr viel geringer als dort.

Der wesentliche Vorteil, den diese Düsen bieten, sind abstandsunabhängige und auch bei sehr großen Düsenabständen gleichbleibende Verhältnisse an der Werkstückoberfläche und damit auch im Schnittspalt. Bild 4.31 dokumentiert für alle Abstände ein nur durch den abgelösten senkrechten Verdichtungsstoß und die radiale Expansion gekennzeichnetes identisches Strömungsfeld.

Mit einer koaxialen Anordnung einer solchen Lavaldüse zum Laserstrahl lässt sich mit heute üblichen Schneidlasern und F-Zahlen jedoch nur ein begrenzter Kesseldruck- und Abstandsbereich realisieren: Da mit zunehmendem Druckverhältnis die notwendige Düsenlänge

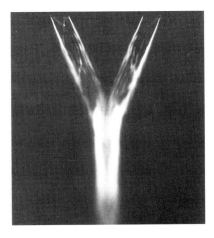

Bild 4.32 Strömung einer Zweistrahl-Lavaldüse; $p_K = 15$ bar.

wächst, rückt bei festgehaltenem Abstand zwischen Fokus und Düsenende der engste Querschnitt weiter zur Fokussieroptik hin, also in Richtung des sich verbreiternden Laserstrahls. Die nahe liegende Abhilfe, den engsten Querschnitt zu vergrößern, verbietet sich aus wirtschaftlichen Gründen, da der Gasverbrauch – siehe (4.10) – zu groß würde.

Dieses Problem umgeht jede exzentrische Anordnung von Lavaldüsen. Ein mögliches Konzept stellt die in Bild 4.24 gezeigte Zweistrahl-Lavaldüse dar. Hier treffen zwei unter einem Winkel gegeneinander geneigte Überschallstrahlen mit quadratischem Querschnitt aufeinander und vermengen sich zu einer einzigen, nunmehr koaxial zum Laserstrahl verlaufenden Überschallströmung, siehe Bild 4.32. In einem von etwa 5 bis 15 mm sich erstreckenden Abstandsbereich erzeugt sie weitgehend gleich bleibende Strömungsverhältnisse.

4.1.4.2   *Gasströmung im Schnittspalt und Schmelzeströmung*

Da sowohl die Gas- wie die Schmelzeströmung im realen Schnittspalt sich einer direkten Beobachtung entzieht, beruhen die Vorstellungen zu den Mechanismen des Schmelzeaustriebs nur auf den Aussagen von theoretischen Modellen, der optischen Diagnostik von Gasströmungen in mittels Glasblöcken simulierten Schnittspalten sowie auf Schlussfolgerungen, die aus dem Erscheinungsbild des Funkenflugs und der Riefenstruktur gezogen werden. So ist es nicht verwunderlich, dass die komplexen Wechselwirkungsphänomene nicht vollständig verstanden sind und eine ganzheitliche Beschreibung der Vorgänge noch aussteht.

Um die Schmelze vom (noch) festen Material an der Schnittfront zu entfernen, bedarf es einer Krafteinwirkung, was grundsätzlich infolge zweier Mechanismen geschieht: Zum einen erfährt der Schmelzefilm einen von der Gasströmung aufgeprägten Druckgradienten und zum anderen wirkt an seiner Oberfläche eine durch Reibung übertragene Scherkraft. Eine Diskussion der jeweiligen Einflüsse setzt die Kenntnis der Impulsstromdichteverteilung $\rho v_g^2 + p$ der Gasströmung im Schnittspalt voraus.

Experimentelle Untersuchungen [109], [130] lassen erkennen, dass trotz eines von der Werkstückoberfläche abgelösten ebenen (siehe Bild 4.27 und Bild 4.31) oder in die Fuge reichenden schrägen Verdichtungsstoßes (Bild 4.33 (li)) die Gasströmung im Schnittspalt – zumindest im oberen Teil – Überschallcharakter hat. Bild 4.33 (re) verdeutlicht dies durch ein über nahezu die gesamte Schnittfrontlänge reichendes Muster an schrägen Verdichtungsstößen, das ähnlich auch mit in Lavaldüsen erzeugten Strömungen beobachtet wird. Die Einflüsse ver-

Bild 4.33 Strömungsverhältnisse an simulierter Schnittfront (li) und in einem Spalt (re); $p_K = 10$ bar, $s = 10$ mm. Die schräg verlaufenden Diskontinuitäten weisen auf den Überschallcharakter der Strömung hin.

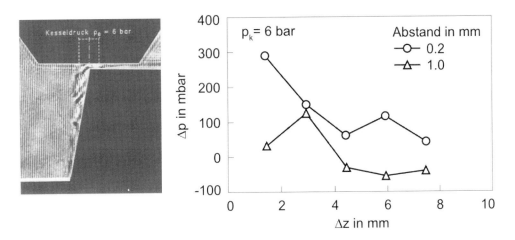

Bild 4.34 Interferometrisch sichtbar gemachtes Strömungsfeld in einem simulierten Schnittspalt (li) und längs der Schnittfront gemessener Druckverlauf (re); auf die Unterschiede bei $z = 0,2$ bzw. 1 mm wird im Text eingegangen.

schiedener Prozessparameter auf die komplexen Formen dieser Strömung sind in [131] veranschaulicht.

Typisch für eine solche Strömungsform ist ein unstetiger Druckverlauf längs der Schnittfront, wie er durch die in Bild 4.34 für $z = 1$ mm wiedergegebenen Messungen bestätigt wird. Der von der Ober- zur Unterkante insgesamt – und bei $z = 0,2$ mm auch relativ stetig – abnehmende Druck deutet auf eine im Spalt weiter expandierende Strömung hin. Da in einer Überschallströmung Reibung wie Heizung zu einer Geschwindigkeitsabnahme mit Druckanstieg führen, muss ein Zuwachs an Querschnittsfläche, der beschleunigend wirkt, diese Effekte überwiegen [126]. Der nach hinten offene Schnittspalt lässt einen solchen zu.

Bei Verhältnissen, wie sie sich insbesondere für den Düsenabstand 0,2 mm ergeben, ist also der Druckgradient am Schmelzeaustrieb beteiligt. Nach dem in [111] entwickelten Modell berechnet er sich zu

$$\nabla p = -\left(\frac{\rho v_g^2}{2s}\right) \cdot f(\gamma), \tag{4.13}$$

ist also proportional zum Staudruck der Gasströmung und verkehrt proportional zur Blechdicke. In der Funktion $f(\gamma)$ äußert sich der Einfluss der Schnittfrontneigung in der Weise, dass der Gradient mit größerem Winkel ansteigt. Der Beitrag der Druckgradienten zum Schmelzeaustrieb ist von der gleichen Größenordnung wie jener der Scherspannung.

Im Hinblick auf die Wechselwirkung der Gasströmung mit dem Schmelzefluss sind zwei weitere Merkmale des in Bild 4.34 gezeigten Druckverlaufs (der qualitativ gut mit dem in [128] berechneten übereinstimmt) bedeutsam. Werden zum einen die Drucksprünge längs der Schnittfront von der Größenordnung 0,1 bar dem Auftreffen schräger Verdichtungsstöße zugeordnet, so müssen sich daraus Konsequenzen für die Schmelzeströmung ergeben: Diese Beträge sind bei den hier abgeschätzten Werten des Staudrucks (im Spalt!) von ca. 0,5 bis 1 bar und Reynoldszahlen im Bereich von 10^4 bis 10^5 hinreichend hoch, um zur Ablösung einer laminaren Grenzschicht zu führen [126]. Eine Impulsübertragung vom Gasstrahl auf den Schmelzefilm wäre damit unterbunden. Ein zweites betrifft den Unterdruck im unteren Bereich der simulierten Schnittfront, siehe Bild 4.34, der ein Ansaugen von Umgebungsluft von der Blechunterseite in die Fuge hinein zur Folge hat. Die diskutierten Druckmessungen ergänzende Untersuchungen mit Flüssigkeiten haben gezeigt [132], dass aufgrund dieses Effekts die Srömung entlang der Flanken nach hinten umgelenkt wird. Inwiefern diese beiden Auswirkungen der Gasströmung im realen Prozess in der gleichen Weise auftreten, kann quantitativ nicht beantwortet werden, doch experimentelle Befunde der von der Tiefe abhängigen Riefenstruktur und der Bartbildung sprechen eindeutig dafür, dass sie grundsätzlich vorhanden sein müssen.

In den meisten theoretischen Modellen wird für den Schmelzeaustrieb nur der Beitrag der Scherspannung berücksichtigt. Für die Diskussion wird die Schmelzefilmdicke an der Schnittfront herangezogen, deren Berechnung häufig mit Hilfe eines Grenzschichtansatzes erfolgt. Als generelles Ergebnis ist eine Zunahme seiner Dicke mit steigender Werkstückdicke und Vorschubgeschwindigkeit bis zum Erreichen der Verdampfung festzuhalten (wie in Abschnitt 4.1.2 bereits erörtert), während eine höhere Gasgeschwindigkeit im Spalt bzw. ein höherer Kesseldruck p_K zu geringeren Filmdicken führt. Eine weitere Zielsetzung derartiger Modelle liegt in der Ermittlung der maximal erzielbaren Schneidgeschwindigkeit bzw. trennbaren Materialstärke. Da dies ausnahmslos für Laserleistungen um 1 kW geschieht, sei vor dem Hintergrund des Leistungsangebots heutiger Schneidlaser nicht näher auf diesen Aspekt eingegangen.

Die im Zusammenhang mit den Druckverläufen in Bild 4.28 und Bild 4.29 diskutierten Sachverhalte legen nahe, beim Einsatz konisch-zylindrischer Düsen einen möglichst geringen Abstand zur Werkstückoberfläche einzuhalten. Bild 4.35 verdeutlicht, wie stark die maximal

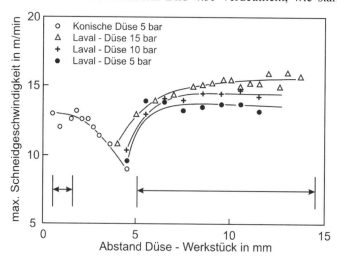

Bild 4.35 Maximale Schneidgeschwindigkeit beim Schmelzschneiden als Funktion des Abstands Düse/Werkstück mit einer konischen und einer Doppel-Lavaldüse; $P = 1{,}2$ kW, St37 (S235JR), $s = 1$ mm; die Pfeile geben den jeweiligen Arbeitsbereich an.

erzielbare Schneidgeschwindigkeit von diesem Parameter abhängt. Im Vergleich dazu sind möglicher Abstand wie Arbeitsbereich einer Zweistrahl-Lavaldüse um ein Vielfaches größer. Dass sich dieses Düsenkonzept dennoch nicht allgemein durchgesetzt hat, liegt in einer nicht vollständigen Symmetrie des Strahlquerschnitts, was bei Kurvenfahrten zu sich verändernden Strömungsverhältnissen im Schnittspalt führt. Ringstrahl-Lavaldüsen zeigen diese Empfindlichkeit nicht, weisen aber einen deutlich höheren Gasverbrauch auf.

Nach theoretischen [133] und experimentellen [134] Studien sollte sich ein optimaler Schmelzeaustrieb mit einem parallelen Überschallstrahl erzielen lassen, dessen Durchmesser der Spaltbreite entspricht. Aufgrund mehrerer praktischer Randbedingungen kann dies nicht als generell nutzbarer Ansatz betrachtet werden.

Dem von der Gasströmung auf den Schmelzefilm übertragenen Impuls wirken Reibungskräfte an der Phasengrenze flüssig/fest entgegen. Eine eindimensionale Schmelzeströmung längs der Schnittfront voraussetzend kann für die Krafteinwirkung als maßgebende Fläche (unter Vernachlässigung von Schnittfrontneigung und -krümmung sowie einer Benetzung der seitlichen Schnittflächen durch Schmelze) das Produkt aus Fugenbreite und Blechdicke angenommen werden. Bei sehr schmalen Fugen und/oder großen Blechdicken ist zu erwarten, dass eine seitliche Verdrängung des Schmelzefilms an Bedeutung gewinnt, weshalb dann obige Festlegung weniger zutreffend wird. Neben der Zähigkeit, die in die Kräftebilanz an der Phasengrenze eingeht und damit die Schneidgeschwindigkeit unmittelbar beeinflusst, ist auch die Oberflächenspannung eine wichtige Größe. Sie spielt bei der Ablösung der Schmelzeströmung und Tröpfchenbildung an der Blechunterseite eine im Hinblick auf die Schnittqualität wichtige Rolle.

Dem nahe liegenden Ansatz, die Schneidgeschwindigkeit durch Erhöhung des Ruhedrucks p_K zu steigern, sind werkstoff-, leistungs- und dickenabhängige Grenzen gesetzt. So erbringt

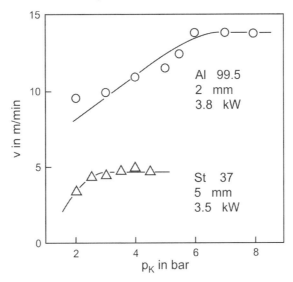

Bild 4.36 Steigender Sauerstoffdruck lässt sich nur in begrenztem Maße zur Geschwindigkeitssteigerung nutzen, s. Text.

beispielsweise die Verdreifachung des Kesseldrucks in einer Doppel-Lavaldüse einen Geschwindigkeitszuwachs von lediglich 10%, siehe Bild 4.35. Deutlich treten Beschränkungen auch beim Brennschneiden auf, wie Bild 4.36 zeigt. Während bei Aluminium die im Verbrennungsprozess entstehende hochschmelzende und zähe Keramik den Schmelzeaustrieb behindert, ist es bei Stahl eine drastische Minderung der Schnittqualität, welche einer Druckerhöhung entgegensteht (das Überangebot an Sauerstoff bewirkt hier eine eher explosionsartig als zeitlich gleichförmig ablaufende Verbrennung [135], was in starken Auskolkungen der Schnittflächen resultiert). Vor diesem Hintergrund liegen die in der Praxis üblichen Sauerstoffdrücke in der Größenordnung um 1 bar. Deutlich höhere Drücke werden beim Schmelzschneiden angewandt. Als Beispiel zeigt Bild 4.37 Daten, die für das bartfreie Schneiden von Edelstahl und Aluminium bei einer Leistung von 6 kW empfohlen werden.

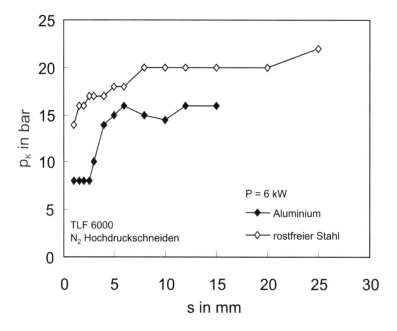

Bild 4.37 Für das Schmelzschneiden bei guter Schnittqualität verwendete Kesseldrücke [Quelle: TRUMPF].

4.1.5   Qualitätsaspekte

Als Kriterien für die Beurteilung der Schnittqualität sind mehrere Merkmale heranzuziehen, deren Gewichtung sich jedoch nach den jeweiligen Anforderungen an das geschnittene Bauteil richten kann. Im Einzelnen sind von Bedeutung die

- Maßhaltigkeit,
- Schnittspaltbreite,

- Form der Schnittflanken (Winkel zur Oberfläche, Ebenheit, Anschmelzung der Kanten),

- Rauhigkeit (Tiefe und Periode der Riefen, Topographie der Riefenstruktur),

- Bartbildung,

- Wärmeeinflusszone (als Maß für metallurgische Veränderungen) und

- Oxidfreiheit (wichtig im Hinblick auf die weitere Behandlung der Schnittfläche).

Eine umfassende Zusammenstellung experimenteller Daten zu obigen Aspekten ist in [131] zu finden. Hier sei in knapper Form nur auf die Rauhigkeit und die Bartbildung eingegangen.

Die für die Rauhigkeit verantwortliche Riefenbildung wird allgemein als das Ergebnis einer unstetigen Entfernung des Schmelzefilms angesehen. Da sie gleichermaßen beim Brenn- wie Schmelzschneiden auftritt, kann die Ursache dafür nicht allein in einem instationären Verbrennungsvorgang liegen, was als Erklärung für das Geschehen beim Brennschneiden vorgeschlagen wurde [135]. Andere theoretische Modelle betrachten das *dynamische* Verhalten des Prozesses und führen die Riefenbildung auf dessen Reaktion auf technisch unvermeidbare Fluktuationen der Laserleistung oder Gasströmung zurück [108], [136], [137]. Fluiddynamische Instabilitäten der Schmelzefilmströmung, hervorgerufen durch zu hohe Druckgradienten im Vergleich zu den Reibungskräften bei der Wechselwirkung mit der Schneidgasströmung, werden in [138] als auslösender Mechanismus dargestellt. In [109] wird die Riefenstruktur mit den Merkmalen der im Schnittspalt beobachteten Überschallströmung in Verbindung gebracht. Dieser Deutungsansatz, der auch im Lichte der im vorstehenden Abschnitt geschilderten Sachverhalte Plausibilität gewinnt, impliziert einen dominierenden Einfluss der Schnittspaltströmung.

Neben den in der Diskussion bisher angesprochenen Auswirkungen der Gas- auf die Schmelzeströmung werden auch Instabilitäten des Schmelzeflusses und dadurch verursachte Wechselwirkungen mit der Gasströmung für die Riefen-, Bart- und Tröpfchenbildung verantwortlich gehalten. So zeigen theoretische Ansätze, numerische Simulationen und Modellexperimente [139], [140], [141] eine Reihe von Phänomenen auf, von denen lediglich einige wenige angeführt seien. So wird für die Entstehung von Tröpfchen (der Funkenflug im realen Prozess ist die Folge) wie auch für eine Ablösung des Schmelzefilms und ein stufenförmiges Aufdicken desselben eine Wellenbildung an der Phasengrenze flüssig/fest verantwortlich gehalten. Letztgenannter Effekt kann schliesslich eine komplette Ablösung der Gasströmung von der Schnittfront nach sich ziehen.

Es ist also davon auszugehen, dass die qualitätsprägenden Vorgänge in der Schnittfuge einer komplexen *Wechsel*wirkung von Gas- und Schmelzeströmung entspringen. Insgesamt muss deshalb festgestellt werden, dass der heutige Wissensstand nicht ausreicht, um ein in sich geschlossenes Bild der Riefenentstehung zu zeichnen; ähnliches gilt für die Bartbildung.

Bild 4.38 soll in Erinnerung rufen, dass Geschwindigkeit und Qualität miteinander verknüpfte Prozessergebnisse sind [142]. Zudem verdeutlicht es, dass die Rauhigkeit mit größer werdender Blechdicke wächst. Als Maß wird R_z angegeben, ein nach DIN 2310 zu gewinnender Mittelwert (aus 5 Werten in aufeinander folgenden Strecken, gemessen bei $2s/3$ bzw. $s/2$ für $s < 2$ mm). Da die Riefentiefe gegen die Blechunterseite hin deutlich größer als im oberen Teil der Schnittflanke ist, hat dieser Bereich bei größeren Blechdicken ein stärkeres Gewicht bei der Ermittlung von R_z. Unbeschadet dessen erscheint ein direkter Zusammenhang zwischen Rauhigkeit und Blechdicke wegen der Abhängigkeit der Filmdicke von s einleuchtend. Der in Bild 4.39 gezeigte Einfluss des Düsenabstands auf Rauhigkeit und Barthöhe lässt erkennen, wie sensitiv diese Qualitätsmerkmale von konkret vorliegenden technischen Gegebenheiten mitbestimmt werden. So ist es nicht verwunderlich, dass R_z auch von der Anlage, auf welcher ein Bauteil geschnitten wird, und von seiner Form abhängt. Typische R_z-Werte für das Brennschneiden sind in Bild 4.40 (oben) und für das Schmelzschneiden (unten) wiedergegeben. Dabei wird deutlich, dass bei kleineren Konturen, wo die Führungsmaschine bei gleicher Vorschubgeschwindigkeit höhere transversale Beschleunigungen aufzubringen hat, als bei großen (oder gar bei geraden Schnitten), die Rauhigkeit erheblich größer ist!

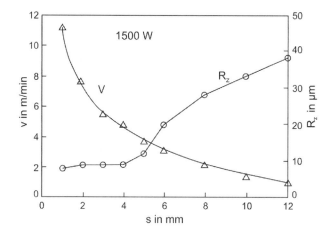

Bild 4.38 Schneidgeschwindigkeit und Rauhigkeit von Brennschnitten an Baustahl in Abhängigkeit der Blechdicke; $P = 1,5$ kW, zirkulare Polarisation.

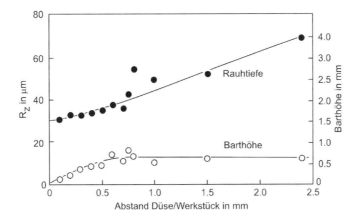

Bild 4.39 Rauhigkeit und Barthöhe beim Schmelzschneiden von Aluminium in Abhängigkeit des Abstands der Düse vom Werkstück bei ansonsten konstanten Parametern; $s = 0,8$ mm, $P = 1,2$ kW, $v = 7$ mm/min, $p_K = 4$ bar.

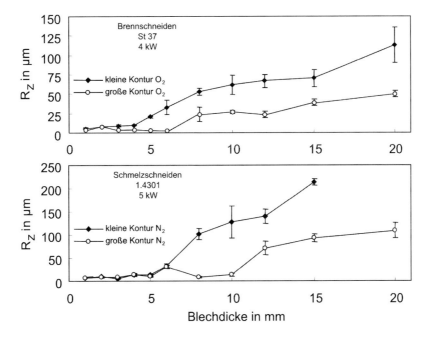

Bild 4.40 Typische Rauhigkeitswerte beim Brennschneiden von Baustahl (oben) und Schmelzschneiden von Edelstahl (unten), zirkulare Polarisation [Quelle: TRUMPF].

Da die Qualität eines Schnittes stets auch von der Schnittgeschwindigkeit abhängt, gilt es in der Praxis, für den konkreten Anwendungsfall optimale Prozessparameter zu finden. Entsprechende Maßnahmen sind beispielsweise eine

- Geschwindigkeitsanpassung (was bei konstante Laserleistung in den meisten Fällen eine deutliche Verringerung gegenüber dem maximal möglichen Wert bedeutet),

- Leistungsvariation (wenn z. B. eine bestimmte Geschwindigkeit bzw. Taktzeit vorgegeben ist),

- Variation der Fokuslage relativ zur Werkstückoberfläche,

- Veränderung des Düsenabstands oder Modifizierung der Düsengeometrie,

- Änderung des Druckes oder auch der Zusammensetzung des Schneidgases.

Drei derartige Optimierungsmaßnahmen seien beispielhaft anhand der Bartbildung dargestellt. Die hierbei praktizierte Vorgehensweise geht aus Bild 4.41 und Bild 4.42 hervor: Bei ansonsten festgehaltenen Prozessparametern kann durch Variation zweier Größen – im Falle von Bild 4.41 die Fokuslage und die Schneidgeschwindigkeit – und Bewertung der Qualität anhand vorgegebener Kriterien ein durch sie festgelegtes Prozessfenster definiert werden. Das in Bild 4.41 wiedergegebene Ergebnis, wonach eine Fokuslage *im* Blech vorteilhaft ist, kann als allgemein gültige Tendenz gewertet werden; Fokuslagen unterhalb der Blechoberfläche im Abstand von *s*/3 bis *s*/2 sind in der Praxis übliche Werte.

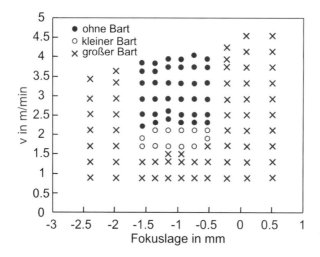

Bild 4.41 Festlegung eines Prozessfensters für die Parameter Geschwindigkeit und Fokuslage zur Vermeidung der Bartbildung; St37 (S235JR), *s* = 3 mm, *P* = 1,5 kW, p_K = 15 bar.

Die in Bild 4.42 gezeigten Auswirkungen einer Leistungsvariation auf die Barthöhe entstammen Untersuchungen, in denen der Einsatz eines für Schweißaufgaben installierten lampengepumpten 3 kW Nd:YAG-Lasers auch für das Schneiden demonstriert werden sollte. Bei (aus produktionstechnischen Gründen) vorgegebenem Geschwindigkeitsbereich um 4,5 m/min konnte die erforderliche Qualität durch Steigerung der Leistung erreicht werden.

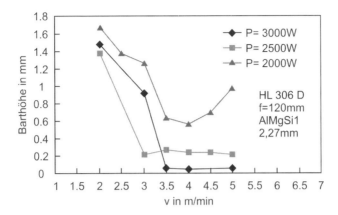

Bild 4.42 Reduzierung der Barthöhe in einem vorgegebenem Geschwindigkeitsbereich durch Leistungserhöhung; Nd:YAG-Laser, $d_f = 0,36$ mm.

4.2 Schweißen

Das Laserstrahlschweißen zählt zu den Fügetechnologien, bei denen die Verbindung der zu fügenden Teile in schmelzflüssigem Zustand erfolgt. Prinzipiell ist zwischen zwei Modi zu unterschieden, dem *Wärmeleitungs-* und dem *Tiefschweißen.* Letzteres hat aufgrund der besseren Energienutzung (höherer Prozesswirkungsgrad) und den weit höheren Schweißgeschwindigkeiten eine sehr viel größere Bedeutung für die Fertigungstechnik, weshalb in der Praxis mit Laserstrahlschweißen generell der Modus des Tiefschweißens gemeint ist. Dieses Verfahren steht denn auch im Zentrum der Ausführungen. Sein besonderer Vorteil gegenüber anderen thermischen Verfahren wie dem Autogenschweißen und den verschiedenen Varianten des Lichtbogenschweißens beruht darauf, dass die für das Erschmelzen der Naht benötigte Energiemenge in kurzen Zeiten – aufgrund der hohen Intensitäten im fokussierten Laserstrahl – sehr gezielt in die Fügezone eingebracht werden kann und die Wärmeleitungsverluste in das umgebende Material deshalb erheblich niedriger sind. Als Folge ergeben sich schlanke Nähte und eine insgesamt geringere thermische Belastung des Bauteils, was nachteilige Auswirkungen von Spannungen und Verzügen deutlich mindert. Hinsichtlich der Erzeugung extrem tiefer und schmaler Nähte ist das Elektronen- dem Laserstrahlschweißen zwar überlegen, doch erfordert es dafür ein Vakuum, was unter vielen industriellen Randbedingungen von Nachteil ist. Zudem zeigt sich, dass man mit den heute (2008) an der Schwelle zur verbreiteten industriellen Einführung stehenden Faser- und Scheibenlasern schon fast vergleichbare Ergebnisse erzielen kann.

Beim *Wärmeleitungsschweißen* (WLS) erfolgt die Energieeinkopplung, wie schon in Kapitel 3 erwähnt, an der mehr oder weniger ebenen Oberfläche des erzeugten Schmelzbads. Maßgeblich für den absorbierten Anteil ist hierbei der Absorptionsgrad, weshalb sich für dieses Verfahren Laser mit einer Wellenlänge um 1 µm besser eignen als CO_2-Laser. Zumal keine starke Fokussierung erforderlich ist, bieten sich Diodenlaser an. Der Energietransport innerhalb des Schweißbades erfolgt im Wesentlichen konduktiv, während ein konvektiver Beitrag, der ja mit Massentransport verknüpft ist, im allgemeinen eine untergeordnete Rolle spielt. Erst in jüngster Zeit macht man sich die durch bestimmte Schutzgase modifizierbare Marangoniströmung zunutze [143], um das Schweißergebnis mittels fluidmechanischer Effekte zu beeinflussen. Kennzeichnend für Wärmeleitungsschweißungen sind glatte Nahtoberraupen als Folge des im Vergleich zum Tiefschweißen sehr ruhig ablaufenden Prozesses. Die Nahtquerschnitte weisen ein Verhältnis zwischen Tiefe und Breite von typischerweise bis zu eins auf.

Charakteristisch für das *Tiefschweißen* (TS) ist das Vorhandensein einer Dampfkapillare innerhalb des Schmelzbades. Daraus ergeben sich nicht nur grundlegende Unterschiede zum Wärmeleitungsschweißen hinsichtlich der Einkopplung der Energie, sondern auch ihres Transports und ihrer Verteilung im Schmelzbad und schließlich der Nahtquerschnitte.

4.2.1   Schwelle: Wärmeleitungs- / Tiefschweißen

Bei Erreichen der Verdampfungstemperatur im Zentrum eines fokussierten Strahls beginnt dort der abströmende Materialdampf die Oberfläche der Schmelze einzudrücken. Mit steigender Leistung verstärkt sich dieser Effekt, bis die entstandene Mulde so tief ist, dass reflektierte Laserstrahlung ein zweites Mal innerhalb der WWZ auftrifft. Damit steigt die Energieeinkopplung sprunghaft an, der Verdampfungsprozess gewinnt an Intensität und die Schmelzeverdrängung reicht weiter in die Tiefe. Eine selbst geringe Steigerung der Laserleistung erhöht nun infolge dieses positiven Rückkoppelmechanismus weiterhin den Einkoppelgrad (siehe Bild 3.24 und Bild 3.25) und die Einschweißtiefe, bis sich schließlich – entsprechend

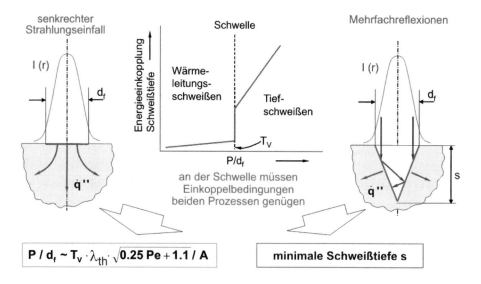

Bild 4.43 Schematische Wiedergabe von Einkoppelgrad η_A und Einschweißtiefe s beim Übergang vom Wärmeleitungs-(WS) zum Tiefschweißen (TS) als Funktion der Leistung bzw. des Strahlparameterquotienten P/d_f bei sonst gleich bleibenden Parametern. Gezeigt sind ferner die jeweils typischen Einkoppelverhältnisse sowie die an der Schwelle geltenden Bedingungen für P/d_f und s; mit $\dot{q}''$ ist die lokale Wärmestromdichte von der WWZ in das Werkstück gekennzeichnet.

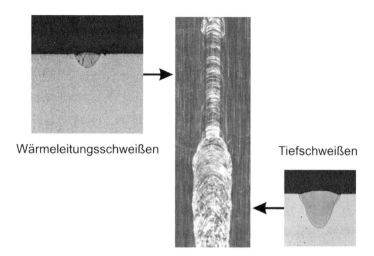

Bild 4.44 Während des Schweißens (Nd:YAG-Laser, Aluminiumlegierung) aufgetretener Wechsel des Prozessmodus bei konstanten, nahe der Schwelle liegenden Parametern. Der größere Nahtquerschnitt beim Tiefschweißen ist Ausdruck der in diesem Modus sehr viel höheren Energieeinkopplung.

der vorgegebenen Strahleigenschaften und Prozessparameter – eine stationäre Geometrie der Dampfkapillare ausgebildet hat. Die Zeitdauer für diesen Vorgang liegt in der Größenordnung von Millisekunden.

Der oben geschilderte Übergang von Wärmeleitungs- zum Tiefschweißen erfolgt also ziemlich abrupt innerhalb einer geringen Variation der Leistung bei ansonsten festgehaltenen Parametern. Er wird als *Schwelle* bezeichnet und der ihn charakterisierende Zusammenhang hierfür relevanter Größen als Schwellbedingung. Die wesentlichen Merkmale dieses grundsätzlichen Sachverhalts sind in Bild 4.43 schematisiert und zusammen mit den wichtigsten Konsequenzen festgehalten: Diese sind die Festlegung eines bestimmten Wertes des Strahlparameterquotienten P/d_f durch die Materialeigenschaften (siehe dazu (3.54) !) und ein vom Absorptionsgrad und Brennfleckdurchmesser abhängiger Anstieg der Schweißtiefe. Bild 4.44 gibt die deutlich verschiedenen Nahteigenschaften, wie sie für die beiden Modi charakteristisch sind, wieder. Der hier dokumentierte Sprung ist indessen keine Folge der variierten Leistung, sondern entstand aufgrund geometriebedingt veränderter Wärmeleitung. Damit soll zum einen demonstriert werden, wie wenig stabil ein Prozess mit Parametern nahe der Schwellbedingung abläuft, und zum anderen soll verdeutlicht werden, dass ein sicherer Schweißprozess in einem Parameterfeld durchzuführen ist, das hinreichend weit entfernt von der Schwelle liegt.

Die Kenntnis der Schwelle ist also erforderlich für die Gestaltung des Schweißprozesses. Als Größe zu ihrer Kennzeichnung wurde früher zumeist die Intensität im Brennfleck herangezogen. Zwar bestimmt sie primär die in der WWZ ablaufenden physikalischen Vorgänge, doch erscheint der Quotient aus Leistung und Brennfleckdurchmesser im Lichte sowohl der in Abschnitt 3.2.1 aufgeführten Skalierungsbeziehungen wie auch experimenteller Untersuchungen als der geeignetere Parameter für Vergleiche und Korrelationen.

Den in Abschnitt 3.2.1.2 wiedergegebene Ansatz für die Berechnung der Prozesstemperatur im Zentrum eines über die Oberfläche bewegten Brennflecks modifizierend wird in [73] die analytische Beziehung

$$\frac{P}{d_f} = \frac{T_v \cdot \lambda_{th}}{A} \cdot \sqrt{\frac{Pe}{4} + 1.1}$$

(4.14)

für die Schwelle abgeleitet. Man erkennt den in (3.54) bereits deutlich gewordenen Zusammenhang zwischen Strahl- und Stoffeigenschaften, wobei der Einfluss der Geschwindigkeit sich hier über die Peclet-Zahl äußert. Bild 4.45 (li) zeigt die gute Korrelierbarkeit der Schwelle mit P/d_f, und das dort auftretende konstante Aspektverhältnis s/d_f Bild 4.45 (re) weist auf eine direkte Proportionalität zwischen Schweißtiefe und Brennfleckdurchmesser hin.

Dieser vor allem bei Aluminiumlegierungen besonders deutlich zu beobachtende Zusammenhang sei im Lichte entsprechender Rechnungen in [73] diskutiert. Aus der Energiebilanz für beide Ausprägungsformen der Schweißung an der Schwelle, in der die jeweils *eingekoppelte* Leistung der durch Wärmeleitung ins Werkstück abfließenden (Integral von $\dot{q}''$ über der geometrisch entsprechenden WWZ) gleichgesetzt wird, lässt sich für die Schwell*leistung* (*derselbe Wert* in beiden Fällen, siehe Bild 4.43) das Verhältnis von Einkoppel- zu Absorptionsgrad als Verhältnis der Wärmeströme aus dem jeweiligen Wechselwirkungszonen – Kapillarwand zu ebenem Brennfleck – darstellen. Mit Hilfe von (3.36) bis (3.39), welche die Abhängigkeit des Einkoppelgrads vom Absorptionsgrad und dem Aspektverhältnis beschreiben, und entsprechenden analytischen Beziehungen für die Wärmestromdichte lässt sich s/d_f berechnen. Als Funktion der Peclet-Zahl und des als Parameter variierten Absorptionsgrads folgt daraus Bild 4.46. Aus dem Verlauf von $s/d_f = f(Pe)$ sind einige Abhängigkeiten von Prozess- wie Stoffparametern erkennbar, die sich qualitativ vergleichbar auch in den Experimenten zeigen: so wird das Aspektverhältnis an der Schwelle umso höher, je geringer der Absorptionsgrad, die Geschwindigkeit, die Dichte und je größer die Wärmeleitfähigkeit ist. Im Gegensatz zum experimentellen Befund in Bild 4.45 sagt Bild 4.46 jedoch eine Abhängigkeit auch vom Brennfleckdurchmesser nach $s/d_f = f(d_f^{-1/2})$ voraus.

Die Bedeutung des Fokusdurchmessers (bei einer Fokuslage $\Delta z = 0$ entspricht er dem Brennfleckdurchmesser) und somit einer guten Fokussierbarkeit des Laserstrahls ist unbeschadet von der Notwendigkeit weiterer Detailuntersuchungen offenkundig: je kleiner d_f gehalten werden kann, desto weniger Laserleistung ist erforderlich, um die Schwelle zu erreichen und einen sicheren Tiefschweißprozess zu realisieren.

Den Einfluss des Absorptionsgrads sowie den die Verdampfungstemperatur herabsetzender Legierungselemente gibt Bild 4.47 in qualitativer Bestätigung von (4.14) wieder.

Für Werte von $Pe < 1$, was für das Schweißen von Stahl im Bereich niedriger und mittlerer Geschwindigkeiten und für Aluminiumlegierungen praktisch immer zutrifft, siehe Bild 4.46, kann der Wurzelausdruck in (4.14) näherungsweise eins gesetzt werden. Die Brauchbarkeit dieser vereinfachten Beziehung zur Abschätzung der Schwellbedingungen wird durch einen Vergleich mit numerischen Auswertungen der Wärmeleitungsgleichung für einen bewegten Gaußstrahl auf einem halbunendlichen Körper (Abschnitt 3.2.1.2) bestätigt, die in Bild 4.48 wiedergegeben sind [81].

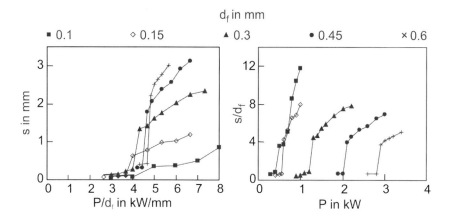

Bild 4.45 Übergang von Wärmeleitungs- zu Tiefschweißen: Korrelation der Schwelle bei Variation von Brennfleckdurchmesser (hier: Durchmesser des fokussierten Strahls auf der Werkstückoberfläche) und Leistung durch einen konstanten Wert P/d_f (li.) und konstantes Verhältnis von Einschweißtiefe zu Fokusdurchmesser an der Schwelle (re); AlMgSi1, Wellenlängen 1,06 bzw. 1,03 µm, $v = 2$ m/min.

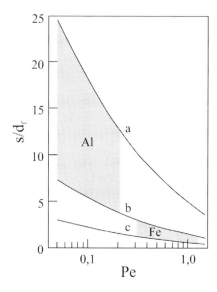

Bild 4.46 Aspektverhältnis der Kapillare s/d_f bei Einsetzen des Tiefschweißeffekts an der Schwelle in Abhängigkeit der Peclet-Zahl. Die Werte des den Kurven zugrunde liegenden Absorptionsgrads A sind a: 0,05; b: 0,15; c: 0,3; die angelegten Bereiche kennzeichnen typische Verhältnisse für das Schweißen von Aluminium und Eisen mit CO_2- und Lasern der Wellenlänge um 1 µm.

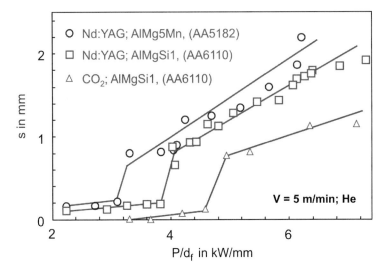

Bild 4.47 Einfluss von Werkstoff (über T_v) und Wellenlänge (über A) auf die Schwelle.

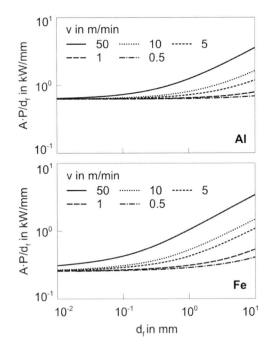

Bild 4.48 Berechnete Werte der absorbierten, auf d_f bezogenen Laserleistung in Abhängigkeit von d_f für Eisen und Aluminium. Die Daten lassen erkennen, dass insbesondere für $d_f < 0.5$ mm und $v < 10$ m/min die Schwelle recht gut durch $A \times P/d_f \approx T_V \times \lambda_{th}$ abgeschätzt werden kann.

Die analytische Behandlung des Schwellverhaltens in [73] und experimentelle Untersuchungen in [144] erbringen weitere Erkenntnisse, die für die Praxis des Laserstrahlschweißens wichtig sind. Wie aus Bild 4.46 hervogeht, muss s/d_f bei einem kleinen Absorptionsgrad höher sein, um durch eine grössere Zahl von Reflexionen den erforderlichen Einkoppelgrad sicher zu stellen. Dies ist der Grund, weshalb bei Aluminiumwerkstoffen das Schwellverhalten sehr viel deutlicher zu beobachten ist als bei Stählen. Vor allem ist darauf hinzuweisen, dass bei festgehaltenem Wert von d_f die Einschweißtiefe durch Reduktion der Laserleistung nicht beliebig herabgesetzt werden kann: weil ein enger Zusammenhang zwischen Einkoppelgrad und Schlankheit der Kapillarform besteht, ist die im Tiefschweißmodus minimal erzielbare Schweißtiefe direkt an d_f gekoppelt. Die Kurven für die verschiedenen Werte von d_f in Bild 4.45 (re) verdeutlichen diesen Effekt. Demzufolge ist der Tiefschweißeffekt[16] auch in sehr dünnen Werkstücken möglich, wenn dabei gut fokussierbare Laserstrahlen eingesetzt werden.

Die physikalischen Gegebenheiten an der Schwelle zusammenfassend kann festgehalten werden, dass

- der Strahlparameterquotient P/d_f umso größer sein muss, je höher die Verdampfungstemperatur, die Wärmeleitfähigkeit sowie die Geschwindigkeit und je geringer der Absorptionsgrad ist,

- der sprunghafte Anstieg der Schweißtiefe umso stärker ausgeprägt ist, je geringer der Absorptionsgrad und je größer der Brennfleckdurchmesser ist,

- dieser Sprung um so geringer ist, je höher die Peclet-Zahl, d.h. je höher die Schweißgeschwindigkeit ist,

- bei vorgegebenen Stoffwerten und Geschwindigkeit die Leistung um so kleiner sein kann, je besser fokussierbar der Strahl ist und

- selbst bei Materialstärken im Bereich von weniger als 1/10 mm der Tiefschweißeffekt realisiert werden kann, wenn – wie mit Scheiben- und Faserlasern – eine extrem gute Fokussierung möglich ist.

Berücksichtigt man, dass für den erzielbaren Fokusdurchmesser (Brennfleckdurchmesser) über das Strahlparameterprodukt sowohl eine Laserstrahleigenschaft wie über die Fokussierzahl f/d_L auch eine Systemgröße bestimmend ist, so gelangt man über (2.99) und (4.14) zu einer bei kleinem Pe (auch für Stahl in weiten Geschwindigkeitsbereichen gültig) näherungsweisen Verknüpfung zwischen Eigenschaften des Lasers, des Werkstoffes und der Systemtechnik, die an der Schwelle erfüllt sein muss:

$$\frac{P}{\lambda \cdot M^2} \geq \frac{T_v \cdot \lambda_{th}}{A(\lambda)} \cdot \frac{f}{d_L} . \tag{4.15}$$

Dieser Ausdruck definiert die in der Praxis zu berücksichtigenden Bedingungen für die untere Prozessgrenze des Tiefschweißens und stellt somit ein Kriterium für die Anforderungen dar, die an Laser und System zu stellen sind, wenn ein bestimmter Werkstoff zu schweißen ist. So wird insbesondere deutlich, dass

---

[16] Die englische Bezeichnung „keyhole welding" trifft die physikalischen Gegebenheiten besser und provoziert keine Diskussion, was denn „tief" ist.

- bei festgelegter Fokussierzahl f/d_L eine geringere Leistung erforderlich ist, wenn λ und M^2 niedrig sind,

- und bei vorgegebener Leistung eine umso längere Brennweite Anwendung finden kann, je kürzer λ und geringer M^2 sind.

4.2.2   Verfahrensprinzip

Das Verfahrensprinzip des Tiefschweißens ist in Bild 4.49 skizziert. Es beruht darauf, dass sich –im Parameterbereich oberhalb der Schwellbedingung – eine Dampfkapillare ausbildet, deren Öffnung etwa dem Brennfleckdurchmesser an der Werkstückoberfläche entspricht. Die Energieeinkopplung an ihrer Wand erfolgt direkt infolge der Fresnelabsorption im Zuge von Mehrfachreflexionen; bei Wellenlängen um 1 μm ist dies der einzige Mechanismus. Bei CO_2-Laserstrahlung hingegen wird der Metalldampf ionisiert, das so entstandene Plasma absorbiert einen Teil der Strahlenergie und gibt sie über Wärmeleitung ebenfalls an die Wand ab. Von dieser Grenzfläche Dampf/Flüssigkeit aus erfolgt ein konduktiver und konvektiver Wärmetransport in der Schmelze an die Phasengrenze flüssig/fest. Die Relativbewegung zwischen der an den Laserstrahl „gekoppelten" Kapillare und dem Werkstück bewirkt ein stetiges Aufschmelzen von Material vor der Kapillare, das diese umströmt und am hinteren Ende des Schmelzbads wieder erstarrt. Der aus der Abdampfrate und den strömungsmechanischen Bedingungen der Dampf-/ Plasmaströmung resultierende Druck im Inneren der Kapillare wirkt den „schließenden Kräften" entgegen, die aus der Oberflächenspannung der Schmelze, dem dynamischen Druck der Umströmung sowie dem statischen Druck herrühren.

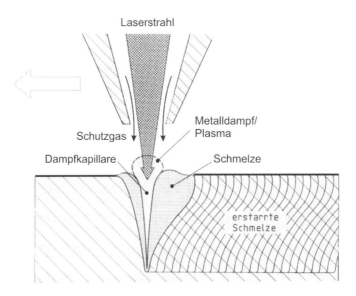

Bild 4.49 Schematische Darstellung des Tiefschweißens.

Koaxial oder lateral zugeführte Prozessgase dienen als Schutz gegen Oxidation und/oder zur Minderung nachteiliger Plasmaeffekte. Daneben wird zumeist eine weitere Gasströmung (cross-jet) eingesetzt, die dem Schutz der Fokussierungsoptik vor Schmauch und Spritzern dient; eine Impulsübertragung auf die Schmelze ist zu vermeiden.

Für das cw-Bahnschweißen werden heute üblicherweise CO_2-Laser mit Leistungen bis zu 15 kW und lampengepumpte Nd:YAG-Laser mit bis zu 6 kW industriell eingesetzt. Während diodengepumpte Stablaser sich nicht durchsetzten konnten, befinden sich die später entwickelten Scheiben- und Faserlaser in vergleichbarem Leistungsbereich an der Schwelle zu verbreiteter Einführung in die industrielle Praxis. Einen Überblick und erste Orientierung von erzielbaren Prozessergebnissen an Schweißtiefe und Geschwindigkeit gibt Bild 4.50 wieder.

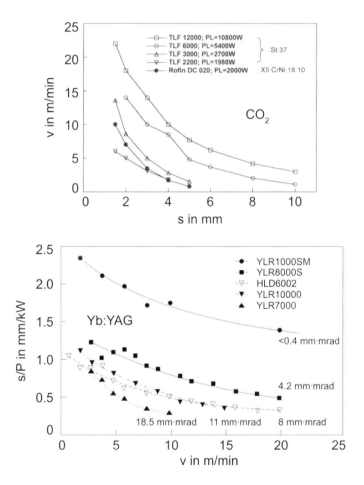

Bild 4.50 Mit kommerziellen Lasern erzielbare Schweißdaten; der untere Bildteil nach [145] lässt gleichzeitig auch die Vorzüge eines niedrigen Strahlparameterprodukts für den Prozess des Tiefschweißens erkennen.

Charakteristisch für das Tiefschweißen sind schlanke Nähte, bei denen das Verhältnis Nahttiefe zu -breite typischerweise im Bereich zwischen 1:1 bis ca. 15:1 liegt. Die Form des Nahtquerschnitts ergibt sich aus dem Zusammenwirken sämtlicher Prozessparameter, der konkreten Fügegeometrie und Nahtart sowie den Werkstoffeigenschaften.

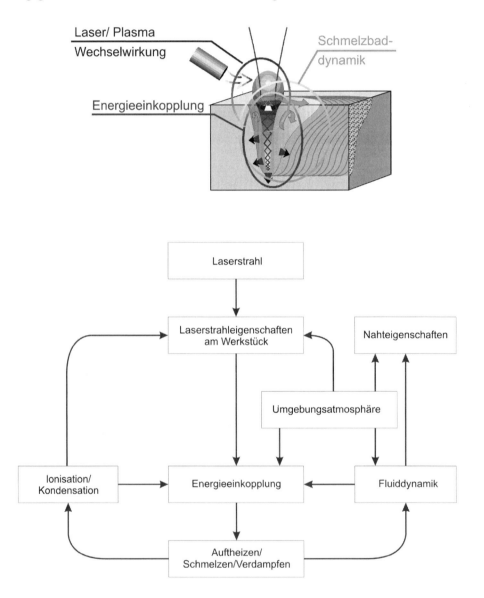

Bild 4.51 Beim Tiefschweißen involvierte, zu Themenkreisen zusammengefasste Mechanismen (oben),
deren Wechselwirkungen die Ursache der Komplexität (unten) und Dynamik des Verfahrens sind.

Ehe auf für die Praxis des Laserstrahlschweißens relevante Zusammenhänge und daraus folgende Ergebnisse im Detail eingegangen wird, sollen die involvierten physikalischen Mechanismen erörtert werden. Dies geschieht anhand der oben in Bild 4.51 aufgeführten Themenkreise. Dabei gilt zu beachten, dass ein solches vereinfachendes Vorgehen lediglich der Methodik geschuldet ist, da sämtliche beteiligten Phänomene in enger interaktiver Beziehung zueinander stehen, was in der unteren Bildhälfte zum Ausdruck gebracht ist. Des Weiteren ist festzuhalten, dass bei der Ausbildung des Schmelzbads wie beim Erstarren der Schmelze natürlich auch die Stoffeigenschaften und die Werkstück- wie Fügegeometrie von Bedeutung sind.

4.2.3 Energieeinkopplung an der Kapillarwand

Während des stationären Schweißvorgangs befindet sich die Kapillare über Energie- und Impulsaustauschprozesse an ihrer Wand mit der sie umgebenden Schmelze im Gleichgewicht. Aus den dabei zugrunde liegenden Randbedingungen des Energie-, Impuls- und Massenerhalts stellt sich in selbstregelnder Weise ihre Geometrie ein, die mit Ausnahme ihrer Öffnung einer unmittelbaren Beobachtung nicht zugänglich ist. Ihre Kenntnis ist jedoch für das Verständnis des Prozesses, insbesondere der Energiedeposition und Stabilität, von zentraler Bedeutung. Aus diesem Grund gab es schon frühzeitig Bestrebungen, die Kapillargeometrie mit Hilfe von Röntgenaufnahmen sichtbar zu machen [146].

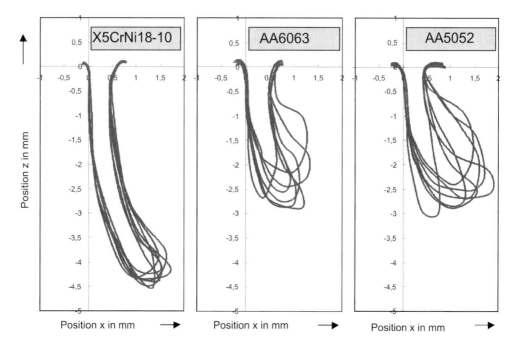

Bild 4.52 Aus Röntgenaufnahmen (1000 Bilder pro Sekunde) erhaltene Kapillarformen: gezeigt sind Umrisse in der von Laserstrahlachse und Vorschubrichtung aufgespannten Ebene; lampengepumpter Nd:YAG-Laser, $P = 3$ kW, $d_f = 0{,}3$ mm, $v = 3$ m/min, Schutzgas: Ar.

Nach diesem Verfahren erhaltene Formen in unterschiedlichen Werkstoffen sind in Bild 4.52 gezeigt [147]. Daraus ist zu schließen, dass der Laserstrahl entsprechend seiner Geometrie – hier: $d_f = 0,3$ mm, $z_{Rf} \approx 1$ mm – mit derartigen Kavitäten in mehreren Reflexionen wechselwirken muss. Eine stark ausgebauchte oder sich nach hinten krümmende Rückwand wird dabei weniger mit der direkt einfallenden Strahlung, sondern eher mit der von der Front reflektierten in Wechselwirkung stehen. Daneben sind zwei weitere Aspekte deutlich. Das ist zum einen die Neigung der Kapillare aus der Normalen senkrecht zur Werkstückoberfläche heraus in die Vorschubrichtung mit einem Winkel, der mit der Tiefe zunimmt. Zum anderen tritt eine Geometriefluktuation auf, die bei Aluminiumwerkstoffen sehr viel stärker ausgeprägt ist als bei Stahl.

Einschweißungen mit CO_2- Lasern im Leistungsbereich zwischen 5 und 20 kW bei *geringen* Geschwindigkeiten um 1 bis 2 m/min zeigen im Gegensatz zu den in Bild 4.52 wiedergegebenen Geometrien nahezu senkrechte, kegelförmige und am Grund spitz zulaufende Kapillaren [148]. Auch hier werden starke Fluktuationen beobachtet, die besonders heftig an der Rückwand und am Kapillargrund auftreten. Zudem laufen an der Kapillarfront in mehr oder weniger periodischen Zeitintervallen kleine „Schmelzestufen" in die Tiefe. Dieser Vorgang ist sehr deutlich auch bei Schweißungen in Glas zu erkennen [149] und führt dort – wie wahrscheinlich auch bei Metallen – zu Veränderungen der Einschweisstiefe („spiking"). Jüngste Hochgeschwindigkeitsaufnahmen von Schweissungen mit Nd:YAG-Lasern, grossem Brennfleckdurchmesser und sehr *hoher* Geschwindigkeit deuten darauf hin, dass der Laserstrahl praktisch nur mit der Vorderfront der Kapillare wechselwirkt [150]. Ihre hintere Wand ist so weit gegen das Schmelzbadende gerückt, dass eine Kapillare im eigentlichen Sinne hier gar nicht mehr vorliegt.

Angesichts dieser Umstände muss akzeptiert werden, dass sämtliche in theoretischen Modellen zur Beschreibung des Tiefschweißens behandelte Kapillarformen nur Annäherungen an die Wirklichkeit darstellen können. Dies gilt umso mehr, als wegen der komplexen Wechselwirkungen häufig erheblich vereinfachte Geometrien betrachtet werden müssen, anhand derer sich die verfolgte Zielsetzung am besten darstellen lässt. So reichen denn die in der Literatur beschriebenen Formen von axialsymmetrischen (charakteristisch für niedrige und mittlere Schweißgeschwindigkeiten) über zweidimensionale Konfigurationen bis hin zu lediglich einer geneigten Fläche (was den Verhältnissen bei extrem hohen Geschwindigkeiten und geringen Schweisstiefen entsprechen könnte). Auch „selbstkonsistent" berechnete Geometrien unterliegen erheblichen Einschränkungen, da ihre Ermittlung ebenfalls stets Vereinfachungen erfordert.

4.2.3.1   *Fresnelabsorption*

Der bei *Fresnelabsorption* charakteristische Verlauf des Einkoppelgrades als Funktion des Verhältnisses Tiefe zu Brennfleckdurchmesser, wie er in Bild 3.24 für eine kegelförmige Kapillare gezeigt ist, wird durch den experimentellen Verlauf in Bild 4.53 gut wiedergegeben [151]. Bei diesen Einschweißungen wurde die aus Schliffen ermittelte Nahttiefe der Kapillartiefe gleichgesetzt, was im Lichte detaillierter Simulationsrechnungen [152] als gute Nährung gelten darf. Die im Bereich $0 < s/d_f < 4$ fehlenden Daten sind mit dem in Abschnitt 4.2.1 dis-

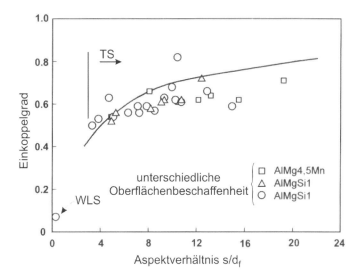

Bild 4.53 Kalorisch gemessene Werte des Einkoppelgrads bei Einschweißungen in ein dickes Blech im Vergleich zu nach Gouffé berechneten Daten für eine kegelförmige Kapillare; CO_2-Laser, $d_f = 0,3$ mm. Der erste Wert ist typisch für Wärmeleitungsschweißen.

kutierten Sprungverhalten an der Schwelle zu erklären; hier ist keine stabile Tiefschweißung möglich (siehe auch Bild 4.45).

Bei Durchschweißungen, wo eher parallel verlaufende Nahtflanken auftreten, dürfte die Kapillargeometrie eher einem Zylinder entsprechen. So zeigen an der Durchschweißgrenze (die Kapillare ist nach unten bereits offen, es tritt hier ein nur sehr geringer Leistungsanteil hindurch) bei $s/d_f = 6$ und Edelstahl erhaltene Einkoppelgrade für CO_2-Laserstrahlung von $\eta_A = 0,75$ und für 1,03 µm (Yb:YAG-Scheibenlaser) von $\eta_A = 0,85$ eine gute Übereinstimmung mit den nach (3.36) und (3.37) berechneten Werten. Auch die in [153] für 10,6 µm angegebenen Einkoppelgrade in Aluminium von ca. 65 % und Eisen von etwas über 90 % sind mit dem Ansatz nach Gouffé nachvollziehbar.

Generell kann man also erwarten, dass die in Bild 3.23 gezeigten rotationssymmetrischen Kavitäten vereinfachte Grundmuster realer Kapillargeometrien bei niedrigen und mittleren Geschwindigkeiten wiedergeben und die daraus resultierenden Einkoppelgrade brauchbare Größen darstellen. Die einfachen Abschätzungen auf Basis der Anzahl zu einer Strahlumlenkung von 180° benötigten Reflexionen liefern tendenziell etwas höhere Werte.

Als Konsequenz wiederholter Reflexionen wird die an der Kapillarwand wirkende Intensität merklich von der Intensitätsverteilung des Laserstrahls abweichen. Das diesbezügliche Ergebnis einer selbstkonsistenten Rechnung zeigt Bild 4.54. Vorgegeben ist hier Rotationssymmetrie bezüglich der Achse des Laserstrahls und dessen Intensitätsverteilung. Der Strahl wird in Teilstrahlen zerlegt, die auf ringförmige Flächenelemente treffen. Aus einer Bilanzierung zwischen absorbierter und radial ins Werkstück abgeleiteter Energie sowie geometrischer Verfolgung der Teilstrahlen entsprechend der an den Wandelementen herrschenden Reflexionsbedingungen ergibt sich die Kapillarform, der Einkoppelgrad und die lokal herrschende Intensi-

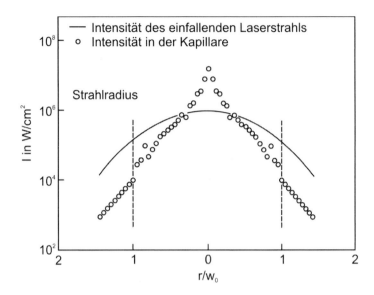

Bild 4.54 Selbstfokussierung der Laserstrahlung in der Kapillare infolge von Mehrfachreflexionen; gaußförmige Intensitätsverteilung, $\lambda = 10{,}6\ \mu m$, Fe.

tät. In einer Art von Selbstfokussierung übersteigt sie im Kapillargrund die des Strahls in erheblichem Maße. Im Hinblick auf die beobachteten spitz zulaufenden Kapillarenden beim Schweißen mit CO_2- Lasern (siehe obige Diskussion zur Kapillarform) ist dies als realistisch einzuschätzen: Da die (schließende) Oberflächenspannung mit r^{-1} anwächst, muss an einem derartigen Kapillargrund der ihr entgegenwirkende Druck entsprechend hoch sein. Dies ist bei einer erhöhten Abdampfrate gegeben, die wiederum eine erhöhte Intensität erfordert.

Eine solche „Umverteilung" der Energieflussdichte findet in umso höherem Maße statt, je geringer der Absorptionsgrad ist [73]. Da die einzelnen Gebiete der Kapillare infolge der Reflexionen miteinander gekoppelt sind, bedeutet dies, dass sich eine lokale Störung der Kapillargeometrie in diesem Falle sehr viel stärker und gleichzeitig auf weitere Bereiche auswirkt. Die zu beobachtende geringere Stabilität des Schweißprozesses bei 10,6 µm im Vergleich zu 1 µm ist (nebst den Auswirkungen des Plasmas oberhalb des Werkstücks) auf diesen Umstand zurückzuführen.

Zu beobachtende Einflüsse des Polarisationszustandes auf das Schweißergebnis beruhen ebenfalls auf dem Mechanismus der Fresnelabsorption. So zeigt Bild 4.55, dass bei senkrecht zur Schweißrichtung orientierter linearer Polarisation mehr Energie in die Seiten der Kapillare eingekoppelt wird, was zu einer Verbreiterung der Naht führt. Bei paralleler Orientierung lässt sich die erhöhte Einkopplung an der Front in einer Geschwindigkeitserhöhung nutzen.

Wiewohl sich anhand achssymmetrischer und senkrecht zur Werkstückoberfläche stehender Kapillargeometrien verschiedene die Einkopplung beeinflussende Aspekte anschaulich darstellen lassen – einschließlich jener von Strahlparameterprodukt und Plasmaabsorption [73] – geben sie die Kapillargeometrie bei hohen Geschwindigkeiten nur unzureichend wieder: Mit steigender Geschwindigkeit verbleibt weniger Zeit, in der sich der Laserstrahl in die Tiefe

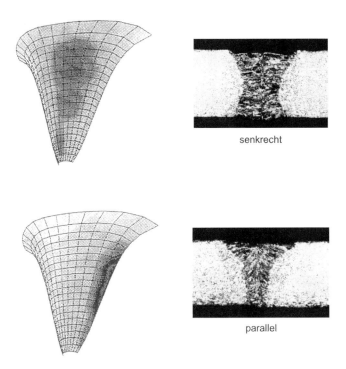

senkrecht

parallel

Bild 4.55 Ein Merkmal der Fresnelabsorption sind Polarisationseffekte, die hier qualitativ anhand von berechneter Absorption an der geneigten Kapillarwand (dunkle Bereiche entsprechen hohen Werten) und experimentell erhaltenen Nahtquerschnitten (St14 (neu DC04), $s = 1$ mm, $\lambda = 10.6$ μm, $P = 3{,}6$ kW, $v = 7$ m/min) verdeutlicht werden: lineare Polarisation senkrecht zur Vorschubrichtung (oben), parallel dazu (unten).

„bohren" kann, sodass die Einschweißtiefe abnimmt und die Kapillare sich stärker neigt. Ein diese Aspekte berücksichtigendes Modell [154] erbringt Kapillargeometrien, die in Bild 4.56 wiedergegeben sind.

Ein ebenfalls die Kapillargeometrie bzw. die Energieeinkopplung betreffendes Problem stellt der Mechanismus dar, aufgrund dessen sich die Kapillare im Schmelzbad bewegt. Zweifelsohne muss an ihrer Front die Verdampfungsrate und damit notwendigerweise auch die Energieeinkopplung größer sein als an der Rückwand, da der Ablationsdruck an der Kapillarfront das dort aufgeschmolzene Material beschleunigt und so den „Antrieb" für die Schmelzeströmung darstellt. In welcher Weise sich der nach hinten abströmende Metalldampf in der Impulserhaltung manifestiert (alle theoretischen Modelle, die für Verhältnisse der niedrigen und mittleren Geschwindigkeitsbereichs Gültigkeit haben, betrachten einen konstanten Druck über den Kapillarquerschnitt), ist eine noch unbeantwortete Frage. Bei sehr hohen Schweißgeschwindigkeiten und geringen Einschweißtiefen, wo sich nach neueren Hochgeschwindigkeitsaufnahmen Kapillarformen einstellen, die recht ähnlich dem in Bild 4.56 gezeigten Fall für 16 cm/s sind, kann davon ausgegangen werden, dass der teilsweise nach hinten abströmende Dampf auf die Rückwand trifft und so Einfluß auf die Schmelzbaddynamik nimmt.

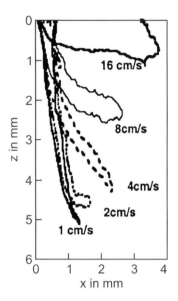

Bild 4.56 Berechnete zweidimensionale Kapillargeometrien als Funktion der Geschwindigkeit, nach [154]; CO_2-Laser, $P = 5$ kW.

Modifikation der Energieeinkopplung durch Plasma in der Kapillare

Findet innerhalb der Kapillare eine nennenswerte Ionisierung des Metalldampfes statt, wovon beim Schweißen mit CO_2-Lasern insbesondere bei hohen Leistungen stets auszugehen ist, so stellt sich infolge der *Plasmaabsorption* ein zweiter Mechanismus der Energieeinkopplung ein. Gewissermaßen über den „Umweg" des durch inverse Brennstrahlung aufgeheizten Plasmas – Modellrechnungen und Experimente erbringen Temperaturen zwischen 6'000 und 15'000 K, siehe z. B. [155] – gelangt der darin absorbierte Leistungsanteil mittels Wärmeleitung in das Werkstück. Wie Rechnungen an axialsymmetrischen Geometrien verdeutlichen, kann der dadurch resultierende Einkoppelgrad den auf der Fresnelabsorption allein beruhenden übertreffen [73]. Allerdings verändert sich auch die Kapillargeometrie, die als Konsequenz der überwiegend in radialer Richtung erfolgenden Wärmeleitung im Plasma breiter und der dem Beer-Lambert'schen Gesetz unterliegenden Intensitätsabnahme während der Strahlpropagation weniger tief wird. Dieser resultierende Effekt ist in Bild 4.57 veranschaulicht.

Der relative Anteil der beiden Mechanismen ist Bild 4.58 zu entnehmen. Bis etwa 5 kW überwiegt Fresnel-, bei höheren Leistungen die Plasmaabsorption und entsprechend macht sich dann erst die „Reduktion" der Einschweißtiefe bemerkbar. Durch die Anführungszeichen sei verdeutlicht, dass es sich hierbei nicht um einen real feststellbaren und vermeidbaren Effekt handelt, da ja die Plasmaentstehung in der Kapillare eine inhärente und nicht zu beeinflussende Folge der Wechselwirkung zwischen Metalldampf und Laserstrahlung bei 10,6 µm ist. Gezeigt werden soll damit, welche Tiefe sich mit einem Laserstrahl vergleichbarer Geometrie, Leistung und Fresnelabsorption erzielen ließe, bei dem keine Plasmaabsorption auftreten würde. Da bei $\lambda \approx 1$ μm und für das Schweißen typischen Intensitätswerten Plasmaeffekte nicht von Relevanz sind (siehe Abschnitt 3.3.1.1), vermittelt Bild 4.58 auch eine grobe Vorstellung davon, was mit Scheiben- und Faserlasern erzielbar ist.

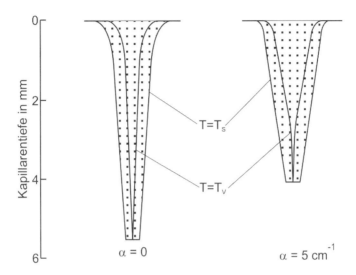

Bild 4.57 Selbstkonsistent berechnete Kapillar- und Nahtquerschnittsformen zeigen, dass als Folge von Plasma in der Kapillare sich diese weniger tief, aber breiter ausbildet; CO_2-Laser, TEM_{00} mit $I_0 = 2 \cdot 10^{-7}$ W/cm².

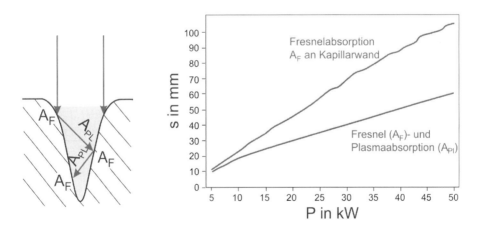

Bild 4.58 Durch Plasmaabsorption in der Kapillare modifizierte Energieeinkopplung und Einschweißtiefe; Fe, $v = 4$/min, $d_f =$ const.

4.2.4   Fluidmechanische Effekte im Schmelzbad

Aus direkten Beobachtungen des Schweißprozesses, Hochgeschwindigkeitsaufnahmen des Schweißbades, siehe Bild 4.59, und dem Erscheinungsbild der Nahtoberraupe mit ihren typischen Schuppungen kann unmittelbar geschlossen werden, dass die Schmelzebewegung einer hohen Dynamik unterliegt. Röntgenaufnahmen und Simulationen der Strömungsvorgänge dokumentieren ein komplexes, dreidimensionales Strömungsfeld, was in Bild 4.60 beispielhaft gezeigt ist. Dominierend bei diesen niedrigen Geschwindigkeiten ist eine vom Marangoni-Effekt [156] (siehe Abschnitt 4.2.4.2) und einer längs der Kapillarfront nach unten laufenden „Schmelzestufe" (bei Schweißungen in Glas [149] und in Metallen [148] erkennbar und in [139], [157] modellhaft postuliert) angefachte Wirbelstruktur, während die bei hohen Geschwindigkeiten auftretenden, zu verschiedenen Instabilitäten führenden Mechanismen weder hinreichend verstanden, noch in vergleichbarer Weise darstellbar sind.

Über Energie- und Impulserhaltungsbedingungen an der Grenzfläche Dampf/Flüssigkeit ist die Strömung im Schmelzbad zudem direkt an die Vorgänge in der Kapillare gekoppelt. Jede Änderung geometrischer oder physikalischer Randbedingungen dort hat unmittelbare Auswirkungen auf die Energie- und Impulsverteilung im Schmelzbad und umgekehrt; veranschaulicht ist diese Kopplung in Bild 4.61 beispielhaft beim Entstehen einer Kapillare [158]. Wiewohl zeitliche Funktionen des Prozessgeschehens inhärenterweise auftreten (als Beispiel sei auf die in Bild 4.52 ersichtlichen Fluktuationen der Kapillarform hingewiesen), lässt sich bei geeigneter Parameterwahl ein quasistationärer Zustand realisieren, der als „stabiler" Prozess Anwendung findet. Abweichungen von diesen Bedingungen – infolge von größeren Parameterschwankungen oder lokaler, statistisch auftretender Veränderungen einer Randbedingung – führen zu Instabilitäten mit negativen Auswirkungen auf die Prozessqualität.

Obwohl die verschiedenen Mechanismen, die zur Ausbildung eines bestimmten Strömungsfeldes beitragen, miteinander in Wechselwirkung stehen, werden sie der Übersicht und des besseren Verständnisses halber im Folgenden getrennt diskutiert. Im gleichen Sinne werden Stabilitätsaspekte in einem gesonderten Abschnitt behandelt.

Bild 4.59 Einzelbilder aus einem Hochgeschwindigkeitsfilm, welche die dynamischen Vorgänge im Schmelzbad erkennen lassen, verzinkte Stahlbleche, $s = 1$ mm, $d_f = 0{,}6$ mm, $\lambda = 1{,}06$ µm, $P = 4$ kW, $v = 2$ m/min.

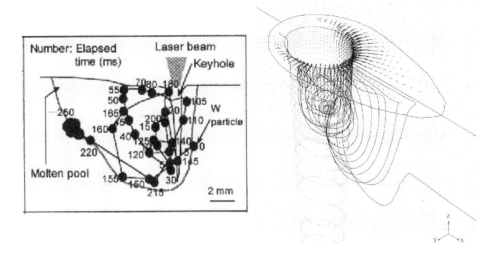

Bild 4.60 Verdeutlichung des räumlichen Strömungsfeldes im Schmelzbad anhand von Teilchenbahnen. Im linken Bild wird die aus der Auswertung eines Röntgenfilms (1000 Bilder/s) gewonnene Bewegung eines Wolframpartikels anhand von Zeitschritten (ms) dokumentiert, nach [159]; $P = 3,5$ kW, $v = 0,6$ m/min. Das rechte Bild gibt die Ergebnisse einer Strömungssimulation nach [156] wieder; $P = 3$ kW, $v = 2$ m/min.

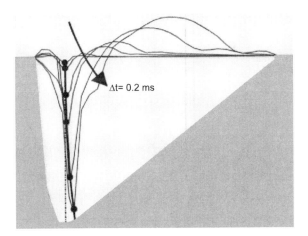

Bild 4.61 Berechnete zeitliche Ausbildung der Dampfkapillare in einem vorgegebenen Schmelzbad als Illustration der Kopplung von Vorgängen in der Kapillare und der Schmelze. Der vom abströmenden Dampf auf das Fluid übertragene Impuls äußert sich im Entstehen einer nach hinten laufenden Welle an der Badoberfläche; Zeitschritte $\Delta t = 0,2$ ms, $P = 4$ kW, $d_f = 0,38$ mm. Man erkennt eine von der Laserstrahlachse nach hinten ausweichende Kapillarspitze, was hier (ohne Berücksichtigung der Kapillarumströmung, also $v = 0$) allein darauf zurückzuführen ist, dass die verdrängte Schmelze bevorzugt in diese Richtung ausweichen kann.

Fluidmechanische Effekte sind indessen nicht nur bezüglich der Prozessstabilität von Interesse. Da mit der strömenden Schmelzemasse Energie transportiert wird, hat das Strömungsfeld einen direkten Einfluss auf die Schmelzbad- und somit Nahtgeometrie. Es ist also auch von praktischem Interesse, zu wissen, ob durch gezielte Nutzung eines bestimmten Mechanismus eine Nahtformung bewerkstelligt werden kann.

4.2.4.1   Umströmung der Kapillare

Das Vorhandensein einer Kapillare im Schmelzbad ist primär bestimmend für das Strömungsfeld. Sie stellt für das an der Schmelzfront aufgeschmolzene und nach hinten fließende Material einen „Widerstandskörper" dar, der umströmt werden muss und im dahinter liegenden Bereich des Schmelzbads eine entsprechende Geschwindigkeitsverteilung induziert. Da die Schmelzbadbreite mit zunehmender Schweißgeschwindigkeit abnimmt, verringert sich dabei der seitliche Abstand zwischen der Kapillarwand und der Phasengrenze flüssig/fest. Hieraus folgt, dass die Schmelzegeschwindigkeit u in dem dadurch festgelegten „Kanalquerschnitt" Werte annehmen muss, die den der Schweißgeschwindigkeit v deutlich übersteigen. Abschätzungen dieses Effekts sind in Bild 4.62 wiedergegeben [73]. Man erkennt ein überproportionales Anwachsen mit der Vorschubgeschwindigkeit und eine deutliche Abhängigkeit von den Materialeigenschaften. In letzteren manifestiert sich die Wärmeleitfähigkeit, die in Werkstoffen mit hohen Werten zu einem breiteren Schmelzbad und deshalb zu niedrigeren Geschwindigkeiten führt. Anzumerken ist, dass die Bild 4.62 zugrunde liegende Rechnung für eine konstant gehaltene Schweißtiefe s durchgeführt wurde. Berücksichtigt man demgegenüber, dass sich bei Einschweißungen mit konstanter Leistung der Wert s näherungsweise nach $s \propto v^{-1}$ verändert, dann müsste die seitliche Umströmungsgeschwindigkeit in Abhängigkeit von der Schweißgeschwindigkeit mit einem noch größerem Exponentialkoeffizienten anwachsen, als dem in Bild 4.62 zutage tretenden. Andererseits deuten experimentelle Beobachtungen darauf hin, dass insbesondere bei hohen Schweißgeschwindigkeiten nahe der

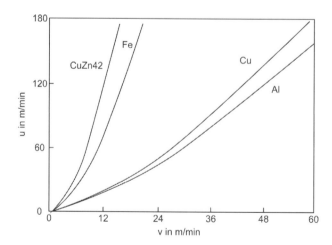

Bild 4.62 Maximale Schmelzegeschwindigkeit u seitlich einer Kapillare von $d_f = 0,2$ mm und $s = 2$ mm in Abhängigkeit von der Schweißgeschwindigkeit v.

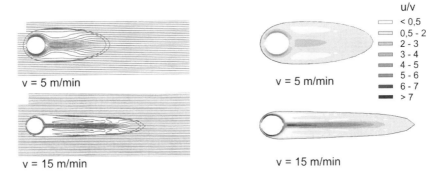

Bild 4.63 Zweidimensionale Strömungsfelder bei zwei unterschiedlichen Schweißgeschwindigkeiten; Stromlinien (li) und durch Graustufen gekennzeichnete Geschwindigkeitswerte (re) der Schmelze bezogen auf die Schweißgeschwindigkeit. Hier wie in Bild 4.62 ist eine längs des Umfangs der zylindrischen Kapillare konstante Energieeinkopplung angenommen.

Humpingsgrenze (siehe Abschnitt 4.2.7) ein Teil der Schmelze auch unterhalb des Kapillargrundes nach hinten gelangt.

Die Ergebnisse numerischer Analysen eines zweidimensionalen Strömungsfelds, wie es für das Durchschweißen dünner Bleche typisch ist, gibt Bild 4.63 für mittlere [73] und Bild 4.64 und Bild 4.65 [160] für sehr hohe Werte wieder, wie sie mit Faser- und Scheibenlasern möglich erscheinen. Bei diesen Beispielen mit $d_f = 25$ und $50\ \mu m$ wurde eine Energieeinkopplung ausschliesslich an der Kapillarfront, d.h. an der vorderen Hälfte eines Zylindermantels, berücksichtigt. Um die Schmelze auf so hohe Geschwindigkeiten zu beschleunigen, bedarf es im Staupunkt Drücke, die – aus Lösungen der Navier-Stokes-Gleichungen sich ergebend – mehr als eine Grössenordnung über Atmosphärendruck anwachsen können. Sie entstehen als Reaktion des verdampfenden Materials, was nach diesen Modellrechnungen *absorbierte* Intensitätswerte von 0,5 bis 1,4 $10^6\ W/cm^2$ erfordert.

Erwähnenswert für das Verständnis des Prozessgeschehens sind folgende Auswirkungen einer steigenden Schweißgeschwindigkeit:

- Die Breite des Schmelzbades insgesamt, aber insbesondere die Schmelzbadausdehnung vor und neben der Kapillare nehmen drastisch ab; an der Front ist dann zutreffender von einem Schmelzefilm zu sprechen.

- Die Gebiete höchster Schmelzegeschwindigkeit befinden sich seitlich und hinter der Kapillare.

- Bei gleicher Schweißgeschwindigkeit wird die maximale Schmelzegeschwindigkeit umso höher, je grösser der Kapillardurchmesser ist.

- Der beschleunigende Druck an der Front wächst von wenigen 100 mbar mit der Schweißgeschwindigkeit entsprechend $p \propto v^m$ an, wobei der Exponent zwischen 2 und 3 liegt.

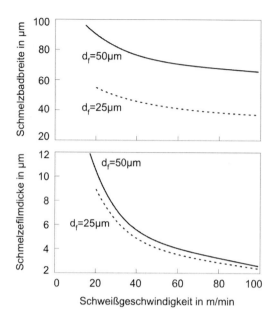

Bild 4.64 Zweidimensional berechnete Schmelzbadbreite und Dicke des Schmelzefilms vor der Kapillarfront in Abhängigkeit der Schweißgeschwindigkeit und des Kapillardurchmessers; Fe.

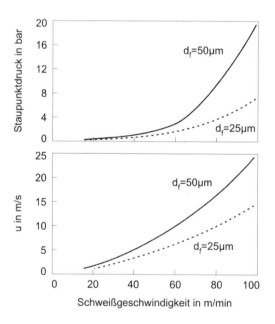

Bild 4.65 Bild 4.64 entsprechende maximale Umströmungsgeschwindigkeiten (seitlich der Kapillare) und zu deren Entstehung erforderliche (Über)Drücke.

Die damit zusammenhängende, sich mit der Schweißgeschwindigkeit ändernde Verteilung des dynamischen $\rho \cdot u^2/2$ und statischen Druckes an der Kapillarwand erfordert in der Realität dort entsprechende Reaktionen, um das Druckgleichgewicht aufrecht zu erhalten. Letztlich werden sich die Randbedingungen für die Energieeinkopplung in einer Weise ändern, so dass an der Phasengrenze Dampf/Schmelze Gleichgewicht herrscht. Die im hinteren Bereich des Schmelzbads noch vorhandenen hohen Geschwindigkeiten und entsprechenden Staudrücke wirken sich auf die geometrischen Bedingungen der Erstarrung und die daraus resultierende Nahtform in einer Weise aus, die noch keineswegs vollständig verstanden ist.

4.2.4.2   Effekte der Oberflächenspannung

Die Oberflächenspannung der Schmelze ist beim Tiefschweißen in zweierlei Hinsicht von Bedeutung, für das Kräftegleichgewicht an der Kapillarwand und das Auftreten thermokapillar induzierter Strömungen, dem so genannten Marangoni-Effekt.

Im Bestreben, die Oberfläche der Kapillare klein zu halten, übt die Oberflächenspannung einen Druck von

$$p = \sigma \cdot \left(\frac{1}{r_1} + \frac{1}{r_2} \right) \tag{4.16}$$

aus; r_1 und r_2 sind die Hauptkrümmungsradien der Kapillarwand. Da der Oberflächenspannungskoeffizient σ eine Stoffgröße ist, die zudem von der Temperatur abhängt, macht (4.16) unmittelbar deutlich, dass die Stabilität einer Kapillare sowohl von geometrischen als auch energetischen Änderungen betroffen ist.

Die an der Schmelzbadoberfläche auftretenden großen Temperaturunterschiede zwischen Schmelzbadrand und Kapillarwand führen wegen $\sigma(T)$ auch zu erheblichen räumlichen Gradienten $d\sigma / dx$ und $d\sigma / dy$. An der Oberfläche gilt dann

$$\tau_x = \frac{d\sigma}{dx} = \frac{d\sigma}{dT} \cdot \frac{dT}{dx} \text{ bzw. } \tau_y = \frac{d\sigma}{dy} = \frac{d\sigma}{dT} \cdot \frac{dT}{dy}, \tag{4.17}$$

d.h. es wird eine Scherspannung erzeugt, welche die oberflächennahe Schmelzeschicht in Bewegung setzt. Bild 4.66 veranschaulicht die geschilderte Situation für ein Schmelzbad, wie es typischerweise beim Lichtbogenschweißen (und auch beim Wärmeleitungsschweißen) auftritt und wo der Marangoni-Effekt als erstes eingehend untersucht worden war. Man erkennt, dass in Abhängigkeit des Vorzeichens von $d\sigma / dT$ unterschiedlich gerichtete Strömungen induziert und als Folge des konvektiven Energietransports auch unterschiedliche Temperaturfelder und somit Schmelzbadgeometrien erzeugt werden: bei $d\sigma / dT < 0$ erfolgt eine Verbreiterung, bei $d\sigma / dT > 0$ eine Vertiefung gegenüber den Verhältnissen mit ausschließlich konduktivem Wärmetransport (siehe Bild 3.39).

Wie schon erwähnt, ist σ eine Stoffeigenschaft. Reine Metalle weisen im allgemeinen einen negativen Gradienten $d\sigma / dT$, oberflächenaktive Elemente wie Schwefel, Sauerstoff, Selen und Tellur, einen positiven auf. Im Hinblick auf das Wirksamwerden des Marangoni-Effekts sind die Verhältnisse an der Schmelzbadoberfläche wichtig, d.h. die dort herrschende Konzentration an oberflächenaktiven Elementen ist maßgebend. Da sich Sauerstoff mit Legierungselementen wie Aluminium, Silizium, Mangan und Kalzium verbinden kann, hängen die im realen Prozess wirksam werdenden Oberflächenspannungskoeffizienten nicht zuletzt von

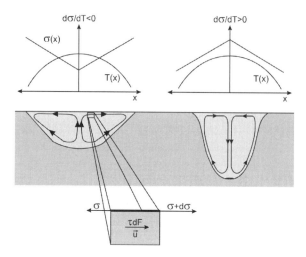

Bild 4.66 Qualitativer Verlauf von Temperatur und unterschiedlichen Oberflächenspannungskoeffizienten und dadurch im Schmelzbad induzierte Strömungswirbel in rotationssymmetrischer Konfiguration.

der Art und Zufuhr des Schutzgases ab. Je nach dessen Wirkung kann es zur Ausbildung einer Oxidhaut auf dem Schmelzbad kommen, die den Antrieb der Schmelze behindert.

Mit dem Marangoni-Effekt beim Wärmeleitungsschweißen, wo er die alleinige Ursache für das Strömungsfeld ist, befassen sich einige Arbeiten. So wird u.a. in [161] berichtet, dass in Gusseisen bei einem variierenden Schwefelgehalt von 10^{-3} bis 10^{-1} % Auswirkungen auf die Nahtform nur für Vorschubgeschwindigkeiten unterhalb von 4 m/min zu beobachten waren. In [143] wird die Modifizierung des Oberflächenspannungskoeffizienten gezielt genutzt, um über eine Beimischung von CO_2 zum Schutzgas Argon die Einschweißtiefe zu erhöhen.

Im Falle des Tiefschweißens wird hingegen das Strömungsfeld primär durch die Kapillarumströmung geprägt, dem die thermokapillaren Strömungskomponenten gewissermaßen überlagert sind. Deren mögliche Bedeutung findet denn auch erst seit der verbreiteten Verwendung von Nd:YAG-Hochleitungslasern für das Schweißen Beachtung, da hierbei ähnliche nagelkopfartige Nahtquerschnitte auftreten, wie sie bei CO_2-Lasern als Effekt des laserinduzierten Plasmas, *das es bei* $\lambda \approx 1$ µm *nicht gibt*, interpretiert wurden.

Da in der Realität die Auswirkungen der verschiedenen, sich überlagernden Antriebsmechanismen für die Schmelzeströmung kaum getrennt darstellbar sind, wird der Marangoni-Effekt im Folgenden anhand von Simulationsergebnissen diskutiert. Exemplarisch eingegangen wird dabei nur auf Verhältnisse, wo an der gesamten Oberfläche ausschließlich $d\sigma / dT > 0$ oder $d\sigma / dT < 0$ herrschen, nicht jedoch auf Fälle, wo ein räumlich verteilter Vorzeichenwechsel auftritt [156].

Das im Vergleich zum Grundmuster (nur Umströmung der Kapillare) durch einen negativen Oberflächenspannungskoeffizienten modifizierte Strömungsfeld einer *Durchschweißung* ist in Bild 4.67 (re) wiedergegeben. Die von der Kapillare zum Schmelzbadrand hin wirkenden Scherkräfte führen zu einer Verbreiterung und Verlängerung des oberflächennahen Schmelzbadbereichs, während die in der Blechmitte auf die Kapillare hin gerichtete Strömung dort die

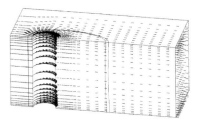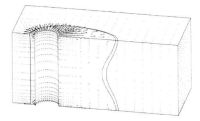

Bild 4.67 Aus der Umströmung einer zylindrischen Kapillare ($d_f = 0{,}2$ mm) bei einer Schweißgeschwindigkeit von 3 m/min sich ergebendes Geschwindigkeitsfeld und folgende Schmelzbadform (li) und entsprechende Resultate bei Berücksichtigung von Effekten der Oberflächenspannung mit $d\sigma / dT < 0$ für reines Eisen; $s = 1$ mm.

Badlänge verkürzt. In dem diesen Rechnungen zugrunde liegenden Parameterbereich kann demzufolge von einer Beeinflussung des Nahtquerschnitts durch den Marangoni-Effekt ausgegangen werden. Seine Wirkung bei *Einschweißungen* wurde in [156] und [162] untersucht. Während die Ergebnisse in [162] bei 3,6 m/min Schweißgeschwindigkeit ein umströmungsdominiertes Bild ergeben, zeigen die Berechnungen in [156], dass Einflüsse der Oberflächenspannung im Geschwindigkeitsbereich bis zu etwa 6 m/min eine Rolle spielen können. Die unterschiedlichen Strömungsfelder und Schmelzbadgeometrien für positive und negative Werte von $d\sigma / dT$ sind in Bild 4.68 dargestellt. Sehr ausgeprägt ist im Falle $d\sigma / dT > 0$ der hinter der Kapillare auftretende Wirbel, in dem heißes Material in die Tiefe transportiert wird. Da in diesen Rechnungen die Kapillargeometrie als konstante Randbedingung gegeben war, äußert sich der damit verknüpfte Energietransport nicht als Einschweißtiefenvergrößerung, sondern in einer Erniedrigung der Laserleistung, welche für die Aufrechterhaltung der Verdampfungstemperatur an der Kapillarwand benötigt wird. Negative Gradienten $d\sigma / dT$ induzieren indessen flache, oberflächennahe Wirbel hinter und neben der Kapillare, die zu einer Badverlängerung und -verbreiterung führen. Resultierende Nahtquerschnitte sind in Bild 4.69 wiedergegeben.

Die Existenz der in Bild 4.68 gezeigten Wirbel in ihrer Wirkung ist mehrfach beobachtet und in [163] anhand von Schliffbildern und Röntgenaufnahmen experimentell bestätigt. In einer geschlossenen Prozesskammer wurde dort die Gaszusammensetzung kontrolliert gestaltet und durch Zugabe von Sauerstoff zu Argon das Vorzeichen der Temperaturabhängigkeit des Oberflächenspanungskoeffizienten verändert. Bild 4.70 gibt die dabei auftretenden Nahtquerschnitte wieder; der in Edelgasatmosphäre typische Nagelkopf infolge des für pure Metalle geltenden $d\sigma / dT < 0$ schwächt sich mit zunehmendem Sauerstoffgehalt ab. Die Bilder können jedoch nur als Beweis einer nach aussen (zum Schmelzbadrand hin) gerichteten, kräftig entwickelten Strömung für den Fall gelten, dass eine freie Oberfläche das Wirksamwerden des Marangoni-Effekts erlaubt; ob es bei Sauerstoffkonzentrationen von mehr als 5% tatsächlich zu einer *Umkehr* der antreibenden Oberflächenspannungen kommt, oder eine sich ausbildende Oxidschicht die nach aussen gerichtete Strömung lediglich behindert, kann hieraus nicht beantwortet werden. Adererseits weisen ähnliche Untersuchungen beim Lichtbogenschweißen [164] auf eine entsprechende Umkehr hin.

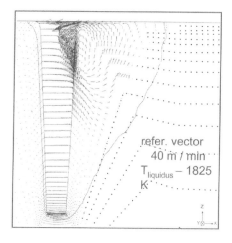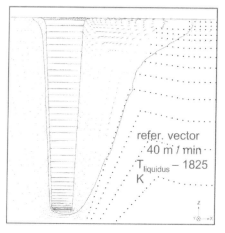

Bild 4.68 Schmelzbadform und Geschwindigkeitsfeld in der Symmetrieebene parallel zur Schweißgeschwindigkeit; $v = 2$ m/min: $d\sigma / dT > 0$ (li) und $d\sigma / dT < 0$ (re); die Kapillargeometrie wurde in Anlehnung an experimentelle Ergebnisse vorgegeben, $P \approx 3$ kW.

Als gesichert darf jedoch angenommen werden, dass die Nagelkopfform von Schweißnähten primär auf den Einfluß von Oberflächenspannungen zurückzuführen ist. So zeigen vergleichende Einschweißungen mit CO_2-Laser und Elektronenstrahl übereinstimmend das Vorhandensein eines Nagelkopfs bei oxydfreier und das Fehlen bei oxydierter Oberfläche [165].

Abschließend sei auf einen weiteren Effekt der Marangoniströmung hingewiesen. Würde man bei Verhältnissen, die der in Bild 4.68 (li) gezeigten Situationen entsprechen, Zusatzwerkstoff im Bereich des nach unten weisenden Wirbels einbringen, so könnte erwartet werden, dass er sehr viel weiter in die Tiefe transportiert wird als von dem im rechten Bildteil gezeigten Strö-

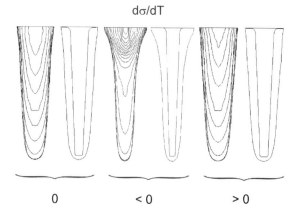

Bild 4.69 Konturdarstellung und Nahtquerschnitte für die in Bild 4.68 gezeigten Schmelzbäder im Vergleich zu Formen, die ohne Effekte der Oberflächenspannung ($d\sigma / dT = 0$) auftreten würden.

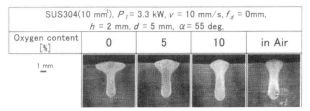

Bild 4.70 Experimentell demonstrierter Einfluss des Marangoni-Effekts auf den Nahtquerschnitt nach [163]; Nd:YAG-Laser, P = 3,3 kW, v = 0,6 m/min, Edelstahl.

mungsfeld. Damit stellt sich die Frage, ob mit einer gezielten Beeinflussung der Oberflächenspannung eine verbesserte Durchmischung zu erzielen wäre.

In der Tat weisen experimentelle Untersuchungen darauf hin, dass dies möglich sein sollte [166]; so lassen Ergebnisse beim Schweißen mit siliziumhaltigem Zusatzdraht zur Vermeidung von Heißrissen in Aluminiumwerkstoffen eine homogenere Verteilung des Siliziums in der Naht erkennen. Wie komplex die Verhältnisse dabei jedoch sind, wird aus Hochgeschwindigkeitsaufnahmen des Schmelzbads ersichtlich, wo bei Verwendung von Argon bzw. CO_2 als Schutzgas gänzlich verschiedene Phänomene beobachtet werden. Mit Argon ist ein großer Teil der Schmelzbadoberfläche als oxidfreie Metallschmelze erkennbar, und der Marangoni-Effekt kann sich in der oben geschilderten Weise in einem oberflächennahen, den Nahtquerschnitt dort verbreiternden Wirbel auswirken. Das über den Zusatzdraht eingebrachte Silizium findet sich weitgehend in diesem Bereich wieder, siehe Bild 4.71. Wird dagegen CO_2 verwendet, so ist die Oberfläche fast vollständig mit einer Oxidhaut bedeckt; anders als an einer freien Oberfläche können hier Gradienten der Oberflächenspanung nicht wirksam werden. Der dadurch fehlende konvektive Wärmetransport zur Seite hin verringert die Wärmeverluste an der Kapillarwand und führt zu einer erhöhten Einschweißtiefe bis gerade zur Durchschweißung. Als Antriebsmechanismus für die der Umströmungsgeschwindigkeit überlagerten Geschwindigkeitskomponenten muss hier die im nächsten Abschnitt besprochene Dampfreibung in der Kapillare gelten. Aufgrund der auch nach unten hin offenen Kapillare strömt Dampf dort ebenfalls aus und induziert im unteren Kapillarbereich eine in die Tiefe gerichtete

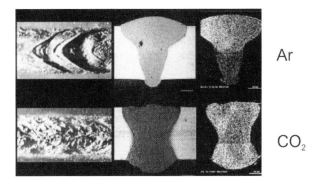

Bild 4.71 Vergleich von Nahtoberfläche, Nahtquerschnitt und Siliziumverteilung beim Schweißen einer Al-Legierung mit Zusatzdraht und unterschiedlichem Schutzgas; Nd:YAG-Laser, 4 kW, 1,5 m/min.

Geschwindigkeit in der Schmelze. Die von der Dampfreibung induzierten Wirbel sorgen für eine gute Durchmischung.

Diese in Bild 4.70 und Bild 4.71 präsentierten Beispiele zeigen zum einen, dass aus der Anwesenheit eines oberflächenaktiven Elements nicht notwendigerweise auf eine *Umkehr* der Marangoniströmung gegenüber dem Fall einer „reinen" Metallströmung geschlossen werden darf, und zum anderen, wie schwierig es ist, bestimmte Merkmale eines Prozessergebnisses einem einzigen Effekt zuzuordnen. Zusammenfassend kann jedoch festgestellt werden, dass auch beim Tiefschweißen Auswirkungen der Oberflächenspannung auf den Nahtquerschnitt zu erwarten sind, wenn

- die dadurch induzierten Geschwindigkeiten die Größenordnung jener aus der Kapillarumströmung herrührenden erreichen, also eher bei niedrigen und mittleren Schweissgeschwindigkeiten, und

- die oberflächenaktiven Elemente an einer „freien", d.h. nicht von Oxid- oder Nitridschicht bedeckten Oberflächen wirken können.

4.2.4.3   Dampfströmung in der Kapillare

Durch Reibungseffekte überträgt der in (und aus) der Kapillare strömende Metalldampf einen Teil seines Impulses an die Kapillarwand. Die dort wirksam werdenden Scherspannungen beschleunigen die benachbarte Flüssigkeitsgrenzschicht und induzieren auf diese Weise ein Strömungsfeld im Schmelzbad.

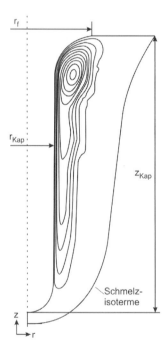

Bild 4.72 Durch Dampfreibung an der Kapillarwand induzierter Strömungswirbel in der Schmelze.

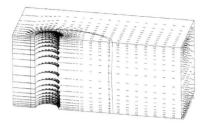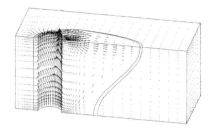

Bild 4.73 Veränderungen des Strömungsfeldes aufgrund der Metalldampfreibung an der Kapillarwand im Vergleich zu dem aus der Kapillarumströmung resultierendem (der Anschaulichkeit halber ist eine nur nach oben gerichtete Strömung angenommen).

Auch dieser Mechanismus lässt sich separiert von anderen nur mittels numerischer Simulationen darstellen. Zwei Beispiele sollen seine möglichen Auswirkungen veranschaulichen. Im Falle einer Punktschweißung – ohne Vorschubgeschwindigkeit tritt keine Kapillarumströmung auf – bildet sich ein Ringwirbel aus, der nur einen begrenzten Bereich um die Kapillare herum einnimmt, siehe Bild 4.72. Zusammen mit einer Umströmung indessen kann diese reibungsinduzierte Strömung zu merklichen Veränderungen der Schmelzbadgeometrie führen. Für eine Durchschweißung mit den gleichen Parametern wie den Bild 4.67 (li) zugrunde liegenden verdeutlicht Bild 4.73 diesen Effekt. Man erkennt, dass die zur Oberfläche und dort – in der Überlagerung der Geschwindigkeitskomponenten – zum Schmelzbadrand transportierte heiße Masse das Schmelzbad in oberflächennahen Bereichen vergrößert.

Die Strömungsverhältnisse in der Kapillare sind nicht nur hinsichtlich ihrer Wirkung auf die Schmelze, sondern auch auf die Stabilität der Kapillare von Interesse. So zeigen theoretische Untersuchungen in [167], [168], [169], dass der für den Strömungsvorgang erforderliche Druckaufbau und -verlauf in der Kapillare wesentlich zum Kräftegleichgewicht beiträgt; bereits bei Tiefen über 0,5 mm stellt er den überwiegenden Anteil am Gesamtdruck dar. Bei derartigen Verhältnissen, die modellhaft als Kanalströmungen behandelt werden können, ist ein großer Einfluss der Kapillargeometrie (Querschnittsverlauf) und der Zähigkeit des Dampfes/Plasmas auf die Druck- und Geschwindigkeitsverteilung innerhalb der Kapillare zu erwarten. Ungeachtet dieser Details erbringen theoretische Berechnungen Werte für die Ausströmungsgeschwindigkeit, die in der Größenordnung von 100 bis 200 m/s liegen und damit in Einklang mit experimentellen Befunden [170] stehen. Die Temperatur wird von den Werkstoffeigenschaften und der Wellenlänge bestimmt, wie die Messungen in Bild 4.74 zeigen [171]. Für den maximalen Überdruck am Kapillargrund werden berechnete Werte von 0,1 bis zu einigen bar berichtet, und aus den experimentellen Untersuchungen in [172]ist auf die gleiche Größenordnung zu schließen.

Die mit der Dampfabströmung einhergehenden Verluste an Masse und Energie sind vernachlässigbar gering [73], [155]. Sie sind nach [173] umso kleiner, je schlanker die Kapillare ist; gedeutet wird dieser experimentelle Befund mit einer erhöhten Kondensation an der Kapillarrückwand.

Der Gültigkeitsbereich solcher Vorstellungen von einer Art Rohrströmung dürfte auf niedrige und mittlere Schweißgeschwindigkeiten begrenzt sein. Bei sehr hohen Geschwindigkeiten

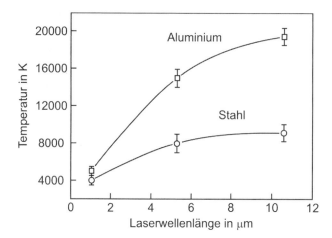

Bild 4.74 Spektroskopisch ermittelte Temperatur der Metalldampf/Plasmaströmung am Kapillaraustritt beim Schweißen mit Nd:YAG-, CO- und CO_2-Lasern. Während bei 1,06 µm lediglich ein überhitzter Dampf vorliegt, hat sich bei 10.6 µm ein heißes Plasma gebildet, nach [171].

(einige 10 m/min) ist das Bild einer (auch nur annähernd) axialsymmetrischen Kapillarform nicht mehr zutreffend. Hier ist ein unmittelbarer Eingriff in das dynamische Verhalten der Kapillare wie das des Schmelzbads infolge der Impulsübertragung vom an der Frontfläche der Kapillare abströmenden Dampfstrahl auf ihre Rückseite zu erwarten. Dieser Effekt führt zweifellos zu einer Modifizierung der in Abschnitt 4.2.4 diskutierten Umströmungsbedingungen und dem Kräftegleichgewicht in der Kapillare, insbesondere an ihrer Rückwand.

4.2.5   Einfluss der Umgebungsatmosphäre

In Kapitel 3 wurden die grundsätzlichen Möglichkeiten aufgezeigt, durch welche der Zustand der Umgebungsatmosphäre Einfluss auf das Prozessergebnis nehmen kann, nämlich infolge einer Veränderung der Strahleigenschaften am Werkstück und einer Modifizierung der Energieeinkopplung. Beide Vorgänge können sowohl durch Plasma- als auch Streueffekte hervorgerufen werden. Während nachteiligen Plasmaeffekten beim Schweißen mit CO_2-Lasern mittels geeigneter Schutzgaszufuhr begegnet wird, hat sich bezüglich der Streuproblematik das Absaugen bzw. Wegblasen der Dampffackel und der Schweißrauchwolke als geeignete Maßnahme etabliert. In den Abschnitten 4.2.5.1 und 4.2.5.2 wird auf die Beeinflussung der Strahlpropagation eingegangen, die sich im allgemeinen in einer Vergrößerung des Brennfleckdurchmessers niederschlägt und Nahtverbreiterung und Abnahme der Schweißtiefe zur Folge hat, während 4.2.5.3 die Bedeutung des Zustands der Schmelzbadoberfläche für das Prozessergebnis hervorhebt.

4.2.5.1   Metalldampf- und Schutzgasplasma

Im Gegensatz zu den Ausführungen in 3.3.1 kann man beim realen Schweißprozess nicht von einem homogenen Gemisch aus Metall- und Schutzgasionen sowie Elektronen und neutralen Atomen in der sichtbaren Plasmawolke ausgehen. Vielmehr zeigen Hochgeschwindigkeits-

Bild 4.75 Plasmaerscheinungen beim Schweißen mit CO_2-Lasern; $P = 5$ kW, $d_f = 0,45$ mm, He, AlMg3: Metalldampf/Schutzgasplasma (li) und durch Drosselung des Heliumflusses induzierte Plasmawolke in Umgebungsatmosphäre (re), dabei tritt eine vollständige Abschirmung des Werkstücks auf.

filme, dass das aus der Kapillare ausströmende Metallplasma sich erst in einigem Abstand oberhalb der Werkstückoberfläche mit dem Schutzgasstrom vermischt [146], [148], [159]. Die in Bild 4.75 demonstrierte Existenz unterschiedlicher Plasmen, die sich zudem in verschiedenen Gebieten zeigen, ist durch Änderungen bei der Schutzgaszufuhr hervorgerufen worden. Es ist somit einleuchtend, dass die Wirksamkeit des Schutzgases in erheblichem Maße von der Art seiner Zufuhr und dem davon bestimmten Strömungsfeld abhängt. Auch Lage bzw. Art der Fügestelle – auf ebenem Blech, räumlichem Teil, in der Nähe einer Ecke bzw. an einer Überlapp- oder Kehlnaht etc. – sind mitbestimmend für die Strömungsverhältnisse des Schutzgases. Nicht zuletzt vermag ein schlecht eingestellter Querjet eine Ejektorwirkung auszuüben und das Schutzgas aus der WWZ abzusaugen (siehe Abschnit 2.4.2.3). Solche, meist nicht bekannte Randbedingungen erschweren eine strikte und generelle Übertragbarkeit von aus Berechnungen oder im Labor gewonnenen Ergebnissen. Dennoch dürfen die in den folgenden Bildern gezeigten Auswirkungen als repräsentativ gelten.

Eine Vorstellung von der Größe der durch Absorption bzw. Brechung verursachten Intensitätsabnahme an der Werkstückoberfläche vermittelt Bild 4.76. Daraus geht hervor, dass die Strahlaufweitung weitaus stärker ins Gewicht fällt als der Leistungsverlust im Plasma: Im Temperaturbereich zwischen 8'000 und 16'000 K (in dem das Gros der gemessenen Werte liegt [155]) bewegen sich die direkten Verluste in der Größenordnung bis zu 20 %, während die Strahlaufweitung eine Reduktion der mittleren Intensität um einen Faktor von 2 bis 10 bewirken kann. Letztgenannter Effekt ist umso dominierender, je größer die F-Zahl und die räumliche Ausdehnung der Plasmawolke sind [174]. Hinzu kommt, dass die Plasmawolke kein statisches, sondern ein dynamisches Gebilde ist, das in seinen zeitlich fluktuierenden Auswirkungen die Prozessstabilität unmittelbar beeinflusst: Wie Bild 4.77 anschaulich vermittelt, führen die aus interferometrischen Dichtemessungen gewonnenen zeitabhängigen Brechzahlverteilungen über ihre Linsenwirkungen auch zu Änderungen der Strahlposition auf dem Werkstück [90], [175]. Neben den hier gezeigten Effekten von Strahlablenkung und Strahlaufweitung, kann es nach [176] bei gewissen Temperatur- bzw. Dichteverteilungen im Plasma auch zu einer Fokussierung des Strahls kommen.

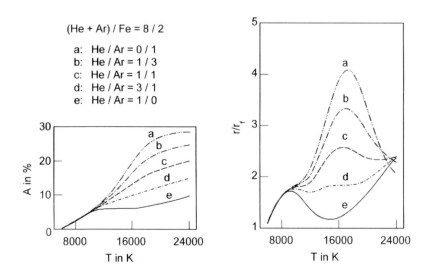

Bild 4.76 Absorption und Defokussierung eines CO_2-Laserstrahls (TEM$_{00}$, $F = 7$) in einer ellipsoid-förmigen Plasmawolke (3×1 mm); ihr Zentrum liegt 3 mm oberhalb der Werkstückoberfläche; T ist der Maximalwert der gaußförmig angenommenen Temperaturverteilung.

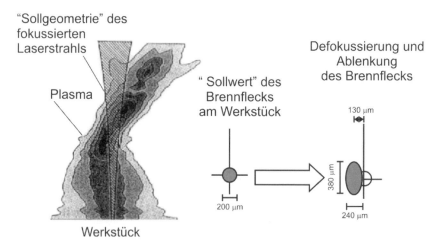

Bild 4.77 Gemessene Brechungsindexverteilung in einer laserinduzierten Plasmawolke und daraus resultierende Defokussierung und Strahlablenkung bei einer angenommenen maximalen Elektronendichte im Kern des heißen Plasmas von $3×10^{17}$ cm³; St37, Ar/He = 1/1, 3,6 kW, 4 m/min.

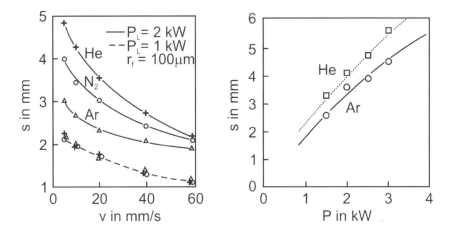

Bild 4.78 Einfluss des Prozessgases auf die Schweißtiefe in Abhängigkeit von der Geschwindigkeit (li) nach [177] und von der Laserleistung bei $v = 0,5$ m/min (re) nach [173].

Der Einfluss der Gasart auf die erzielbare Schweißtiefe ist in Bild 4.78 wiedergegeben. Aus den Diagrammen geht hervor, dass eine Plasmakontrolle umso wichtiger wird, je niedriger die Schweißgeschwindigkeit und je höher die Laserleistung ist. Der positiven Wirkung des wegen seiner geringen Masse gut kühlenden und seines hohen Ionisationspotentials schwerer ionisierbaren Heliums steht sein hoher Preis gegenüber. Die praktische Erfahrung zeigt, dass mit

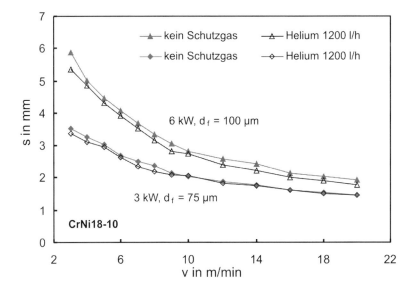

Bild 4.79 Die Unabhängigkeit der Schweißtiefe vom Schutzgas bei Laserwellenlängen um 1 μm und Intensitäten bis 6×10^7 W/cm² ist ein Indiz für das Fehlen eines die Energieeinkopplung modifizierenden Plasmas oberhalb der Werkstückoberfläche.

einem He/Ar-Gemisch mit bis zu 40 % Argonanteil befriedigende Ergebnisse zu erzielen sind. Die in verschiedenen Arbeiten formulierten Forderungen nach „hinreichend hohen" Blasgeschwindigkeiten weisen zwar in die richtige Richtung, doch sind aus vorstehend erwähnten Umständen hieraus keine verbindlichen Empfehlungen ableitbar.

Das im sichtbaren und UV-Wellenlängenbereich strahlende Plasma gibt einen Teil der absorbierten Energie auch an die Schmelzbadoberfläche ab und bewirkt eine Nahtverbreiterung ähnlich derjenigen zufolge des Marangoni-Effekts. Nach Modellrechnungen in [73] macht sich diese Energiezufuhr in einer geringfügigen Herabsetzung der Schwelle beim Schweißen von Aluminiumwerkstoffen bemerkbar.

Dass beim Schweißen mit Wellenlängen um 1 μm selbst bei Intensitätswerten zwischen 10^7 und 10^8 W/cm^2 keine Hinweise auf die Existenz eines laserinduzierten Plasmas oberhalb des Werkstücks vorliegen, verdeutlicht Bild 4.79 [178]. Auch bei anderen mit denselben Parametern geschweißten Werkstoffen (Baustahl, AlMgSi1) ist ein Einfluss der Umgebungsatmosphäre auf die Schweißtiefe nicht zu erkennen.

4.2.5.2   Streuung in Metalldampffackel

Wiewohl die Beeinflussung des Laserstrahls durch Streueffekte in der Metalldampfwolke beim Schweißen mit Nd:YAG-Lasern schon seit Mitte der 80er Jahre grundsätzlich bekannt ist [179], [180], [181], existiert bis heute zu dieser Problematik kein Detailverständnis. Sie gewann auch erst in jüngster Zeit an Bedeutung, als mit Scheiben- und Faserlaser große Brennweiten und Arbeitsabstände auch bei der Wellenlänge um 1 μm realisierbar und deshalb die Auswirkungen besonders deutlich wurden. Fakt ist, dass die infolge Verdampfung und Kondensation entstehenden Metalltröpfchen und Cluster zu Einschweißtiefenabnahme und Nahtverbreiterung führen, siehe z. B. [101], [124], [182], ähnlich den Auswirkungen eines Plasmas beim Schweißen mit CO$_2$-Lasern. Zudem zeigt die experimentelle Erfahrung in vielen Fällen positive Auswirkungen einer Schutzgasatmosphäre hinsichtlich Prozessstabilität und -qualität. Darüber, worin ihre physikalische Wirkung liegt, kann heute nur spekuliert werden: Die in [181] gemessene Abhängigkeit der Partikelgröße vom Umgebungsdruck und der in [104] als Ergebnis von Modellrechnungen gezeigte Einfluss des Umgebungsgases lassen vermuten, dass das Wachstum der Cluster durch Kühlung im Schutzgas beeinflusst wird. Über einen derartigen „Eingriff" in die Größenverteilung der streuenden Partikel wie in die der räumlichen Erstreckung der Dampffackel, in der sie zu finden sind, erscheint eine Modifizierung der Extinktionsmechanismen (siehe Abschnitt 3.4) infolge von Schutzgaseigenschaften erklärbar.

4.2.5.3   Zustand der Schmelzbadoberfläche

Neben der Plasmakontrolle ist der Schutz der Schmelzbadoberfläche vor Oxidation eine weitere wichtige Aufgabe des Prozessgases. Auch dafür eignen sich Edelgase besonders gut, da sie keine chemischen Verbindungen mit der Metallschmelze eingehen. Bei gleichem Volumenstrom ist mit Argon eine günstigere Wirkung zu erwarten, weil es schwerer als Luft ist und sich damit eine bessere Badbedeckung erzielen lässt, als mit Helium.

Der Zustand der Schmelzbadoberfläche ist nicht nur im Hinblick auf die Ausbildung des Strömungsfelds in der Schmelze – wie in Abschnitt 4.2.4 bereits ausführlich dargelegt –, sondern auch für bei der Erstarrung auftretende metallurgische Effekte und Auswirkungen auf die Qualität und das Festigkeitsverhalten der Naht bedeutsam.

4.2.6   Prozessergebnisse

Die geometrischen Abmessungen, Formmerkmale und metallurgischen Eigenschaften der Naht ergeben sich aus dem Zusammenwirken der im Vorangegangenen diskutierten Mechanismen. Für die *Bauteilfunktion*, d.h. das Erbringen der geforderten Festigkeit der Fügeverbindung, ist die Nahtquerschnittsfläche eine zentral interessierende Größe. Dabei kann je nach Beanspruchungsfall entweder die Nahttiefe (z. B. bei als Rundnähten ausgeführten I-Nähten im Aggregatebau) oder die Nahtbreite (z. B. bei Überlappverbindungen im Blech- bzw. Karosseriebau) im Vordergrund stehen. Zur Beurteilung der *Wirtschaftlichkeit* des Laserstrahlschweißens dient der Prozesswirkungsgrad bzw. das energiespezifische Volumen; beide Größen hängen direkt vom Nahtquerschnitt ab. Für den Anwender wäre es deshalb hilfreich, allgemein gültige Korrelationsbeziehungen zwischen den geometrischen Daten der Naht und den sie bestimmenden Parametern zu kennen, um bereits in der Konstruktionsphase des Werkstücks die Sinnhaftigkeit einer lasergeschweißten Verbindung zu bewerten. Die Darstellung von Prozessergebnissen in diesem Kapitel soll diesem Zweck dienen.

Folgende Größen zeigen einen direkten Einfluss auf das Prozessergebnis:

- Laserstrahlparameter wie Leistung, Wellenlänge, Polarisation und Strahlparameterprodukt,
- Fokussierbedingungen wie F-Zahl, Fokuslage und Auftreffwinkel des Laserstrahls,
- Prozessgase und
- Werkstoffeigenschaften sowie
- Fügegeometrie.

Die Schweißgeschwindigkeit kann sowohl als Prozessparameter (wählbar in Abhängigkeit der vorgegebenen Anlage und der dabei realisierbaren Bahngenauigkeiten oder sich aus Taktzeiten eines bestimmten Fertigungsablaufs ergebend) wie als Prozessergebnis betrachtet werden. Zusammen mit der Leistung stellt sie als Streckenenergie P/v eine Korrelierungsgröße für den Nahtquerschnitt sowie ein Kriterium für die thermische Belastung des geschweißten Bauteils dar.

Aus der Form des fokussierten Strahls (charakterisiert durch d_f und z_{Rf}) und der Lage des Fokus Δz_f (auf, ober- bzw. unterhalb der Werkstückoberfläche) resultiert bei vorgegebener Leistung die für das Entstehen der Kapillargeometrie bestimmende räumliche Intensitätsverteilung. Da Leistung und Fokusdurchmesser die vom Anwender am einfachsten zu variierenden unabhängigen Größen sind, werden sie – nebst der Geschwindigkeit – am häufigsten für Ergebnisdarstellungen von Nahtabmessungen benutzt.

4.2.6.1   Prozesswirkungsgrad und energiespezifisches Volumen

Wie in Abschnitt 3.6 dargelegt, ist für einen vorgegebenen Werkstoff das energiespezifische Volumen

$$\frac{F \cdot v}{P} \triangleq \frac{F}{P/v} \propto \eta_P \tag{4.18}$$

ein direktes Maß für den Prozesswirkungsgrad (unter der Voraussetzung, dass Wärmeleitungsverluste keine allzu grosse Rolle spielen). Experimentelle Daten zu diesen Beziehungen bzw. den ihnen zugrunde liegenden Abhängigkeiten sind in den folgenden Bildern für verschiedene Werkstoffe und Laserwellenlängen von 10,6 sowie 1,06 bzw. 1,034 µm wiedergegeben. Dabei zeigt sich eine weitgehend identische lineare Abhängigkeit der Schmelzrate [mm³/s] von der Leistung, Bild 4.80, bzw. des Nahtquerschnitts [mm²] von der Streckenenergie, Bild 4.81 und Bild 4.82. Die Neigung der Geraden entspricht dem energiespezifischen Volumen bzw. dem Prozesswirkungsgrad.

Während für den CrNi-Stahl die Proportionalität $F \propto P/v$ (und damit der Prozesswirkungsgrad) bei Variation der Leistung *wie* der Geschwindigkeit stets den gleichen Wert annimmt (Bild 4.81) und somit ein in diesem Parameterbereich konstantes energiespezifisches Volumen mit $V_E \approx 50$ mm³ widerspiegelt, ist dies für die Aluminiumlegierung nicht in der gleichen Rigorosität gegeben [178]. Zwar wächst auch hier bei $v =$ const die Fläche proportional zur Leistung an (s. Bild 4.82 oben), doch ist eine deutliche Ausprägung einer Schwelle zu erkennen, die mit sinkender Geschwindigkeit größer wird. Das ist als Indiz für die stärker als bei Stahl ins Gewicht fallenden Wärmeleitungsverluste zu werten, und die Beziehung $F \propto P/v$ stellt demgemäss bei Aluminium eine erhebliche Vereinfachung dar, insbesondere bei niedrigen Werten von P/v. Hier ist bei gleicher Streckenenergie der Nahtquerschnitt umso größer, je höhere Werte beide Parameter P und v haben (Bild 4.82); aus dem Diagramm ergibt sich ein maximaler Wert des energiespezifischen Volumens von rund 120 mm³/kJ.

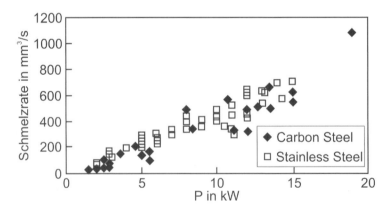

Bild 4.80 „Schmelzrate" (je Zeiteinheit erschmolzenes Nahtvolumen $\dot{V}$) in Abhängigkeit der Laserleistung nach [183]; in dieser Darstellung sind Ergebnisse von Ein- bzw. Stumpfstoßschweißung mit CO$_2$-Lasern aus 36 Publikationen innerhalb einer Zeitspanne von 21 Jahren enthalten. Aus der Steigung der durch die verständlicherweise stark streuenden Daten gelegten Geraden ergibt sich ein mittlerer Wert von $V_E \approx 47$ mm³/kJ.

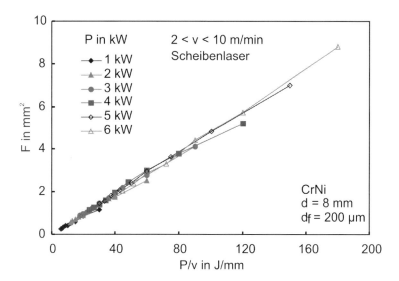

Bild 4.81 Für CrNi-Stähle zeigt sich eine lineare Abhängigkeit der Nahtquerschnittsfläche F von der Streckenenergie; Schweißungen mit lampengepumptem Nd:YAG-Laser bei $d_f = 0{,}3$ und $0{,}6$ mm erbringen identische Ergebnisse.

Dieses Verhalten, das eine strenge Gültigkeit der Streckenenergie als Skalierungsparameter verneint, entspricht den Ergebnissen der Wärmeleitungsrechnungen in Bild 3.37 unten. Dennoch kann die Größe P/v in erster Näherung als hilfreicher Parameter für die Korrelation von Daten wie auch für die Abschätzung des Prozesswirkungsgrads bzw. des energiespezifischen Volumens dienen.

Aus der Beziehung $F(P/v)$ zeigt sich für legierte Stähle ein Einfluss der Wellenlänge, wie er aufgrund des bei $\lambda = 1$ µm höheren Einkoppelgrads (siehe Bild 3.24 und Bild 3.25) zu erwarten ist, nämlich eine einen höheren Prozesswirkungsgrad charakterisierende größere Steigung der Relation $F \propto P/v$, siehe Bild 4.83. Bei Aluminium hingegen dokumentiert Bild 4.84 für beide Wellenlängen von 1,034 und 10,6 µm denselben maximalen Wert des energiespezifischen Volumens von rund 120 bis 125 mm³/kJ. Übereinstimmend für beide Wellenlängen erweist sich als praktisch nutzbares Ergebnis, dass Aluminium nicht mit Leistungen unterhalb von etwa 2 kW geschweißt werden sollte, wenn ein Prozesswirkungsgrad oberhalb von ca. 50 % des maximal erzielbaren Werts angestrebt wird.

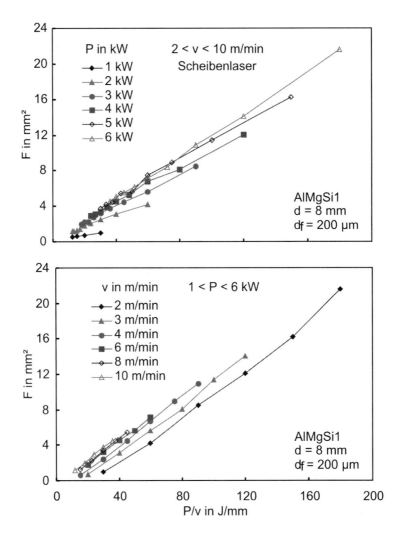

Bild 4.82 Für Aluminiumwerkstoffe ergeben sich ebenfalls lineare Abhängigkeiten, doch mit unterschiedlichen Steigungen, die erst bei gleichzeitig hohen Werten der Geschwindigkeit und der Leistung einen maximalen Wert annehmen.

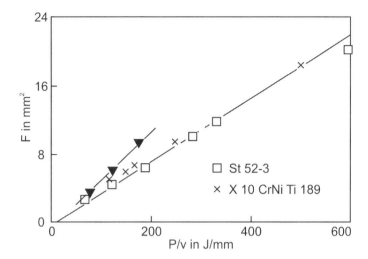

Bild 4.83 Bei legierten Stählen führt eine kürzere Wellenlänge zu einem etwas höheren Prozesswirkungsgrad und damit grösseren Querschnittsfläche F; Daten mit Scheibenlaser entsprechend Bild 4.81 (Dreiecke), mit CO_2-Lasern (Kreuze und Quadrate), nach [177]. (St 52-3, Kurzname S355JO).

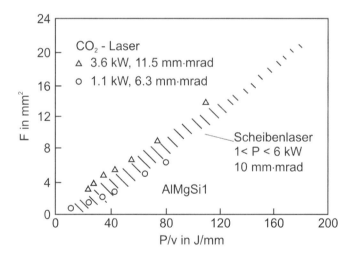

Bild 4.84 Bei Aluminiumlegierungen ist kein wesentlicher Einfluss der Wellenlänge auf die Neigung $F=f(P/v)$ und damit auf den Prozesswirkungsgrad zu erkennen.

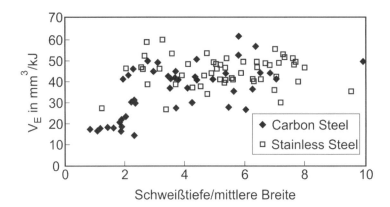

Bild 4.85 Energiespezifisches Volumen von mit CO_2-Lasern erzeugten Schweißnähten in Abhängigkeit des Aspektverhältnisses Nahttiefe zu -breite nach [183]; die Daten entsprechen jenen von Bild 4.80.

In der Diskussion um die Entwicklung von Lasern mit niedrigem Strahlparameterprodukt wurde neben dem Argument, dass sich damit Schweißnähte mit sehr großem Schlankheitsgrad (Aspektverhältnis) realisieren lassen, häufig auch die Erwartung angeführt, der Prozesswirkungsgrad würde gleichermaßen steigen. Eine Betrachtung der Daten in Bild 4.85 [183] und Bild 4.86 [178], [184] zeigt indessen, dass letzteres nicht zutrifft. Vielmehr dokumentieren alle Ergebnisse – erhalten mit verschiedenen CO_2-Lasertypen, lampengepumpten Stablasern, Scheiben- und Faserlasern (also einen weiten Bereich des Strahlparameterprodukts umfassend) –, dass sich unabhängig von Fokusdurchmesser, Leistung und Geschwindigkeit ein zwar um ca. ±20% schwankender, doch mit s/df nicht weiter anwachsender, vom Werkstoff geprägter Wert des energiespezifischen Volumens einstellt, sobald eine ausgebildete Kapillare vorliegt und der Prozess im Modus des Tiefschweissens abläuft. Ob die Auftragung über dem Aspektverhältnis Nahttiefe zu charakteristischer Breite oder s/d_f erfolgt, macht sich nur in der Abszissenskalierung und dem entsprechenden Schwellwert bemerkbar. Möglicherweise findet beim Tiefschweisseffekt eine Art energetischer Selbstregulierung statt, bei der eine höhere Energieeinkopplung mit größeren thermischen Verlusten dergestalt einhergeht, dass – formal gesprochen – das Produkt aus Einkoppelgrad und thermischem Wirkungsgrad konstant bleibt[17].

---

[17] In diesem Zusammenhang sei auf das so genannte „Steenbeck'sche Minimumsprinzip" hingewiesen [W. Finkelnburg, H. Maecker, *Gasentladungen II*, *Handbuch der Physik*, Bd. 22, Springer-Verlag (1956), S. 383], wonach die elektrische Feldstärke in der Säule eines frei brennenden Lichtbogens bei vorgegebenem Strom über eine selbstregulierende Querschnitts- bzw. Temperaturänderung einen Minimalwert annimmt. Der Ablauf eines thermodynamischen Prozesses wird hier nicht durch das Prinzip der Entropievermehrung, sondern durch die Tendenz geregelt, eine minimale Entropieproduktion anzustreben.

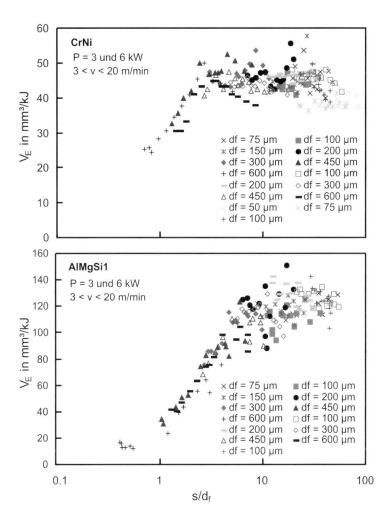

Bild 4.86 Energiespezifisches Volumen von mit lampengepumpten Nd:YAG-, Scheiben- und Faserlasern erhaltenen Schweißnähten als Funktion des Verhältnisses s/d_f im Leistungsbereich bis 6 kW, $v = 2$ bis 20 m/min; Daten der Faserlaser nach [184]. Die halblogarithmische Darstellung lässt den werkstoffabhängigen Schwellbereich, oberhalb dem V_E konstant ist, deutlicher erkennen.

Die Darlegungen dieses Abschnitts lassen sich wie folgt zusammenfassen:

- Die Streckenenergie P/v ist zwar kein rigoros gültiger Skalierungsparameter für die Nahtquerschnittsfläche, doch geeignet, den Prozesswirkungsgrad unmittelbar zu veranschaulichen und zu erwartende Daten in erster Näherung zu extrapolieren.

- Damit dürfen auch die Beziehungen $F \propto P/v$ und $F \propto v^{-1}$ als brauchbare Orientierungshilfe gelten.

- Um bei Aluminiumlegierungen Prozesswirkungsgrade von nicht weniger als 50 % des experimentell dokumentierten maximalen Werts zu erreichen, empfiehlt es sich, mit Leistungen größer als 2 kW zu schweißen.

- Im Modus des Tiefschweißens, gekennzeichnet durch $s/d_f > 2$ bei Stahl und $s/d_f > 4$ bei Aluminiumlegierungen, stellt sich ein von Variationen der Geschwindigkeit, der Leistung, der Wellenlänge, des Strahlparmterprodukts und des Brennfleckdurchmessers kaum beeinflusster Wert des Prozesswirkungsgrads bzw. des energiespezifischen Volumens ein; sein Betrag wird im wesentlichen vom Material bestimmt.

4.2.6.2   Einfluss der Prozessparameter auf die Nahtgeometrie

Im Hinblick auf eine beanspruchungsgerechte Nahtgestaltung sind neben der im Vorangegangenen diskutierten Proportionalität der Naht*querschnittsfläche* zur Streckenenergie die Auswirkungen solcher Parameter von Interesse, über welche Nahttiefe und -breite gezielt zu verändern sind. Wünschenswert wäre es, allgemein gültige Abhängigkeiten der relevanten *Bindefläche* – Nahttiefe × Nahtlänge bzw. Nahtbreite × Nahtlänge – je Energieeinheit („joining efficiency" in mm²/J [185]) in der Form

$$\frac{sv}{P} = f(Parameter) \tag{4.19}$$

bzw.

$$\frac{bv}{P} = f(Parameter) \tag{4.20}$$

nutzen zu können.

Fokussierung

Erfahrungsgemäß gilt der Brennfleckdurchmesser als zentrale Größe, die sowohl die Nahttiefe als auch –breite bestimmt. Die Relationen

$$b \propto d_f \tag{4.21}$$

für schlanke Nähte (mit mehr oder weniger rechteck- bzw. trapezförmigem Querschnitt) und

$$s \propto \frac{P}{d_f} \tag{4.22}$$

hatten sich bislang als hilfreiche Richtlinien bei der Korrelation und Bewertung experimenteller Daten bewährt. Seit kurzem erst verfügbare Hochleistungslaser bester Fokussierbarkeit im Wellenlängenbereich um 1 µm zeigen nun jedoch Grenzen der Gültigkeit von (4.21) und (4.22) auf.

Bei der Diskussion des Einflusses von d_f ist zu beachten, dass sich der Fokusdurchmesser proportional zum Produkt aus Strahlparameterprodukt *und* F-Zahl (nicht Brennweite *f* !) einstellt. Da bei vielen publizierten Daten die entsprechenden Angaben und Hinweise darauf, was variiert wurde, fehlen, sind vergleichende Aussagen zu mit unterschiedlichen Lasersystemen erhaltenen Daten mit gebührender Sorgfalt aufzunehmen.

Eine in diesem Kontext angesiedelte Studie mit CO_2-Lasern bei 6 kW Laserleistung [186] zeigt, dass bei der Konstanthaltung des Brennfleckdurchmessers $(0{,}28 \leq d_f \leq 0{,}5$ mm) mittels verschiedener F-Zahlen sich unterschiedliche Strahlqualitäten im Bereich $1{,}7 < M^2 < 3{,}7$ kaum bemerkbar machen und die Einschweißtiefe in diesen Fällen (bei ansonsten gleichen Parametern) nur von d_f bestimmt wird. Insbesondere im mittleren und hohen Geschwindigkeitsbereich ergibt sich aus Bild 4.87 ein nahezu linearer Anstieg der Schweißtiefe mit dem Kehrwert von d_f. Ähnlich ist die Situation bei lampengepumpten Nd:YAG-Lasern, wo bei Geschwindigkeiten oberhalb von etwa 4 bis 6 m/min eine Abhängigkeit entsprechend (4.22) bzw. von $s \propto d_f^{-1}$ festzustellen ist [187]. Untersuchungen mit Scheiben- und Faserlasern lassen nun jedoch erkennen, dass bei sehr kleinen Fokusdurchmessern nicht mehr d_f allein für die erzielbare Schweißtiefe entscheidend ist, sondern die Form des fokussierten Strahls, d.h. auch sein Divergenzwinkel Θ_f.

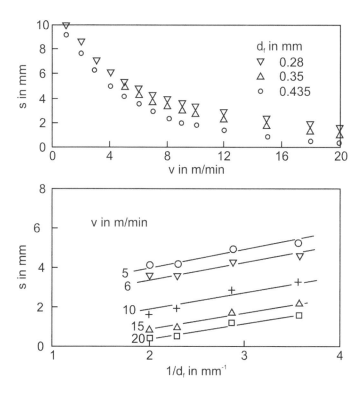

Bild 4.87 Mit CO_2-Laser erhaltene Einschweißtiefen in Abhängigkeit des Fokusdurchmessers $(\Delta z_f = 0)$ und der Geschwindigkeit (obere Graphik) und die daraus sich ergebende Proportionalität $s \propto 1/d_f$ (unten), nach [186].

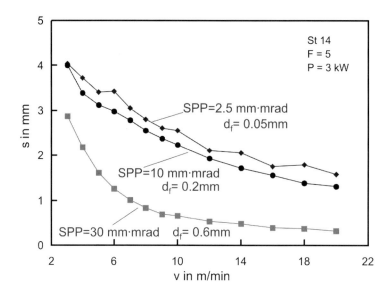

Bild 4.88 Bei vergleichbarer Leistung (3 kW), Wellenlänge (≈ 1 µm), Fokussierung (*F* = 5) und Geschwindigkeit, jedoch mit Lasern unterschiedlicher Strahlqualität erhaltene Einschweißtiefen. Die dem Faserlaser (SPP = 2,5 mm×mrad) entsprechenden Daten sind [184] entnommen.

Zur Demonstration des Gesagten sind in Bild 4.88 Schweißtiefen verglichen, die mit drei Lasern mit unterschiedlichen Werten des Strahlparameterprodukts (30, 10 und 2,5 mm×mrad nach Leistungsübertragung in Fasern mit 600, 200 und 50 µm Kerndurchmesser) gewonnen wurden (in diesem und den beiden folgenden Bildern sowie in Bild 4.86 sind die mit Faserlasern erhaltenen Daten – SPP = 5 mm×mrad bzw. d_f = 50, 75 µm – der Arbeit [184], einer gemeinschaftlichen Publikation von IFSW und IWS entnommen). Bei konstant gehaltener Fokussierzahl nimmt die Schweißtiefe zunächst mit kleiner werdendem Fokusdurchmesser bis herab $d_f \approx 200$ zu, während seine weitere Reduktion auf 50 µm – trotz vierfach geringerem SPP – keinen großen Gewinn mehr bringt. Jedoch macht Bild 4.89 deutlich, dass bei gleichem Fokusdurchmesser die Schweißtiefe mit schlankeren Strahlen (kleinerem SSP) wächst. Diese Befunde, die für Stahl- wie Aluminiumwerkstoffe in gleicher Weise vorliegen, fasst Bild 4.90 mit Bezug zur infrage stehenden Beziehung (4.22) zusammen. Mit einer im Wesentlichen von Geschwindigkeit und Leistung abhängigen Neigung folgt die Schweißtiefe der Proportionalität $s \propto d_f^{-1}$ bis herab zu einem Durchmesserbereich von 150 bis 200 µm, um sich dann mehr oder weniger abrupt einem gleich bleibendem Wert anzunähern. Allerdings ist auch in diesem Bereich kleinster Werte von d_f eine Schweißtiefensteigerung zu erzielen, wenn - wie schon aus Bild 4.89 ersichtlich – eine Fokussierung mit größerer *F*-Zahl (d.h. kleinerem Divergenzwinkel Θ_f) möglich ist[18].

---

[18] Die Gerade $s \propto d_f^{-1}$ wäre also für sehr kleine Durchmesser nur mit $\Theta_f \to 0$ anzunähern (was natürlich unrealistisch ist). Dessen ungeachtet ist diese Proportionalität auf einen Bereich von Strahlkaustiken begrenzt, deren Wirkung der eines „Parallelstrahls" gleichkommt.

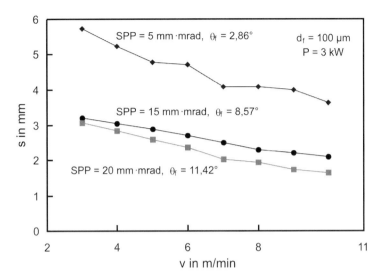

Bild 4.89 Bei gleichem Fokusdurchmesser erbringt ein deutlich niedrigeres Strahlparameterprodukt (das eine größere *F*-Zahl erlaubt und einen schlankeren Strahl erzeugt) eine größere Schweißtiefe; Daten der Faserlaser (SPP = 5 mm×mrad) nach [184].

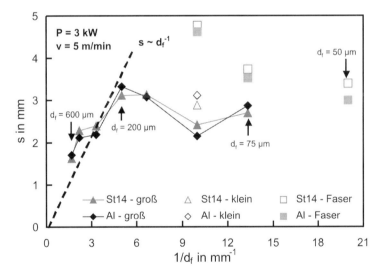

Bild 4.90 Die Skalierung $s \propto 1/d_f$ gilt für einen begrenzten Bereich von d_f; bei sehr kleinen Werten des Fokusdurchmessers hängt die Schweißtiefe auch vom Divergenzwinkel des fokussierten Strahls ab. Die Bezeichnungen „groß" und „klein" beziehen sich auf Θ_f, siehe Bild 4.89; Daten der Faserlaser (SPP = 5 mm×mrad) nach [184].

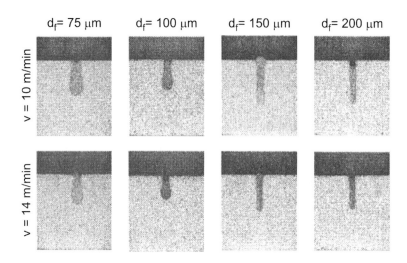

Bild 4.91 Nahtformen in St14 (neu DC04) in Abhängigkeit des Fokusdurchmessers und der Schweiß-geschwindigkeit; Scheibenlaser, SPP = 10 mm×mrad, P = 3 kW, kein Schutzgas.

Aufgrund dieses Sachverhaltes sowie der in Bild 4.79 gezeigten Unabhängigkeit der Schweißtiefe von der Umgebungsatmosphäre können Plasmaeffekte als Ursache für die ge-schilderte Abhängigkeit $s(d_f)$ bei der Wellenlänge 1,03 μm ausgeschlossen werden. Im Ge-gensatz hierzu ist der in [177] gezeigte, bei niedrigen Schweißgeschwindigkeiten verloren gegangene Vorteil einer stärkeren Fokussierung bei CO_2-Lasern auf Wirkungen des laserindu-zierten Plasmas zurückzuführen.

Einen Ansatz für die qualitative Deutung dieses Verhaltens bei $\lambda \approx 1$ μm bieten die sich bei Veränderungen der Fokussierung ändernden Flächen konstanter Intensität (Isophoten), was durch die Analyse der Nahtquerschnittsformen nahe gelegt wird, siehe auch [177]. So zeigt Bild 4.91 und Bild 4.92 deren starke Abhängigkeit vom Durchmesser, von der Geschwindig-keit und von den Materialeigenschaften. Ins Auge springt jedoch bei Stahl die sich bei sehr kleinen Fokusdurchmessern einstellende Tropfenform, deren Flankenneigung dem Divergenz-winkel des fokussierten Strahls entspricht [144], [184]. Tendenziell ist dieser Effekt auch bei Aluminium vorhanden, doch offenkundig überlagert hier die hohe Wärmeleitfähigkeit die aus der Energieeinkopplung resultierende Kapillargeometrie, die sich dann weniger deutlich in der Nahtgeometrie abbildet. Fasst man bei den in Bild 2.18 für einen Gaußstrahl im Grund-mode gezeigten Verhältnissen z. B. die Isophote $I_v/I_0 = 0,9$ = const als jene auf, längs der die Intensität hinreichend hoch ist, um dort Verdampfungstemperatur zu bewirken, I_v, so entspä-che ihre Form in grober Näherung (weil Reflexionen die tatsächliche Intensitätsverteilung gegenüber der vorgegebenen modifizieren, siehe Bild 4.54) der sich einstellenden Kapillar-geometrie. Ausgehend von einem Referenzdurchmesser d_{f0} ergeben sich für kleiner werdende Werte d_f Flächen mit der gleichen Intensität, die zunächst ähnlich der Referenzfläche sind, dann jedoch mit größer werdender Divergenz zunehmend tropfenförmigere Gestalt anneh-men. Ihre axiale Erstreckung nimmt zuerst zu, dann ab. Damit werden die experimentellen Beobachtungen – einschließlich des Einflusses der Fokussierzahl und des Strahlparameterpro-dukts – qualitativ zutreffend wieder gegeben. Die Berücksichtigung von in realen Kapillaren

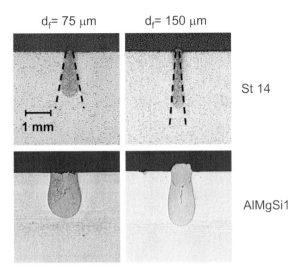

Bild 4.92 Bei Fokusdurchmessern unterhalb von 200 µm ist der Divergenzwinkel des fokussierten Strahls eine die Nahtform prägende Größe; St14 (neu DC04) oben, AlMgSi1 unten; $P = 3$ kW, $v = 12$ m/min, kein Schutzgas.

auftretenden Reflexionen würde dieses Bild nicht grundsätzlich verändern, sondern zu tieferen Kapillaren führen.

Dennoch muss unbefriedigend bleiben, dass keine quantitativen Aussagen anhand von beispielsweise d_f und z_{Rf} zu den Grenzen gemacht werden können, bis zu denen die Beziehung $s \propto P/d_f$ als Korrelation gilt. Da bei starker Fokussierung die charakteristische schlanke Nahtform sich in nicht exakt beschreibbarer Weise ändert, sind auch bezüglich der Relation zwischen Nahtbreite(n) (in bestimmter Tiefe z/s) und d_f keine quantitativen Angaben machbar.

Diese Diskussion abschließend sei vermerkt, dass die Erörterung der bei extremer Fokussierung auftretenden Effekte ausschließlich im Hinblick auf deren Verständnis geführt wurde. Ob und in welchem Umfang im Hochleistungsbereich Fokusdurchmesser unterhalb von 150 bis 200 µm in der industriellen Praxis erforderlich sein werden, wird sich erweisen. Dabei werden auch u.a. hier nicht behandelte metallurgische und konstruktionstechnische Aspekte eine Rolle spielen.

Zu den Einflüssen der Fokussierung im weiteren Sinne sind auch die Auswirkungen einer Fokuslagenänderung Δz_f zu rechnen. Hierzu ist generell festzuhalten, dass ein im Fokusbereich schlankerer Strahl (kleinerer Divergenzwinkel) entsprechend $z_R = d_f \cdot F$ geringere Änderungen der Schweißtiefe nach sich zieht, wenn Δz_f variiert. Im Hinblick auf das Prozessergebnis ist er also weniger empfindlich gegenüber Veränderungen des Abstands Bearbeitungsoptik/Werkstück, Bild 4.93 und Bild 4.94 veranschaulichen diesen Effekt. Daneben zeigt Bild 4.94 auch den Vorteil, der sich – insbesondere bei kleineren Fokusdurchmessern – aus einer Positionierung der Strahltaille in das Werkstück hinein ergibt. Als Erklärung dieses Phänomens mag gelten, dass die Isophoten mit hinreichender Intensität, um Verdampfung zu bewirken, so besser „ausgenützt" werden. Die Untersuchungen in [188] zum Einfluss der Fokuslage zeigen zudem, dass eine Position im Werkstück zu weniger Prozessporen führt.

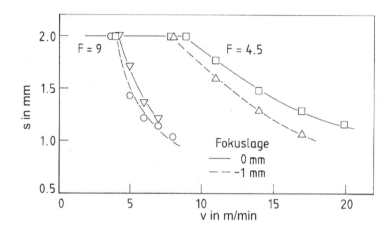

Bild 4.93 Einfluss von Fokussierzahl und Fokuslage auf den realisierbaren Parameterbereich $s(v)$ bei Schweißungen mit CO_2-Laser; $P = 3,8$ kW, St14 (neu DC04), He.

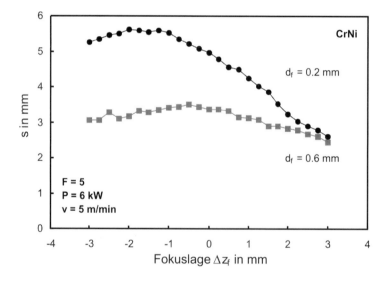

Bild 4.94 Die Änderung der Schweißtiefe mit variierender Fokuslage fällt umso geringer aus, je größer die Rayleighlänge z_{Rf} des fokussierenden Strahls ist. Scheibenlaser, SPP = 10 mm×mrad.

Polarisation

Fertigungstechnisch genutzt werden Polarisationseffekte heute nur mit CO_2-Lasern. Hier ist ein solcher Einsatz immer dann erwägenswert, wenn nicht zu große Schweißtiefen bei hohen Geschwindigkeiten von Interesse sind (weil dann Plasmaeinflüsse sich nicht so stark auswir-

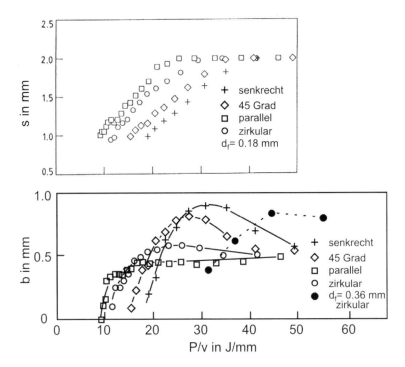

Bild 4.95 Einfluss von Polarisationsform bzw. -orientierung auf Nahttiefe und -breite beim Überlapp-schweißen; 2 × 1 mm, St14   (bzw. neu DC04), $P = 4$ kW, $d_f = 0,18$ mm, Ar; die vollen Symbole kennzeichnen Ergebnisse mit $d_f = 0,36$ mm und zirkularer Polarisation.

ken und die Fresnelabsorption eine grössere Rolle spielt) und längs geradliniger Bahnen ge-schweißt werden kann (weil die Polarisation dann nicht „mitgedreht" werden muss). Bei Wel-lenlängen um 1 µm überwiegen die *system*technischen Vorteile einer Leistungsübertragung durch Glasfasern die *prozess*technischen einer gezielt zur Anwendung gelangenden Polarisati-onsform.

Bild 4.95 demonstriert die Einflüsse verschiedener Polarisationsformen und -orientierungen bezüglich der Schweißrichtung beim Überlappschweißen zweier Bleche mit Geschwindigkei-ten bis 24 m/min (siehe auch die Nahtquerschnitte in Bild 4.55). Während eine parallel zum Vorschub ausgerichtete lineare Polarisation im gesamten Geschwindigkeitsbereich bis zur Durchschweißung stets die größten Schweißtiefen erbringt, sind die Ergebnisse bezüglich der Nahtbreite (hier die bei derartigen Verbindungen relevanten Werte in der Fügeebene) differen-ziert zu betrachten. Wohl lassen sich mit senkrecht zur Geschwindigkeit stehender linearer Polarisation weit größere Breiten als mit parallel gerichteter oder zirkularer erzielen, doch dies nur unterhalb ca. 10 m/min. Dieser „niedrige" Wert ist jedoch zu relativieren, denn mit zirkularer Polarisation ist eine vergleichbare Breite nur mittels geringerer Fokussierung des Strahls bei noch weiter reduzierter Geschwindigkeit zu realisieren [189].

Wellenlänge

Unmittelbare Auswirkungen der Wellenlänge auf das Prozessergebnis lassen sich nur in sehr begrenztem Umfang festmachen, was im Fehlen direkt vergleichbarer Fokussier- und sonstiger Prozessbedingungen liegt. Zwei Tendenzen dürfen indessen als gesichert betrachtet werden: Das ist zum einen die Auswirkung des größeren Absorptionsgrads bei $\lambda \approx 1\,\mu m$, die bei höheren Geschwindigkeiten zu tieferen Schweißnähten führt als beim Schweißen mit CO_2-Lasern, siehe Bild 4.96. Zum anderen erbringen Experimente mit Faserlasern hoher Leistung bei niedrigem Strahlparameterprodukt Nahtgeometrien, die aufgrund nicht vorhandener Plasmaeffekte Ergebnissen des Elektronenstrahlschweißens nahe kommen.

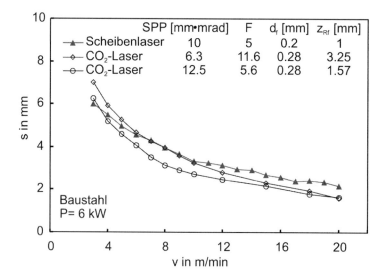

Bild 4.96 Einschweißtiefen in Baustahl bei $P = 6\,kW$: im Bereich hoher Geschwindigkeiten ist der höhere Absorptionsgrad bei 1,03 µm von Vorteil, bei tieferen Kapillaren die größere Rayleighlänge bei 10,6 µm (Daten für den CO_2-Laser nach [186]).

4.2.7   Prozessinstabilitäten

Der Parameterbereich, in dem ein stabiler Schweißprozess mit gewünschten Ergebnissen erzielbar ist, wird Prozessfenster genannt. Seine untere, ausgeprägte Grenze stellt die in Abschnitt 4.2.1 behandelte Schwelle dar, während die obere – bei sehr hohen Leistungen und Geschwindigkeiten – nicht so deutlich in Erscheinung tritt. Hier sind es im Allgemeinen Einbußen an Prozesseffizienz und -qualität, welche den Parameterbereich begrenzen: beim Einsatz von CO_2-Lasern beispielsweise Auswirkungen des laserinduzierten Plasmas oder bei sehr hohen Schweißgeschwindigkeiten das Auftreten von instationären Vorgängen im Schmelzbad, die zu nicht akzeptabler Nahtqualität führen. Weitere negative Effekte wie zu starke Spritzer- oder Porenbildung können ebenfalls zu einer Einengung des Prozessfensters führen. Die zugrunde liegenden, gewöhnlich als Prozessinstabilität bezeichneten Mechanismen sind bis heute nicht vollständig verstanden. Dies ist angesichts der vielfältigen Interaktionen der beteiligten Phänomene und der sehr eingeschränkten Möglichkeiten, diese direkt zu beobachten, nicht weiter verwunderlich. Dennoch gibt es typische *Erscheinungen*, die zumindest phänomenologisch gedeutet und bestimmten Ursachen zugeordnet werden können. In diesem Sinne wird nachstehend (jedoch eingedenk der in Bild 4.51 skizzierten Situation mit gebotenen Einschränkungen und nur im Sinne einer anschaulicheren Präsentation!) in kapillar- und schmelzbadinduzierte Instabilitäten unterschieden.

4.2.7.1   Kapillarinstabilitäten: Porenbildung, Auswürfe

Die Stabilität der Kapillare als Voraussetzung für ein „ruhiges" Schmelzbad und damit gutes Prozessergebnis ist in unterschiedlichen theoretischen Ansätzen behandelt worden. Beispiele für analytische Untersuchungen finden sich in [190], [191]. Dort wird anhand des Durchschweißens dünner Bleche gezeigt, dass eine zylindrische Kapillare axialen, radialen und azimutalen Moden folgend schwingen kann. Die Eigenfrequenzen liegen im Bereich einiger kHz und verändern sich im untersuchten Blechdickenbereich von 1 bis 3,5 mm kaum. Eine Analyse erzwungener Schwingungen in [191] erbringt, dass eine sinusförmige Modulation der Laserleistung mit lediglich 0,1 % Amplitudenvariation zu Kapillarschwingungsamplituden führt, die in einem Kollaps münden. Damit weist dieses wie das im Zusammenhang mit der Untersuchung der Dampfströmung in der Kapillare gewonnene Ergebnis, wonach eine auch nur sehr geringe Leistungsänderung von der Größenordnung % zu dramatischen Druckänderungen führt [167], auf die hohe Sensitivität der Kapillare gegenüber Veränderungen der Energieeinkopplung hin.

Einen guten Einblick in das Stabilitätsverhalten der Kapillare bei Einschweißungen vermitteln die inzwischen zahlreichen Studien mit Hochgeschwindigkeits-Röntgenaufnahmen [146], [147], [148], [159] [192]: Aus den schon im Zusammenhang mit Bild 4.52 erwähnten stets vorhandenen Geometriefluktuationen entwickeln sich sporadisch lokale Verengungen des Kapillarquerschnitts, die sich entweder wieder zurückbilden oder in die Tiefe laufen; die Kapillare bleibt dabei weitgehend erhalten. Gelegentlich jedoch verstärkt sich die Verengung und führt zu einer kompletten Abschnürung eines Teils der Kapillare; erfolgt dies im oberen Bereich, so spricht man auch von Kollaps. Hierbei wie auch im Falle lokaler Verengungen ändert sich das Energie- und Kräftegleichgewicht an der Kapillarwand. Aus mit Röntgenbildern der Kapillare korrelierenden Filmaufnahmen des ab- bzw. ausströmenden Metalldampfes/plasmas an der Schmelzbadoberfläche sowie neueren Beobachtungen des Schweißprozesses mittels Hochgeschwindigkeitsaufnahmen kann auf eine unmittelbare Impulsübertragung und Beschleunigung der Schmelze durch diese Strömung geschlossen werden. Diese Phänomene treten in grundsätzlich gleicher Weise mit CO_2- und Nd:YAG-Lasern und bei Stahl- wie Aluminiumwerkstoffen auf. Während die sie auslösenden Mechanismen noch einer endgültigen Klärung bedürfen, sind einige ihrer Folgen eindeutig:

- Im Schmelzbad werden Strömungen angefacht, die sich als Wellen an der Oberfläche und Rippel an der hinteren Erstarrungsfront manifestieren.

- Die nicht nur in ihrem Querschnitt, sondern auch in der Tiefe sich ändernde Kapillargeometrie führt zu einer Schwankung der Einschweißtiefe längs der Schweißbahn.

- Ein Kapillarkollaps im unteren Bereich hat die Entstehung einer Prozesspore zur Folge; bei Verwendung von CO_2-Lasern tritt dies überwiegend in der Nähe des Kapillargrunds auf.

- Auswürfe von Schmelze, die in der erstarrenden Naht erhebliche Querschnittsverminderungen nach sich ziehen, werden ebenfalls durch einen Kapillarverschluss ausgelöst, der dann vor allem in nicht zu großer Tiefe beobachtet wird.

Die bei Aluminiumwerkstoffen besonders häufig auftretenden Auswirkungen einer durch Geometrieänderungen behinderten Dampfausströmung – die Entstehung einer Prozesspore und eines Schmelzeauswurfs – sind in Bild 4.97 zusammen mit der röntgenographischen Wiedergabe der Prozessabläufe gezeigt. Solche Fehler lassen sich mit Hilfe der in Abschnitt 4.2.8.1 vorgestellten Doppelfokustechnik erfolgreich eindämmen. Als dafür ebenfalls vorteilhaft erweist sich Schweissen mit Lasern guter Fokussierbarkeit [188], [193].

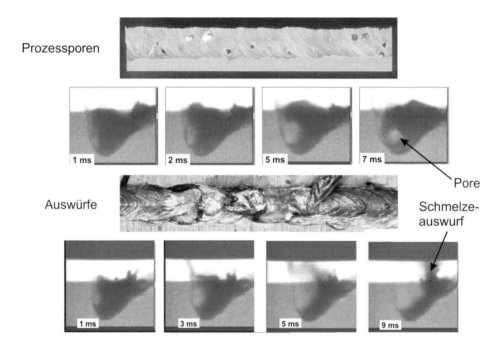

Bild 4.97 Röntgenografisch sichtbar gemachte Schweißfehlerentstehung in einer Aluminiumlegierung (AA6062) infolge Instabilitäten der Dampfkapillare: Entstehung von Prozessporen und Schmelzeauswürfen; Daten wie in Bild 4.52.

4.2.7.2 Schmelzbadinstabilitäten: Humping

Schmelzespritzer und -tröpfchen, die in der Umgebung der Kapillaröffnung entstehen sowie explosionsartige Auswürfe beim Schweißen verzinkter Bleche sind qualitätsmindernde Effekte, die auf instationären Wechselwirkungen zwischen Metalldampfströmung und Schmelze im Bereich der Kapillare beruhen. Das die Schweißgeschwindigkeit nach oben hin begrenzende Phänomen des „Humping" dagegen ist eine Instabilitäts*erscheinung* in der Schmelzeströmung weit hinter der Kapillare.

Der Begriff Humping leitet sich ab vom englischen Ausdruck „hump" für Buckel, Höcker und bezeichnet die bei sehr hoher Schweißgeschwindigkeit in mehr oder weniger periodischen Abständen sich ausbildende Nahtüberhöhungen und -einfälle, wie sie in Bild 4.98 zu sehen sind. Der Vorgang ist nicht nur geschwindigkeits- sondern auch leistungsabhängig: So wird er bei Schweißungen mit einem Grundmode-Faserlaser bei 25 W mit der dort technisch maximalen Geschwindigkeit von 55 m/min nicht [194], bei 200 W um 60 m/min [145], mit einem Scheibenlaser bei 750 W ab etwa 45 m/min [144], mit CO_2-Lasern bei 1,6 kW im Bereich von 30 bis 40 m/min [195], bei 3,3 kW oberhalb von 20 m/min [196] und bei 7 kW bei 18 m/min [149] beobachtet. Die Daten (die in der genannten Folge steigenden Werten der Steckenenergie entsprechen) legen den Schluss nahe, dass der Querschnitt des Schmelzbads von Relevanz für die Entstehung dieses Effekts ist.

Bedient man sich bei der Betrachtung der Vorgänge im Schmelzbad des vereinfachenden Bilds einer Kanalströmung, so wird allein aus Gründen des Massenerhalts deutlich, dass bei hohen Schweißgeschwindigkeiten der „Kanalquerschnitt" (Breite × Höhe der aufgeschmolzenen Naht) hinter der Kapillare von der Schmelze nicht ausgefüllt sein kann. Die an der Kap-

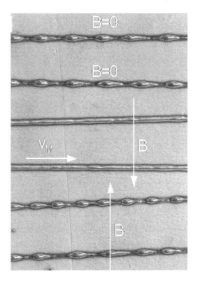

Bild 4.98 Die oberen beiden Spuren zeigen das Humping beim Schweißen von StE 650 (bzw. neu S650N) mit 7 kW CO_2-Laserleistung, einer Vorschubgeschwindigkeit von 16 m/min bei $d_f = 0{,}6$ mm. Die mittleren beiden Spuren zeigen, wie das Humping mit nach unten in das Blech gerichteten elektromagnetischen Volumenkräfte durch Anlegen eines Magnetfeldes mit $B = 0{,}3$ T unter Ausnutzung der intrinsisch im Schweißprozess vorhandenen Stromdichte unterdrückt werden kann (siehe auch Abschnitt 4.2.8.2). Diese Verbesserung tritt nicht ein, wenn das Magnetfeld so orientiert ist, dass die Volumenkräfte in der Schmelze nach oben zeigen (unten). V_M gibt die Vorschubrichtung des Bleches gegenüber dem Laserstrahl an.

illarfront beschleunigte Schmelze strömt mit Geschwindigkeitswerten $u \gg v$ seitlich der Kapillare vorbei (siehe auch die Diskussion im Zusammenhang in Abschnitt 4.2.4.1 und wird erst im hinteren Bereich des Schmelzbads abgebremst. Hochgeschwindigkeitsaufnahmen lassen erkennen, dass sich – je nach Einschweißtiefe und Brennfleckdurchmesser – die Strömung hinter der Kapillare sogar nur auf einen „Film" an den Seitenwänden und am Grund des „Kanals" konzentriert. Im Staubereich am Schmelzbadende führt der hohe dynamische Druck $\rho u^2 / 2$ zu einer Umlenkung der Schmelze auch nach oben. Dem wirken Oberflächenspannungskräfte entgegen und lassen so im Rahmen eines Kräftegleichgewichts die „humps" entstehen. Je nach der Impulsvermittlung im Bereich der Kapillare – ihre Neigung, Tiefe, Öffnung und ihr Querschnittsverlauf sind für Größe und Richtung der induzierten Strömung maßgebend – kommt es dabei auch zu Absenkungen oder Anhebungen des gesamten Schmelzestroms, was die im Detail recht unterschiedlichen Ausprägungen des Humping erklärt.

Umfassende und in sich schlüssige experimentelle wie theoretische Ansätze, welche die Ursachen erklären und Erscheinungen beschreiben könnten, gibt es noch nicht. Während in [196], [197] die hohen Werte der Schmelzegeschwindigkeit im Sinne der obigen Argumentation zur *Deutung* herangezogen und in [150] empirische Ansätze zur Quantifizierung präsentiert werden, erfolgt z. B. in [198] eine *Beschreibung* des Humpings als Rayleigh-Instabilität, in Analogie zum Zerfall eines Flüssigkeitsstrahls in einzelne Tropfen. Als qualitativ ableitbare Konsequenz aus beiden Betrachtungsweisen sollte – bei sonst gleichen Parametern – die Humpinggrenze mit kleiner werdendem Kapillardurchmesser sich zu höheren Geschwindigkeiten hin verschieben.

Auch hinsichtlich dieser Instabilität erweist sich die Doppelfokustechnik als vorteilhaft, da damit das Schmelzbad breiter, die Schmelzegeschwindigkeit geringer und somit die kritische Schweißgeschwindigkeit zu höheren Werten hin verschoben wird (siehe Abschnitt 4.2.8.1). Wie mit Bild 4.98 illustriert wird, kann das Humping ebenso mit elektromagnetisch induzierten Volumenkräften unterdrückt werden (siehe Abschnitt 4.2.8.2).

4.2.8   Modifikationen des Schweißprozesses

Die Ergebnisse des Laserstrahlschweißprozesses werden nicht immer den aus einer konkreten Fügeaufgabe sich stellenden Anforderungen in optimaler Weise genügen. Aus diesem Grunde wurden und werden zahlreiche Modifikationen untersucht und propagiert, um eine bessere Aufgabenerfüllung zu erhalten. Nachstehend seien Beispiele für dabei generell verfolgte Zielsetzungen angeführt:

- Verbesserung der metallurgischen Eigenschaften (z. B. Herabsetzung der Heißrissbildung),

- Verbesserung von Festigkeitseigenschaften durch gezielte Formung des Nahtquerschnitts (z. B. Reduzierung von Kerbwirkungen),

- Erhöhung der Nahtqualität/Festigkeitseigenschaften durch Stabilisierung des Prozesses (z. B. Reduzierung von Prozessporen und Auswürfen),

- Erhöhung der Flexibilität des Verfahrens durch gezielte Anpassung der Leistungsdichte an die Fügegeometrie (z. B. Schweißen von Tailored Blanks unterschiedlicher Dicke),

- Herabsetzung der Empfindlichkeit des Verfahrens gegenüber Fügetoleranzen durch Kombination des Laserstrahlschweißens mit Lichtbogenverfahren (z. B. Spaltüberbrückbarkeit).

Die bei der Realisierung dieser Ziele eingeschlagenen Wege lassen sich anhand der *primären Einflussnahme* auf den Prozess unterscheiden, die entweder über Maßnahmen zur *Energieeinkopplung* oder *Krafteinwirkungen* auf das Schmelzbad erfolgt.

Zu den Methoden, welche vermittels einer Modifikation des Energieeintrags wirken, zählen

- die räumlichen Veränderungen der Intensitätsverteilung durch Doppel-/Multifokustechnik oder nicht rotationssymmetrische Strahlprofile (siehe Abschnitt 4.2.8.1),

- eine zeitlich veränderliche Energieeinkopplung durch Modulation der Laserleistung (siehe z. B. [199], [200]) und

- die Verwendung zusätzlicher Energiequellen wie z. B. Lichtbogenentladungen („Hybridschweißen").

Eingriffe in das Kräftegleichgewicht des Schmelzbads ergeben sich aus Maßnahmen bzw. Mechanismen wie

- der Verwendung von Zusatzdraht,

- dem Einsatz „aktiver" Gase, welche die Oberflächenspannungsgradienten verändern,

- der Impulswirkung der Plasmaströmung von Lichtbogenentladungen und

- dem Wirken elektromagnetischer Volumenkräfte im Schmelzbad und im Plasma.

Die Verwendung von Zusatzdraht, der Einsatz der Doppelfokustechnik und so genannte Hybridverfahren (Laser + Lichtbogen) sind mittlerweile Stand der Technik, siehe z. B. [201], [202].

4.2.8.1 Doppelfokustechnik

Bereits 1991 wurde die „twin-focus technique" mit CO_2-Lasern zur Erhöhung der Grenzgeschwindigkeit des Humping erfolgreich eingesetzt [203] und danach insbesondere zur Reduzierung von Prozessporen und Schmelzeauswürfen beim Aluminiumschweißen weiter entwickelt und propagiert [149], [151] und angewandt [204]. Als später cw-Nd:YAG-Laser im Hochleistungsbereich verfügbar wurden, konnte auch mit diesen Lasern die Doppelfokustechnik als erfolgreiche Methode demonstriert werden [144], [205]. Sie bietet mit der Anordnung der Brennflecke in Bezug auf die Schweißrichtung – längs oder quer – und durch Variation ihrer Abstände zwei zusätzliche geometrische Prozessparameter (die Leistungsaufteilung bei der Längsanordnung sowie bei der in Laboruntersuchungen bewährten Multifokustechnik [206] stellen weitere dar). Auf diese Weise ist die Geometrie der Dampfkapillare in weiten Bereichen gestaltbar. Als Folge des dadurch veränderten Prozessgeschehens lassen sich – wie schon erwähnt – zwei das Prozessfenster begrenzende Phänomene wirksam beeinflussen, das Humping und die Prozessporenbildung.

Darüber hinaus bietet die Doppelfokustechnik eine Reihe von Möglichkeiten, durch welche die Flexibilität und Sicherheit des Prozesses vergrößert wird. Davon ist insbesondere die Anpassung des Fokusabstands an die Fügespalte und die der im jeweiligen (Teil-)Strahl enthaltene Laserleistung bei Kehlnähten und Fügungen unterschiedlich dicker Bleche im Stumpfstoß zu erwähnen. Die mit Festkörperlasern besonders einfach zu realisierende Strahladdition erlaubt zudem, mit vorhandenem „Laserpark" ein hohes Leistungsniveau am Werkstück für spezielle Aufgaben in einfacher Weise zu realisieren.

Erhöhung der Humpinggrenzgeschwindigkeit

Wie in Abschnitt 4.2.4.1 erörtert, wird die hohe Geschwindigkeit im Schmelzbad hinter der Kapillare durch deren Umströmung induziert. Erfolgt indessen das Aufschmelzen des gesamten Nahtquerschnittmaterials nicht nur vor, sondern auch längs einer in Schweißrichtung ausgedehnten Kapillare, so sinkt die Schmelzegeschwindigkeit sowohl seitlich wie hinter ihr und die zu Aufwürfen am Schmelzbadende führende kinetische Energie der Strömung nimmt ab. Bild 4.99 zeigt, dass bei geeignetem Abstand der beiden Brennflecke mit jeweils der halben Leistung die gleiche Einschweißtiefe erzielt wird wie im Falle der gesamten Leistung in einem einzigen Brennfleck. Die Schweißgeschwindigkeit, bei der Humping einsetzt, kann jedoch in erheblichem Maße gesteigert werden. Wird der Abstand zu groß gewählt, endet man wieder beim Einstrahlschweißen, wo nunmehr der zweite Strahl die bereits erzeugte Naht lediglich wieder aufschmilzt.

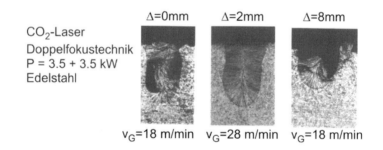

CO_2-Laser
Doppelfokustechnik
P = 3.5 + 3.5 kW
Edelstahl

Δ=0mm   Δ=2mm   Δ=8mm

v_G=18 m/min v_G=28 m/min v_G=18 m/min

Bild 4.99 Mit Hilfe der Doppelfokustechnik lässt sich die Grenzgeschwindigkeit v_G, bei der Humping einsetzt, erheblich steigern; Δ ist der Abstand der beiden Foki auf der Werkstückoberfläche.

Reduzierung von Prozessporen

Zum Verständnis der Prozessporenentstehung haben in besonderem Maße korrelierte Hochgeschwindigkeitsvideo- und Röntgenaufnahmen beigetragen. Die in Abschnitt 4.2.7 geschilderten und in Bild 4.97 sichtbar gemachten Vorgänge der Kapillarabschnürung als Entstehungsursache spielen sich im ms-Bereich ab. Soll die Bildung von Prozessporen unterbunden werden (die auf metallurgischen Ursachen beruhenden sphärischen Wasserstoffporen werden hier nicht behandelt), so sind Maßnahmen zu ergreifen, die einem Kapillarkollaps entgegenwirken und ein unbehindertes Ausströmen des Metalldampfes erlauben (gleiches gilt auch für die Verhinderung von Auswürfen). Grundsätzlich möglich ist dies entweder durch Krafteinwir-

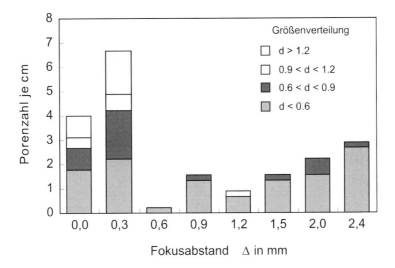

Bild 4.100 Reduzierung der Prozessporen durch die Doppelfokustechnik; λ = 1,06 μm, $P = 2 + 2$ kW, $d_f = 0,3$ mm, Längsanordnung, $v = 2$ m/min, AA6xxx.

kung auf die Rückwand der Kapillare mittels aerodynamischer [207] wie elektromagnetischer Impulsübertragung (siehe Abschnitt 4.2.8.2) oder durch eine räumlich veränderte Energieeinkopplung, bei der ein auch an der Rückwand wirkender Ablationsdruck die erforderliche Stabilisierung der Kapillargeometrie erbringt.

Eine vorteilhafte Kapillarform ist in Längs- wie in Queranordnung der Foki zu erreichen. Für einen industriell interessanten Prozessparameterbereich ist in Bild 4.100 die in Längsanordnung erzielbare drastische Reduktion von Prozessporen gezeigt. Dabei erweist sich ein Abstand der Foki von etwa 0,6 mm als optimal. Der Erklärung, warum aus physikalischen Gründen sich ein solcherart geeignetster Abstand ergeben muss, ist anhand von Bild 4.101 leicht zu folgen: Bei direkter Überlagerung der beiden Foki entsteht eine einzige tiefe Kapillare, deren Öffnungsdurchmesser vom Fleckdurchmesser bestimmt ist, und die dem Kollaps in der beobachteten Weise ausgesetzt ist. Entsprechend treten viele und große Prozessporen auf. Mit wachsendem Abstand wird ihre Öffnungsfläche vergrößert, der Dampf kann ungehindert abströmen, und die Porenhäufigkeit nimmt ab. Kommt es dann bei weiter zunehmendem Abstand zu einer Separierung der Dampfkapillare in nunmehr zwei einzelne, dann verringert sich deren Stabilität. Es entstehen wieder vermehrt Prozessporen, deren Dimension jedoch aufgrund der kleineren Kapillargeometrie insgesamt kleiner ist, siehe Bild 4.100.

Die Veränderung der Einschweißtiefe mit dem Fokusabstand ergibt sich im Wesentlichen aus den veränderten Einkoppelgraden in Kapillargeometrien mit unterschiedlichen Schlankheitsgraden. Bei den Auswirkungen hinsichtlich des Prozesswirkungsgrads – hier anhand des energiespezifischen Volumens dargestellt – spielen weiterhin die Wärmeleitungsverluste eine wichtige Rolle, die je nach Fokusanordnung (und Schmelzbadform) unterschiedlich sind. Bei der Längsanordnung sind beim optimalen Fokusabstand die Verringerungen von Einschweißtiefe und Prozesswirkungsgrad tolerierbar gering.

Erwähnenswert ist der Verlauf des energiespezifischen Volumens, dessen Wert bei $0 \leq \Delta \leq 0{,}5\,\text{mm}$ (auch in der nicht gezeigten Queranordnung des Fokuspaares) dem in Bild 4.86 gezeigten entspricht. In der Längsanordnung erfolgt ein mit wachsendem Abstand stetig verlaufender Abfall auf etwa die Hälfte des für Einstrahlschweißen typischen Betrags. Dies ist plausibel, weil für $\Delta \gg d_f$ der hintere Strahl die zuvor erzeugte Naht lediglich wieder aufschmilzt.

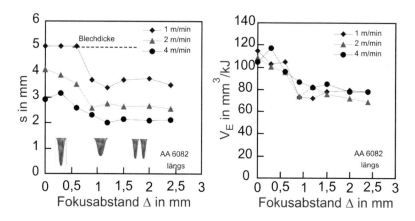

Bild 4.101 Schweißtiefe und energiespezifisches Schmelzevolumen mit der Doppelfokustechnik in Längsanordnung; Daten siehe Bild 4.100.

4.2.8.2   Elektromagnetische Volumenkräfte

Zielsetzungen der nachfolgend vorgestellten Ansätze sind die Erhöhung der Prozessstabilität [208], ein direkter Eingriff in die Nahtformung [209], [210] sowie eine homogenere Verteilung von (Zusatz-)Elementen im Schmelzbad [166] infolge des Wirksamwerdens elektromagnetischer Volumenkräfte. Sie entstehen in der Wechselwirkung $\vec{j} \times \vec{B}$ von in der Schmelze herrschender Stromdichte $\vec{j}$ und Magnetfeldstärke $\vec{B}$. Ihre Wirkung entspricht der eines Druckgradienten und äußert sich demzufolge als Änderung der Druck- und Geschwindigkeitsverteilung im Fluid. Die erforderlichen Stromdichten entstammen Quellen, die in Laserstrahlschweißprozessen intrinsisch vorhanden sind (z. B. elektrothermische [208] oder durch die laserinduzierte Plasmawolke ermöglichte Ströme [211], [212]) oder von einer externen Stromquelle. Die Magnetfelder können entweder durch externe Magnete erzeugt werden oder sie entstehen in Selbstinduktion durch den im Schmelzbad fließenden Strom. Das Besondere dieser Methoden ist, dass die Erzeugung der Kräfte *ohne zusätzliche thermische Energiedeposition* und Belastung des Bauteils stattfindet.

Erste Untersuchungen anhand von Einschweißungen wie auch spätere bei Durchschweißungen mit CO_2-Lasern haben erbracht, dass allein durch Anlegen eines externen Magnetfelds eine deutliche Verbesserung der Prozessstabilität und eine gezielte Nahtformung möglich sind. Arbeiten bei ähnlichen Prozessbedingungen mit Nd:YAG-Lasern haben diese Effekte nicht gezeigt. Erst in jüngsten Studien konnte der Nachweis erbracht werden, dass für das

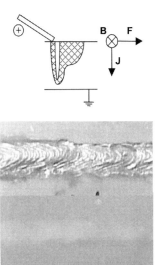
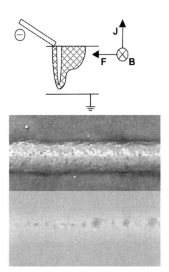

Bild 4.102 Auswirkungen unterschiedlich orientierter elektromagnetischer Volumenkräfte auf die Naht-oberraupe und die Prozessporenbildung; AA6xxx, Nd:YAG-Laser, 4 kW, $v = 3,6$ m/min, Stromzufuhr über Zusatzdraht AlSi12, $I = 30$A, $B = 0,4$ T, He. Skizziert sind die jeweiligen Hauptrichtungen von Strom, Magnetfeld und resultierender Kraft, nach [209].

Wirksamwerden eines ausreichend hohen intrinsischen Stroms ein laserinduziertes Plasma oberhalb des Schmelzbads Voraussetzung ist [211], [212]. Als besonders effizient im Sinne der angestrebten Ziele hat sich jedoch die Anwendung externer Quellen für die Erzeugung von Stromdichte und Magnetfeld erwiesen [212].

Die vorteilhafte Auswirkung elektromagnetischer Volumenkräfte auf das Humping wurde bereits in Abschnitt 4.2.7.2 mit Bild 4.98 demonstriert [208].

Die direkte Einflussnahme durch elektromagnetische Kräfte auf die Schmelzbaddynamik und die daraus sich ergebenden Folgen für Porenbildung und Raupenqualität sind anschaulich in Bild 4.102 dokumentiert. Stromfluss und Magnetfeldorientierung sind hier so gewählt, dass die resultierende Volumenkraft einmal in und das andere Mal entgegen der Schweißrichtung wirkt: Während die nach vorne weisende Kraft (rechte Bildhälfte) die nach hinten laufenden Wellen des Schmelzbads dämpft, was zu sehr glatten Nahtoberraupen führt, fördert sie ein Abschnüren der Kapillare, was sich in großer Prozessporenzahl äußert. Wirkt die resultierende Kraft nach hinten (linke Bildhälfte), so verhindert sie einen Kollaps des Dampfkanals; als Folge entstehen bei einer dergestalt offen gehaltenen Kapillare kaum Poren. Andererseits wird hier die Wellenbewegung angefacht, was sich in Form erhöhter Rauhigkeit der Naht-oberraupe manifestiert.

Weitere Beeinflussungsmöglichkeiten des Schmelzbads mittels elektromagnetischer Volu-menkräfte sind in Bild 4.103 gezeigt. Es veranschaulicht das Senken und Heben des Schmelz-bads bei einer Stumpfschweißung mit CO_2-Laser unter Verwendung von Gleichfeldern. Bei einer Laserwellenlänge von 1,06 µm stellen sich – abgesehen für $I = 0$, wo wegen des Fehlens einer laserinduzierten Plasmawolke die intrinsische Stromdichte zu klein ist und deshalb keine Effekte auftreten – die gleichen Ergebnisse ein.

Eine sehr effiziente Badstützung wurde mit Hilfe eines magnetischen Wechselfeldes, das die erforderliche Stromdichte im Schmelzbad induziert, demonstriert [213]. In Stumpfnahtschweißungen an bis zu 20 mm Stahlblechen konnte die Schmelze noch deutlich angehoben werden. Diese Methode erlaubt somit ein bisher nicht mögliches Laserstrahlschweißen in Überkopflage.

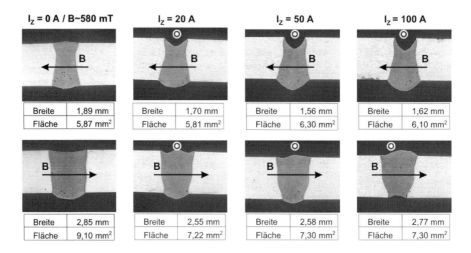

Bild 4.103 Senken und Heben eines Schmelzbads in Wannenlage bei Durchschweißungen mit CO_2-Laser; 3,7 kW, 4 m/min, AA6xxx. Der von außen eingebrachte Strom fließt längs der Naht. Die Nahtquerschnitte für $I = 0$ lassen ein Wirksamwerden des intrinsischen Stroms erkennen.

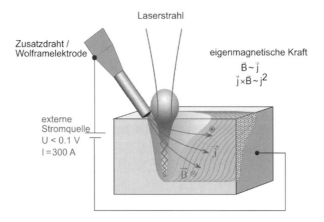

Bild 4.104 Schematische Darstellung zur Entstehung eigenmagnetischer Volumenkräfte im Schmelzbad.

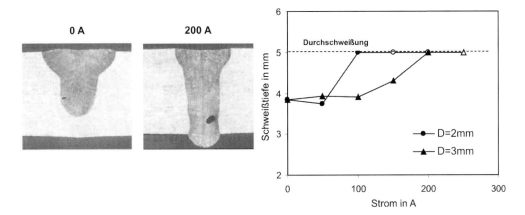

Bild 4.105 Veränderung des Nahtquerschnitts infolge eigenmagnetischer Volumenkräfte (li) und Einfluss von Stromstärke und Abstand D zwischen Laserstrahlachse und Kontaktstelle der davor liegenden Stromzufuhr (re). CO_2-Laser, 3,7 kW, 2 m/min, Al 99,5.

Eine besonders effiziente Methode der Nahtformgestaltung ist die Nutzung eigenmagnetischer Kräfte. Wird der externe Strom mittels einer Wolframelektrode [214] oder eines Zusatzdrahts (dessen Verwendung aus metallurgischen Gründen häufig erforderlich ist [166]) vor der Dampfkapillare in das Werkstück geleitet, ergibt sich eine Stromdichteverteilung, die zusammen mit dem selbstinduzierten Magnetfeld Kräfte im Schmelzbad hervorruft. Bei der in Bild 4.104 skizzierten Anordnung weist die resultierende Kraftwirkung von links oben nach rechts unten. Dadurch wird Schmelze in die Tiefe gelenkt, was mit einem entsprechenden Energietransport verknüpft ist und eine sehr viel tiefere und schlankere Naht entstehen lässt, siehe Bild 4.105. Ihre Form und der Umstand, dass bei einem gemessenen Spannungsabfall von weniger als 0,1 V der zusätzliche Energieeintrag vernachlässigbar ist, belegen den rein mechanischen Effekt. Dies unterstreichen auch die im Diagramm gezeigten Auswirkungen einer Abstandsvariation der Stromeinleitung: Je geringer der Abstand ist, desto höher ist die Stromdichte sowie das wechselwirkende Magnetfeld, als auch die Kräfte in unmittelbarer Umgebung der Kapillare, und eine Durchschweißung kann also – da die Kräfte proportional zu j^2 sind – bereits bei geringerer Stromstärke erfolgen. Anzumerken ist, dass die geschilderten Effekte bei CO_2- wie Nd:YAG-Lasern auftreten.

Elektromagnetische Volumenkräfte als rein mechanische Eingriffsmöglichkeit in die Schmelzbaddynamik lassen sich also – wie oben kurz geschildert und in der angeführten Literatur ausführlich dokumentiert – auf vielfältige technische Weise realisieren und nutzen. Damit erzielbare positive Einflussnahmen auf das Prozessgeschehen und -ergebnis umfassen

- die Behinderung des Humpingvorgangs und damit eine deutliche Erhöhung der noch „humpingfrei" möglichen Schweißgeschwindigkeit,

- die Unterdrückung der Prozessporenentstehung bei Aluminiumlegierungen,

- die Nahtformung, welche Aspekte der Querschnittsform, der Einschweißtiefe, der Oberraupentopographie und der Heißrissminderung mit einschliesst,

- die Badunterstützug bis hin zur Möglichkeit des Überkopfschweißens und schließ-lich

- die intensive Durchmischung des Schmelzguts mit durch den Zusatzdraht einge-brachten Legierungselementen.

4.3   Laserstrahlverfahren zur Oberflächenmodifikation

In ihrer Funktionserfüllung stehen Bauteile des gesamten Maschinen- und Aggregatebaus über ihre Oberflächen miteinander in Wechselwirkung. Die dabei auftretenden Beanspruchun-gen können unterschieden werden in solche, die im Volumen und solche, die an der Oberflä-che wirksam werden. Um ihnen im Sinne bester Funktion und langer Lebensdauer gerecht zu werden, sind unterschiedliche Werkstoffeigenschaften erforderlich, die zumeist mit ein und demselben Material jedoch nicht gleichzeitig realisierbar sind. Vor diesem Hintergrund haben sich zahlreiche Techniken etabliert, die zum Ziel haben, die Verschleiß- und Korrosionseigen-schaften der Oberfläche gesondert von denen des Bauteils den jeweiligen Beanspruchungen anzupassen.

Entsprechende Modifikationen von Bauteiloberflächen sind mit einer Vielzahl von Verfahren des „Beschichtens" und des „Stoffeigenschaftsänderns" nach DIN 8580 durchführbar. Hierzu zählen auch mit dem Laserstrahl als Energiequelle entwickelte Technologien, die sich nach

Prozess	Härten	Umschmelzen
Schema	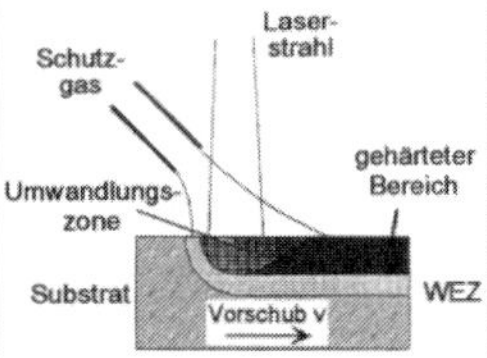 Laser-strahl, Schutz-gas, Umwandlungs-zone, Substrat, gehärteter Bereich, Vorschub v, WEZ	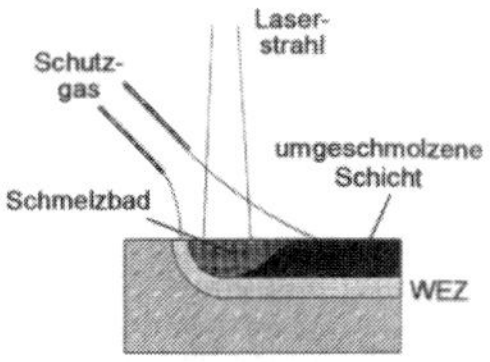 Laser-strahl, Schutz-gas, Schmelzbad, umgeschmolzene Schicht, WEZ
$I\ [W/cm^2]$	einige 10^3	10^4 bis 10^6
$\tau\ [s]$	10^{-1} bis einige 10^0	10^{-2} bis 1
Werkstoffe	un-/niedrig-legierte Stähle	Schnell-/Warm-arbeitsstähle
	Werkzeugstähle	Al-Legierungen
	Gusseisen	Gusseisen

Bild 4.106 Schematische Darstellung, typische Prozessparameter und Werkstoffe für das Laserhärten und Umschmelzen. Die hier und in Bild 4.107 aufgeführten Prozessparameter sollen lediglich als Orientierung dienen; bedingt durch verwendeten Lasertyp und konkrete Aufgabenstellung ist mit einer nicht unerheblichen Variationsbreite zu rechnen.

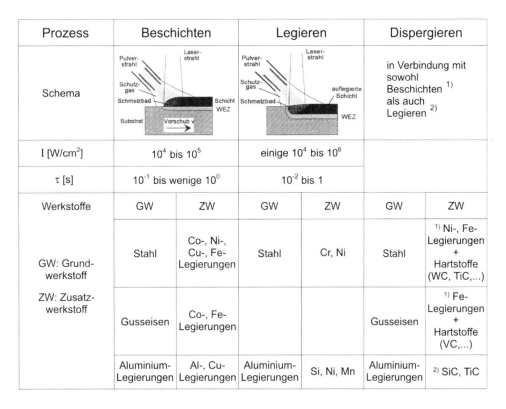

Prozess	Beschichten		Legieren		Dispergieren	
Schema	Pulverstrahl · Laserstrahl · Schutzgas · Schmelzbad · Schicht · WEZ · Substrat · Vorschub v		Pulverstrahl · Laserstrahl · Schutzgas · Schmelzbad · aufgelegte Schicht · WEZ		in Verbindung mit sowohl Beschichten [1] als auch Legieren [2]	
I [W/cm²]	10^4 bis 10^5		einige 10^4 bis 10^6			
τ [s]	10^{-1} bis wenige 10^0		10^{-2} bis 1			
Werkstoffe	GW	ZW	GW	ZW	GW	ZW
GW: Grundwerkstoff ZW: Zusatzwerkstoff	Stahl	Co-, Ni-, Cu-, Fe-Legierungen	Stahl	Cr, Ni	Stahl	[1] Ni-, Fe-Legierungen + Hartstoffe (WC, TiC,...)
	Gusseisen	Co-, Fe-Legierungen			Gusseisen	[1] Fe-Legierungen + Hartstoffe (VC,...)
	Aluminium-Legierungen	Al-, Cu-Legierungen	Aluminium-Legierungen	Si, Ni, Mn	Aluminium-Legierungen	[2] SiC, TiC

Bild 4.107 Schematische Darstellung, typische Prozessparameter und Werkstoffe für Oberflächenverfahren mit Anwendung von Zusatzwerkstoffen.

zwei Gruppen unterscheiden lassen.

Zur ersten, bei der ausschließlich auf *thermischen* bzw. *mechanischen* Vorgängen beruhende *Gefügeumwandlungen* stattfinden, zählen das

- martensitische Umwandlungshärten,
- Schockhärten und
- Umschmelzen bzw. Glasieren.

Die Eigenschaftsänderungen erfolgen im festen Phasenzustand bzw. während der raschen Wiedererstarrung einer aufgeschmolzenen Randschicht.

Die zweite Gruppe ist durch die Einbringung zusätzlicher Stoffe in eine Schmelzespur gekennzeichnet, wodurch sich auch die *chemische Zusammensetzung* der so erzeugten Randschicht gegenüber dem Grundwerkstoff verändert. Zu diesen Verfahren gehören das

- Legieren,
- Beschichten und
- Dispergieren.

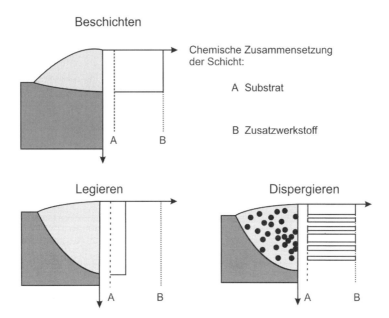

Bild 4.108 Schematische Wiedergabe von Spurquerschnitten und Stoffverteilungen darin, wie sie für die in Bild 4.107 aufgeführten Verfahren charakteristisch sind.

Die beiden ausgereiftesten und heute industriell bedeutendsten Technologien, das Härten und Beschichten, werden noch im Detail behandelt. Dessen ungeachtet sind sie im nachstehenden plakativen Überblick typischer Merkmale und Zielsetzungen der verschiedenen Verfahren mit aufgenommen. Dazu geben Bild 4.106 und Bild 4.107 charakteristische Prozessparameter und Werkstoffe wieder, während Bild 4.108 die unterschiedlichen Zielsetzungen bei Verwendung von Zusatzwerkstoffen verdeutlichen soll. Eine umfangreiche Literaturzusammenstellung ist in [215] und ausführlichere Darstellungen – einschließlich der Behandlung werkstoffkundlicher Aspekte - sind in [216], [217] zu finden.

Kurzbeschreibung der Verfahren:

- Wie die Bezeichnung zum Ausdruck bringt, wird beim *martensitischen Umwandlungshärten* die Randschicht des Werkstücks in ein hartes martensitisches Gefüge infolge Aufheizung durch den Laserstrahl und Selbstabschreckung umgewandelt. Intensität und Wechselwirkungszeit des Laserstrahls sind so aufeinander abzustimmen, dass hinreichend Zeit für die Gefügeumwandlung gegeben ist, eine Aufschmelzung der Oberfläche jedoch vermieden wird.

- Das *Schockhärten* beruht auf mechanischen Veränderungen im Werkstoff, der mit Laserpulsen von $I > 10^9$ W/cm² bestrahlt wird. In Reaktion auf die dabei entstehenden hohen Drücke an der Werkstückoberfläche läuft eine Stoßwelle von dort auch in das Werkstückinnere. Sie verursacht unterhalb der WWZ eine plastische Deformation des Materials, das nach ihrem Abklingen unter Druckspannungen des umgebenden, zuvor elastisch deformierten Bereichs gerät. Es hat sich gezeigt, dass diese Spannungen das Ermüdungsverhalten von Aluminium- und Titanlegierungen positiv beeinflussen, weshalb das Schockhärten insbesondere für Anwendungen in der Luftfahrt von Interesse ist.

- Zielsetzung des *Umschmelzens* bzw. *Glasierens* ist die Erzeugung feinerer und homogenerer Gefügestrukturen im Vergleich zu denen des Ausgangszustands. Dies wird erreicht durch hohe Abkühl- und Erstarrungsgeschwindigkeiten in der vom Laserstrahl erzeugten Schmelzespur. Dabei angestrebte Eigenschaften sind insbesondere die Erhöhung von Härte, Zähigkeit, Verschleiß- und Korrosionbeständigkeit. Extrem hohe Abkühlraten führen zur Bildung von amorphen Schichten, weshalb dann von Glasieren gesprochen wird.

- Beim *Legieren* wird eine möglichst innige Durchmischung des aufgeschmolzenen Grundwerkstoffs mit dem Zusatzwerkstoff angestrebt, siehe Bild 4.108. Die Materialeigenschaften der erstarrten Schmelzespur entsprechen den der geschaffenen Legierung. Werden statt der in Bild 4.107 aufgeführten Feststoffe Gase (N_2, O_2, CH_2) zugeführt, so wird das Verfahren als Reaktions- oder Gaslegieren bezeichnet; ein Beispiel für diese Variante ist die Bildung einer harten titannitridhaltigen Randschicht auf Bauteilen aus Titanlegierungen.

- Beim *Beschichten* hingegen soll eine auf der Oberfläche des Werkstücks gut haftende Schicht erzeugt werden, deren Eigenschaften jedoch ausschließlich von denen des aufgebrachten Zusatzwerkstoffs bestimmt sind. Dies ist innerhalb eines durch zu starkes Aufschmelzen des Grundwerkstoffs einerseits und zu geringer Haftung andererseits begrenzten Prozessfensters aus Intensität und Wechselwirkungszeit zu realisieren.

- Die Herstellung hartstoffhaltiger Schichten mit guten abrasiven Verschleißeigenschaften ist Zweck des *Dispergierens*. Auf der Basis des Beschichtens oder Legierens erfolgt hierbei die zusätzliche Einbringung von zumeist karbidischen Hartstoffen. Angestrebt wird deren möglichst homogene Verteilung im Schmelzbad, ohne sie jedoch nennenswert anzuschmelzen oder gar aufzulösen.

Im Hinblick auf die eingangs skizzierte Motivation der Oberflächenmodifikation sind zwei weitere Verfahren zu erwähnen, die – wenn auch mit unterschiedlichen physikalischen Ansätzen – auf verbesserte tribologische Eigenschaften hin zielen. Da beide jedoch in einem gänzlich anderen Parameterfeld der Laserstrahleigenschaften und vor allem der Größe der WWZ als die hier behandelten Technologien arbeiten, werden sie im allgemeinen im Zusammenhang mit mikrotechnischen Bearbeitungsprozessen diskutiert. Es handelt sich zum einen um das *Abtragen* mit Laserstrahlung (siehe Abschnitt 4.4.3), bei dem feine Strukturen mit Lateral- bzw. Tiefenabmessungen von typischerweise 10 bis 100 µm erzeugt werden, die z. B. als Schmiermitteltaschen dienen. Beim *Polieren* zum anderen wird durch das Abschmelzen von lokalen Rauhigkeiten eine äußerst glatte Oberfläche erzeugt; ein Überblick dazu findet sich in [218].

4.3.1 Martensitisches Randschichthärten

Das martensitische Randschichthärten ist eine der ältesten und verbreitetsten Technologien der Oberflächenmodifikation; der Begriff "Rand" kennzeichnet eine am Werkstückrand (und nicht im gesamten Volumen) erfolgende Gefügeumwandlung. Auch das Laserstrahlhärten ist der Fertigungsgruppe „Stoffeingenschaftändern" (Hauptgruppe 6 nach DIN 8580) zuzuordnen.

Im Vergleich zu den klassischen Verfahren des martensitischen Härtens bietet der Laserstrahl als Energiequelle eine Reihe fertigungstechnischer Vorteile. Als Folge der mittels verschiedenen optischen Elementen leicht zu gestaltenden Strahlformung – die Form und Abmessungen des Brennflecks sowie die Intensitätsverteilung darin umfassend – lässt sich die Wärme gezielt und lokal eng begrenzt dort einbringen, wo eine Härtung aufgabenangepasst erforderlich ist. Eine ebenfalls problemlose Strahlführung, insbesondere bei Festkörper- und Diodenlasern mittels Fasern, erlaubt Härtung auch an schwer zugänglichen Stellen wie z. B. in Bohrungen. Diese Flexibilität bezüglich der Herstellung partieller Härtebereiche eröffnet neue Möglichkeiten der Bauteilkonstruktion. Aufgrund der begrenzten Wärmeeinbringung vermindert sich die thermische Belastung des Bauteils auf das geringstmögliche Ausmaß. Entsprechend fällt sein Verzug niedrig aus, und Nacharbeiten können minimiert werden oder ganz entfallen.

Die physikalischen Vorgänge beim Laserhärten sind grundsätzlich die gleichen, wie sie bei den Verfahren mit Flamm-, Induktions- oder auch Ofenerwärmung auftreten. Aufgrund des „einstufigen" Prozesses, bei dem Erwärmung und Abkühlung inhärent gekoppelt sind sowie der dadurch bedingten raschen Temperaturzyklen ergeben sich dennoch einige Unterschiede. Im Hinblick auf ein besseres Verständnis des Prozesses und seiner typischen Ergebnisse (z. B. begrenzte Einhärtungstiefe) sei nachstehend, wenn auch kurz und nur bruchstückhaft, auf wichtige metallurgische Abläufe eingegangen; dieser Themenkreis wird in [219] und [216] ausführlicher behandelt.

4.3.1.1 Verfahrensprinzip

Metallurgische Vorgänge

Wesentliches Merkmal des bei Stählen und Gusseisen anwendbaren Umwandlungshärtens ist die Erzeugung eines Kristallgitters, das in dieser Form als Folge der verhinderten Kohlenstoffdiffusion während einer raschen Abkühlung aus einer Phase mit weitgehend homogener Verteilung des Kohlenstoffs im Austenit entsteht. Die interkristallinen Verspannungen des so entstandenen Gefüges, Martensit genannt, äußern sich als Härte. Entsprechend der zeitlichen Abfolge von Vorgängen, die den Prozess bestimmen, werden drei Schritte unterschieden: das Erwärmen, Halten und Abkühlen.

Für sehr langsam erfolgende *Erwärmung* beschreibt das Eisen-Kohlenstoff-Diagramm als Funktion von Temperatur und Kohlenstoffgehalt die verschiedenen Gefüge- und Aggregatzustände von Eisen-Kohlenstofflegierungen. Bei schneller Aufheizung verschieben sich indessen die Umwandlungstemperaturen mit wachsender Aufheizgeschwindigkeit [K/s] zu höheren Werten. Von Bedeutung sind die sogenannten Ac_1- und Ac_3-Temperaturen, bei denen die Umwandlung von kubisch-raumzentriertem Fe (α-Eisen) und Perlit (Gemisch aus Ferrit und Zementit, Fe_3C) in die kubisch-flächenzentrierten Gitter des Austenits (γ-Eisen) beginnen bzw. abgeschlossen sind. Bei Werten oberhalb einiger 10^2 K/s, die beim Laserstrahlhärten erreicht und übertroffen werden [220], [221], bleiben sie jedoch konstant. Diese (zudem von weiteren Legierungsbestandteilen abhängigen) Zusammenhänge werden in sogenannten ZTA (Zeit-Temperatur-Austenitisierungs)-Diagrammen veranschaulicht [222]. Bild 4.109 fasst den Verlauf der Ac_3-Temperatur für verschiedene Werte des Kohlenstoffgehalts zusammen [219]. Mit

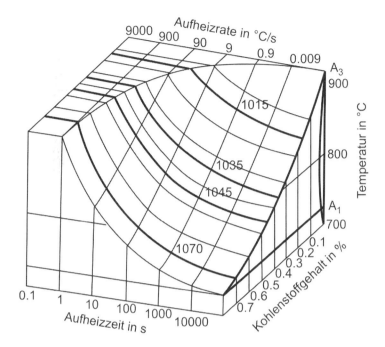

Bild 4.109 Zu einer 3D-Darstellung zusammengefasste ZTA-Diagramme unlegierter Kohlenstoffstähle, nach [219]. Die Kurven in der rechten Begrenzungsfläche sind mit denen des entsprechenden Ausschnitts aus dem Eisen-Kohlenstoff-Diagramm identisch.

Überschreiten der Ac_3-Temperatur ist zwar der Austenitisierungsvorgang abgeschlossen, doch kann die Verteilung des Kohlenstoffs entsprechend dem Ausgangszustand (Anteil des Zementits) inhomogen sein. Eine rasche Abkühlung (auch Abschreckung genannt) aus diesem Zustand heraus würde keine befriedigenden Härtewerte erbringen. Um dies zu erreichen, ist eine Homogenisierung der Kohlenstoffverteilung anzustreben. Die Zeitdauer hierfür wird bestimmt durch die Diffusionsgeschwindigkeit (die exponentiell mit der Temperatur wächst) und die typische Wegstrecke, die ein C-Atom zurückzulegen hat (was vom Ausgangsgefüge abhängt). Bei Erwärmung im Ofen erfolgt die Homogenisierung durch entsprechend langes Verweilen – *Halten* – bei Ac_3, während dem der Kohlenstoff Zeit findet, aufgrund der räumlichen Konzentrationsgradienten zu diffundieren. Die kurzen Zeiten, die beim Laserstrahlhärten zur Verfügung stehen, reichen für diesen Ausgleich nicht aus, weshalb die Diffusionsgeschwindigkeit durch eine erhöhte Temperatur gesteigert werden muss. Die Temperatur, bei welcher die Homogenisierung abgeschlossen ist, wird ebenfalls in ZTA-Schaubildern dokumentiert. Sie hängt (wie Ac_3) ab vom Kohlenstoffgehalt und der Korngröße des Ausgangsgefüges, die – siehe oben – ein Maß für die Länge des Diffusionswegs (einige μm) des Kohlenstoffatoms darstellt.

Während der nachfolgenden raschen *Abkühlung* ist ein reversibles Erreichen des Ausgangszustands nicht möglich, da sich der Kohlenstoff infolge unterbundener Diffusion als Fremdatom in den ferritischen Kristallaufbau einlagert. Die entstehenden Gefüge sind in ZTU (Zeit-Temperatur-Umwandlungs)-Schaubildern darstellbar, wobei auch hier charakteristische Temperaturverläufe, z. B. die Martensitstarttemperatur M_s, die Vorgänge kennzeichnen.

Aus diesen Schilderungen lassen sich einige für das Laserstrahlhärten bedeutsame Aspekte herauslesen:

- Die Volumenelemente der Randschicht erfahren hier die drei Schritte Aufheizen, Halten (Homogenisieren) und Abkühlen als einen einzigen, nicht separierbaren und getrennt beeinflussbaren *transienten* Temperaturverlauf. Nach den Ausführungen in Abschnitt 3.2.1 hängt $T(x, y, z, t)$ bei gegebenen Werkstoffeigenschaften von der eingekoppelten Intensität $A \times I(x, y, z = 0, t)$ und der Größe des Werkstücks ab. Der zeitliche bzw. räumliche Temperaturverlauf in einem Volumenelement wird in grundsätzlicher Form in Bild 3.29 bzw. Bild 3.34 wiedergegeben.

- Eine Beeinflussung der Einhärtungstiefe (-geometrie) wird daher nur (und das in begrenztem Umfang) über die eingebrachte Energiedichteverteilung und die Geometrie des Bauteils möglich sein.

- Die Oberflächentemperatur sollte in jedem Falle so hoch wie möglich, d.h. knapp unterhalb der Schmelztemperatur, liegen.

- Vorteilhafte Voraussetzungen zur Erzielung einer möglichst homogenen Kohlenstoffverteilung („homogener Austenit") und damit großer Härte sind bei feinkörnigen (vorgeglühten) Werkstoffen gegeben; Stähle mit hohem Ferritanteil eignen sich weniger.

- Die hohen Abkühlraten von der Größenordnung 10^4 K/s infolge Wärmeleitung in das Bauteil („Selbstabschreckung") machen die Verwendung eines äußeren Kühlmittels (Wasser, Öl) überflüssig. Dies schlägt sich positiv zu Buche in Bezug auf den Fertigungsablauf und dessen Wirtschaftlichkeit.

- Als Konsequenz der hochwirksamen Selbstabschreckung lassen sich mit dem Laserstrahl auch Materialien mit niedrigem Kohlenstoffgehalt härten, die mit konventionellen Verfahren als nicht härtbar gelten [220].

Technologie des Prozesses

Das verfahrenstechnische Prinzip des Laserstrahlhärtens ist in Bild 4.110 dargestellt[19]. Ein in seinem Querschnitt und der Intensitätsverteilung "geformter" Laserstrahl wird längs der gewünschten Bahn über das Werkstück geführt. Die Wärmewirkung hinterlässt eine entsprechende Härtungsspur, deren Geometrie und Härte sich nach den oben dargelegten Mechanismen ausschließlich aus dem in der WWZ entstandenen Temperaturfeld ergibt. Damit ist unmittelbar einleuchtend, dass Intensitätsverteilung, Strahlabmessung und Vorschubgeschwin-

---

[19] Die folgenden Ausführungen beziehen sich ausnahmslos auf eine Prozessgestaltung mit cw-Laserstrahlung; Härten mit gepulsten Lasern wird z. B. in [223], [224] behandelt. Es treten zwar dieselben grundsätzlichen Abhängigkeiten auf, doch sind als Folge der mit verschiedenen Pulsparametern einstellbaren mittleren Leistung (Pulsleistung, -dauer und -frequenz) im Detail auch unterschiedliche Resultate zu erwarten und hinsichtlich eines Vergleichs mit Daten einer cw-Leistungsbestrahlung zu beachten.

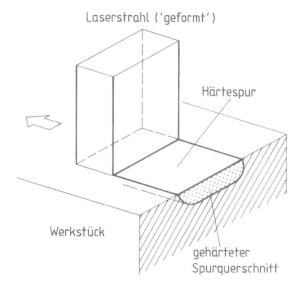

Bild 4.110 Schematische Darstellung des Laserstrahlhärtens. Der hier beispielhaft gezeigte Rechteck-querschnitt des Laserstrahls ist typisch für Diodenlaser oder die Strahlformung mittels eines Facetten-spiegels.

digkeit wichtige Parameter sind, die im Zusammenwirken das Prozessergebnis bestimmen; anhand zweier Bilder sei dies weiter veranschaulicht.

Zunächst vergleicht Bild 4.111 Temperaturverläufe in einem halbunendlichen Körper, die mit Intensitäten unterschiedlichen Zeitverlaufs aber gleicher Dauer nach (3.50) erhalten wurden; die Werte bzw. Funktionen $I(t)$ wurden so gewählt, dass in beiden Fällen die maximale Ober-flächentemperatur knapp unterhalb der Schmelztemperatur liegt [225]: Es ist deutlich zu er-kennen, dass die Volumenelemente der z. B. zwischen $z = 0$ und $z = 1$ mm befindlichen Schicht erheblich länger einer Temperatur von (in diesem Falle) 1'000 °C ausgesetzt sind, wenn die Oberflächentemperatur längere Zeit auf konstant hohem Niveau gehalten wird – ein im Hinblick auf die Kohlenstoffdiffusion günstiger Umstand. Des Weiteren wird klar, dass in größeren Tiefen als etwa 2 mm die Temperaturvoraussetzungen für die notwendigen Gefüge-umwandlungen nicht mehr gegeben sind. Damit ist auch gezeigt, dass die Wärmeleitungsbe-dingungen eine „natürliche" Begrenzung der Einhärtungstiefe darstellen.

Die in Bild 4.111 (re) gezeigten Intensitäts- und Temperaturverläufe sind in der Praxis nur näherungsweise zu erzielen, da bei vielen Bauteilen die Masse weder als unendlich groß be-trachtet, noch ein Brennfleck mit Abmessungen $x, y \rightarrow \infty$ angenommen werden kann. Den-noch bietet das zugrunde liegende Modell einen hilfreichen Zugang zur Findung von Prozess-parametern. Die dort verwendeten *eingekoppelten* Intensitäten von wenigen 10^3 W/cm^2 kor-respondieren unter Berücksichtigung typischer Absorptionsgrade gut mit den in der Praxis realisierten *eingestrahlten* Mittelwerten von 2000 bis 8000 W/cm^2 [219], [223], [225], [226], und auch die den Rechnungen zugrunde liegende Bestrahldauer von einer Sekunde liegt in-

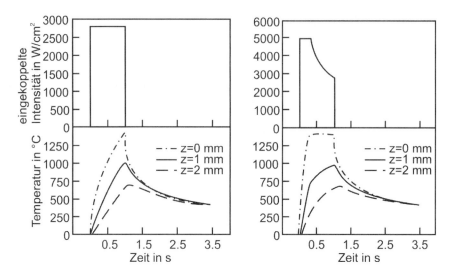

Bild 4.111 Temperaturverteilung $T(z, t)$ bei Bestrahlung der Oberfläche mit konstanter bzw. zeitveränderlicher Intensität, jedoch gleicher Dauer. Die maximale Temperatur an der Oberfläche ist in beiden Fällen gleich.

nerhalb des experimentellen Bereichs, der von einigen Zehnteln bis zu wenigen Sekunden reicht. Insbesondere die für unterschiedliche Strahlformungen und Intensitätsverteilungen auch experimentell dokumentierte Abhängigkeit $I \propto t^{1/2}$ (bei T_p= const.) unterstreicht die Brauchbarkeit des eindimensionalen Ansatzes.

Am ehesten lassen sich Verhältnisse mit T = const an der Oberfläche während einer Standhärtung erreichen, bei welcher keine Relativbewegung zwischen Brennfleck und Bauteil erfolgt und $I(t)$ mittels einer Leistungssteuerung realisiert wird. Bei Bahnhärtungen mit konstanter Leistung, wie in Bild 4.110 skizziert, resultiert die zeitliche Variation der Intensität aus der Abmessung des Brennflecks in Vorschubrichtung und der Geschwindigkeit, siehe Bild 4.112. Gleichzeitig veranschaulichen diese Skizzen, dass die *Energie*dichten, welche den einzelnen Flächenelementen an der Werkstückoberfläche vermittelt werden, sowohl von der Querschnittsform des auftreffenden Laserstrahls als auch von der darin herrschenden Intensitätsverteilung abhängen. Eine zeitlich konstante Oberflächentemperatur während der Bestrahlung ist in keinem der gezeigten Fälle gegeben.

Auf die Bedeutung einer solchen bezüglich der erzielbaren Härtetiefe und Prozesseffizienz (gemessen mittels des energiespezifischen Volumens als Quotient aus gehärteter Volumeneinheit und aufzuwendender Energie) ist in [227] hingewiesen worden. Ausgehend von einem vorgegebenem Brennfleck (quadratisch bzw. rechteckig), der Vorschubgeschwindigkeit und der maximalen Temperatur wurde dort die Intensitätsverteilung berechnet, die zur Realisierung einer konstanten Temperatur innerhalb der bestrahlten Fläche führt (als das „inverse" Problem gelöst). Ein Beispiel hierfür ist in Bild 4.113 zusammen mit der Temperaturverteilung an der Werkstückoberfläche in zweidimensionaler Darstellung wiedergegeben; um die Details besser zu erkennen, ist $I(x, y, z = 0)$ zusätzlich um 180° gedreht gegenüber der Vorschubrichtung gezeigt. Die starken Intensitätsüberhöhungen an der Front und den beiden Seiten kompensieren die in diesen Bereichen besonders hohen Wärmeleitungsverluste in x- und y-Richtung in das kalte Material. Zum Vergleich sind für dieselben Parameter die Verhältnisse für $I = \text{const}$ in Bild 4.114 dargestellt. Die Schnitte durch die Temperaturverteilung in Bild 4.113 und Bild 4.114 bei $y = 0$ entsprechen qualitativ den in Bild 4.111 gezeigten. Zusammen mit den berechneten Spurquerschnitten in Bild 4.115 folgt daraus, dass der Strahlformung eine gewichtige Rolle beizumessen ist.

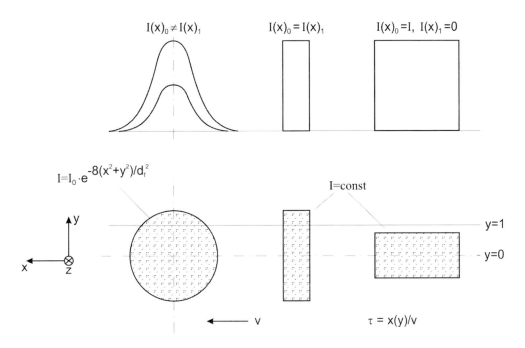

Bild 4.112 Skizze zur Verdeutlichung des Umstands, dass die Energiedichte innerhalb der bestrahlten Fläche und damit der Härtespurquerschnitt von der Intensitätsverteilung und der Wechselwirkungszeit $\tau = x/v$ abhängt.

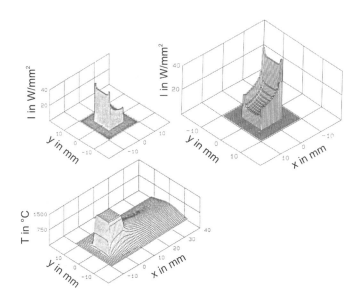

Bild 4.113 Aus der Forderung nach T = const (1'450 °C) im Brennfleck (10×10 mm²) berechnete Intensitätsverteilung; v = 0,6 m/min, nach [227].

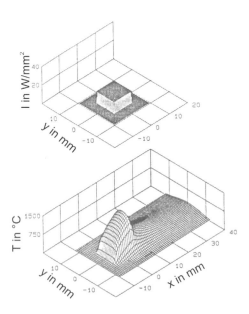

Bild 4.114 Die konstante Intensität im Brennfleck (10×10 mm²) ist so bemessen, dass bei v = 0,6 m/min die maximale Temperatur 1450 °C nicht überschritten wird, nach [227].

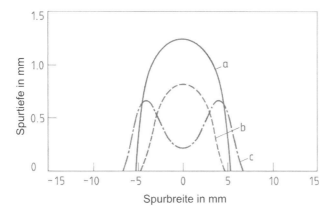

Bild 4.115 Berechnete Spurquerschnitte für unterschiedliche Intensitätsverteilungen im Brennfleck (10×10 mm²) bei $v = 0,6$ m/min: die Kurve a entspricht Bild 4.113, b Bild 4.114, c ist typisch für eine mit Schwingspiegeln erzeugte Intensitätsverteilung, nach [227].

4.3.1.2 Energieeinkopplung

Die vorangegangenen Ausführungen machten deutlich, dass die Energiedichteverteilung in der bestrahlten Oberfläche entscheidend für das raum-zeitliche Temperaturfeld im Werkstück und damit – bei vorgegebenen Stoffeigenschaften – *ausschließlich* für das Prozessergebnis verantwortlich ist. Bild 4.116 fasst diese Aussagen des Abschnitts 4.3.1.1 graphisch zusammen. Neben den offensichtlich bedeutsamen Einflussgrößen Laserleistung und Vorschubgeschwindigkeit kommt der Strahlformung und der Absorption eine wichtige Rolle zu; beide

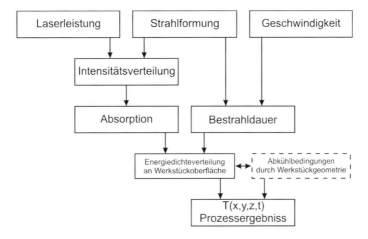

Bild 4.116 Zusammenwirken von Prozessparametern und systemtechnisch beeinflussbaren Gegebenheiten (Strahlformung, Absorption) bei der Erzielung einer das Prozessergebnis bestimmenden Temperaturverteilung.

letztgenannten Aspekte seien deshalb näher betrachtet.

Absorption

Einsatz von CO$_2$-Lasern

Die ersten Hochleistungslaser, die bei industriellen Anwendungen des Laserstrahlhärtens zum Einsatz gelangten, z. B. für das Erzeugen diskreter Härtespuren in Zylinderlaufbuchsen von Schiffsdieselmotoren, waren CO$_2$-Laser. Bedingt durch die geringe Absorption der 10,6 μm-Strahlung an Eisenwerkstoffen mussten die zu härtenden Bereiche einer absorptionserhöhenden Behandlung unterzogen werden. Ergebnisse einiger dieser Maßnahmen sind in Bild 4.117 wiedergegeben. Wiewohl sandgestrahlte Oberflächen einen Absorptionsgrad aufweisen, der dem einer glatten Oberfläche bei Bestrahlung mit Wellenlängen um 1 μm entspricht, hat sich diese Vorbehandlung nicht durchgesetzt: nicht nur, weil ein recht aufwendiger Prozess dem Härten vorzuschalten wäre, sondern weil damit eine zumeist nicht tolerable Veränderung der Oberflächenbeschaffenheit einherginge.

Übliches Vorgehen ist das Aufbringen einer wenige μm dünnen Graphit- oder Phosphatschicht. Aber auch diese Methode hat ihre Nachteile: die Schichten degradieren (verbrennen, lösen sich ab usw.) unter der Einwirkung der Laserstrahlung, wodurch sich die Absorption während des Prozesses – insbesondere bei geringen Vorschubgeschwindigkeiten – verändern kann. Bild 4.118 zeigt diesen auch von der Intensität abhängigen Effekt, der von Nachteil für die Reproduzierbarkeit von Ergebnissen sein kann. Überdies führt er zu Unsicherheiten bei vergleichenden Betrachtungen zur Energiebilanz und erschwert eine Prozess*regelung*.

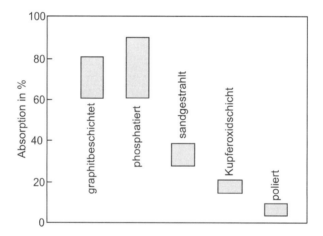

Bild 4.117 Kalorimetrisch gemessener Absorptionsgrad von Stahlproben mit unterschiedlicher Oberflächenbeschaffenheit (λ = 10,6 μm).

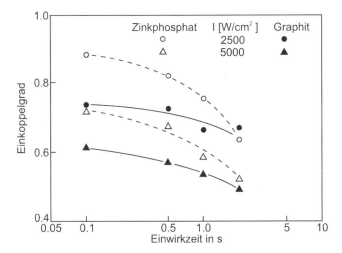

Bild 4.118 Kalorimetrisch gemessener Einkoppelgrad von beschichteten Stahlproben, $\lambda = 10{,}6\ \mu m$.

Ein weiterer absorptionserhöhender Mechanismus ist in Bild 4.119 dokumentiert, nämlich die Bildung einer Oxidschicht [228]. Während der Absorptionsgrad bei graphitierter Oberfläche für die 1,06 µm Strahlung nur geringfügig größer als die für 10,6 µm ist (die Werte stimmen im vergleichbaren Parameterbereich – 25 bzw. 31 W/mm² und Einwirkzeiten < 0,5 s – gut mit jenen in Bild 4.118 überein), zeigen sich bei unbehandelten Proben deutliche Unterschiede: Bei den hohen Geschwindigkeiten bzw. kurzen Wechselwirkungszeiten entsprechen die gemessenen Daten für beide Wellenlängen den Absorptionsgraden an glatten, blanken Oberflächen. Der Anstieg des Absorptionsgrads bei 1,06 µm mit längerer Bestrahlungsdauer wird durch das Entstehen einer Oxidschicht von etwa 3 µm Dicke im Zuge der Aufheizung erklärt

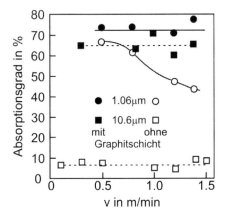

Bild 4.119 Gemessener Absorptionsgrad für CO_2- und Nd:YAG-Laserstrahlen bei senkrechtem Strahleinfall auf graphitierter und blanker bzw. oxidierender Oberfläche, nach [228]. Der mittels Kaleidoskop geformte Brennfleck misst 4×4 mm².

und belegt. Der geringe Absorptionsgrad für $\lambda = 10,6\ \mu m$ hingegen führt auch bei langer Wechselwirkungszeit zu keiner nennenswerten Temperaturerhöhung und damit absorptionsfördernden Oxidation, eine Härtung findet hier nicht statt.

Alternativ zum Aufbringen einer Schicht (was in jedem Fall ein Mehr an Arbeitsaufwand bedeutet) kann die Absorptionserhöhung durch Schrägeinfall der Laserstrahlung genutzt werden. Bild 4.120 gibt Ergebnisse dieser Maßnahme wieder. Dazu wurde der Laserstrahl mit einer Optik der Brennweite $f = 1$ m auf die Werkstückoberfläche unter einem Einfallswinkel von 75° fokussiert [226]. Im sich ergebenden ellipsenförmigen Brennfleck von ca. 2,8×11 mm wird die lineare Polarisation parallel zu seiner Längsachse angeordnet; der Vorschub erfolgte senkrecht dazu. Die im rechten Bildteil gezeigten Werte der bei unterschiedlicher Oberflächenbeschaffenheit erzielten Einhärtungstiefen dokumentieren, dass in diesem Falle eine Härtung ohne absorptionssteigernde Beschichtung und selbst unter Schutzgasatmosphäre möglich ist. Der Leistungsbedarf ist jedoch deutlich höher, als bei Vorhandensein einer Graphitschicht. Energetisch dazwischen liegen die Verhältnisse bei Härtungen in Umgebungsluft. Die hierbei stattfindende Oxidation erhöht die Absorption und reduziert damit den Leistungsbedarf, doch erhöht sie gleichzeitig die Tendenz zu plötzlich einsetzenden Anschmelzungen innerhalb der bestrahlten Fläche. Dies steht in absolutem Einklang zu den Befunden in Bild 4.119, wo – bei dort senkrechtem Strahleinfall – die im Vergleich zu hier vierfach niedrigere Energieeinkopplung eine Oxidbildung nicht zu befördern vermag.

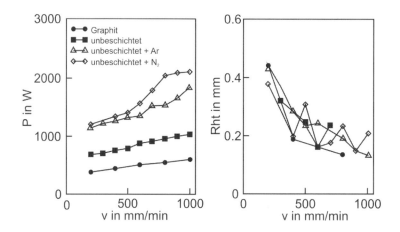

Bild 4.120 Durch Anschmelzungen begrenzte maximal einstrahlbare Leistungen und dabei erzielte Randhärtetiefen (wo noch eine Härte von 550 HV erreicht wird): Schrägeinfall ($\Theta = 75°$) linear polarisierter 10,6 µm-Strahlung und unterschiedliche Oberflächenbeschaffenheit; Werkstoff: C45.

Einsatz von Festkörper- und Diodenlaser

Wie Bild 3.13 zu entnehmen ist, entspricht der Absorptionsgrad von Eisen auf Schmelztemperatur für $\lambda = 10,6\ \mu m$ und $\Theta = 75°$ ziemlich genau dem Wert für $\lambda = 1,06\ \mu m$ bei $\Theta = 0°$. Zwar sind die mit diesen Laserstrahleigenschaften und Einfallswinkeln erhaltenen Prozessergebnisse im Lichte des in Abschnitt 4.3.1.1 Gesagten nicht direkt vergleichbar (bei im ersten

Falle vorgegebener Polarisationsorientierung können Absorptionsgrad und Brennfleckgeometrie nicht gleichzeitig vergleichbar gestaltet werden), doch vermitteln sie einen zumindest qualitativen Aufschluss bezüglich der Effizienz.

Mit einem auf einen Fleckdurchmesser von 7,5 mm defokussierten, senkrecht einfallenden Strahl eines Nd:YAG-Lasers realisierte Daten zeigt Bild 4.121. Bei vergleichbaren Oberflächenzuständen und Vorschubgeschwindigkeiten wie in Bild 4.120 sind auch vergleichbare Leistungen einstrahlbar, ehe die Oberfläche anzuschmelzen beginnt; die Einhärtetiefen jedoch sind hier deutlich größer. Mit den ausgewerteten Härtespurgeometrien ergeben sich Werte des energiespezifischen Volumens von etwa 17 bis 34 mm³/kJ, steigend mit zunehmender Geschwindigkeit. Im Vergleich dazu erbringen die Experimente mit der parallel polarisierten 10,6 µm-Strahlung Werte von 7 bis 8,5 mm³/kJ.

Damit ist deutlich, dass selbst *ohne* den Einsatz von absorptionssteigernden *Beschichtungen* mit Wellenlängen um 1 µm sowohl prozess- wie produktionstechnische (nicht bei allen Bauteilgeometrien lässt sich ein hinreichend großer Einfallswinkel realisieren) Vorteile zu erwarten sind.

Zu einer anderen Bewertung gelangt man, wenn das Arbeiten *mit Beschichtungen* akzeptiert wird, dann kann auch mit CO_2-Lasern bei senkrechtem Strahleinfall gehärtet werden. Unter diesen Bedingungen ist ein Vergleich der Prozessergebnisse bei identischen Brennfleckgeometrien mit beiden Wellenlängen möglich. Entsprechende Untersuchungen in [223] wurden mit defokussierten Strahlen ($d_f \approx 5,6$ mm) an graphitierten Oberflächen mit Argon (CO_2-Laser) und an geschliffenen mit Stickstoff als Schutzgas (Nd:YAG-Laser) durchgeführt. Sie erbringen praktisch die gleichen Prozesswirkungsgrade mit entsprechenden Werten des energiespezifischen Volumens von 3 bis 15 mm³/kJ bei 1,06 µm und bis 12 mm³/kJ bei 10,6 µm. Wie bei den oben angeführten Daten korrespondieren die größeren Beträge mit den höheren Geschwindigkeiten, d.h. kürzeren Bestrahldauern.

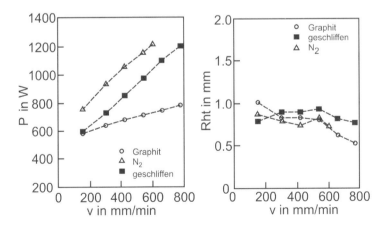

Bild 4.121 Maximal einstrahlbare Laserleistung in Abhängigkeit der Oberflächenbeschaffenheit und dabei erzielte Einhärtetiefe für $\lambda = 1,06$ µm; auf $d_f = 7,5$ mm defokussierter Strahl nach Faserübertragung; C45.

Strahlformung und ihre Auswirkung auf das Prozessergebnis

Eine Betrachtung von Bild 4.111 und Bild 4.112 legt nahe, dass sich unterschiedliche Strahl-formen und Intensitätsverteilungen bei vergleichbaren mittleren Energiedichten im Brenn-fleck vor allem in der Querschnittsform und weniger in den Härtewerten oberflächennaher Bereiche in der Spurmitte niederschlagen sollten. Die experimentellen Befunde bestätigen dies wie sie gleichzeitig erkennen lassen, dass Änderungen von Leistung (mittlere Intensität) und Geschwindigkeit (Einstrahldauer) sich bei den verschiedenen Methoden der Strahlfor-mung unterschiedlich auswirken. Auf einige der gebräuchlichsten Techniken der Strahlfor-mung und dafür charakteristische Ergebnisse sei nachstehend eingegangen.

Defokussierung

Durch Veränderung des Abstands zwischen der Fokusebene und der Werkstückoberfläche lässt sich die Größe des Brennflecks auf einfachste Weise variieren. Während bei CO_2-Laser-strahlen die Intensitätsverteilung dabei ähnlich bleibt, ändert sich diese bei der nach einer Faserübertragung – was die heute übliche Leistungsübertragung bei Festkörperlasern ist – erfolgenden Fokussierung als Funktion des Abstands. Typisch für diese Methode ist ein lin-senförmiger Spurquerschnitt.

Bei festgehaltenem Strahl- bzw. Fleckdurchmesser äußert sich eine Leistungserhöhung wie eine Geschwindigkeitsverminderung (bei jeweils konstanter anderer Größe) in einer Zunahme von Spurtiefe und Breite. Das Auftreten von Anschmelzungen schränkt den Variationsbereich beider Prozessparameter ein. Diese Zusammenhänge sind beispielhaft in Bild 4.122 gezeigt. Die maximal erzielbare Breite beträgt in diesem Falle rund 70 % des Fleckdurchmessers, die Tiefe 15 %; die gleichen Relationen wurden in Untersuchungen mit einem CO_2-Laser gefun-den [223]. In guter Übereinstimmung dazu werden in [225] für das Verhältnis Spur-

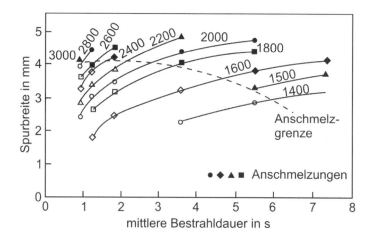

Bild 4.122 Härtespurbreiten in Abhängigkeit der mittleren Intensität und Strahleinwirkzeit für einen Nd:YAG-Laserstrahl von 5,6 mm Brennfleckdurchmesser; 42CMo4 vergütet, geschliffene Oberfläche, N_2 als Schutzgas, nach [223].

breite/Strahldurchmesser Werte von 0,5 bis 0,7 und für den Formparameter Spurbreite/Spurtiefe Werte von 5 bis 8 angegeben.

Homogenisierung

Eine konstante Intensität wird häufig als Voraussetzung für einen optimalen Härtungsprozess betrachtet; in der Tat erbringt sie von allen Strahlformungsmethoden, bei denen die Intensitätsverteilung inhärent mit dem genutzten optischen Prinzip verknüpft ist, die höchsten Prozesswirkungsgrade [225]. Mehrere Konzepte stehen für die Homogenisierung der Intensitäts-

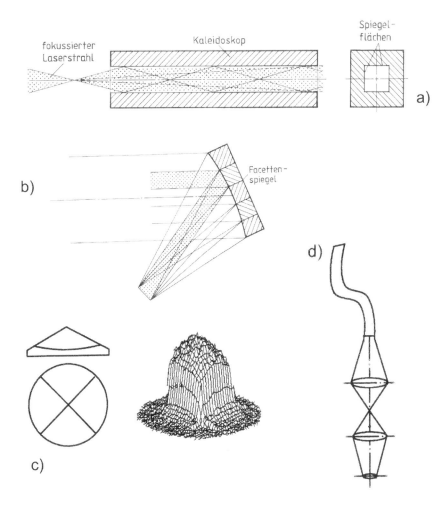

Bild 4.123 Methoden und Komponenten zur Erzeugung einer homogenen Intensitätsverteilung: in Reflexion arbeitend a) Kaleidoskop, b) Facettenspiegel und in Transmission arbeitend c) Facettenintegrator mit gemessenem Intensitätsprofil, d) teleskopische Abbildungsoptik.

verteilung über dem Strahlquerschnitt zur Verfügung; von den in Bild 4.123 dargestellten haben sich das Kaleidoskop und der Facettenspiegel beim Einsatz von CO_2-Lasern bewährt, wohingegen der Facettenintegrator und die teleskopische Abbildungsoptik neuere Entwicklungen repräsentieren, die sich die guten Transmissionseigenschaften von Gläsern bei der Wellenlänge um 1 μm zunutze machen.

Das *Kaleidoskop* (Bild 4.123 a) ist ein wassergekühltes gerades Rohr mit zumeist quadratischem oder auch rechteckigem Hohlleiterquerschnitt. Mehrfachreflexion an den verspiegelten Innenwänden während der Propagation des Laserstrahls führen zu einer weitgehend konstanten Intensitätsverteilung im Austrittsquerschnitt. Erkauft wird diese mit Absorptionsverlusten von etwa 20 % [226]. In der folgenden freien Propagation ändert sich die Intensitätsverteilung jedoch als Funktion des Abstands, weshalb in [228] vorgeschlagen wird, dem Kaleidoskop eine Abbildung nachzuschalten.

Ein *Facettenspiegel* (Bild 4.123 b) besteht aus einer Vielzahl einzelner Spiegelsegmente gleicher Form und Abmessung(en), die auf einer Konturfläche so angeordnet bzw. ausgerichtet sind, dass die auf sie treffenden Ausschnitte des Laserstrahlquerschnitts alle auf den gleichen Ort abgebildet werden. Als Folge der geometrisch-optischen Überlagerung sämtlicher Teilstrahlen entsteht in der Arbeitsebene ein Fleck mit konstanter Intensität. Je nach Geometrie der Facetten lassen sich so quadratische oder auch rechteckige Brennflecke und Intensitätsverteilungen mit konstanten oder in längs x- und y-Richtung unterschiedlichen Verteilungen erzeugen. Mit zwei solcherart verschiedenen Facettenspiegeln erhaltene Härtungsergebnisse gibt Bild 4.124 wieder.

Nach dem gleichen Prinzip wie der Facettenspiegel, jedoch statt in Reflexion hier in Transmission, funktioniert der in Bild 4.123 c gezeigte *Facettenintegrator*. Zur Erzeugung eines quadratischen Strahlflecks dient eine gleichseitige Pyramide, die im Strahlengang platziert aus der Überlagerung der vier Teilstrahlen den gewünschten Querschnitt erbringt. Die Intensitätsverteilung ist durch einen sehr steilen Abfall am Rande bei mäßiger Variation im Zentrum

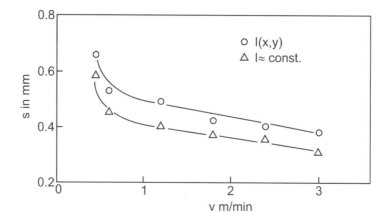

Bild 4.124 Mit unterschiedlichen Facettenspiegeln – für konstante bzw. die in Bild 4.113 gezeigte Form näherungsweise wiedergebende Intensitätsverteilung $I(x,y)$ ausgelegt – erhaltene Einhärtetiefen; graphitierte Oberfläche, Leistungsregelung, um Anschmelzung zu vermeiden.

des Strahls gekennzeichnet. In Erhöhung der Facettenzahl von der einer Pyramide zu einem Kegel entsteht ein als *Axicon* bezeichnetes optisches Element. Es formt einen kreisförmigen Strahlquerschnitt in einen ringförmigen um.

Gegenüber diesen drei Integrationsoptiken, die ohne eine der Homogenisierung folgende Abbildung keine gleich bleibenden Intensitätsverteilungen bei verändertem Abstand zum Werkstück liefern, bietet das in [225] ausführlich untersuchte Konzept einer *teleskopischen Abbildung* (Bild 4.123 d) den Vorteil, $I(r) = $ const bei variablem Fleckdurchmesser bzw. Abstand zu gestalten. Die Homogenisierung selbst geschieht hier während der Strahlpropagation in einer Faser, und das Linsensystem bildet die am Faserende herrschende Intensitätsverteilung vergrößernd auf der Werkstückoberfläche ab. Vom Prinzip her handelt es sich hierbei also um die Kombination eines in Transmission arbeitenden Kaleidoskops runden Querschnitts mit einer entsprechenden Abbildungsoptik.

Im Vergleich zu in freier Propagation sich einstellenden Intensitätsverteilungen mit weniger steilen Gradienten im Randbereich bietet eine homogene den Vorteil, dass höhere mittlere Werte eingestrahlt werden können, ohne dass es zu Anschmelzungen in der Spurmitte kommt. Damit zusammenhängend ist ein wesentlich größeres Verhältnis von Spurbreite zu Strahlbreite (bzw. -durchmesser) erzielbar, siehe Bild 4.125, weil bei einer „gaußähnlichen" Intensitätsverteilung die Werte im Randbereich des Strahls nicht hoch genug sind, um dort eine Gefügeumwandlung zu bewirken. In anderen Worten bedeutet dies, dass der Leistungsbedarf bei einer derartigen Intensitätsverteilung höher ist als bei einer homogenen, um die gleiche Härtungsbreite zu erzielen. Wie Bild 4.126 zeigt, geht mit $I = $ const auch ein tendenziell höherer Prozesswirkungsgrad einher.

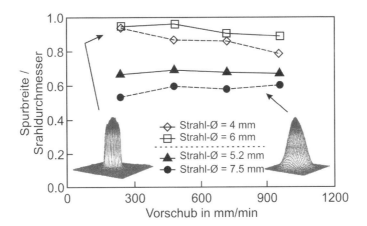

Bild 4.125 Vergleich des erzielbaren Verhältnisses Spurbreite/Fleckdurchmesser für Intensitätsverteilungen entsprechend einer teleskopischen Abbildung und einer in freier Propagation entstandener; $\lambda = 1,06\ \mu m$, maximal einstrahlbare Leistung, kein Schutzgas, C45.

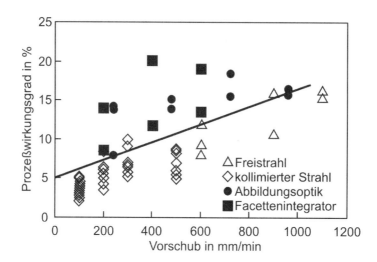

Bild 4.126 Prozesswirkungsgrade (Nd:YAG-Laser) für unterschiedliche Intensitätsverteilungen und Strahlformen bei maximal einkoppelbaren Leistungen; kein Schutzgas, C45. Die Gerade soll lediglich die mit steigender Geschwindigkeit feststellbare Tendenz zu höheren Werten hin hervorheben. Der Maximalwert von 20 % für eine charakteristische Umwandlungsenergie dieses Werkstoffs von 6,05 J/mm³ entspricht einem energiespezifischen Volumen von 33 mm³/kJ.

Untersuchungen in [226] mit einem rechteckigen Strahlquerschnitt und konstanter Intensität weisen auf eine (im konkreten Fall bei 7×10 mm²) geringfügig bessere Energieausnutzung hin, wenn der Strahl mit seiner Breitseite senkrecht zur Vorschubrichtung orientiert ist; als Grund ist die dann weniger ins Gewicht fallende laterale Wärmeableitung zu sehen.

Die grundsätzlichen Aussagen dieses Absatzes sind auch im Hinblick auf den Einsatz von Diodenlasern von Interesse, weil dort – bedingt durch den technischen Aufbau der Geräte im kW-Bereich – von vorneherein ein rechteckiger Strahlquerschnitt mit homogener Intensitätsverteilung vorliegt. So wird z. B. in [229] über die Erzeugung einer 19,5 mm breiten und 1,9 mm tiefen Spur berichtet, bei der ein 22×2,6 mm² messender Strahl mit 2 kW Leistung und ein Vorschub von 0,15 m/min zum Einsatz gelangten.

Flexible Strahlformung mittels Schwingspiegeln

Mit der bereits in Bild 2.68 gezeigten Anordnung lässt sich sowohl die Größe der am Werkstück zu bestrahlenden Fläche als auch die Intensitätsverteilung darin verändern und an die zu erfüllende Aufgabe anpassen. Als Parameter dafür stehen die Schwingungsamplitude, die Frequenz und der Brennfleckdurchmesser des mit einer langen Brennweite fokussierten Strahls zur Verfügung.

Den Zusammenhang zwischen Intensitätsverteilung und Querschnittsform der Härtespur gibt Bild 4.127 wieder. Daraus geht hervor, dass das Verhältnis von Strahldurchmesser zur Amplitude der Auslenkung entscheidend für die erzielbare Breite und Gleichmäßigkeit der Einhärtung ist. Es ist unmittelbar einleuchtend, dass mit kleiner werdendem d_f („spitzerem Strahl") die Härtetiefe abnimmt, weil die einkoppelbare Energiedichte durch die Gefahr des Anschmelzens in den Umkehrpunkten des Strahls wächst.

Die Möglichkeit einer Nachbildung der in Bild 4.113 gezeigten Intensitätsverteilung veranschaulicht Bild 4.128, und damit erhaltene Härtetiefen sind in Bild 4.129 aufgeführt; die angegebenen Leistungen wurden kalorimetrisch ermittelt [226]. Als wesentliche Erkenntnis dieser Untersuchungen kann festgehalten werden, dass mit einem „sesselförmigen" Intensitätsprofil tatsächlich tiefere Härtespuren erzielbar sind (vgl. auch Bild 4.124), als mit einem homogenen. Da die optimale Form jedoch von der Vorschubgeschwindigkeit abhängt, wird ein solches Ergebnis nicht ohne Aufwand an experimentellen Voruntersuchungen zu erreichen sein. Allerdings konnte in [225] gezeigt werden, dass anhand einer Sichtbarmachung der Temperaturverteilung (als Funktion der Intensitätsverteilung) in der bestrahlten Fläche mittels Thermokamera die erzielbare Einhärtetiefe in einem weiten Bereich der Vorschubgeschwindigkeit unabhängig von diesem Parameter gleich bleibend hoch gestaltet werden kann.

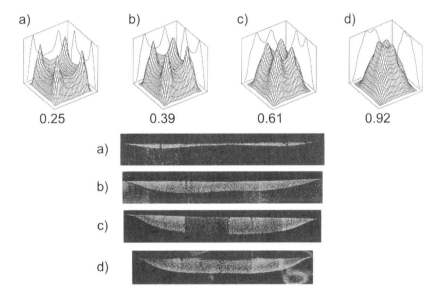

Bild 4.127 Berechnete Werte der Intensitätsverteilung über einer bestrahlten Fläche von 10×10 mm^2 bei Variation des Verhältnisses Strahldurchmesser/Auslenkung (oben) und die mit einem Schwingspiegelsystem entsprechend erhaltenen Querschnitte der Härtespuren (unten); C45, Graphitbeschichtung, $P = 1{,}75$ kW, $v = 1$ m/min.

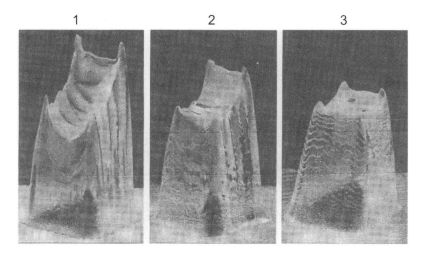

Bild 4.128 Plexiglaseinbrände von mit einem Schwingspiegelsystem ($f \leq 300$ Hz) erhaltenen Intensitätsverteilungen; Strahldurchmesser 2 mm, Auslenkung der Strahlachse 8×8 mm².

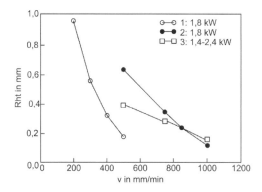

Bild 4.129 Mit CO_2-Laserstrahlung und den in Bild 4.128 gezeigten Intensitätsverteilungen erzielte Härtetiefen; C45, graphitierte Oberfläche.

Ein Beispiel für die mit Schwingspiegelsystemen flexibel den konkreten Erfordernissen anpassbare Intensitätsverteilung ist in den beiden folgenden Bildern aufgeführt. Um eine Kante bzw. die sie bildenden Flanken mit hinreichend großer Tiefe ohne Anschmelzung oder Härteabfall in den obersten Randschichten aufgrund geometriebedingt geringer Wärmeabfuhr härten zu können, bedarf es einer wie in Bild 4.130 gezeigten Verteilung; die deutlich abgesenkten Werte in der Mitte des Flecks verhindern einen zu großen Wärmeeintrag im unmittelbaren Bereich der Kante. Zudem erlaubt die variable Gestaltung der lateralen Amplitude den Härteverlauf an den Flanken zu beeinflussen. Bild 4.131 verdeutlicht, welch recht unterschiedliche Härtespurgeometrien dabei zu erzielen sind.

Bild 4.130 Für das Härten einer Kante mit einem Schwingspiegelsystem geformtes Intensitätsprofil (li) und damit erzielte Härtegeometrie (re): Strahlfleck 6×5 mm², Strahldurchmesser 2,8 mm, C45, graphitiert, $P \approx 1$ kW (CO_2-Laser), $v = 0{,}4$ m/min.

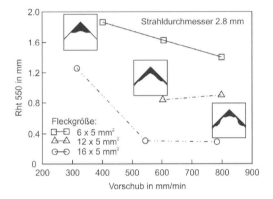

Bild 4.131 Variabel gestaltbare Einhärtegeometrien durch Modifizierung des in Bild 4.130 gezeigten Intensitätsprofils.

Sonderoptiken

Die bei Wellenlängen um 1 µm gegebene Möglichkeit, (preisgünstiges) Glas als Material für Elemente zur Strahlführung und -formung verwenden zu können, lässt den Einsatz einer für eine spezielle Aufgabe ausgelegten Optik auch aus wirtschaftlichen Gründen attraktiv erscheinen. So eignet sich das bereits erwähnte Axicon in besonderer Weise für Standhärtungen von Stirnflächen in Bohrungen rotationssymmetrischer Bauteile. Bild 4.132 gibt die grundsätzliche Anordnung dieses Elements in einem Bearbeitungskopf beispielhaft wieder. Von Interesse sind in diesem Kontext ferner Eintauchoptiken, mit deren Hilfe unterschiedliche Bereiche einer Bohrung gehärtet werden können; Bild 4.133 zeigt einige solcher Situationen. Die Realisierung und der Einsatz eines derartigen Bearbeitungskopfes unter Bewältigung von technischen Problemen, welche z. B. von der hohen Wärmebelastung der eintauchenden Optiken aufgrund der Strahlungsreflexion aus der WWZ herrühren, ist in [225] beschrieben.

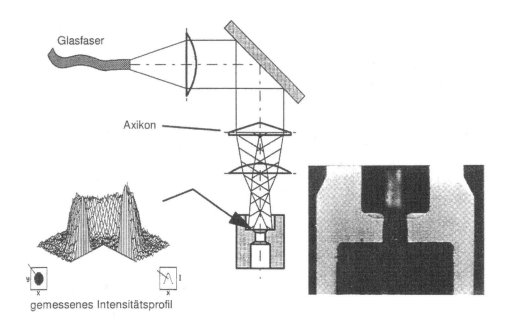

Bild 4.132 Schema einer Härteoptik unter Verwendung eines Axicons; damit erzeugtes, gemessenes Intensitätsprofil und gehärteter Schulterbereich in einer Bohrung.

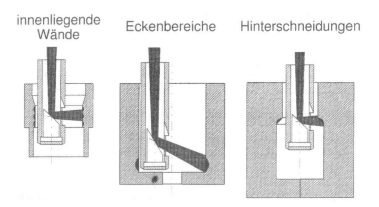

Bild 4.133 Schematische Wiedergabe von mit eintauchenden Bearbeitungsköpfen ermöglichte Härtezonen in Bohrungen.

4.3.1.3   Prozessergebnisse

Die Zusammenhänge zwischen frei einstellbaren Prozessparametern und deren Auswirkungen auf das Ergebnis stehen für Anwender der Technologie des Laserstrahlhärtens im Vordergrund ihres Interesses. Aus den vorangegangenen Diskussionen wurde deutlich, dass infolge des engen Zusammenspielens aller dieser Größen hinsichtlich der wirksamen Energiedichteverteilung strikte Relationen kaum darstellbar sind. Einige generelle Tendenzen lassen sich dennoch festhalten und werden nachstehend angeführt.

Variation der Laserleistung

Eine Erhöhung der Laserleistung bei sonst unveränderten Prozessparametern führt zu einer Vergrößerung der Einhärtetiefe; Beispiele dafür sind in Bild 4.134 zusammengefasst. Gleichzeitig verdeutlichen diese Härteprofile, wie relativ klein das entsprechende Prozessfenster ist. Der Härteabfall im oberflächennahen Bereich der Spur für eine mittlere Intensität von $I = 2400$ W/cm² in Bild 4.134 c ist Folge einer stattgefundenen Anschmelzung.

Auch die Breite der Härtespur nimmt mit der Laserleistung zu. Dies ist schon in Bild 4.122 für einen defokussierten Nd:YAG-Laserstrahl gezeigt und geht auch aus Bild 4.135 hervor, wo zudem der Einfluss der Fleckgeometrie deutlich wird. Insgesamt gilt zu beachten, dass diese Auswirkung stark von der Strahlformung geprägt wird.

Variation der Vorschubgeschwindigkeit

Da die Energieeinbringung in das Werkstück proportional zur Leistung *und* Bestrahldauer ist, muss sich eine Geschwindigkeitsreduktion in qualitativ gleicher Weise auswirken wie eine Leistungssteigerung. Dies ist sowohl bezüglich der Breite aus Bild 4.135 wie hinsichtlich der Tiefe aus Bild 4.136 zu entnehmen. Es ist also auch mit diesem Prozessparameter eine Steuerung der Einhärtung erzielbar, wiewohl die Dten in Bild 4.122 die generelle Gültigkeit dieser Aussage einschränken.

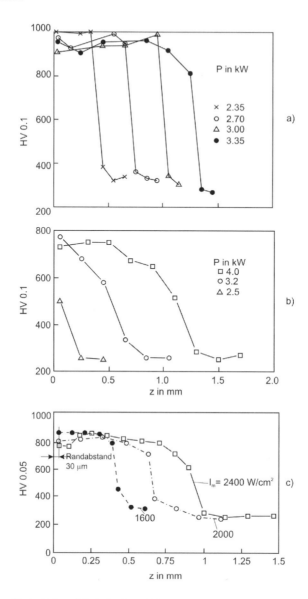

Bild 4.134 Härteprofile in Abhängigkeit der Laserleistung.
a: CO₂-Laser, Brennfleck 12×12 mm², GGG60, v = 0,48 m/min; nach [219].
b: CO₂-Laser, Brennfleck 12×12 mm², C45, v = 0,6 m/min; nach [219].
c: Nd:YAG-Laser, d_f = 5,6 mm, 42CrMo4, v = 0,146 m/min; nach [223].

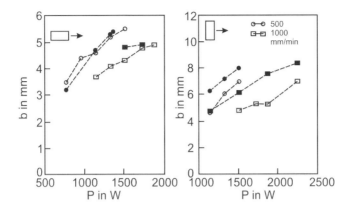

Bild 4.135 Einfluss der Laserleistung auf die Spurbreite bei unterschiedlich orientiertem Brennfleck von 7×10 mm² (Facettenintegrator); CO_2-Laser, C45, offene Symbole: Graphitschicht, geschlossene: oxidierte Oberflächen.

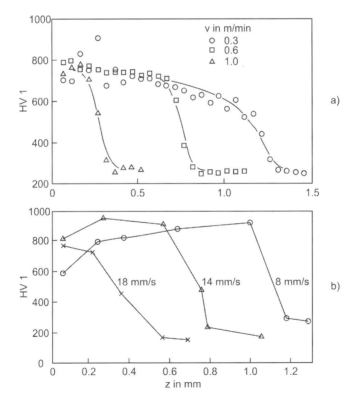

Bild 4.136 Härteprofile in Abhängigkeit der Vorschubgeschwindigkeit (Bestrahldauer).
a: CO_2-Laser, defokussierter Strahl, P = 1,15 kW, C45, Graphitbeschichtung.
b: CO_2-Laser, Brennfleck 12×12 mm, P = 1,15 kW, Cf 53; nach [219].

Prozesswirkungsgrad

Aus der Temperaturverteilung eines defokussierten Gaußstrahls sich ergebende Prozesswirkungsgrade wurden in [221] berechnet. Das ohne Anschmelzungen zugängliche Parameterfeld in Abhängigkeit des Strahl- bzw. Brennfleckdurchmessers und der Leistung ist in Bild 4.137 wiedergegeben. Sein Anwachsen mit größer werdender bestrahlter Fläche spiegelt die im Zusammenhang mit den Wärmeleitungsverlusten (siehe (3.53) und Bild 3.30) erörterten Umstände wieder, wonach der thermische Wirkungsgrad mit d_f ansteigt. Ein nach [221] maximaler Wert von 15 % entspricht mit den dort angegebenen Stoffwerten eines beispielhaft betrachteten Stahls einem energiespezifischen Volumen von 30 mm³/kJ.

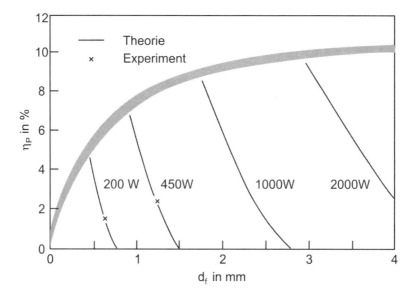

Bild 4.137 Berechneter Prozesswirkungsgrad für defokussierten Gaußstrahl in Abhängigkeit vom Brennfleckdurchmesser und der Leistung; nach [221].

4.3.1.4   Temperaturgeregeltes Härten

Die Ausführungen in den vorstehenden Abschnitten lassen erkennen, dass eine aufgabenangepasste Härtespur kaum durch die „a priori"- Festlegung von Prozessparametern zu erzielen sein wird, sondern einiger experimenteller Optimierungsschritte bedarf. Neben Aspekten der Energiezufuhr, denen das wesentliche Augenmerk des hier Diskutierten galt, spielt bei realen Bauteilen deren Geometrie u.U. eine ebenso wichtige Rolle: wechselnde Wandstärken, Bohrungen, Hinterschneidungen sowie Spurpositionen in der Nähe von Kanten bzw. Ecken haben erheblichen Einfluss auf den Wärmefluss aus der bestrahlten Zone in das Werkstück hinein. Dazu kommt, dass dessen Temperatur sich als Folge der während des Prozesses eingebrach-

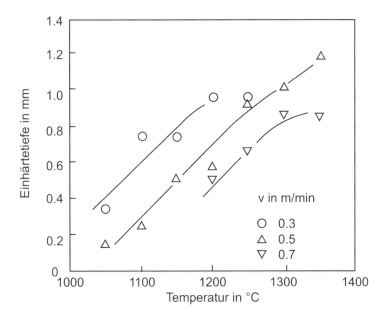

Bild 4.138 Abhängigkeit der Härtetiefe von der Temperatur; temperaturgeregelter Prozess mit CO_2-Laserstrahl 10×10 mm^2, C45; nach [230].

ten Energie erhöht. Dies führt dazu, dass beim Erzeugen z. B. von mehreren nebeneinander liegenden Spuren die letzte einem anderen Temperaturzyklus unterliegt wie die erste. Die aus solchen Randbedingungen resultierenden Probleme lassen sich mit Maßnahmen wie einer Leistungsregelung und/oder einer angepassten Bestrahlungsstrategie in den Griff bekommen.

Aufgrund seiner Verfahrensmerkmale ist das Laserstrahlhärten in besonderem Maße geeignet, in den Fertigungsablauf eines Werkstücks, insbesondere in Kombination mit spanenden Bearbeitungen, direkt integriert zu werden. Um bei komplexen Bauteil- bzw. Spurgeometrien sich ändernden Randbedingungen der Wärmeableitung mit ihren Auswirkungen auf das Ergebnis wirkungsvoll zu begegnen, ist eine geregelte Prozessführung erforderlich. Da die Temperatur in der WWZ die letztlich entscheidende Größe ist – Bild 4.138 verdeutlicht ihren Einfluss auf die Einhärtetiefe [230] –, bietet sich an, deren Wert als Führungsgröße einer Regelung zu nutzen.

Der in zahlreichen Untersuchungen hierzu verfolgte Ansatz beruht darin, dass aus der Differenz zwischen pyrometrisch gemessenem Istwert und vorgegebenem Sollwert vom Regler eine Stellgröße ermittelt wird, welche die Laserleistung steuert. Schwierigkeiten können sich indessen bei der Messung eines prozessrelevanten Istwerts der Temperatur ergeben. Da das Pyrometer die Strahlung aus der WWZ misst, ist das erhaltene Signal dem dort wirksamen Emissionkoeffizienten proportional. Selbst wenn die Kenntnis dessen Werts zur Bestimmung der *wahren* Temperatur mittels eines Quotientenpyrometers nicht erforderlich wäre, löste dies nicht Probleme, die vor allem beim Arbeiten mit CO_2-Lasern auftreten können. Die hierbei erforderlichen absorptionserhöhenden Beschichtungen erfahren während des Prozesses Veränderungen (Dicke, Haftung, chemische Zusammensetzung), welche die Wärmeleitung

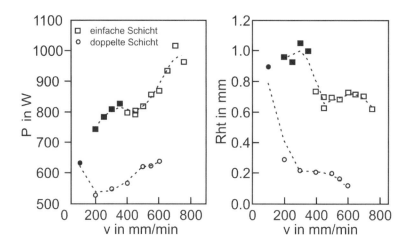

Bild 4.139 Einfluss der Dicke einer absorptionserhöhenden Graphitschicht auf die einkoppelbare Laserleistung (li) und erzielbare Einhärtetiefe (re) bei konstanter Solltemperatur; volle Symbole kennzeichnen Anschmelzungen.

durch die Schicht hindurch an das metallische Werkstück beeinflussen; ähnliches gilt für Oxidationsvorgänge. Aus diesem Grunde kann die Differenz zwischen gemessener Temperatur der Schicht und derjenigen an der Werkstückoberfläche in einer nicht bekannten Weise variieren. Zu welchen Konsequenzen unterschiedliche Schichtdicken bei konstant eingestellter Solltemperatur führen, veranschaulicht Bild 4.139 [226]: aufgrund des bei der dickeren Schicht kleineren Temperaturgradienten darin nimmt die Wärmestromdichte ab, was sich dann in einer niedrigeren Werkstücktemperatur und Einhärtetiefe niederschlägt. Einen weiteren Aspekt, den es bei einer geregelten Prozessführung zu berücksichtigen gilt, stellt der Umstand dar, dass sich der Ort maximaler Temperatur innerhalb der WWZ bei variierender Geschwindigkeit verlagert. Auf daraus folgende Konsequenzen und mögliche Maßnahmen wird in [226], [231] eingegangen.

Die in Bild 4.140 und Bild 4.141 wiedergegebenen Ergebnisse verdeutlichen die Vorteile eines temperaturgeregelten Härteprozesses: An oxidierten Oberflächen (wo keine so gravierenden Unterschiede des Wärmeübergangs wie bei Graphitschichten zu erwarten sind) lässt sich innerhalb eines recht weiten Bereichs der Vorschubgeschwindigkeit eine konstante, von der Solltemperatur bestimmte Härtetiefe erzielen und den Effekt von Wärmestaus vermeiden. Das Beispiel einer temperaturgeregelten Standhärtung mit Diodenlaser in Bild 4.142 [231] realisiert weitgehend den eingangs diskutierten anzustrebenden Temperaturverlauf nach Bild 4.111.

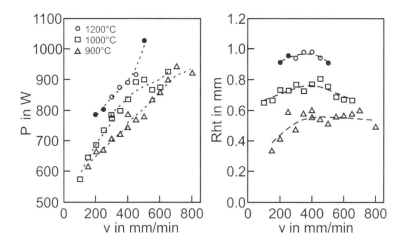

Bild 4.140 Ergebnisse temperaturgeregelten Härtens: mit steigender Vorschubgeschwindigkeit ist mehr Leistung einzukoppeln (li), was dann zu einer weitgehend konstanten, vom eingestellten Temperaturwert abhängigen Einhärtung führt; C45 mit beim Vergüten entstandener Oxidschicht; volle Symbole kennzeichnen Anschmelzungen.

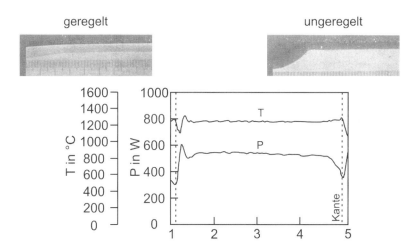

Bild 4.141 Temperatur (T_{Soll} = 1'250 ° C) und Leistungsverlauf beim geregelten Härten eines 3,5 mm breiten Druckstücks aus 42CrMo4; CO_2-Laser, v = 0,35 m/min, Graphitschicht. Die Schliffbilder zeigen die Wärmeeinflusszone (die Einhärtetiefe selbst beträgt nur ca. 0,7 mm) und eine starke Anschmelzung der Kante bei einem Prozess mit konstanter Laserleistung.

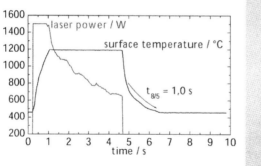

Bild 4.142 Temperaturgeregelte Standhärtung mit Diodenlaser, nach [231].

4.3.2   Beschichten

Zielsetzung dieses Verfahrens ist es, eine auf dem Grundwerkstoff gut haftende Schicht auf-zubringen, deren Eigenschaften jedoch ausschließlich durch die des aufgeschmolzenen und danach erstarrten Zusatzmaterials bestimmt sind. Dieses kann in unterschiedlicher Weise in die WWZ eingebracht werden. Wird es in einem separaten Schritt *vor* der Einwirkung des Laserstrahls auf der Bauteiloberfläche platziert, so spricht man von einem *zweistufigen* Pro-zess, wird es *während* der Bestrahlung zugeführt, von einem *einstufigen*. Hierbei wiederum kann die Bereitstellung des Zusatzwerkstoffs in Form eines Bandes, Drahtes oder Pulver-strahls erfolgen. Die nachstehenden Ausführungen beziehen sich ausschließlich auf die letzt-genannte Variante.

4.3.2.1   *Verfahrensmerkmale*

Das Verfahrensprinzip ist in Bild 4.107 dargestellt. Durch eine seitlich oder koaxial zum La-serstrahl angeordnete Düse gelangt der Pulvermassenstrom $\dot{m}_p$ in die WWZ. Sie ist gekenn-zeichnet durch ein leicht geneigtes Schmelzbad, in dem das Pulver schmilzt. Als Folge der Relativbewegung Laserstrahl/Werkstückoberfläche erstarrt es am hinteren Ende des Schmelz-bads und bildet so eine Beschichtungsraupe. Ihre geometrischen und metallographischen Ei-genschaften hängen über komplexe Wechselbezüge zwischen Werkstück-, Stoff- und Laser-strahleigenschaften, von der Gestaltung des Pulverstroms und der Laserstrahlabmessung so-wie der Wahl der Prozessparameter Laserleistung, Vorschubgeschwindigkeit, Pulvermassen-strom und Schutzgasstrom ab; Bild 4.143 schematisiert die (technischen) Zusammenhänge [232]. Daraus ist abzuleiten, dass für die Erzeugung eines optimalen Prozessergebnisses – gewünschte Spurgeometrie, fehlerfreie und gute Haftung, aber keine nennenswerte Auf-schmelzung des Substrats – ein nicht allzu großes Prozessfenster zur Verfügung steht, dessen Darstellung zudem einiger Optimierungsschritte bedarf.

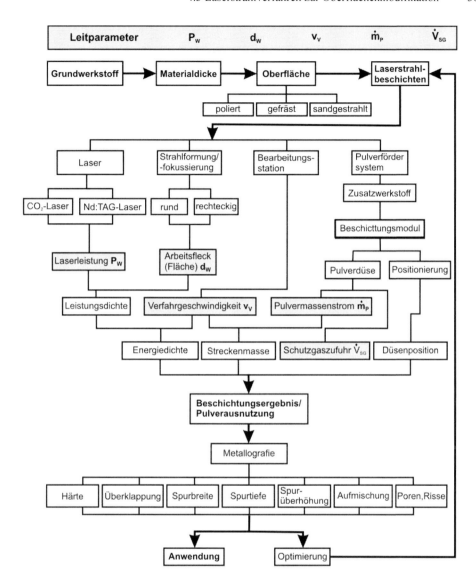

Bild 4.143 Als Flussdiagramm dargestellte, für das Erzielen eines bestimmten Ergebnisses relevante Zusammenhänge zwischen den Prozessparametern und der Prozessgestaltung sowie gegebenenfalls erforderliche Optimierungsschritte, nach [232].

Zur Charakterisierung einer einzelnen Raupe oder Spur werden die in Bild 4.144 skizzierten Kenngrößen Spurbreite und -höhe, Spurdicke und Einschmelztiefe herangezogen. Ihre Abhängigkeit von P, v und $\dot{m}_p$ wird in Abschnitt 4.3.2.3 erörtert, wobei als weiterer „unabhängiger" Parameter die *Streckenmasse* ($m_s = \dot{m}_p / v$) herangezogen werden kann. Als Maß für die (hier ungewünschte) Aufmischung dient das Verhältnis von unterhalb der Werkstückoberfläche aufgeschmolzenem Bereich zur gesamten Querschnittsfläche; je nach Grundwerkstoff,

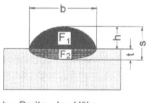

b : Breite   h : Höhe
s : Dicke   t : Einschmelztiefe

$$\text{Aufmischung } A = \frac{F_2}{F_1 + F_2} \cdot 100\%$$

Bild 4.144 Geometrische Charakterisierung einer Beschichtungsraupe.

Zusatzwerkstoff und Anwendungsfall sind Aufmischgrade von einigen Prozent bis etwa 30 % akzeptierbar [232]. Auf metallographische Eigenschaften wie Mikrostruktur, Härte, abrasiven Verschleißwiderstand oder Korrosionsbeständigkeit und auf das Entstehen von Rissen, Poren und Bindefehlern wird hier nicht eingegangen; dazu sei auf weiterführende Literatur verwiesen [215], [216], [217], [233].

Da die erzielbare Breite einer Einzelspur durch die verfügbare Anlagentechnik bzw. die einstellbaren Prozessparameter – siehe Bild 4.143 – begrenzt ist, kann es erforderlich sein, mehrere Spuren überlappend *neben*einander zu legen. Dies trifft insbesondere bei Anforderungen nach eher flächenhaften statt spurförmigen Beschichtungen zu; auf einige damit zusammenhängende Aspekte wird in Abschnitt 4.3.2.5 eingegangen. Zudem stellt eine einzelne Beschichtungsspur das „Grundelement" auch des *Lasergenerierens* dar, bei dem durch *Über*einanderlegen der Spuren dreidimensionale Schichtstrukturen aufgebaut werden können [234]. So wird in [235] darauf hingewiesen, dass – ungeachtet verfahrenstechnischer Detailunterschiede – das Lasergenerieren auf den prozesstechnischen Grundlagen des Beschichtens beruht und die beiden Verfahren auch nicht immer klar von einander abgegrenzt werden können (beispielsweise beim Reparatur*beschichten* [236]). Deshalb erscheint es angezeigt, die Vorgänge beim Entstehen einer Beschichtungsspur näher zu betrachten, wobei dies – wenn nicht anders festgehalten – beispielhaft vor allem anhand des Beschichtens von Stahl mit Stellit und CO_2-Laser [237] geschieht. Da hierbei dem Pulvermassenstrom eine zentrale Bedeutung zukommt, sei zunächst jedoch auf einige für das Prozessverständnis wichtige Aspekte der Pulverzufuhr selbst eingegangen.

Prozessrelevante Aspekte der Pulverzufuhr

Voraussetzung für die Erzeugung einer Spurgeometrie mit vorgegebenen Abmessungen ist die Einbringung der dafür erforderlichen Pulvermenge in die WWZ. Eine in diesem Zusammenhang die Wirtschaftlichkeit des Verfahrens mit bestimmende Größe ist der so genannte *Pulvernutzungsgrad*. Er besagt, welcher Anteil des geförderten Pulvermassenstroms sich in der erzeugten Beschichtungsspur wieder findet. Abhängig von den jeweiligen Bedingungen sind Werte um 80 bis 95 % realistisch.

In der hierzu benötigten Systemtechnik stellt der Pulverförderer ein zentrales Element dar. In Laboruntersuchungen und im industriellen Einsatz finden sowohl kommerziell erhältliche wie auch an spezifische Anforderungen adaptierte Geräte Anwendung. Verbreitet sind solche, bei denen das Pulver mittels eines rotierenden Dosiertellers, über dessen Drehzahl der Massenstrom steuerbar ist, vom Vorratsbehälter zur Entnahmestelle transportiert wird. Dort wird es vom Trägergas erfasst und direkt oder über einen Zyklon zur Pulverdüse geführt. Untersuchungen in [237] haben gezeigt, dass für einen stetigen, pulsationsfreien Pulverstrom der Trägergasstrom innerhalb bestimmter Grenzen zu halten ist; dem Zyklon kommt die Aufgabe zu, einen Teil des Trägergases abzutrennen [232], [238], [239].

Die Eigenschaften des *Pulverstrahls* – z. B. Querschnitt, Partikelgeschwindigkeit, Dichteverteilung, Strahldivergenz – werden vom Düsenkonzept bestimmt. Dabei ist es grundsätzlich möglich, den Pulverstrom koaxial zum Laserstrahl und weitgehend senkrecht oder seitlich unter einem bestimmten Winkel (z. B. um 45° geneigt) in die WWZ einzubringen. Eine laterale oder schleppende Anordnung hat den Vorteil einer einfacheren Anpassung des Querschnitts des Pulverstrahls an den des Laserstrahls. Insbesondere für die Erzeugung breiter Spuren bietet sich ein rechteckig geformter Laserstrahl an, wo dann ein ebensolcher Pulverstrom die Pulverausnutzung verbessert [232]. Sie ist dann optimal, wenn der Querschnitt des Pulverstrahls auf der Werkstückoberfläche sich mit jener des Laserstrahls (innerhalb der die Intensität zum Schmelzen des Pulvers ausreichend hoch ist) deckt oder etwas kleiner ist. Bild 4.145 zeigt den schematischen Aufbau solcher Düsen, die mit Wasserkühlung versehen sind, um der hohen thermischen Belastung durch reflektierte Laser- und aus der WWZ kommende Wärmestrahlung standzuhalten [237].

Ein weiteres Merkmal der Pulverförderung ist die um den Pulverstrom mantelförmig geführte *Schutzgasströmung*, die zwei Aufgaben erfüllt.

Zum einen führt sie den Pulverstrahl nach dessen Austritt aus der Düse und verringert so seine Divergenz, wovon Bild 4.146 eine Vorstellung vermittelt. Damit einhergehend steigt bei diesen Versuchsbedingungen der Pulvernutzungsgrad von etwa 85 auf 90 % in einem Bereich der Förderrate von $6 < \dot{m}_p < 16 \, g \, / \, min$ [237]. Weiterführende Untersuchungen in [240] zeigen ein Zunehmen der Divergenz des Pulverstrahls mit zunehmendem Korndurchmesser und abnehmendem Düsendurchmesser. Aus photographischen Beobachtungen des Pulverstrahls

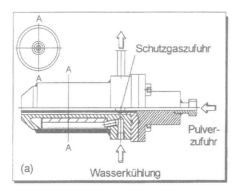
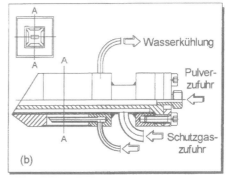

Bild 4.145 Wassergekühlte Rund- und Rechteckdüse für laterale Werkstoffzufuhr.

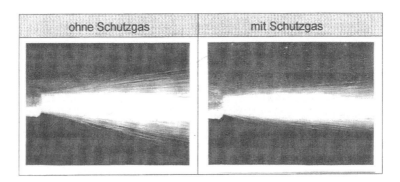

Bild 4.146 Divergenzminderung des Pulverstrahls durch Schutzgasmantel (900 l/h Ar, Stellit 21 mit Korndurchmesser 45 ÷ 90 µm).

lassen sich *Partikelgeschwindigkeiten* abschätzen, die von 1 ÷ 1,5 m/s [239] über 2 ÷ 3 m/s [235] 1,6 ÷ 5 m/s [240] bis zu 4 ÷ 8 m/s [241] reichen. Bei konstantem $\dot{m}_p$ ergeben sich mit kleineren Düsenquerschnitten höhere Werte.

Die zweite Aufgabe des Schutzgases ist die Verhinderung von Oxidation sowohl des Pulvers wie der WWZ, wodurch eine gleich bleibende Energieeinkopplung und Vermeidung von Anbindefehlern gewährleistet wird. Untersuchungen zur optimalen Gestaltung der Strömungsverhältnisse finden sich in [240].

Phänomenologie des Spuraufbaus

Untersuchungen mittels Hochgeschwindigkeits-Videoaufnahmen haben wesentlich zum Prozessverständnis beigetragen. Daraus gewonnene Ergebnisse zu Partikelgeschwindigkeiten im Pulverstrom, Wechselwirkung der einzelnen Pulverteilchen mit dem Schmelzbad, Entstehen desselben und des Spuraufbaus sowie Vorgänge in der WWZ wie Oxidation und Strömungsfelder tragen zur Erstellung eines Gesamtbildes bei, Beispielhaft verdeutlicht Bild 4.147 [242] einige der erwähnten Aspekte. Daneben vermittelt es eine gute Vorstellung des durch Pulvermassenstrom und Laserleistung gegebenen Prozessfensters, das durch fehlende Anbindung der Spur einerseits und zu große Aufschmelzung andererseits begrenzt ist.

Die transienten Vorgänge zu Beginn des Spuraufbaus sind in Bild 4.148 veranschaulicht [235]: nach einer gewissen Aufheizzeit (die mit steigender Intensität kürzer wird und bei dem hier untersuchten Parametersatz 22 ms beträgt) bildet sich im Zentrum der bestrahlten und von Pulver bedeckten ebenen Fläche ein Schmelzbad aus. Erst wenn darin eine hinreichende Menge des stetig einfallenden Pulvers aufgeschmolzen ist, beginnt sich das Schmelzbad aufzuwölben und danach zu neigen. Nach einer Wegstrecke von etwa 2 d_f ist der stationäre Zustand der Spurerzeugung erreicht.

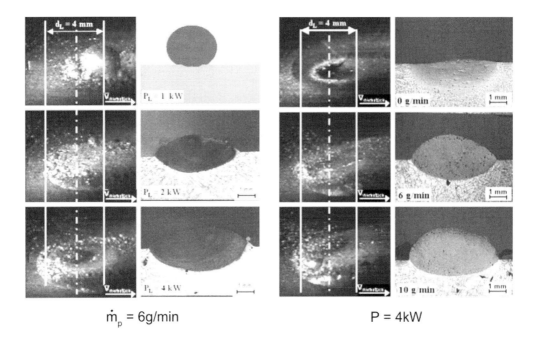

$\dot{m}_p = 6\text{g/min}$ $P = 4\text{kW}$

Bild 4.147 Veranschaulichung von Vorgängen beim Beschichten von Aluminium mit AlSi30 (Einfluß von Laserleistung (li) und Pulvermaßenstrom (re)) mittels Hochgeschwindigkeitsaufnahmen (4500 Bilder/s) und dabei entstandenen Spurquerschnitten; Nd:YAG-Laser, $v = 0{,}3$ m/min.

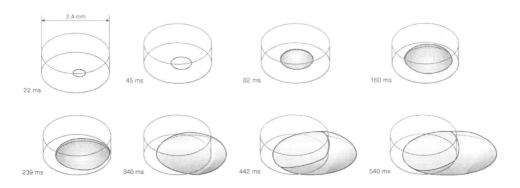

Bild 4.148 Aus Hochgeschwindigkeitsfilm abgeleiteter Beginn des Spuraufbaus; $d_f = 2{,}4$ mm, $P = 465$ W, $v = 0{,}6$ m/min, $\dot{m}_p = 6\text{g}/\text{min}$.

Einen großen Einfluss auf die ablaufenden Mechanismen und somit auf die Position des Schmelzbads und seine Neigung bezüglich der Laserstrahlachse hat der Pulvermassenstrom, was durch Bild 4.149 demonstriert wird: Bei geringem $\dot{m}_p$ liegt die Schmelzbadfläche weitgehend im Bereich der WWZ, während sie sich mit steigender Förderrate weiter hinten und z.T. außerhalb des bestrahlten Bereichs ausbildet. Deutlich zu erkennen ist ein mit $\dot{m}_p$ wach-

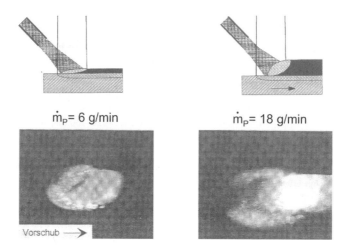

Bild 4.149 Einfluss des Pulvermassenstroms auf die Schmelzbadgeometrie; schematische Wiedergabe und Videoaufnahmen.

sender sichelförmiger Bereich, der mit Pulver belegt und deshalb – im Vergleich zum Grundmaterial und der Schmelze – gut absorbierend ist. Simulationsrechnungen in [243] unterstreichen, dass dessen Ausdehnung und die resultierende Temperaturverteilung darin von entscheidender Bedeutung für eine optimale Schicht sind.

Form und Querschnittsfläche der Beschichtungsspur werden primär vom Pulvermassenstrom bestimmt, siehe Bild 4.150. In diesem Kontext ist nochmals festzuhalten, dass das bei einer vorgegebenen Intensität verfügbare Prozessfenster durch zu starkes Anschmelzen des Grundwerkstoffs bei zu geringen, und durch mangelhafte Anbindung bei zu hohen Werten von $\dot{m}_p$ begrenzt ist (gleiches gilt bezüglich m_s).

Die Querschnittsform selbst – im Allgemeinen durch einen Kreisabschnitt näherungsweise gut beschreibbar – ergibt sich aus dem Zusammenspiel von in die Impulsbilanz des Schmelzbads eingehenden Beiträgen der Oberflächenspannung, des hydrostatischen Drucks sowie der kinetischen Energie des Schutzgas- und vor allem des Pulvermassenstroms. Dabei nimmt die Oberflächenspannung über zwei Mechanismen Einfluss auf die Spurgestalt. In integraler Weise verhindert sie das Auseinanderfließen des Schmelzbads, indem sie dem hydrostatischen Druck entgegenwirkt; dies äußert sich durch einen mit größer werdender Höhe abnehmenden Krümmungsradius der Spurbögen in Bild 4.150. Infolge von auf der Schmelzbadoberfläche herrschenden Temperaturgradienten führt sie zudem zur Ausbildung eines durch Spannungsgradienten angetriebenen Strömungsfelds. Darin herrschen Geschwindigkeiten, die nach experimentellen Beobachtungen [240], [242] und Ergebnissen von Simulationsrechnungen [244] in der Größenordnung von 0,5 bis 1 m/s liegen. Mit der Impulswirkung dieser Marangoniströmung geht ein konvektiver Wärmetransport einher, der gleichfalls die Form des Schmelzbads und damit die der erstarrten Spur beeinflusst. Es sei vermerkt, dass beim Beschichten von und mit Aluminiumwerkstoffen als Folge deren höherer Wärmeleitfähigkeit (und somit niedrigeren Peclét-Zahl) quantitative Unterschiede zu den hier diskutierten Merkmalen auftreten.

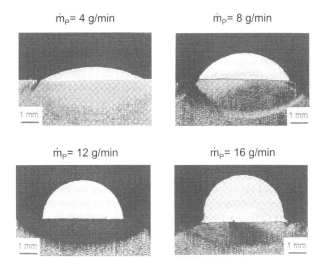

Bild 4.150 Einfluss des Pulvermassenstroms (Stellit 21) auf den Spurquerschnitt bei sonst gleichen Prozessparametern; $P = 3;5$ kW, $d_f = 6;7$ mm, $v = 0;15$ m/min, Ar.

Weniger allgemein lassen sich die Auswirkungen der Schutzgasströmung und der geometrischen Anordnung der Pulverzufuhr diskutieren, da diese Parameter je nach konkreter Aufgabe erheblich von einander abweichen können. Grundsätzlich ist jedoch nach den in [240] gezeigten Ergebnissen mit ihrem Einfluss zu rechnen. Insbesondere beim Wechsel von schleppender zu stechender Pulverzufuhr wird sich das Strömungsfeld im Schmelzbad drastisch ändern. Des Weiteren sind [245] Hinweise zu entnehmen, wonach die Form der Substratanschmelzung von der Art der Pulverzufuhr (seitlich oder längs) abhängt.

4.3.2.2   Energieeinkopplung

Wechselwirkung Laser- / Pulverstrahl

Bei jeder Form der Pulverzufuhr tritt der Laserstrahl über Streu- und Absorptionsvorgänge in Wechselwirkung mit den einzelnen Körnern. Dadurch verändern sich sowohl die Eigenschaften des Laser- wie die des Pulverstrahls mit direkten Konsequenzen auf die Energieeinkopplung in der WWZ am Werkstück.

Bei üblichen Korngrößen im Bereich von 20 bis 100 µm ist nach den Ausführungen in Abschnitt 3.4.2 zu erwarten, dass die Extinktion der Laserstrahlung sowohl für die Wellenlänge um 1 µm als auch für 10,6 µm vorwiegend durch Streuung erfolgt. Konkrete Zahlenbeispiele in [237], [240] zeigen ein Verhältnis von $C_{Str}/C_{Abs} > 60$, was die Berechnung der nach einer Strecke s im Pulverstrahl der Dichte n_p transmittierten Intensität entsprechend

$$I_T \approx I_0 \exp(-n_p C_{Str} s) \tag{4.23}$$

in guter Näherung erlaubt. Um den Transmissionsgrad eines konkreten Pulverstrahls berechnen zu können, muss neben den optischen Eigenschaften des Zusatzwerkstoffs (die in die Bestimmung von C_{Str} eingehen) das Durchdringungsvolumen von Pulver- und Laserstrahl sowie die darin herrschende Pulverdichte- und Intensitätsverteilung bekannt sein. Damit ist klar, dass aufgrund der Vielfalt an experimentellen Gegebenheiten und daraus resultierenden Unterschieden nach (4.23) bzw. (4.24) berechnete Werte $T = I_T/I_0$ nicht verallgemeinert werden können. Des weiteren gilt diese Beziehung nur für den Fall der Einfachstreuung, was nach [99] für $T \gtrsim 0,9$ zutrifft. Nicht berücksichtigt ist ferner die Streuung (und damit mögliche Rückwirkung) der aus der WWZ reflektierten Laserstrahlung im Pulverstrom (dieser Mechanismus ist in [246] für eine auf dem Substrat aufliegende Pulverschicht eingehend untersucht).

Mit der generellen Abhängigkeit der Teilchendichte n_p von den Pulvereigenschaften und den Gegebenheiten der Pulverdüse

$$n_p \propto \frac{\dot{m}_p}{d_D^2 \cdot \rho_p \cdot v_p \cdot d_p^3} \tag{4.24}$$

ist jedoch grundsätzlich ein Abnehmen des Transmissionsgrads mit wachsender Förderrate und abnehmenden Werten des Düsendurchmessers d_D, der Pulverdichte ρ_p und Pulvergeschwindigkeit v_p sowie der Korngröße d_p zu erwarten. Die in Bild 4.151 dargestellten theoretischen und experimentellen Daten geben diese Tendenzen wieder, die gemessenen höheren Werte werden auf die Auswirkung der Vorwärtsstreuung zurückgeführt [240].

Ein gänzlich anderer Ansatz, die Extinktion der Laserleistung durch das Pulver abzuschätzen, wird in [247] verfolgt. Dabei wird von der Überlegung ausgegangen, dass infolge von Absorption und Reflexion an den Pulverkörnern ein Teil der Laserleistung nicht an die Werkstückoberfläche gelangt. Aus rein geometrischen Beziehungen der Durchdringung von Pulver- und Laserstrahl lässt sich ein (Äquivalent zum) Transmissionsgrad berechnen. Wie dem Vergleich des Transmissionsgrads in den Diagrammen von Bild 4.151 und Bild 4.152 (re) zu entnehmen ist, folgen daraus fast dieselben Werte wie aus dem optischen Ansatz. Darüber hinaus verweist die gute Übereinstimmung von Experiment und Theorie (einschließlich der

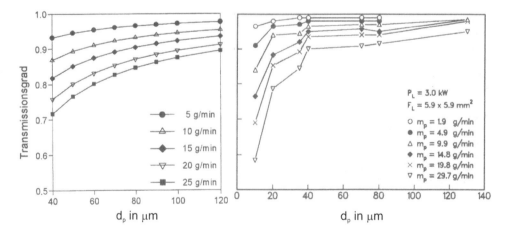

Bild 4.151 Mit Gl. (4.23) berechnete (li, nach [237]) und gemessene (re, nach [240]) Abhängigkeit des Transmissionsgrads eines Pulverstrahls (Stellit, d_D = 5 bzw. 5,2 mm) von Korngröße und Massenstrom.

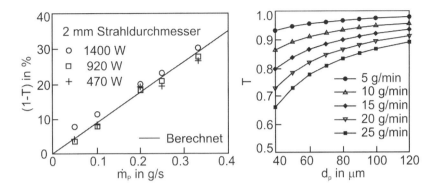

Bild 4.152 Berechnete und gemessene Abschwächung (1-T) eines Pulverstrahls als $f(\dot{m}_p)$ [247] (li) und mit den dort abgeleiteten Beziehungen berechneter Transmissionsgrad (re), nach [237].

hier nicht diskutierten Unabhängigkeit von der Laserleistung) auf die Nützlichkeit dieses sehr viel einfacheren geometrischen Ansatzes. Eine weitere Bestätigung erfahren die Ergebnisse in Bild 4.152 (li) durch Messungen in [241], die eine streng lineare Abnahme des Transmissionsgrads in einem Bereich zwischen $10 < \dot{m}_p < 40 \; g/min$ zeigen.

Wiewohl aus der Tatsache $C_{Abs} \ll C_{Str}$ zu schließen ist, dass die Erwärmung des Pulvers und die damit verknüpfte Leistungszufuhr in die WWZ am Werkstück keinen allzu großen Einfluss auf den Einkoppelgrad haben sollte, sei der Vollständigkeit halber auf diesen Effekt kurz eingegangen. Eine einfache Energiebilanz in [237] zeigt bei sonst gleichen physikalischen und technischen Gegebenheiten eine Abhängigkeit dieses Anteils von der Wechselwirkungszeit, dem Pulvermassenstrom und dessen Nutzungsgrad sowie von der Pulvergröße nach

$$\eta_{A,P} \propto \tau \cdot \dot{m}_p \cdot \eta_{PN} / d_p^3 . \tag{4.25}$$

Für die dortigen Bedingungen ergeben sich Werte $\eta_{A,P} < 0{,}5\,\%$ und eine damit einhergehende Aufheizung des Pulvers um einige 100 Grad, was auch andernorts berichtet wird [239]. Im Hinblick auf die Übertragbarkeit dieser Ergebnisse ist zu berücksichtigen, dass wegen $\tau = s/v_p$ sowohl die konkreten geometrischen Verhältnisse der Durchdringung von Pulver- und Laserstrahl wie auch das Konzept der Pulverförderung an sich und die Auslegung der Düse eine Rolle spielen. Diese wirken sich direkt über die Wegstrecken s und die Teilchengeschwindigkeit sowie indirekt durch die Divergenz des Pulverstrahls (über η_{PN}) auf die Wechselwirkungszeit des Pulvers mit der Laserstrahlung aus. Damit ist verdeutlicht, dass der Beitrag des aufgeheizten Pulverstroms zum Einkoppelgrad sich von Fall zu Fall erheblich unterscheiden kann.

Einkoppelgrad

Kalorimetrisch gemessene Werte des Einkoppelgrads zeigen generell einen mehr oder weniger ausgeprägten Zuwachs mit dem Pulvermassenstrom. Dies wird auf eine Absorptionserhöhung der dabei vermehrt mit Pulver bedeckten glatten Substratoberfläche [238], auf sich verändernde geometrische Verhältnisse der WWZ [237], [240] und auf eine Zunahme der mit dem Pulver dorthin gelangenden Energie [241] zurückgeführt. Anhand der in [237] präsen-

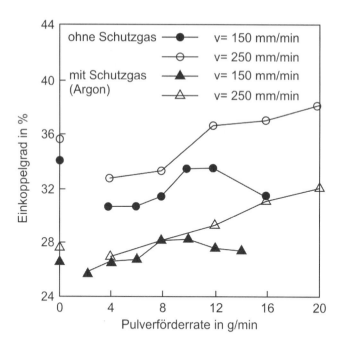

Bild 4.153 Gemessener Einkoppelgrad für Stellit auf Stahl mit $P = 3{,}5$ kW und $d_f = 6{,}7$ mm.

tierten Versuchsergebnisse sowie dem Einfluss von $\dot{m}_p$ entsprechend (4.25) sind alle drei Effekte plausibel.

Die Videoaufnahmen des Schmelzbads samt der entstehenden Spur, siehe Bild 4.149, lassen einen wachsenden Wechselwirkungsbereich des Laserstrahls auf der pulverbedeckten ebenen Oberfläche und ein nach hinten wanderndes Schmelzbad mit steigendem Massenstrom erkennen; das gleiche Verhalten wird für steigende Vorschubgeschwindigkeit beobachtet. Die in Abhängigkeit von $\dot{m}_p$ auftretenden Veränderungen des Einkoppelgrads und Einflüsse des Schutzgases und der Geschwindigkeit sind in Bild 4.153 gezeigt: der zunächst feststellbare Abfall gegenüber den Werten bei $\dot{m}_p = 0$ kann mit der „Abschattung" der Laserstrahlung durch den Pulverstrahl, der folgende Anstieg auf die veränderte WWZ sowie die Zunahme von $\eta_{A,P}$ mit $\dot{m}_p$ und die Abnahme schließlich mit der sinkenden Transmission gedeutet werden. Zudem macht sich die absorptionserhöhende Oxidation mit wachsender Pulverförderrate bemerkbar. Da die relative Bedeutung dieser Mechanismen von den experimentellen Gegebenheiten bestimmt wird, erscheinen quantitative Unterschiede des in Publikationen zu findenden Verlaufs $\eta_A(\dot{m}_p)$ nahe liegend. In diesem Zusammenhang ist zu erwähnen, dass es bei der Verwendung mancher Zusatzwerkstoffe zu exothermen Reaktionen kommen kann (z. B. bei Mischungen aus Stellit und TiC-Ni [237] oder bei AlSi-Pulvern [242]), welche den Einkoppelgrad erhöhen.

Der bedeutendste Einflussfaktor für den Einkoppelgrad ist wieder – wie beim Härten – die Wellenlänge der Laserstrahlung. Bild 4.154 demonstriert einen Anstieg auf rund das Doppelte bei einem Wechsel von 10,6 μm auf 1,06 μm. Den im Vergleich dazu weit geringeren Einfluss der Intensität zeigt Bild 4.155; die zu hohen Werten hin erfolgende Abnahme des Einkoppel-

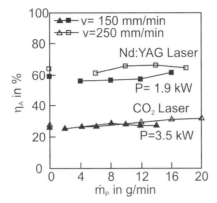

Bild 4.154 Die Wellenlänge der Laserstrahlung bestimmt weitgehend den Einkoppelgrad; Stellit 21, $d_f = 6{,}7$ mm, 900 l/h Ar.

grads ist auf das Anwachsen des Verhältnisses von hochreflektierender Schmelzbadoberfläche zur gesamten WWZ zurückzuführen [248].

Grundsätzlich dieselben funktionalen Zusammenhänge zwischen dem Einkoppelgrad und den verschiedenen Prozessparametern, wie sie obenstehend für mit Stellit beschichtete Stähle und dem Einsatz von CO_2-Lasern diskutiert wurden, sind auch beim Beschichten von Aluminiumlegierungen mit AlSi sowie einem Al/Cu/Fe-Gemisch und der Verwendung von Nd:YAG-Lasern festzustellen [242], [249]:

- Aufgrund des geringeren Absorptionsgrads dieser Materialien liegen die gemessenen Höchstwerte indessen nur bei rund 30%.

- Eine Zunahme des Einkoppelgrads mit steigendem Pulvermassenstrom und zunehmender Geschwindigkeit tritt ebenfalls und sehr ausgeprägt in Erscheinung; Bild 4.156 zeigt dies als Funktion des (abgeleiteten) Parameters Streckenmasse. Anders

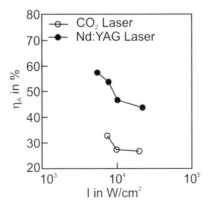

Bild 4.155 Einkoppelgrad in Abhängigkeit von Wellenlänge und Intensität bzw. Fleckdurchmesser (bei $P = $ const wurde d_f variiert); Stellit 21, $\dot{m}_p = 12\ g/min$, $v = 0{,}15$ m/min, 900 l/h Ar.

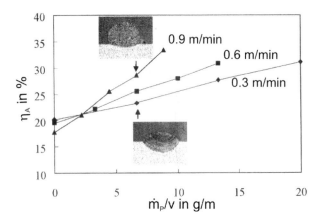

Bild 4.156 Abhängigkeit des Einkoppelgrads von der Streckenmasse und Vorschubgeschwindigkeit (bzw. Pulvermassenstrom für $v = $ const); $\lambda = 1{,}06$ µm, AlSi30, $P = 2{,}6$ kW, $d_f = 2{,}4$ mm, 700 l/h Ar. Zum effizienteren Spuraufbau bei hoher Geschwindigkeit s. Text.

als in Bild 4.153 für Stahl gezeigt, ist der Einkoppelgrad am geringsten, wenn kein Pulver zugeführt wird: an den höher reflektierenden Aluminiumsubstraten wirkt der Zusatzwerkstoff also stets absorptionserhöhend. Wiewohl bei konstantem Wert $\dot{m}_p / v$ die Zahl der in die WWZ eingebrachten Pulverteilchen gleich ist, unterscheiden sich die Einkoppelgrade für unterschiedliche Vorschubgeschwindigkeiten. Da die Streckenenergie sich ebenfalls ändert, bedeutet dies ein höheres Energieangebot für die Körner und somit deren rascheres Schmelzen, je höher P/v ist. Die damit einhergehende Verringerung des Einkoppelgrads ist durch die höhere Reflexion der Schmelzbadoberfläche bzw. den geringeren Anteil gut absorbierenden Pulvers in der WWZ bedingt. Gleichzeitig weisen die beiden Schliffbilder darauf hin, dass es vorteilhafter ist, den Prozess bei hoher Geschwindigkeit zu fahren, weil mit abnehmender Streckenenergie die Wärmeleitungsverluste in das Substrat, dessen Anschmelzung bzw. die Aufmischung geringer werden.

- Den Einfluss der Intensität gibt Bild 4.157 wieder, wobei hier – im Gegensatz zu den Daten in Bild 4.155 – die Leistung variiert wurde. Als Ursache für den sinkenden Einkoppelgrad ist das mit P wachsende Verhältnis von Schmelzbadfläche zu pulverbedeckter Fläche in der WWZ zu sehen. Auch hier wird eine stärkere Anschmelzung mit steigender Intensität beobachtet.

- Der Einfluss der Umgebungsatmosphäre, insbesondere bei dem zu exothermer Reaktion fähigem Zusatzmaterial AlSi, ist enorm. So wird eine Abnahme des Einkoppelgrads von 35 % in Luft auf rund 20 % bei einer Abschirmung der WWZ mit einem Argonstrom von 1000 l/h gemessen.

- Detaillierte Messungen zur Transmission der Laserstrahlung im Pulverstrom bestätigen deren erhebliche Abhängigkeit von den Pulvereigenschaften und geometrischen Verhältnissen der Durchdringung beider Strahlen.

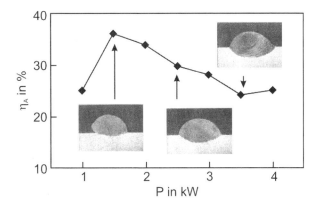

Bild 4.157 Einkoppelgrad in Abhängigkeit der Laserleistung (bzw. der Intensität, da $d_f = 2{,}4$ mm = const); $\lambda = 1{,}06$ μm, AlSi30, $\dot{m}_p = 6$ g / min , $v = 0{,}6$ m/min, 700 l/h Ar.

Die Diskussion des Einkoppelgrads abschließend sei festgehalten, dass sich dieser als Ergebnis des Zusammenspiels mehrerer physikalischer Mechanismen ergibt, die selbst von den Laserstrahleigenschaften und konkreten Prozessparametern abhängen. Den größten Einfluss haben die Wellenlänge und die Absorptionseigenschaften der Werkstoffe. Von erheblicher Bedeutung ist der Pulvermassenstrom, die Korngröße und insbesondere die Art und Weise der Pulverzufuhr mit ihrer Auswirkung auf den Transmissions- und Pulvernutzungsgrad. Die Abschirmung der WWZ durch einen Schutzgasstrom nimmt Einfluss über die Reduzierung oder Unterbindung von Oxidation. Die Prozessparameter Laserleistung, Fleckdurchmesser (die WWZ charakterisierend) und Vorschubgeschwindigkeit bestimmen zusammen mit der Pulverstromdichteverteilung die Größe und Lage des Schmelzbads, in dem andere Absorptionsbedingungen herrschen, als auf dem „Rest" der von Pulver bedeckten WWZ. Angesichts der Vielschichtigkeit der involvierten Effekte erforderte eine über die hier geführte qualitative Diskussion hinausgehende Betrachtung des Einkoppelgrads sehr viel mehr und vor allem bei vergleichbaren Bedingungen gewonnene experimentelle Ergebnisse.

4.3.2.3 Prozessergebnisse

Prozesswirkungsgrad, energiespezifisches Volumen

Wie bei den bisher diskutierten Verfahren sei die energetische Effizienz des Beschichtens mittels der Größen Prozesswirkungsgrad (s. (3.8)) und energiespezifisches Volumen (s. (3.78)) aufgezeigt. Da die Zielsetzung dieses Verfahrens das Generieren einer durch zugeführte Masse entstehenden geometrischen Spur ist, bietet sich als Korrelierungsgröße die Streckenmasse bzw. der Pulvermassenstrom an. Die dabei auftretenden linearen Zusammenhänge sind – bei sinnvoller Prozessgestaltung – schlichtweg eine Konsequenz der Definition von η_p und V_E.

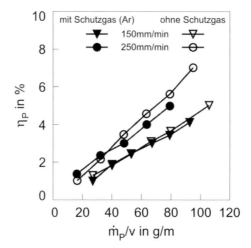

Bild 4.158 Einfluss von Pulvermassenfluss und Vorschubgeschwindigkeit auf Prozesswirkungsgrad für Stellit auf Stahl mit CO_2-Laser.

Die in Bild 4.158 wiedergegebenen Daten des mit einem CO_2-Laser erhaltenen Prozesswirkungsgrads zeigen neben der Proportionalität $\eta_p \propto \dot{m}_p / v$ auch den zuvor schon angesprochenen Vorteil einer hohen Vorschubgeschwindigkeit bei der Prozessgestaltung. Ursache dafür ist die mit steigender Geschwindigkeit abnehmende („Strecken"-) Verlustenergie P_v/v infolge der Wärmeleitung in den Grundwerkstoff. Über seine den Einkoppelgrad (z. B. über exotherme Reaktionen) und die kalorische Bilanz beeinflussenden Eigenschaften nimmt der Zusatzwerkstoff Einfluss auf die Steigung der Geraden [237], [242]. Einen Vergleich der direkt gemessenen Grössen η_A und η_P sowie des daraus ermittelten thermischen Wirkungsgrads bei Beschichtungen von Aluminiumgrundwerkstoffen mit Nd:YAG-Laser bietet Bild 4.159.

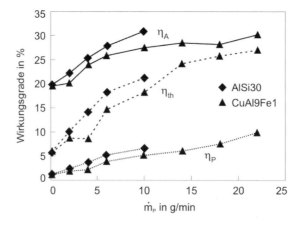

Bild 4.159 Wirkungsgrade in Abhängigkeit des Pulvermassenstroms beim Beschichten von Aluminium mit verschiedenen Zusatzwerkstoffen.

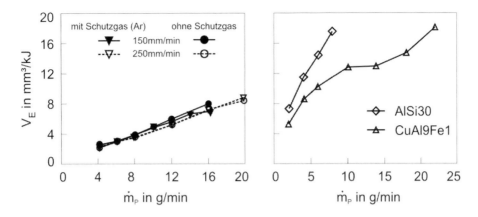

Bild 4.160 Energiespezifische Volumina entsprechend der Daten aus Bild 4.158 und Bild 4.159.

Die typischen Werte von η_p wie V_E – siehe Bild 4.160 – des Beschichtens (gelegentlich auch als „Auftragsschweißen" bezeichnet) liegen deutlich unter denen des Tiefschweißens, wofür ausschlaggebend der dort wesentlich höhere Einkoppelgrad ist. Sie sind eher vergleichbar jenen des Härtens, weil dort wie hier sowohl die Einkoppelgrade wie die thermischen Wirkungsgrade in der gleichen Größenordnung liegen.

4.3.2.4   Einfluss der Prozessparameter auf die Spurgeometrie

Im Hinblick auf die Funktionserfüllung der erzeugten Spur(en) stehen einerseits deren Haftfestigkeit, Fehlerfreiheit sowie materialspezifische Eigenschaften und andererseits ihre Geometrie im Blickpunkt des Prozessergebnisses und seiner Bewertung. Die nachstehenden Ausführungen konzentrieren sich auf Aussagen zu generell feststellbaren Zusammenhängen zwi-

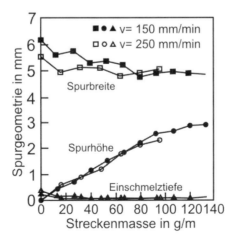

Bild 4.161 Spurhöhe, -breite und Aufmischgrad (bzw. Einschmelztiefe) in Abhängigkeit der Streckenmasse; CO_2-Laser, $P = 3,5$ kW, Stellit.

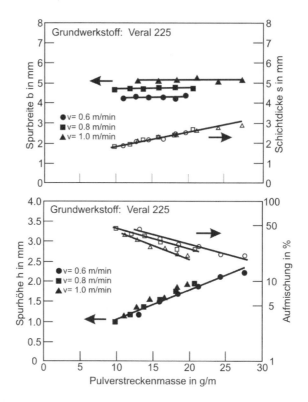

Bild 4.162 Spurhöhe, -dicke, -breite und Aufmischgrad in Abhängigkeit der Streckenmasse; Nd:YAG-Laser, 3 kW, AlSi40, nach [232].

schen Geometrie und Prozessparametern, während bezüglich materialkundlicher Aspekte auf die Literatur, siehe z. B. [215], [233], verwiesen sei. Die hier zu diskutierenden Abhängigkeiten der entsprechend Bild 4.144 definierten Größen, Breite und Höhe der Spur sowie der (zumindest näherungsweise) mittels der geometrischen Verhältnisse ableitbare Aufmischgrad seien anhand der folgenden Beispiele erörtert; diese Ergebnisse entstammen mit sehr unterschiedlichen Anlagen und Werkstoffen durchgeführten Untersuchungen.

Der die Geometrie, insbesondere die Spurdicke bzw. -höhe, bestimmende Einfluss der Streckenmasse geht aus Bild 4.161 und Bild 4.162 hervor. Während in einem weiten Bereich ein nahezu proportionales Ansteigen $h \propto \dot{m}_p / v$ zu beobachten ist, ändert sich die Breite deutlich weniger ausgeprägt mit diesem Parameter. So nimmt sie in Bild 4.161 [237] geringfügig ab, in Bild 4.162 [232] bleibt sie konstant – allerdings finden sich in [232] wie in [239] Ergebnisse, die auch ein leichtes Ansteigen zeigen. Die Einschmelztiefe bzw. der Aufmischgrad nehmen mit steigenden Streckenmasse ab.

Den Einfluss der Laserleistung geben Bild 4.163 und Bild 4.164 wieder. Für beide Werkstoffklassen zeigt sich der Vorteil der zu einem höheren Einkoppelgrad führenden kürzeren Wellenlänge: Um das gleiche Spurvolumen zu erzeugen ist mit 1,06 μm nur etwa die Hälfte der Leistung erforderlich wie mit 10,6 μm. Der Zuwachs an Spurquerschnittsfläche geschieht im

Wesentlichen als Folge der mit der Leistung steigenden Breite. Da die Höhe bei gleichbleibender bzw. leicht steigender Dicke abnimmt, wird der Aufmischgrad tendenziell größer, was auch bereits Bild 4.157 zu entnehmen war.

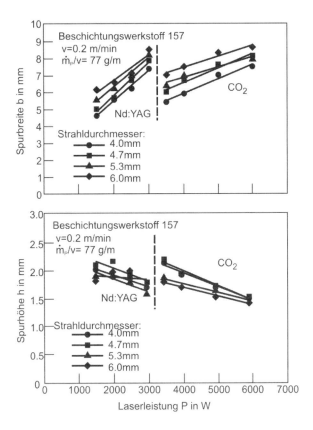

Bild 4.163 Einfluss von Laserleistung und Brennfleckdurchmesser auf die Breite und Höhe der Spur mit Nd:YAG- und CO_2-Laser, nach [232].

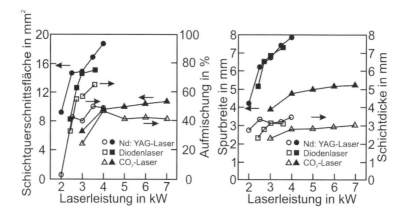

Bild 4.164 Querschnittsfläche, Aufmischgrad sowie Höhe und Breite der Spur in Abhängigkeit der Laserleistung; die Brennfleckabmessungen der drei verschiedenen Laser betragen $d_{fCO_2} = d_{fNd:YAG} = 5mm$ und 6×4 mm^2 beim Diodenlaser; AlSi30, $\dot{m}_p = 4,2$ g/min, $v = 0,3$ m/min, nach [239].

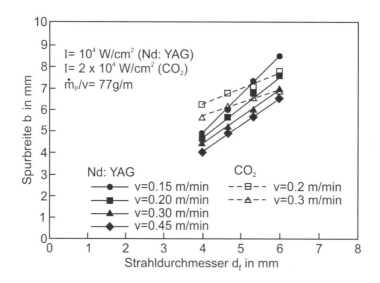

Bild 4.165 Die Spurbreite wächst direkt proportional dem Brennfleckdurchmesser, nach [232].

Eine weitere Gestaltungsmöglichkeit ist mit der Abmessung des Laserstrahlquerschnitts senkrecht zur Vorschubrichtung gegeben. Ähnlich wie beim Härten zeigt sich auch beim Beschichten, dass mit diesem gut einzustellenden, freien Parameter (eine hinreichend hohe Laserleistung vorausgesetzt) die Spurform sich besonders leicht steuern lässt. Die in Bild 4.165 und Bild 4.166 erkennbare weitgehend lineare Abhängigkeit $b \propto d_f$ verdeutlicht dies. Es ist jedoch darauf hinzuweisen, dass die konkreten Daten (z. B. b kleiner oder größer als d_f bzw.

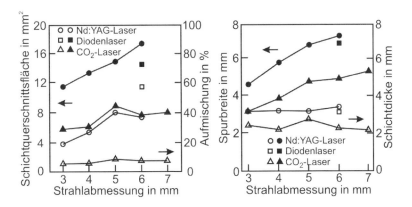

Bild 4.166 Spurgeometrie und Aufmischgrad in Abhängigkeit der Strahlabmessung senkrecht zur Vorschubrichtung (bei Nd:YAG- und CO_2-Laser: d_f); Stellit. Weitere Daten: bei $\lambda = 10,6$ µm: $P = 4$ kW, $\dot{m}_p = 4,2$ g / min, $v = 0,2$ m/min; bei $\lambda \approx 1$ µm, $P = 3$ kW, $\dot{m}_p = 9,2$ g / min, $v = 0,3$ m/min, nach [239].

die Steigungen der Geraden) der beiden Bilder nicht direkt miteinander verglichen werden können, da – neben verschiedenen Stoffeigenschaften – im ersten Falle bei I = const und im zweiten bei P = const gearbeitet wurde. Das hat zur Folge, dass eine vergleichbare Variation der WWZ dort zu unterschiedlichen Abmessungen der Bereiche führt, in denen die Intensität hinreichend hoch ist, um das Pulver zu schmelzen.

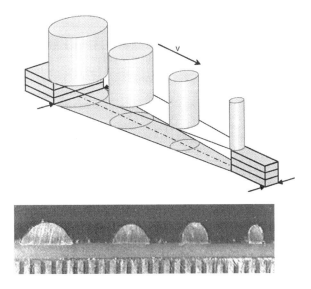

Bild 4.167 Während des Prozesses kontinuierlich veränderbarer Brennfleckdurchmesser und damit erzielte Spurbreiten.

Die eindeutige Abhängigkeit $b(d_f)$ nutzt eine in [235] entwickelte „Variooptik". Mit Hilfe der *während* des Beschichtungsvorgangs möglichen Veränderung von d_f ist eine leichte und unmittelbare Anpassung der Spurbreite an eine gegebenenfalls verlangte Variation möglich, was insbesondere beim Lasergenerieren von Interesse ist. Bild 4.167 zeigt skizzenhaft das Prinzip des Verfahrens sowie damit erzielbare Querschnittsformen einer Einzelspur.

Insgesamt lassen sich die typischen Sachverhalte in diesem Abschnitt zu generellen, qualitativ gültigen Aussagen zusammenfassen:

- Die Spurbreite nimmt mit steigender Strahlbreite und Leistung zu.

- Die Spurhöhe wächst mit zunehmender Streckenmasse.

- Bei gleicher Streckenmasse erweist sich eine höhere Geschwindigkeit vorteilhaft hinsichtlich des Prozesswirkungsgrads und einer geringeren Aufmischung.

- Um vergleichbare Spurgeometrien (bzw. Beschichtungsraten) zu erzielen, sind mit $\lambda \approx 1\ \mu m$ um einen Faktor 2 niedrigere Leistungswerte als mit $\lambda = 10{,}6\ \mu m$ erforderlich.

4.3.2.5   Prozessoptimierungen

Temperaturgeregeltes Beschichten

Auf Geometrieänderungen des zu beschichtenden Bauteils oder dessen globaler Erwärmung während des Prozessablaufs beruhende und gegenüber einem „Istwert" verminderte Wärme-

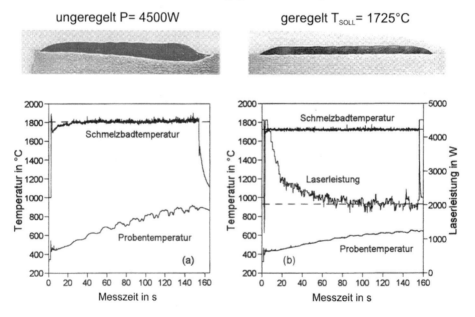

Bild 4.168 Schmelzbad- und Werkstücktemperatur sowie Schichtdicke in Abhängigkeit der Bearbeitungsdauer (Beschichtung erfolgte von links nach rechts) bei konstanter Laserleistung bzw. einem temperaturgeregelten Prozess.

ableitung aus der WWZ führt dort zu einer Temperaturerhöhung. Als Folge davon nimmt die Anschmelzung des Grundwerkstoffs zu, was eine unerwünschte Veränderung des Aufmischgrads und u.U. nicht mehr brauchbare metallurgische Eigenschaften der Spur nach sich zieht. Eine wie bereits in Abschnitt 4.3.1.4 vorgestellte Regelung der Laserleistung mit dem Ziel, die Temperatur auf einem vorgegebenen Wert konstant zu halten, vermag das Problem zu lösen [237].

Ein Beispiel für die Wirksamkeit dieser Methode ist in Bild 4.168 gezeigt. Dabei ging es um das flächenhafte Beschichten eines Teils einer Welle aus Stahl mit 16 mm Durchmesser, wobei aus den Erfordernissen der zu erzeugenden Schicht und der zur Verfügung stehenden Systemtechnik eine Bearbeitungszeit von 150 s resultierte. Während der Prozessdurchführung mit konstanter Leistung von 4,5 kW stieg die Bauteiltemperatur um rund 400 K, und bereits nach der halben Länge erfolgte eine erhebliche Anschmelzung des Grundmaterials. Die Temperatur des Schmelzbads nimmt zunächst deutlich, im weiteren Verlauf geringfügig zu. Hochgeschwindigkeitsaufnahmen lassen erkennen, dass gleichzeitig seine Größe in beträchtlichem Maße wächst. Im Gegensatz dazu wird beim geregelten Prozess die Leistung von anfangs ebenfalls 4,5 kW stark zurückgefahren bis auf einen Wert, der – bei nunmehr wesentlich geringerer Wärmeleitung in das Werkstück – weitgehend nur für das Schmelzen des Pulvers aufzukommen hat. In diesem Falle steigt die Bauteiltemperatur um lediglich 200 K, während das nun gleich groß bleibende Schmelzbad einen absolut konstanten Temperaturverlauf zeigt – eine über die gesamte Länge gleiche Spur ist das gewünschte Ergebnis.

Erhöhung von Beschichtungsrate und Prozessqualität

Die hier kurz angesprochenen Aspekte betreffen wirtschaftliche und qualitätsrelevante Potentiale, die sich aus einer gezielten Strahlformung ergeben. Zunächst wird auf die Bedeutung der Strahlbreite hinsichtlich Beschichtungsrate [mm³/s] und thermischer Beanspruchung des Bauteils und danach auf die Vermeidung von Rissen durch eine entsprechende Intensitätsverteilung parallel zur Vorschubrichtung eingegangen.

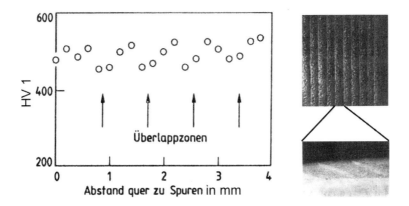

Bild 4.169 Flächenhafte Beschichtung mit Stellit mittels überlappender Spuren: Oberfläche, Querschnitt und Härteverlauf parallel zur Oberfläche in halber Spurhöhe.

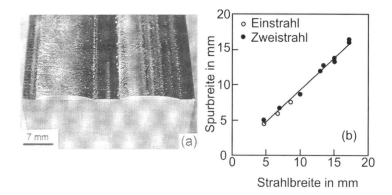

Bild 4.170 Vergleich von mit Einstrahl- und Doppelfokustechnik erzielbaren Beschichtungsspuren; Stellit 21, CO_2-Laser, $P = 3,5$ kW je Strahl.

Im vorigen Abschnitt war gezeigt worden, dass die Spurbreite der entsprechenden Abmessung des Laserstrahls auf der Werkstückoberfläche proportional ist. Werden Schichtbreiten benötigt, die größer als die einer Einzelspur sind, so muss Spur an Spur gelegt werden. Wiewohl sich mittels überlappender Raupen generell hochwertige Beschichtungen erzielen lassen – Bild 4.169 zeigt die solcherart erzeugte Schichtfläche, einen Querschliff und den dazugehörenden Härteverlauf –, stellen die Grenzflächen Keime für potentielle Anbindefehler dar. Insbesondere aber wächst die thermische Belastung des Bauteils mit der Zahl der erforderlichen Spuren. Aus diesen Gründen empfiehlt es sich, mit der größtmöglichen Strahlabmessung zu arbeiten. Zudem geht damit der Vorteil geringerer Wärmeleitungsverluste einher. Diodenlaser bieten an sich die Voraussetzung, durch entsprechende Strahlformung eine große Strahlbreite zu realisieren, während bei konventionellen Lasern dieses Ziel mittels der Doppelfokustechnik erreicht werden kann. Ein Beispiel, welches das Potential dieser Technik dafür illustriert, findet sich in Bild 4.170 [237]: Um eine ca. 14 mm breite Spur mittels Einstrahltechnik zu generieren, waren (mit den verfügbaren Einrichtungen) 7 Spuren erforderlich, während mittels Doppelfokustechnik diese Breite in nur einer einzigen Fahrt realisiert werden konnte.

Das Entstehen von Rissen zwischen Schicht- und Grundmaterial während der Abkühlphase ist ein für das Verfahren typischer Gefügefehler; er tritt insbesondere auch beim Dispergieren mit karbidischen Hartstoffen auf. Da diese Risse eine Folge thermisch induzierter Spannungen sind, bietet sich an, mittels einer Beeinflussung des zeitlichen Temperaturverlaufs zu deren Reduzierung bzw. Abbau zu gelangen; ein entsprechendes Vorgehen bei Einsatz der Doppelfokustechnik ist in [237] beschrieben. Als gestaltende Parameter stehen dafür der Abstand der beiden Brennflecke sowie ihre Größe und Intensitätsverteilungen darin zur Verfügung. Während ein Strahl die für den Schichtaufbau erforderliche Leistung einbringt, kann mit dem zweiten (bei deutlich niedrigerer Intensität) der Grundwerkstoff vor- bzw. die erzeugte Spur nachgeheizt werden. Auf diese Weise wird im Temperaturintervall, in dem die Risse bevorzugt auftreten (Temperaturmessung und optische Rissdetektion erfolgten synchron), eine erhebliche Reduzierung des zeitlichen Temperaturgradienten erzielt, siehe Bild 4.171. Damit konnten – dank der Flexibilität dieser Technik – bei unterschiedlichen Vorschubgeschwindigkeiten und Schichtwerkstoffen rissfreie Beschichtungen erzeugt werden. – Selbstverständlich könnte eine für diese Aufgabe modifizierte Intensitätsverteilung auch mit einem einzigen

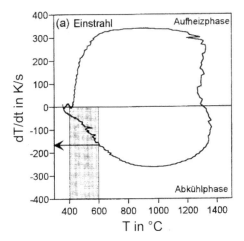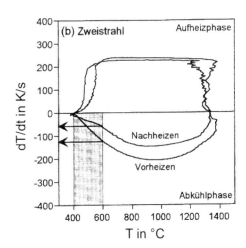

Bild 4.171 Zeitliche Temperaturgradienten während des Beschichtens mit Einstrahl- bzw. Doppelfokustechnik; im kritischen Temperaturbereich (grau angelegt) konnte die Abkühlgeschwindigkeit vor allem durch Nachheizen deutlich reduziert werden. Beschichten eines Einsatzstrahls mit 70 % Stellit + 30 % Wolframkarbid; CO_2-Laser, $v = 0{,}2$ m/min; Prozessstrahl: $P = 3{,}5$ kW, $d_f = 6{,}7$ mm; Vor- bzw. Nachheizstrahl: $P = 4$ kW, $d_f = 30$ mm; Abstand der Strahlzentren: 8 mm.

Strahl unter Verwendung von Spezialoptiken, z. B. Facettenspiegel, realisiert werden, doch wären dabei Einschränkungen hinsichtlich des nutzbaren Geschwindigkeitsbereichs hinzunehmen.

4.4 Bohren und Abtragen

Beide Fertigungsverfahren sind entsprechend der Klassifizierung nach DIN 8580 der Hauptgruppe 3 „Trennen" zugeordnet. Darunter sind Vorgänge zu verstehen, die durch Abtrennen/Entfernen von Material vom Werkstück an diesem definierte geometrische Strukturen hinterlassen. In Anlehnung an klassische Definitionen wird im Folgenden unter *Bohren* das Herstellen kreiszylindrischer oder kegelförmiger Innenflächen verstanden, bei denen das Verhältnis aus Tiefe zu Durchmesser des Bohrlochs in der Größenordnung eins und darüber liegt. Mit *Abtragen* wird das Erzeugen von Strukturen bezeichnet, die beliebige zweidimensionale Formen an der Werkstückoberfläche aufweisen, wobei die Tiefe im Allgemeinen kleiner als die größte laterale Abmessung ist.

Bei mit Laserstrahlung realisierten Bohr- und Abtragsverfahren sind die involvierten physikalischen Mechanismen prinzipiell dieselben: unter der thermischen Wirkung der absorbierten Strahlenergie wird das Material lokal erwärmt, schmilzt und verdampft und verlässt teils als Schmelzetröpfchen, teils als Dampf die WWZ. Diese an metallischen Werkstoffen (die im Mittelpunkt der nachfolgenden Ausführung stehen) charakteristischen Vorgänge sind in Bild 4.172 sowohl schematisch wie anhand ihrer Wirkung am Werkstück veranschaulicht [250]. Ähnlich wie bereits beim Schweißen erörtert, stehen sie in enger Wechselwirkung zueinander: abhängig von den Laserstrahlparametern wird die Energiedeposition durch Plasma- und

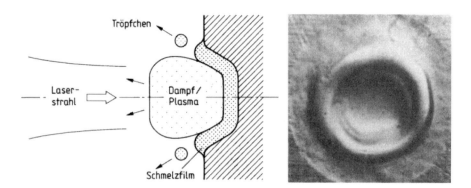

Bild 4.172 Verfahrensprinzip und typische Erscheinungen beim Bohren und Abtragen (links). Rechts ist ein Schmelzkrater in Kupfer nach einmaliger Bestrahlung ($\tau = 0,5$ ms, $I = 1,4 \times 10^8$ W/cm², $d_f = 100$ µm, $\lambda = 1,06$ µm) nach [250] gezeigt.

Streueffekte sowie LSA-Wellen modifiziert, die selbst wiederum eine Folge der am Werkstück resultierenden dynamischen Schmelz- und Verdampfungsvorgänge der Ablation sind.

Im Hinblick auf die erzielbare Effizienz und Qualität des Prozesses ist entscheidend, wie das Verhältnis der Stoffmengen ist, die im jeweiligen Aggregatzustand – gasförmig oder flüssig – entfernt werden. Da dieser den Energiebedarf je Massen- bzw. Volumeneinheit vorgibt, wäre ein Materialabtrag in überwiegend flüssiger Form vorteilhaft hinsichtlich der Wirtschaftlichkeit; in diesem Falle müsste die Schmelze durch eine externe Gasströmung – ähnlich wie beim Schneiden – ausgetrieben werden (auf die prinzipiell möglichen, jedoch nur in Sonderfällen nutzbaren Effekte einer Schmelzeentfernung durch die Fliehkraft eines rotierenden Bauteils [251] oder durch elektromagnetische Kräfte [252] sei hier nur der Vollständigkeit halber hingewiesen). Die Qualität der zu erzeugenden Struktur, d.h. im Wesentlichen ihre Formgenauigkeit, wird davon abhängen, in welchem Ausmaß das aufgeschmolzene Material entfernt werden kann – der Schmelzkrater in Bild 4.172 illustriert diese Problematik. Es ist unmittelbar einleuchtend, dass das Vorhandensein von viel Schmelze in der WWZ dem Erreichen einer hohen Prozessqualität im Wege steht. Somit stellen Wirtschaftlichkeit und Qualität Ziele dar, die mit konträren Maßnahmen zu erreichen sind. Denn ebenso klar ist, dass ein Materialabtrag in weitgehend dampfförmiger Phase (bei sublimierenden Keramiken und manchen Kunststoffen tritt gar keine Schmelze auf) die höchsten Genauigkeiten ermöglicht, gleichzeitig aber weitere Energiebeträge zum Erreichen der Siedetemperatur und für die Verdampfungsenthalpie aufzubringen sind; als treibende Kraft für den Materialaustrieb wirkt hier der Dampfdruck. Damit ist bereits an dieser Stelle verdeutlicht, dass die in Bild 1.5 angesprochene Verknüpfung von Effizienz und Qualität bei den abtragenden Verfahren sich besonders stark äußert und entsprechenden Optimierungsmaßnahmen deshalb eine wichtige Rolle zukommt.

Bei metallischen Werkstoffen sind Schmelz- und Verdampfungsvorgänge in der WWZ inhärent miteinander verknüpft und die Dicke eines Schmelzefilms wird (entsprechend den Modellvorstellungen einer Oberflächenwärmequelle in der WWZ und von dort in das Werkstück hinein erfolgender Wärmeleitung) im Wesentlichen von der Zeitdauer der Wärmeeinwirkung abhängen. Bei extrem kurzen Zeiten im Bereich von fs wird die thermische Eindringtiefe der

Absorptionslänge vergleichbar, $l_{th} \approx l_\alpha$, sodass hier keine Schmelzeausbildung erwartet werden sollte. Vor diesem Hintergrund erscheint es nahe liegend, generell kürzere Pulsdauern zu verwenden, um höhere Qualitäten zu erreichen. Nach den Ausführungen in Abschnitt 3.2.1 ist dies – soll dabei eine bestimmte Prozesstemperatur (zumindest Schmelztemperatur) erreicht werden – gleichbedeutend mit dem Bestrahlen bei höheren Intensitäten. Wie weit dies sinnvollerweise getan werden sollte (abgesehen vom Aspekt der Verfügbarkeit entsprechend geeigneter Laser), wird im nächsten Abschnitt im Zusammenhang mit der Darstellung der am Abtragsprozess beteiligten Mechanismen erörtert, ehe dann die beiden Verfahren mit ihren spezifischen Prozessvarianten und -strategien behandelt werden.

Den physikalischen Anforderungen des Abtragsprozesses entsprechend gelangen gepulste Lasersysteme zum Einsatz. Mit den verfügbaren verschiedenartigen Festkörperlaserkonzepten, den Excimer- und CO_2-TEA-Lasern ist ein industriell zugänglicher Wellenlängenbereich von 0,2 bis 10 µm abgedeckt. Die nutzbaren Pulsenergien, -dauern und Repetitionsraten ergeben sich aus den Eigenschaften des jeweiligen laseraktiven Mediums und der damit realisierbaren Anregungs- und optischen Auskopplungsmethoden, siehe Kapitel 2. Dies erklärt, warum die im Laufe der Zeit entwickelten Prozesstechnologien zum Bohren und Abtragen in engem Zusammenhang mit bestimmten Laserstrahlparametern (insbesondere der Pulsdauer und -energie) stehen und warum die Diskussion physikalischer Phänomene sich vor allem auf diese Bereiche konzentriert.

4.4.1 Thermische Ablation

Unter diesem Begriff sei im folgenden ein Materialabtrag aus der vom Laserstrahl erwärmten WWZ in Form von Dampf (und/oder Plasma) und Schmelze (als Film oder Tröpfchen) verstanden. Ausführliche Darstellungen der dabei involvierten physikalischen Phänomene sowie weiterer Ablationsmechanismen sind in [250], [253], [254] zu finden. Auf *nichtthermische* Mechanismen, die bei Bestrahlungsdauern im fs- und ps-Bereich auftreten, wird hier nicht eingegangen.

Nach den in Abschnitt 3.2.1 wiedergegebenen Ergebnissen der klassischen Wärmeleitungstheorie ist je nach Höhe der absorbierten Intensität eine bestimmte Bestrahldauer erforderlich, damit an der Oberfläche die gewünschte Prozesstemperatur erreicht wird. Entspricht diese der Verdampfungstemperatur T_v, so folgt aus den dort angeführten Beziehungen, dass in einer gewissen Tiefe z_s stets Schmelztemperatur erreicht wird. Aus

$$T_s(z_s,t) - T_\infty = (T_v(0,t) - T_\infty) \cdot erfc \frac{z_s}{l_{th}} \tag{4.26}$$

[255] und (3.48) lässt sich z_s unmittelbar als Funktion der Stoffwerte und der Bestrahldauer (bzw. der absorbierten Intensität) berechnen; für Aluminium ergibt sich ein Wert knapp unter 70% der thermischen Eindringtiefe und für Eisen etwa 50%. In erster Näherung kann die Schicht zwischen $z = 0$ und $z = z_s$ im Temperaturbereich $T_s < T < T_v$ als inhärent vorhandener Schmelzefilm aufgefasst werden. Seine Dicke $d_s = z_s$ folgt der gleichen funktionalen Abhängigkeit von der Zeit $- z_s \propto \sqrt{t}$ – wie die der thermischen Eindringtiefe, siehe Bild 4.173. Letztlich unterstreicht dieses Beispiel (mit konstanten Stoffwerten, Vernachlässigung von latenter Wärme und Verdampfungsverlusten gerechnet), dass l_{th} selbst eine hinreichend geeignete Grösse zur Abschätzung von Schmelzefilmdicken darstellt. Der Frage, bis zu welch

kurzen Pulsdauern diese Skalierung Gültigkeit hat, wird im nächsten Abschnitt nachgegangen.

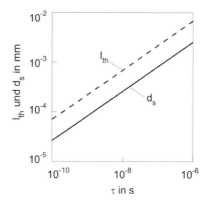

Bild 4.173 Thermische Eindringtiefe und Dicke des Schmelzefilms d_s bei Eisen als Funktion der Bestrahldauer τ, die zum Erreichen von T_v bei $z = 0$ erforderlich ist.

4.4.1.1 Grenzen klassischer Wärmeleitungsbetrachtungen

Wie bereits in Abschnitt 3.1.2 skizziert, bedarf es einer bestimmten Relaxationszeit, damit die zunächst von den freien Elektronen des Werkstücks aufgenommene Strahlungsenergie durch Stöße an die Atome übertragen werden kann. Die dafür typischen Zeitdauern sind materialabhängig und liegen in der Größenordnung von 1 bis 10 ps, 0,5 ps für Eisen und 5 ps für Aluminium [66]. Diesem Umstand wird bei der Beschreibung des Wärmetransports in so genannten Zwei-Temperatur-Modellen Rechnung getragen, siehe z. B. [66], [254]. Dabei wird für jede Teilchensorte – die Elektronen und die schweren Teilchen des Gitters – je eine Energiegleichung aufgestellt, in der ein von der Temperaturdifferenz T_e-T abhängiger Koppelungsterm den physikalischen Energieaustausch zwischen ihnen berücksichtigt. Ohne auf einige der in [254] aufgegriffenen, noch offenen Probleme bei diesem methodischen Ansatz einzugehen, werden nachstehend Ergebnisse beider Arbeiten genutzt, um die hier interessierende Entwicklung eines Schmelzefilms zu diskutieren.

Als erstes soll die Wiedergabe des raum-zeitlichen Temperaturverlaufs während der ersten hundert ps nach der Bestrahlung in Bild 4.174 [254] die Unterschiede zwischen klassischer und Zwei-Temperatur Beschreibung veranschaulichen, während Bild 4.175 [66] bereits eine Antwort bezüglich des Gültigkeitsbereichs der klassischen (Ein-Temperatur) Wärmeleitung gibt. Aus Bild 4.176 (für Cu nach [254]) und Bild 4.177 (für Al nach [66]) geht übereinstimmend hervor, dass die thermischen Vorgänge in der WWZ unterhalb von ca. 100 ps nicht mehr von der Pulsdauer, sondern nur noch von der Energiedichte allein geprägt werden. In anderer Form geht dies auch aus Bild 4.178 hervor, das eine für τ < 10 bis 100 ps nicht mehr abnehmende Dicke des Schmelzefilmes zeigt. Auswirkungen der Relaxationsvorgänge auf die deponierte Energie illustriert Bild 4.179.

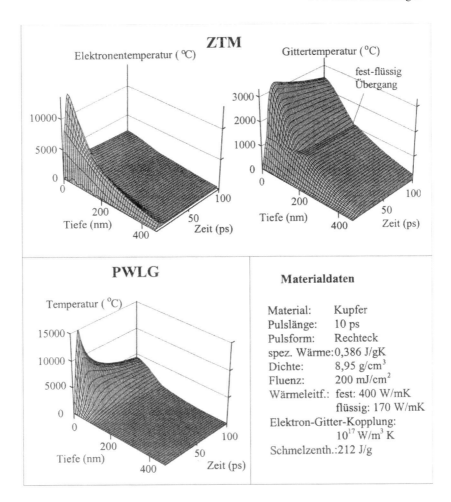

Bild 4.174 Temperaturverlauf $T(z,t)$ in Kupfer während bzw. nach der Bestrahlung entsprechend einem Zwei-Temperatur-Modell, ZTM, (oben) und der klassischen parabolischen Wärmeleitungsgleichung, PWLG (unten), nach [254]. Man beachte die deutlich niedrigere Gittertemperatur während des betrachteten Zeitraums im Falle der ZTM-Beschreibung.

Diese Aussagen zusammenfassend kann festgestellt werden, dass für Bestrahlungszeiten < 100 ps

- die Abschätzung $d_s \propto l_{th} \propto \sqrt{kt}$ nicht mehr zulässig ist und
- die theoretische Beschreibung der thermischen Vorgänge nach einem Zwei-Temperatur-Modell erfolgen sollte.

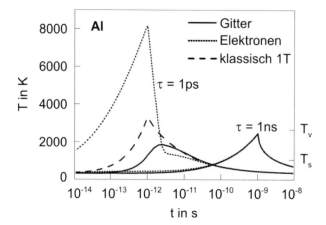

Bild 4.175 Für Aluminium berechnete Temperaturverläufe an der Werkstückoberfläche. Man erkennt aus dem Vergleich der klassisch und mit ZTM berechneten Gittertemperaturen für die Pulsdauer von 1 ps ($A \times H = 10$ mJ/cm²), dass erst nach Zeiten von etwa 100 ps beide Beschreibungen die gleichen Werte liefern. Bei einer Pulsdauer von 1ns ($A \times H = 100$ mJ/cm²) verlaufen die Temperaturen weitgehend identisch.

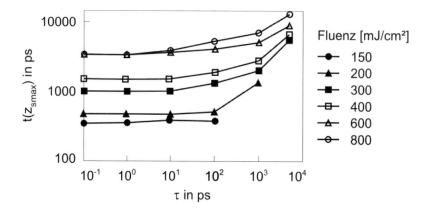

Bild 4.176 Von Pulsdauer und Energiedichte abhängiges Zeitintervall, in dem die Einschmelztiefe d_s in Cu ihren maximalen Wert erreicht, nach [254].

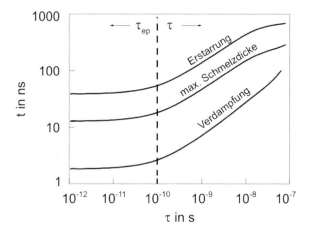

Bild 4.177 Bei Bestrahlungszeiten kleiner als ca. 100 ps werden die thermischen Vorgänge im Material (hier: Al, $A \times H = 1$ J/cm²) nicht durch die Pulsdauer, sondern im Wesentlichen nur durch die materialspezifische Elektronen-Photonen-Relaxationszeit bestimmt.

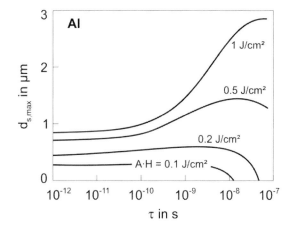

Bild 4.178 Dicke der Schmelzeschicht in Abhängigkeit von der Pulsdauer und der Energiedichte; Al.

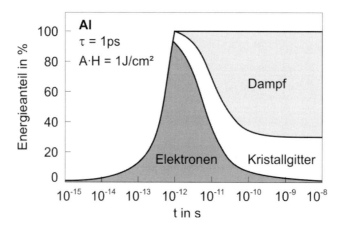

Bild 4.179 Zeitliche Entwicklung der Energieanteile, die den „Fluss" der eingekoppelten Energie (über die Elektronen, das Kristallgitter bis zur Verdampfung) veranschaulicht; Al, $\tau = 1$ ps, $A \times H = 1$ J/cm².

4.4.1.2 Abtragsraten

Sobald die Anzahl der eine erhitzte Oberfläche verlassenden Atome die der wieder dorthin zurückkehrenden übersteigt, setzt zu einem Nettoabtrag führende Ablation ein. Bedingung dafür ist, dass der Partialdruck der Werkstoffatome in unmittelbarer Nähe der Oberfläche größer ist als der in der weiteren Umgebung. Ohne auf die kinetischen Vorgänge in der einige freie Weglängen messenden so genannten Kundsen-Schicht (siehe dazu z. B. [66], [256], [257]), in der die Thermalisierung der ablatierten Teilchen erfolgt, einzugehen, seien einige zur Berechnung von Ablationsraten gebräuchliche Beziehungen angegeben.

Die ablatierte Massenstromdichte $j_v(T)$ gemessen in kg/(m²s) lässt sich bei vernachlässigbarem Partialdruck in der Umgebung nach

$$j_v(T) = \frac{\beta \cdot p_v(T)}{\sqrt{2 \cdot \pi \cdot R \cdot T}} \tag{4.27}$$

ermitteln [66]. Darin bedeuten T die Temperatur an der Oberfläche, p_v der nach der Clausius-Clapeyron-Beziehung [83] berechnete Dampfdruck und R die Gaskonstante des die Oberfläche verlassenden Materials. Mit dem Koeffizient β wird berücksichtigt, dass einige Teilchen wieder an die Oberfläche zurückgelangen; sein Wert beträgt ungefähr 0,82 [256], [258]. Da der abströmende Dampf Energie mit sich führt, muss für eine exakte Betrachtung der Wärmewirkungen am Werkstück – insbesondere bei der Berechnung der Oberflächentemperatur – die entsprechende „Verdampfungskühlung" berücksichtigt werden, was in den Abtragsmodellen [66], auf deren Ergebnissen die nachstehende Diskussion weitgehend beruht, erfolgt ist.

Die unter praktischen Erwägungen interessierende Geschwindigkeit u, mit der sich die Phasengrenze zwischen kondensiertem und gasförmigem Zustand in das Werkstück bewegt, ergibt sich mit (4.27) zu

$$u = \frac{\rho_g \cdot u_g}{\rho \cdot j_v(T)} \,, \tag{4.28}$$

der Index „g" kennzeichnet den gasförmigen Zustand.

Auf die bei Metallen stets entstehende Schmelze wird vom abströmenden Dampf ein Druck ausgeübt, der den ursprünglichen Modellvorstellungen in [258] folgend in [250] und [253] mit

$$p_R \approx 0,54 \cdot p(T) \tag{4.29}$$

angegeben wird, also etwa dem halben Wert des der Oberflächentemperatur entsprechenden Dampfdrucks entspricht; der Index „R" soll auf den Rückstoß hinweisen, welchen die Oberfläche von den sie verlassenden Teilchen erfährt. Eine energetische Abschätzung in [253] erbringt eine näherungsweise lineare Abhängigkeit von der absorbierten Intensität zu

$$p_R \approx 10^{-5} \cdot AI \,, \tag{4.30}$$

worin p_R in bar und AI in W/cm^2 stehen. Infolge der Druckwirkung wird die Schmelze – zumindest zum Teil – aus der WWZ entfernt. Im Hinblick auf die Zielsetzung des Prozesses ist dies neben der Verdampfung ein zwar mit ihr gekoppelter, aber weiterer und getrennt zu betrachtender Abtragsmechanismus.

Den Berechnungen der jeweils verursachten Ablationsraten liegen die in Bild 4.180 skizzierten Modellvorstellungen zugrunde. Im Rahmen des *Abdampf*modells wird ein Materialabtrag nur infolge von Verdampfung betrachtet. Das *Kolben*modell berücksichtigt zudem die Wir-

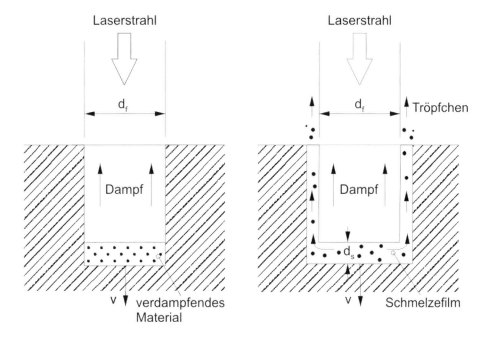

Bild 4.180 Schemata von Abdampf- und Kolbenmodell.

kung des auf den Schmelzefilm wirkenden Druckes p_R. Beide Modelle indes erfordern erhebliche Vereinfachungen, um bei der Komplexität der involvierten Phänomene mit vertretbarem Aufwand noch Aussagen zu erhalten. Die Annahme eines senkrechten Strahleinfalls auf eine dem Brennfleck des fokussierten Laserstrahls gleichgesetzte WWZ und die Vernachlässigung von Plasmaeffekten sind wohl die Entscheidendsten.

Für den Fall, dass nur Verdampfung betrachtet sei, ergibt sich die Abtragsrate ausschließlich aus der Energiebilanz. Die Geschwindigkeit u, mit der sich die Phasengrenze dampfförmig/fest in das Werkstück bewegt, entspricht hier der Abtragsgeschwindigkeit v. Bei Vernachlässigung sämtlicher Verluste, auch derjenigen der Verdampfungskühlung, erhält man einen Maximalwert von

$$u = \frac{A \cdot I}{\rho \cdot (c \cdot \Delta T + h_s + h_v)} \stackrel{\wedge}{=} v , \qquad (4.31)$$

der für Aluminium und Eisen in Bild 4.181 graphisch wiedergegeben ist. Die Verwendung konstanter Stoffwerte führt zu der ebenfalls aus (4.31) folgenden Kurve bei gleichbleibend linearem Zuwachs mit der absorbierten Intensität. Wiewohl physikalisch in diesem Zusammenhang nicht relevant, lässt die zudem dargestellte Ablationsrate für reinen Schmelzabtrag den sehr viel geringeren Energiebetrag im Vergleich zum Verdampfen deutlich werden.

Aus dem Abtrag je Puls Δz berechnete mittlere Abtragsgeschwindigkeiten während der Bestrahldauer, $v \stackrel{\wedge}{=} u = \Delta z / \tau$, werden in Bild 4.182 gezeigt. Zwei Aspekte sind dabei erwähnenswert: Zum einen der Umstand, dass sich die Kurven für $\tau =$ const bei hohen Leistungsdichten derjenigen annähern, die aus (4.31) folgt, und zwar bereits bei umso niedrigeren Werten, je größer die Pulsdauer ist. Das bedeutet, dass dann der Einfluss von Wärmeverlusten während der Aufheizphase für die Energiebilanz des Abtrags nicht so stark ins Gewicht fällt. Zum anderen ist erkennbar, dass mit $v \to 0$, d.h. mit verschwindender Abtragstiefe $\Delta z \to 0$, der bereits

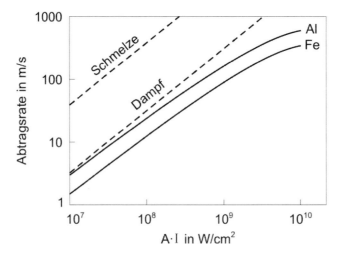

Bild 4.181 Abtragsgeschwindigkeit v nach (4.31) für Al und Fe in Abhängigkeit der absorbierten Intensität. Eingezeichnet sind ferner zwei Kurven für konstante Stoffwerte von Al, von denen die obere dem (hypothetischen) Fall eines reinen Schmelzabtrags entspricht.

in Bild 3.27 gezeigte Zusammenhang $T_P \propto A \cdot I \cdot \sqrt{t}$ angenähert wird. Die mit Bild 4.182 korrespondierenden Werte des Abtrags je Puls sind in Bild 4.183 wiedergegeben, Auch hier – wie bereits in Bild 4.178 zu sehen war – sind die Vorgänge für Pulsdauern kleiner als 10 bis 100 ps nur mehr von der Energiedichte bestimmt. Der ab einer Fluenz von 0,5 J/cm² zu beobachtende Anstieg der Abtragstiefe mit wachsender Bestrahlzeit macht sich bei sehr hohen Werten der Energiedichte noch deutlicher bemerkbar. Bild 4.184 zeigt berechnete, für Excimerlaser typische Daten [104].

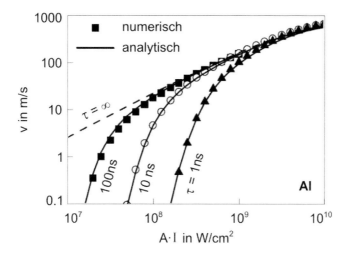

Bild 4.182 Abtragsgeschwindigkeiten Δz/τ während des Pulses in Abhängigkeit von Pulsdauer und absorbierter Energiedichte; die Kurve für τ = ∞ entspricht dem stationären Grenzfall nach (4.31) und Bild 4.181.

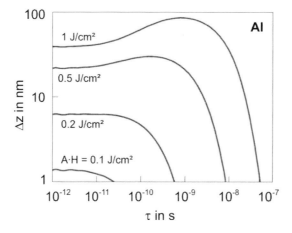

Bild 4.183 Abtrag pro Puls Δz in Abhängigkeit von Pulsdauer und absorbierter Energiedichte; Daten korrespondierend zu Bild 4.182.

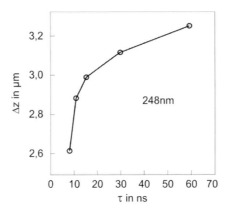

Bild 4.184 Berechnete Abtragstiefe Δz pro Puls bei konstant gehaltener Energiedichte von 60 J/cm²; Al, N_2 bei 1 bar, $\lambda = 248$ nm.

Fluiddynamische Effekte

Hier sollen zwei Aspekte betrachtet werden. Der erste bezieht sich auf die Modifizierung der Abtragsgeschwindigkeit bei Berücksichtigung eines Schmelzefilms und der zweite betrifft die dynamischen Vorgänge beim Schmelzeaustrieb durch den Dampfdruck.

Anders als bei Berechnungen einer allein auf Verdampfung beruhenden Ablationsrate gewähren hier eindimensionale Modelle nur begrenzten Einblick in die in der WWZ ablaufenden Vorgänge. Das grundsätzliche Problem besteht darin, dass üblicherweise zu der physikalisch und modellmäßig in axialer Richtung weisenden Geschwindigkeit u nach (4.28) bzw. (4.31) eine aus der Schmelzeverdrängung resultierende Komponente u_s addiert wird, die jedoch in der Realität auf dem Ablations- bzw. Bohrgrund weitgehend radial nach außen gerichtet ist. Es kann also im Rahmen einer 1D-Betrachtung keine „echte" Entfernung der Schmelze aus der WWZ formuliert werden. Dennoch vermitteln mit solchen Modellen durchgeführte Rechnungen, insbesondere wenn sie kinetische Vorgänge an der Phasengrenze flüssig/dampfförmig berücksichtigen, eine Vorstellung vom Einfluss des Schmelzefilmes. Beispielhaft dafür seien Ergebnisse aus [259] wiedergegeben, die für Bestrahlungsdauern von 1 ms erhalten wurden. Wie Bild 4.185 zeigt, nimmt die Dicke des Schmelzefilms mit steigender absorbierter Intensität bei Aluminium stark und bei Titan kaum ab. Dies wie auch die deutlich unterschiedlichen Dicken sind eine Folge der spezifischen Stoffwerte, insbesondere des Verhältnisses zwischen Schmelz- und Verdampfungstemperatur (0,545 für Ti, 0,334 für Al). Dieses Verhalten prägt auch den relativen Beitrag der Abtragsmechanismen, was aus Bild 4.186 hervorgeht. Während der Verdampfungsanteil mit der Intensität stetig zunimmt, weist der Beitrag der Schmelzbadverdrängung ein Maximum auf (bei Al innerhalb, bei Ti oberhalb des betrachteten Bereichs von $A \times I$). Sein Zustandekommen wird in der Wirkung des Rückstoßdrucks gesehen, der bei niedrigen Intensitätswerten gering ist und damit wenig Masse verdrängen kann, andererseits bei hohen Werten sich eine nur geringe Filmdicke ausbildet, so dass die Verdrängungsrate ebenfalls sinkt. In einer Weiterentwicklung dieses Modells wird in [260] der transiente Verlauf der Ablation in Form von Dampf und Schmelze untersucht. Für eine Pulsdauer von 1 ms und einen maximalen Intensitätswert von 10^6 W/cm² ergibt sich – temperaturabhängige Stoffwerte eines Stahls berücksichtigend – eine Dauer des Schmelzabtrags innerhalb einer Zeitspanne, die bis zu einer Millisekunde nach Ende des Pulses wächst. Aus diesem Grunde, obwohl er in der ersten Phase der Bestrahlung vom Verdampfungsanteil übertroffen wird, trägt er integral mehr als jener zum Gesamtbetrag der Materialentfernung bei.

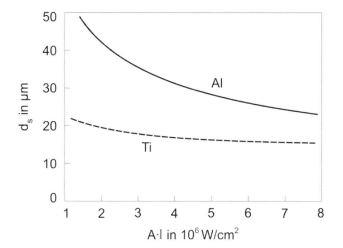

Bild 4.185 Berechnete Dicken des Schmelzefilms in Abhängigkeit der absorbierten Intensität, nach [259]; $d_f = 1$ mm, $\tau = 1$ ms.

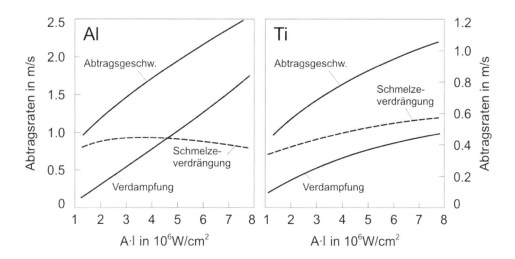

Bild 4.186 Berechnete Abtragsraten nach [259]; Daten entsprechend Bild 4.185.

Da als treibende Kraft in die Impulsgleichung ein Druck*gradient* eingeht, ist bei einer Modellierung des Ablationsvorgangs, welche auch den Schmelze*austrieb* mit einbezieht, eine charakteristische Länge einzuführen, über die der Druck abfällt. Bei flachen Abtragsgeometrien, wo der Schmelzefluss in überwiegend radialer Richtung von statten geht (siehe Bild 4.172 re), bietet sich der Radius des Brennflecks, z. B. [250], [260], oder ein damit in Beziehung gesetzter Wert, siehe [66], dafür an. Ein anderer Weg, den radialen Druckgradienten zu berücksichtigen, besteht in der Annahme einer entsprechenden Druck- bzw. Intensitätsverteilung innerhalb der WWZ [253] bzw. [261]. Wesentlich schwieriger noch ist es, einen Bohrprozess zu modellieren, wo es einen Schmelzefluss zusätzlich längs der Bohrwand zu berücksichtigen gilt; hierzu existieren keine befriedigenden Beschreibungen.

Qualitative Aussagen sind mit Hilfe eines einfachen Kolbenmodells zu erhalten [262]. Für den stationären Fall einer sich in Strahlrichtung mit konstanter Geschwindigkeit u in das Werkstück bewegenden Phasenfront lässt sich die Dicke des Schmelzefilms zu

$$d_s = k \cdot \ln\left(\frac{T_v}{T_s}\right) \cdot u^{-1} \tag{4.32}$$

abschätzen [250]. Mit der Annahme, dass dabei Material nur als Dampf entfernt wird, ergibt sich aus (4.32) und (4.31) der funktionale Zusammenhang

$$d_s \propto (AI)^{-1}. \tag{4.33}$$

Ein Vergleich von daraus berechneten Werten für Aluminium mit den in Bild 4.186 wiedergegeben zeigt bei $AI \approx 0{,}75 \times 10^7$ W/cm² ein Verhältnis von ungefähr 70 µm/20 µm, was im Hinblick auf die dort berücksichtigte Reduktion der Filmdicke durch den Ablationsdruck als vernünftig erscheint. Für Eisen ergibt sich bei diesen Intensitätswerten eine Dicke von rund 2 µm.

Nach der Vorstellung, dass sich am Rande der WWZ Schmelzetröpfchen mit einem der Filmdicke entsprechenden Durchmesser ablösen (siehe Bild 4.172) und wegfliegen, ist ein bestimmter Wert der Strömungsgeschwindigkeit u_s im Film erforderlich. Er folgt aus der Gleichsetzung von kinetischer und Oberflächenspannungsenergie des Tröpfchens zu

$$u_s = \sqrt{\frac{12 \cdot \sigma}{\rho \cdot d_s} + v_{Tr}^2}. \tag{4.34}$$

Ein Mindestwert ergibt sich daraus, wenn die Geschwindigkeit des Tröpfchens $v_{Tr} = 0$ gesetzt wird. Über den Massenerhalt für eine Geometrie, bei der die Dicke des Schmelzefilms an einer Zylinderwand gleich ist wie die am Bohrgrund, lässt sich eine Beziehung zwischen u_s und u bzw. v gewinnen. Mit (4.31) ist damit ein Zusammenhang zwischen der Abmessung der WWZ (die dem Brennfleck gleichgesetzt wurde) und der absorbierten Intensität entsprechend

$$d_f \propto (AI)^{-3/2} \tag{4.35}$$

hergestellt. Daraus folgende Schwellwerte von *AI,* die zu einer Tröpfchenablösung führen, sind in Bild 4.187 verdeutlicht.

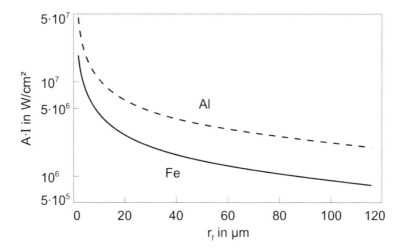

Bild 4.187 Erforderliche absorbierte Intensität um den Schmelzefilm durch den entsprechenden Druckaufbau auf Geschwindigkeiten zu beschleunigen, die eine Tröpfchenablösung ermöglichen; r_f entspricht der radialen Erstreckung der WWZ.

Nach dem Kolbenmodell in [66] berechnete Geschwindigkeiten der Schmelze, wo in der Energiebilanz Verdampfungs- und Schmelzabtrag berücksichtigt sind, siehe Bild 4.188, zeigen bezüglich des Schwellwerts für die Tropfenablösung keine allzu schlechte Übereinstimmung mit den in Bild 4.187 wiedergegebenen Daten. Man erkennt ferner, dass bei absorbierten Intensitäten oberhalb von 10^7 W/cm² der Ablationsdruck zu weit höheren Geschwindigkeiten u_s führt, als sie für die Überwindung der Oberflächenspannung erforderlich wären. Dass so hohe Werte von einigen 10 m/s am Rande der WWZ realistisch sind, bestätigen die Bild 4.172 re zugrunde liegenden experimentellen Befunde [250]. Bei der eingestrahlten Intensität von $1{,}4 \times 10^8$ W/cm² lässt sich aus der nach 0,5 ms entstandenen Struktur auf eine Geschwindigkeit von 50 m/s schließen, was nach einer Abschätzung mittels der Bernoulligleichung

$$\Delta p = \rho \cdot v_s^2 / 2 \tag{4.36}$$

einen Überdruck von rund 100 bar erfordert.

Eine gute Vorstellung vom zeitlichen Verlauf der Schmelzeströmung in der WWZ und dem Entstehen eines Grats vermitteln Simulationsergebnisse in [66], Bild 4.189 zeigt die Veränderung der Oberfläche. Aufgrund der Wärmeleitung wächst die Filmdicke nach Ende des Pulses noch an. Die Schmelze fließt infolge des ihr innewohnenden Impulses selbst nach mehr als 200 ns radial nach außen. Ihre kurz nach Pulsende erreichte Maximalgeschwindigkeit beträgt rund 60 m/s. Dieser Wert liegt damit in der gleichen Größenordnung wie die nach einem stationären Kolbenmodell berechnete (siehe Bild 4.188), die bereits oben erwähnte aus einem Experiment abgeleitete [250] und die aus einer direkten Geschwindigkeitsmessung eines aus der WWZ (in diesem Falle einer Bohrung) fliegenden Tröpfchens sich ergebende [263]. Des Weiteren wird dort beobachtet, dass ein Krater als Folge der Akkumulation von Schmelze entsteht, die bereits zu Beginn des Bohrprozesses den oberen Rand erreicht.

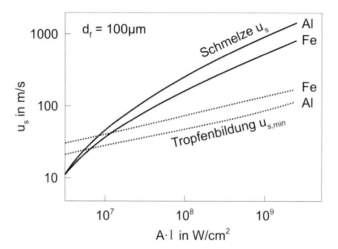

Bild 4.188 Nach einem Kolbenmodell berechnete Geschwindigkeit der Schmelze u_s sowie für die Tropfchenablösung erforderliche Mindestwerte nach (4.34).

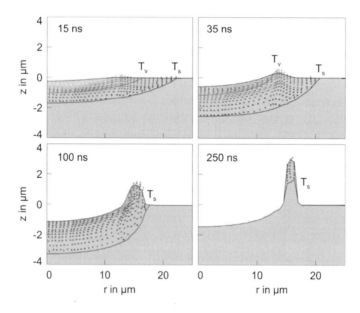

Bild 4.189 Zeitliche Entwicklung der Vorgänge in der WWZ (Al) nach Bestrahlung mit $\tau = 13$ ns, $d_f = 40$ μm, $Q = 17$ μJ.

Mit diesen Ausführungen sei gleichzeitig auf ein gravierendes Problem in realen Abtragsprozessen hingewiesen, bei denen ein nennenswerter Schmelzefluss auftritt. Bei Sacklochbohrungen kann er nur entgegen der Abtragsrichtung von statten gehen, was (neben einer Kraterbildung) Schmelzeablagerungen an der Bohrwand zur Folge hat. Diese sind je nach Tiefe, d.h. je nach Entfernung vom Ort ihrer Beschleunigung, von unterschiedlicher Dicke und können zum Teil erhebliche Beeinträchtigungen der Geometrie nach sich ziehen. Bei Verfahren, wo die Schmelze während der gesamten Prozessdauer auch lateral, d.h. senkrecht zur Laserstrahlachse abströmen kann, z. B. beim Wendelbohren oder einer Oberflächen-strukturierung, werden solche Auswirkungen weniger ins Gewicht fallen.

Abtragseffizienz

Abschließend sei ein kurzer Blick auf die Energieumsetzung geworfen. Dazu ging bereits aus Bild 4.181 hervor, dass - im Detail abhängig von den thermophysikalischen Stoffwerten – ein Abtrag in nur schmelzflüssigem Zustand eine Größenordnung effizienter sein kann als im dampfförmigen. In der Realität werden sich die Effizienzen zwischen den beiden Extremwerten bewegen und zwar geprägt von der absorbierten Intensität. Dazu zeigt Bild 4.190 zunächst nach dem schon erwähnten Kolbenmodell berechnete (massenspezifische) Abtragsraten, deren Summe näherungsweise mit $I^{4/3}$ ansteigt. Die entspricht im untersuchten Bereich monoton mit I ansteigenden Geschwindigkeiten $v \propto I^{3/2}$ von 1 bis 100 m/s. Man erkennt jedoch, dass die Raten mit wachsender Intensität sich der Proportionalität $\dot{m}/F \propto I$ bzw. $v \propto I$ annähern, wie es für reine Verdampfung der Fall ist. Der sich aus den Daten von Bild 4.190 ergebende energiespezifische Volumenabtrag ist in Bild 4.191 dargestellt. Sein intensitätsabhängiger Verlauf ist durch die erwähnten Abhängigkeiten bestimmt und folgt im betrachteten Intensitätsbereich der Funktion $V_E \propto I^{1/3}$. Zu erkennen ist hier zudem die Tendenz, wonach bei überwiegendem Verdampfungsanteil, also $I \rightarrow \infty$, ein nur mehr von den Stoffeigenschaften

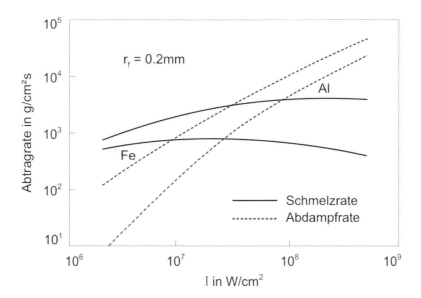

Bild 4.190 Nach dem Kolbenmodell berechnete Abtragsraten für Aluminium und Eisen in Abhängigkeit von der eingestrahlten Intensität, $\lambda = 1,06\ \mu m$.

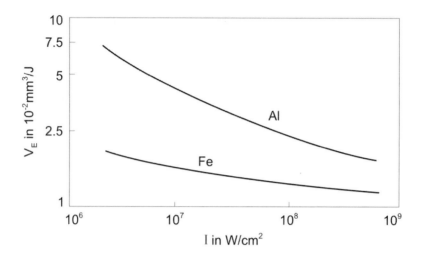

Bild 4.191 Aus den Daten von Bild 4.190 folgendes energiespezifisches Volumen V_E.

abhängiger Wert angenähert wird, d.h. $V_E \neq f(I)$. Der Vergleich dieser Kurvenverläufe mit jenen der Schmelzefilmdicke in Bild 4.185 verdeutlicht in qualitativer Weise den eingangs geschilderten Zielkonflikt zwischen hohem Wirkungsgrad (bedarf eher niedriger Intensitäten) und hoher Präzision (wofür geringe Schmelzefilmdicken stehen, die hohe Intensitätswerte erfordern).

4.4.1.3 Den Abtrag modifizierende Einflüsse

Die Abschätzungen/Berechnungen im vorstehenden Abschnitt dürfen nur als grobe Näherungen verstanden werden, weil mit den ihnen zugrunde liegenden Vereinfachungen zahlreiche der in Kapitel 3 diskutierten Wechselwirkungsmechanismen keine Berücksichtigung finden. Auf einige von ihnen, die in der Realität sowohl über die Modifizierung der Strahleigenschaften wie auch über die der Energieeinkopplung das Prozessgeschehen beeinflussen, sei hier in qualitativer Diskussion eingegangen.

Umgebungsatmosphäre/Plasma

Die Elektronendichte eines Plasmas und damit auch sein Absorptionskoeffizient hängen entsprechend (3.60), (3.61) und (3.63) nebst von der Temperatur auch von der Gasdichte, d.h. dem *Umgebungsdruck* sowie von der *Gasart* ab. Entwickelt sich bei gepulster Bestrahlung eine LSA-Welle, so ist deren Form, Ausbreitungsverhalten und von ihr erfasster Raum in seinen thermodynamischen Eigenschaften ebenfalls durch diese beiden Parameter geprägt. Insbesondere gilt dies für die Werte der Elektronendichte und deren räumliche Verteilung, was in Bild 4.192 und Bild 4.193 [104] veranschaulicht wird. So kommt es bei Verwendung des leichteren und eine höhere Ionisationsenergie im Vergleich zu Argon aufweisenden Heliums zu keiner Ionisation hinter der Stoßfront (hier entwickelt sich also eine klassische gasdynamische Stoßwelle), während in Argon bei den gleichen Prozessparametern eine LSA-Welle auftritt. Die Reduzierung des Drucks in Argon auf 0,1 bar führt nicht nur zu einer höheren

Ausbreitungsgeschwindigkeit, sondern zeigt auch eine Elektronendichteverteilung, die weniger vom Geschehen oberhalb des Werkstücks und in seiner unmittelbaren Umgebung, als vom abströmenden Materialdampf geprägt ist. Das beim niedrigeren Druck erleichterte Abströmen des ablatierten Materials trägt zudem zu einer Erhöhung der Abtragsrate bei, siehe dazu auch Bild 4.218. Bezüglich der Relevanz von sich in der Dampfwolke bildenden Clustern und ihres – auch wellenlängenabhängigen! – Einflusses auf den Laserstrahl sei auf [90], [104] verwiesen.

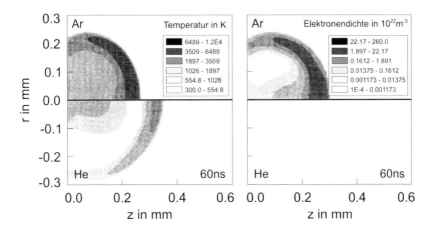

Bild 4.192 Einfluss des Umgebungsgases bei 1 bar auf die Temperatur- und Elektronendichteverteilung in der LSA-Welle 60 ns nach Pulsbeginn; die Pulsdauer von 20 ns führt zu einer Oberflächentemperatur von 10'000 K, Al, $\lambda = 248$ nm.

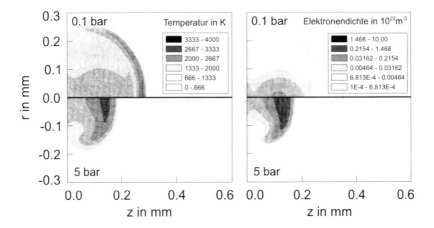

Bild 4.193 Einfluss des Umgebungsdruckes (N_2) auf die Temperatur- und Elektronendichte; Daten wie in Bild 4.192.

Infolge von Rekombinationsvorgängen während der Ausbreitung der laserinduzierten Stoß-welle/„Plasmawolke" sinkt die Elektronendichte und der Einfluss der von ihr hervorgerufenen Wechselwirkungen mit dem Laserstrahl ebenso. Die Lebensdauer der Elektronen in der Grö-ßenordnung (bei Umgebungsdruck von $p_\infty = 1$ bar) von einigen 100 ns ist maßgebend für die Repetitionsrate gepulster Bestrahlung, wenn die einzelnen Pulse jeweils eine identischen „Umgebungsatmosphäre" vorfinden sollen. Der Lebenszyklus eines an einer Stahloberfläche bei $I \approx 10^9$ W/cm² und $\tau = 100$ ns entstandenen Plasmas ist in Bild 4.194 wiedergegeben [264]. Wie lange ein Laserpuls mit dem von ihm erzeugten Plasma wechselwirkt, hängt von der Entstehungszeit des Plasmas, insbesondere bei kurzen Pulsen, und von der Pulsdauer ab.

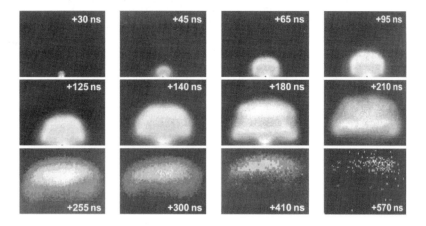

Bild 4.194 Zeitliche Entwicklung einer LSA-Welle an Stahl nach Bestrahlung mit 150 µJ und 100 ns, $\lambda = 1,06$ µm, nach [264].

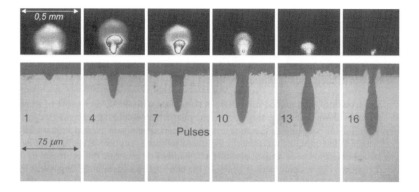

Bild 4.195 Mit der Bohrtiefe sich verändernde Plasmaströmung oberhalb der Werkstückoberfläche. Im dazu gehörenden unteren Teilbild ist die nach mehreren Pulsen aufgetretene Schmelzeablagerung an der Bohrwand und die Entstehung eines Kraters zu erkennen; Daten wie Bild 4.194, nach [264].

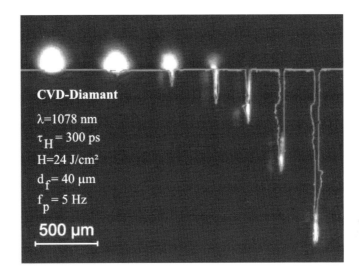

Bild 4.196 Von der Abtragsgeometrie geprägte Ausbildungsorte und Erscheinungsformen von Plasmen, nach [265].

Mit steigender Abtragstiefe verändern sich die geometrischen Entstehungs- und Abströmbedingungen für das Plasma. Seine mit wachsender Struktur-/Bohrungstiefe im Vergleich zu Verhältnissen bei einer praktisch (noch) ebenen WWZ zunehmend gerichteter werdende Form geht aus Bild 4.195 hervor. Der Wechsel von einer nahezu sphärischen LSA-Welle zu einem einer Abströmung aus einer Düse nicht unähnlichen Erscheinungsbild wird durch die dazu gehörenden Querschliffe des entstehenden Bohrlochs verdeutlicht [264]. Einblick in den Ort der Plasmaentstehung bzw. seines Wechselwirkungsbereichs liefern Aufnahmen des Abtragsfortschritts in transparenten Materialien, siehe Bild 4.196 [265]. Diese Bildsequenz weist anschaulich auf die auch von der Abtragsgeometrie wesentlich geprägten Auswirkungen des Plasmas hin: während bei flachen Strukturen ein abschirmender Effekt (Absorption und Strahldeformation) dominiert, wird im Bohrloch eine „Umverteilung" der Laserstrahlenergie dergestalt erfolgen, dass ein Teil des absorbierten Betrags durch Wärmeleitung an die Wandung abgeführt wird – ähnlich den Vorgängen bei der Kapillarausbildung des Tiefschweißens mit CO_2-Lasern. Wird vorausgesetzt, dass die oberhalb der Werkstückoberfläche beobachtbare Stoßwelle ihren Antrieb vom am Bohrgrund entstehende Materialdampfplasma erfährt, so lässt sich zwischen deren Ausdehnung und der Bohrtiefe eine Korrelation herstellen, die bei den in [266] beschriebenen Untersuchungen für $\tau = 10$ ps eine Ermittlung der Tiefe erlaubt.

Auf die Existenz einer Art von partikelinduziertem (optischem Durchbruchs-) Plasma bei Pulsdauern im Bereich von 0,1 bis 100 ps wird in [42] hingewiesen. Die beobachtete Reduktion der Ablationsrate wird mit der Auswirkung eines als Folge der Laserstrahlabsorption an Mikropartikeln entstehenden Plasmas gedeutet. Mit optischen Diagnostikverfahren gelange es nunmehr den Autoren, diese weniger als 1 µm großen, vom vorangegangenen Puls stammenden Teilchen wie auch das an ihnen entsehende Plasma nachzuweisen [267]. Eine Absenkung des Umgebungsdrucks auf etwa 1 mbar erbrachte eine Steigerung des Abtrags um mehr als

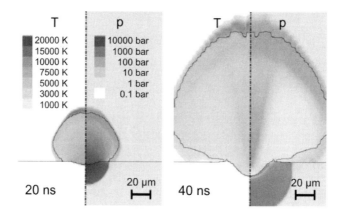

Bild 4.197 Zeitliche Entwicklung von Temperatur und Druck im Werkstück und in der LSA-Welle darüber; $Q = 0{,}2$ mJ, $\tau = 17$ ns, $d_f = 40$ μm, Al.

eine Größenordnung, weil die Teilchen nunmehr leichter abströmen konnten. Diese Maßnahme erwies sich insbesondere bei hohen Energiedichten von Vorteil.

Ein reduzierter Umgebungsdruck begünstigt also nicht nur den Ablationsprozess selbst, sondern er mindert auch die Gefahr eines Durchbruchs bereits oberhalb der Werkstückoberfläche bei ultrakurzen Pulsen. Mit dem in Abschnitt 2.4.2.2 beschriebenen aerodynamischen Fenster ist ein solcher lokal an der Bearbeitungsstelle erzeugbar, so dass eine Ein- und Ausschleusung des Werkstücks in eine Vakuumkammer nicht erforderlich ist.

Die Diskussion der Wirkung von Plasmen bzw. von LSA-Wellen sei mit dem Hinweis abgeschlossen, dass die hohen Drücke in der Ablationszone Stoßwellen auch im Werkstück verursachen. Bild 4.197 illustriert diesen Sachverhalt, wo im gezeigten Beispiel einer Pulsenergie von 0,2 mJ die in den Festkörper laufende Druckwelle eine Amplitude von rund 20 kbar (vergleiche dazu Bild 3.54) und eine Anfangsgeschwindigkeit von 2000 m/s aufweist. Dass unter solchen Umständen auch mechanische Ablationsprozesse auftreten können, wird in der Literatur diskutiert, sei aber hier nicht weiter vertieft.

Geometriebedingte Einflüsse

Wie im vorangegangenen Abschnitt gezeigt wurde, sind die Auswirkungen des Plasmas auf die Energieeinkopplung im Zusammenhang mit den geometrischen Verhältnissen der WWZ zu betrachten. Im Folgenden soll auf den geometrieabhängigen Einfluss der Fresnelabsorption eingegangen werden.

Da den meisten theoretischen Ablationsmodellen eine (annähernd) ebene WWZ zugrunde gelegt ist, spielen die bei nicht senkrechtem Strahleinfall auftretenden Reflexionen und Polarisationseffekte darin keine Rolle. Bei für Excimerlaser typischen Verhältnissen zeigen indes experimentelle [96] wie theoretische [104] Untersuchungen, dass der genannte Effekt durchaus zu beachten ist. In Bild 4.198 werden Abtragsprofile einander gegenübergestellt, die ohne und mit Berücksichtigung von Reflexionen an der Wand und am Grund berechnet wurden. Dabei sind Unterschiede sowohl bezüglich der sich einstellenden Form wie der Abtrags-

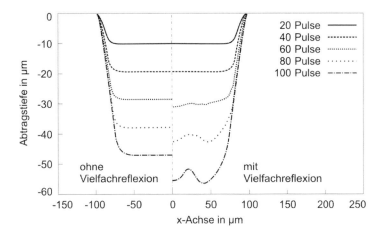

Bild 4.198 Abtragsprofil ohne (li) und mit (re) Berücksichtigung von Mehrfachreflexionen; Cu, $\lambda = 248$ nm, 10 J/cm², $d_f = 0{,}2$ mm.

geschwindigkeit festzustellen. Die Aufnahmen realer Geometrien in Bild 4.199 lassen den „W"-förmigen Boden gut erkennen [268]. Mehrfachreflexionen können also sowohl die Effizienz wie die Qualität des Prozesses beeinträchtigen.

Ein Polarisationseinfluss ist nur dann unmittelbar als solcher zu identifizieren, wenn er nicht durch konduktive Energieübertragung von einem Plasma an die Strukturwand überlagert wird – ebenfalls analog zu den Verhältnissen beim Tiefschweißen. Die in Bild 4.200 gezeigten unterschiedlichen Geometrien der Austrittsöffnung von Bohrungen stellen ein eindeutiges Indiz für die Auswirkung der Polarisation beim Schrägeinfall an der Bohrwandung dar: während im linken Beispiel die Ebene der Polarisation ortsfest gehalten war, wurde sie im rechten während des Bohrvorgangs rotiert [269]. In [35] wurde gezeigt, dass mit zirkularer Polarisation diese typische Deformation des Bohraustritts ebenfalls vermieden werden kann, die Riefenstruktur jedoch nicht.

 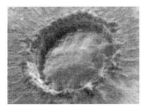

Bild 4.199 Abtragsgeometrie in Al_2O_3 (li) und in Kupfer (re); $\lambda = 248$ nm, 16 J/cm², $d_f = 0{,}2$ mm.

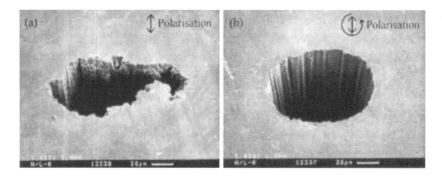

Bild 4.200 Auswirkung einer linearen Polarisation auf die Austrittsöffnung einer Bohrung (li). Wird mit Hilfe einer Trepanier-Technik die Polarisationsebene während des Bohrprozesses gedreht, so ergibt sich eine runde Öffnung; Stahl, $s = 1$ mm, $\lambda = 780$ nm , $\tau = 150$ fs, nach [269].

4.4.2 Bohren

Aus fertigungstechnischer Hinsicht bietet sich das Laserstrahlbohren überall dort an, wo spanendes Bohren auf Schwierigkeiten oder Grenzen trifft. Werkstoffspezifisch sind solche z. B. bei Keramiken, Diamant oder gehärteten Stählen (die mit einem Spiralbohrer nur *vor* der Härtung bearbeitbar sind) zu erwarten. Geometriebedingte Vorteile ergeben sich z. B. aus dem Umstand, dass mit dem Laserstrahl Bohrungen auch schräg zur Werkstückoberfläche bis zu etwa 20° realisiert werden können. Weiterhin sind mit modernen (Ultra-) Kurzpulslasern Bohrungsgeometrien (z. B. Düsen für die Kraftstoffeinspritzung) erzielbar, die – was die Kleinheit der Durchmesser und dabei einzuhaltenden Toleranzen betrifft – mit keinem mechanischen/elektrochemischen Werkzeug darstellbar sind. Es gelten jedoch auch hier die in

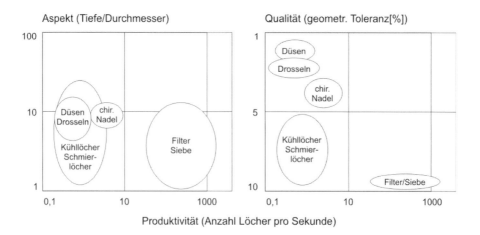

Bild 4.201 Überblick der Anforderungen an die Eigenschaften von Bohrungen für verschiedene Anwendungen und dabei geforderte Produktivität, nach [270].

Bild 1.7 skizzierten generellen Erwägungen für (oder wider) einen Einsatz des Lasers.

Einen Überblick möglicher Anwendungen bzw. Märkte bietet Bild 4.201 [270], [271]. Die von den einzelnen Feldern eingeschlossenen Geometrie-, Qualitäts- und Produktivitätsmerkmale mögen als Orientierung für Anforderungen an Bohrungen in Edelstahl dienen. Unter dem Begriff „Qualität" subsummieren sich im einzelnen Merkmale wie die Rundheit, Konzentrizität, Reproduzierbarkeit, Schmelzefilmablagerungen, Kraterbildung und metallurgische Veränderungen des Materials (oder das Entstehen von Mikrorissen bei Keramiken). Den jeweiligen Anforderungen ist mit geeigneter Wahl der Prozessparameter und der Verfahrensstrategien zu begegnen.

Vergleichbar spanenden Verfahren, wo man je nach primärer Zielsetzung einer großen Zerspanrate oder einer hohen Oberflächenqualität zwischen Schruppen und Schlichten unterscheidet, bieten sich auch beim Laserstrahlbohren entsprechende Prozessgestaltungen an. Hier ist die während des einzelnen Pulses in das Werkstück eingekoppelte Energie die primär entscheidende Größe, welche das bearbeitete Volumen bestimmt. Da (lasertechnisch bedingt) ein hoher Energieeintrag mit einer (relativ) langen Pulsdauer einhergeht, ist die gleichzeitige Herabsetzung von Pulsenergie und Pulsdauer (damit die erforderlichen *Leistungsdichten* sichergestellt sind) der nahe liegendste Schritt zur Qualitätssteigerung. Der zweite, damit generell einhergehende, betrifft den Einsatz einer adäquaten Prozessgestaltung, siehe Bild 4.202. Bei den im Folgenden beschriebenen Verfahren

- Einzelpulsbohren
- Perkussionsbohren
- Trepanierbohren und
- Wendelbohren

geschehen Energieeinkopplung, Entfernung des ablatierten Materials und dessen Wechselwirkung mit dem Laserstrahl auf im Detail unterschiedliche Weise. In der Reihenfolge der aufgezählten Techniken sinkt die während des einzelnen Pulses eingebrachte Energie und damit abgetragene Masse. Entsprechend steigen die Genauigkeit der geometrischen Form, die Oberflächenqualität und die Reproduzierbarkeit. Aus Wirtschaftlichkeitsaspekten ist anzustreben, dabei die Pulsrepetitionsrate zu erhöhen.

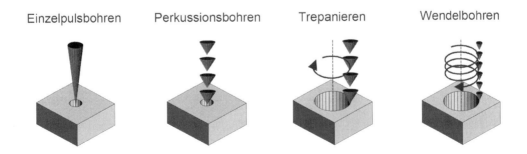

Bild 4.202 Schematische Darstellung der verschiedenen Bohrverfahren.

4.4.2.1 Einzelpulsbohren

Phänomenologie

Charakteristisch hierfür sind Pulsdauern im Bereich von mehreren 10 µs bis zu 1 ms mit einem vom Lasersystem bedingten frei laufenden oder modulierten Leistungsverlauf. Neben dem Einfluss der zeitlichen und räumlichen Intensitätsverteilung auf den Bohrprozess und die erzeugte Bohrlochgeometrie ist der Werkstoff – gerade bei dieser Methode – ebenfalls von Bedeutung für das Prozessergebnis.

Als Folge unterschiedlicher optischer wie thermophysikalischer Materialeigenschaften tragen die einzelnen für die Energieeinkopplung und Ablation relevanten Mechanismen mit verschiedenem Gewicht zum integralen Prozessgeschehen bei. Des weiteren ist zwischen Sackloch- und Durchgangsbohrungen zu unterscheiden, da im ersten Falle der Materialaustrieb nur entgegen der Bohrrichtung erfolgen kann, während er im zweiten – gegen Ende des Bohrvorgangs – auch zum Austritt hin stattfindet (ähnliches gilt beim Perkussionsbohren).

Ein Vergleich der Bohrgeometrien in drei verschiedenen Materialien, aber mit ansonsten gleichen Prozessparametern erzeugt, verdeutlicht in Bild 4.203 [272] die Auswirkung von Stoffeigenschaften. Während die Bohrtiefe in allen Fällen mit der Energie (die bei der hier

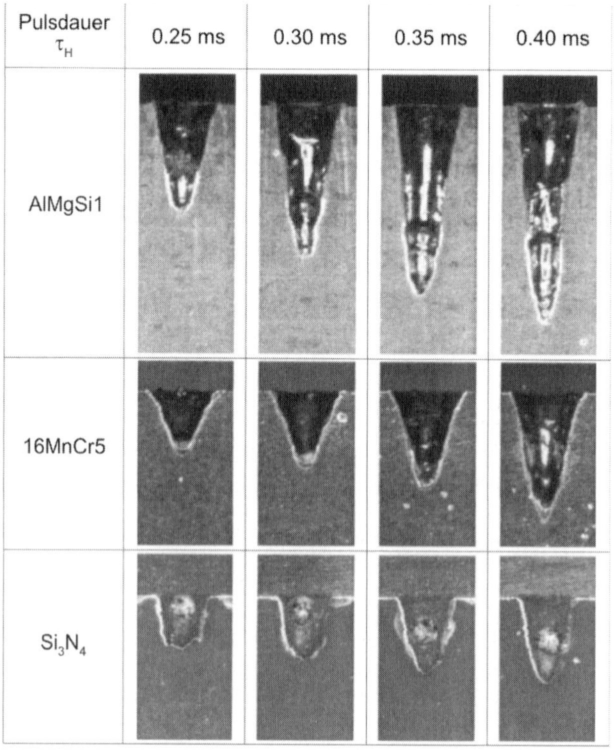

Bild 4.203 Bohrungsgeometrie in unterschiedlichen Werkstoffen in Abhängigkeit von der Pulsdauer; $P \approx 12$ kW, nach [272].

konstant gehaltenen Pulsleistung mit der Pulsdauer wächst) ansteigt, unterscheiden sich ihre absoluten Werte erheblich. Am geringsten ist sie bei der sublimierenden Keramik, wo man aber – insbesondere bei kurzen Bestrahldauern – die im Experiment benutzte homogene Intensitätsverteilung des Laserstrahls in der Bohrgeometrie wieder findet. Bei den Metallen hingegen ist ein Einfluss der an der Wand erfolgenden Reflexionen auch schon zu einem früheren Zeitpunkt zu erkennen. Betrachtet man das Volumen der Bohrlöcher als effektive Abtragsrate, so ist diese für Aluminium etwa doppelt so groß wie für Stahl. Bei den eingestrahlten Intensitäten von einigen 10^7 W/cm² würde vergleichend aus Bild 4.190 ein Verhältnis von etwa drei folgen. Da der Schmelzeanteil in Aluminium den in Eisen um mehr als eine Größenordnung überwiegt und in dem Bild 4.190 zugrunde liegenden Kolbenmodell eine Schmelzeverdrängung nur am Bohrgrund (und nicht an der Seitenwand!) berücksichtigt ist, dürfen die mit solch einem einfachen Modell gewonnenen Ergebnisse als die realen Verhältnisse einigermassen richtig wiedergebende qualitative Abschätzungen verstanden werden.

Prozessmerkmale

Im Hinblick auf den industriellen Einsatz interessieren vor allem die Zeit, die bei festgelegten Laserstrahlparametern für eine bestimmte Bohrtiefe benötigt wird, sowie die dabei sich ergebenden geometrischen Verhältnisse. *Mittlere* Bohrgeschwindigkeiten lassen sich aus der Durchbohrzeit verschieden dicker Materialien ableiten, siehe Bild 4.204 [273]. Sie zeigen nicht nur den aus theoretischen Abschätzungen erwarteten Anstieg mit der Intensität, sondern liegen in ihren Werten auch im Größenordnungsbereich der Daten von Bild 4.190. Allerdings macht sich bei hohen Intensitätswerten der (dort nicht berücksichtigte) Einfluss des Plasmas bemerkbar und zwar abhängig von der konkret gegebenen Geometrie, die hier durch den Fokusdurchmesser und die Materialdicke gekennzeichnet ist. Wie Bild 4.205 zeigt, tritt „Sättigungsverhalten" der Bohrgeschwindigkeit auch bei anderen Metallen mit werkstoffspezifischen Unterschieden auf [274].

Im Zusammenhang mit den Parametern und Einflüssen in Bild 4.204 stehende Werte von Ein- und Austrittsdurchmesser sind in Bild 4.206 und Bild 4.207 wiedergegeben. Man erkennt, dass stets $d_E > d_f$ ist sowie eine Zunahme des Eintrittsdurchmessers mit steigender Energie und Bohrlochtiefe. Während die Energieabhängigkeit als unmittelbare Auswirkung eines vorhandenen Plasmas gedeutet werden kann, ist der Einfluss der Materialdicke nicht so direkt zu durchschauen. Nach [274] bleibt im Dickenbereich $s < d_f$ der Bohrungsdurchmesser zunächst im Bereich des Strahldurchmessers, nimmt dann aber mit steigender Tiefe aufgrund von im Metalldampfplasma gestreuter Strahlung zu, weil die Bohrwandung dadurch weiter aufschmilzt. Schon allein da die Zeitdauer der Wärmeeinwirkung des Plasmas auf die Wand mit wachsender Blechdicke zunimmt (die Wechselwirkungszeit im oberen Lochbereich wird länger), erscheint es plausibel, auch diesen „Tiefeneffekt" auf die Existenz eines Plasmas zurückzuführen. Dafür spricht ferner, dass Bohrungen beim halben Wert der Bild 4.206 und Bild 4.207 zugrunde liegenden Intensitäten in [273] sowie einer vergleichbar niedrigen in [275] einen von der Bohrlochtiefe unabhängigen Eintrittsdurchmesser zeigen. Bei tendenziell gleicher Abhängigkeit von der Energie wie der Eintrittsdurchmesser ist der Austrittsdurchmesser deutlich kleiner als der auf der Werkstückoberseite und mit zunehmender Tiefe auch kleiner als der des (frei propagierenden) Strahls. Bei geringer werdender Intensität reicht schließlich die Energiedeposition nicht mehr aus, um den Ablationsvorgang aufrecht zu erhalten.

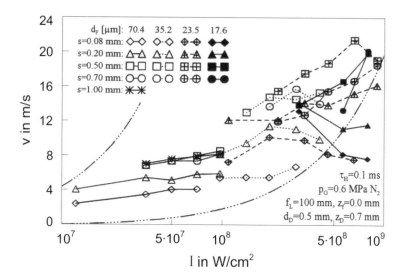

Bild 4.204 Mittlere Bohrgeschwindigkeit in Edelstahl in Abhängigkeit der Intensität, des Brennfleckdurchmessers d_f und der Materialdicke s, nach [273]. Die beiden strichpunktierten Kurven geben die Bohrgeschwindigkeit nach (4.31) für die Fälle wieder, wenn das gesamte Material als Schmelze (linke obere) beziehungsweise als Dampf (rechte untere) entfernt würde.

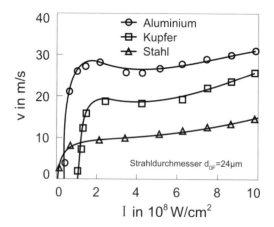

Bild 4.205 Mittlere Bohrgeschwindigkeit in Abhängigkeit von Intensität und Werkstoff, nach [274].

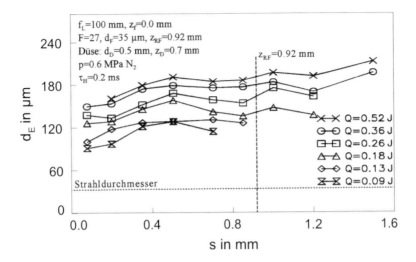

Bild 4.206 Eintrittsdurchmesser in Abhängigkeit von der Materialdicke und der Pulsenergie bei τ = 0,2 ms, nach [273].

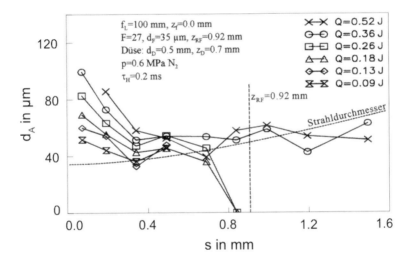

Bild 4.207 Den Daten in Bild 4.206 entsprechende Werte des Austrittsdurchmessers, nach [273].

Bohrgeschwindigkeit wie -geometrie werden zudem von der Fokuslage beeinflusst, was aus Bild 4.208 und Bild 4.209 hervor geht. Grund dafür sind unterschiedliche Einkoppelbedingungen, die vor allem die Reflexionsverhältnisse für die Fresnelabsorption an der Wand verändern. So tritt eine Fokuslagenverschiebung bei festgehaltener Fokusgeometrie am deutlichsten bei der größten Blechdicke in Erscheinung. In Übereinstimmung dazu erweisen sich diese Effekte bei einer schlankeren Strahlkaustik als nicht so ausgeprägt [274].

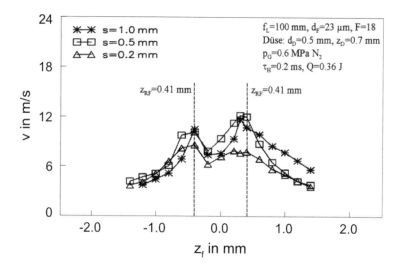

Bild 4.208 Mittlere Bohrgeschwindigkeit in Abhängigkeit von Fokuslage und Materialdicke, nach [273].

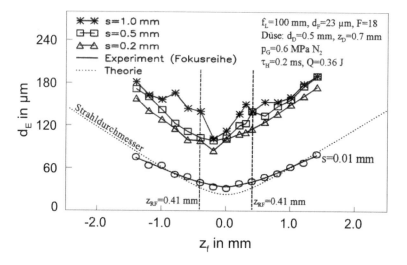

Bild 4.209 Eintrittsdurchmesser in Abhängigkeit von der Fokuslage und der Materialdicke, nach [273].

Verbesserungspotentiale

Qualitätsverbesserungen ergeben sich beim Einzelpulsbohren u.a. aus Maßnahmen, welche die Eigenschaften des Laserstrahls selbst betreffen. So erbringt ein Wechsel von lampen- zu diodengepumpten Systemen [276] oder eine Homogenisierung des Strahls [270] deutliche Verbesserungen der Reproduzierbarkeit. Das gleiche wird durch den „glättenden" Einfluss einer Faserübertragung erreicht, wobei zudem die Rundheit wächst [270].

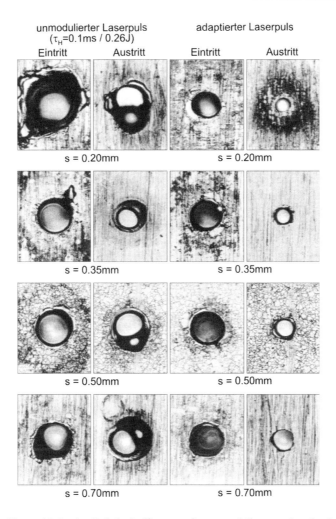

Bild 4.210 Die Unterschiede der Bohrlochöffnungen für unmodulierte und „adaptierte" Laserpulse lassen die erheblichen Qualitätsverbesserungen erkennen, die mit einer Pulsformung möglich sind, nach [273].

Mit einer „adaptierten" Pulslänge [273], d.h. mit Hilfe einer an die Blechdicke angepassten Dauer des Pulses, lassen sich nicht nur Bohrungen mit kleineren Durchmessern (bei $d_f =$ const), sondern auch mit geringeren Schmelzeablagerungen erzielen, was Bild 4.210 zeigt. Die Volumenabtragsrate, siehe Bild 4.211, ändert sich dabei nur unwesentlich im Vergleich zu der mit unmodulierten, gleichlang bleibenden Pulsen. Damit zusammenhängend ergibt sich ein weiterer positiver Aspekt, nämlich dass weniger Laserleistung ungenutzt austritt. Auch dieser Umstand kann als Qualitätsmerkmal gelten, weil dadurch die Gefahr der Beschädigung einer gegebenenfalls darunter liegenden Wand bzw. der Aufwand, dieses zu verhindern (mittels so genannter „Backing"-Verfahren), geringer wird. Die lineare Zunahme von $\dot{V}$ mit der Materialdicke bei „angepassten" Pulsen kann als Indiz dafür gedeutet werden,

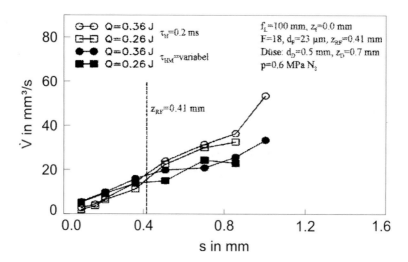

Bild 4.211 Die Volumenabtragsrate $\dot{V}$ wächst nahezu linear mit der Wandstärke bei adaptierten Pulsen, nach [273].

dass die Flächenabtragsrate (die aus allen Modellrechnungen hervorgeht) konstant bleibt. Daraus ist zu schliessen, dass die Einwirkung des Laserstrahls hier im wesentlichen am Bohrgrund stattfindet.

Eine deutliche Reduzierung der Konizität ist durch einen mit 20 bis 100 kHz modulierten Pulszug zu erreichen [270].

Ergebnisse und Anwendungsgebiete

Für das Einzelpulsbohren sind Durchmesser im Bereich von 0,02 bis 1 mm und Tiefen von mehreren mm typisch. Die dabei realisierten Aspektverhältnisse reichen bis zu etwa 20:1 bei Durchgangs- und etwas darunter bei Sacklochbohrungen. Bestimmend für die Produktivität ist hier die Pulsrepetitionsrate des Lasers, welche die je Sekunde maximal herstellbaren Löcher festlegt. In einer so genannten „fliegenden" Bearbeitung, bei der das Werkstück mit hoher Geschwindigkeit senkrecht zum Laserstrahl bewegt wird, können so mehrere hundert Bohrungen sekundlich hergestellt werden. Ein Beispiel für dieses Produktionsverfahren sind Siebfilter für Dieseleinspritzeinheiten. Weitere Anwendungen stellen in einer Reihe hintereinander eingebrachte Sacklochbohrungen dar, die als „Sollbruchstellen" beim Ritzen von Keramikplatten oder dem Brechen von Pleueln dienen. Exemplarisch sei eine mit einem zeitlich modulierten Puls erzeugte Sacklochbohrung in einer Chirurgienadel in Bild 4.212 gezeigt. In bis zu 6 Nadeln/s lassen sich Bohrungen mit Durchmessern von 0,05 bis 0,7 mm bei Aspektverhältnissen von 4 bis 8 und hoher Qualität einbringen.

Produktivitätsbegrenzende Parameter bei der Herstellung von Bohrungen in Bauteilen mit solchen und ähnlichen Funktionsaufgaben sind die Pulsenergie bezüglich des größten und die Strahlqualität bezüglich des kleinsten realisierbaren Austrittsdurchmessers sowie die mittlere Leistung hinsichtlich der Zahl von Bohrungen je Zeiteinheit.

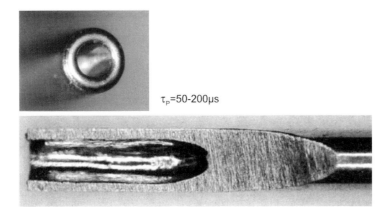

Bild 4.212 Nach dem Einzelpulsverfahren erzeugtes Sackloch in einer Chirurgienadel aus Edelstahl, [Quelle: LASAG].

4.4.2.2 Perkussionsbohren

Merkmal dieses Verfahrens ist das wiederholte Einbringen von Pulsen auf die gleiche Stelle. Als Folge der solcherart „portionierten" Energieumsetzung lassen sich größere Tiefen bei höherem Schlankheitsgrad als mit dem Einzelpulsbohren erzielen. Dieser Sachverhalt ist in Bild 4.213 veranschaulicht, wo zum einen der Zusammenhang zwischen durchbohrbarer Materialstärke und dem Bohrungsdurchmesser – auch unter Einbeziehung von Daten des Wendelbohrens (4.4.2.3) – und zum anderen die zum Einsatz gelangende Pulsenergie gezeigt sind, [277].

Die diesen Daten zugrunde liegenden Laserparameter stellen nur einen Ausschnitt aus einem weitgespannten Bereich dar, der dem Anwender von verschiedenen Lasersystemen heute zur Nutzung verfügbar gemacht ist. Er umfasst Perkussionsfrequenzen von 10 Hz bis 100 kHz bei entsprechenden Pulsdauern von ms bis herab zu 10 ns und Pulsenergien von 10 J bis 0,1 mJ

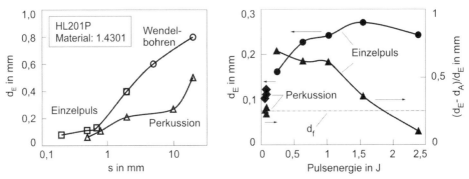

Bild 4.213 Mit verschiedenen Bohrtechniken erzielbare Schachtverhältnisse (li) und Vergleich der typischen Prozessmerkmale von Einzelpuls- und Perkussionsbohren (re), nach [277].

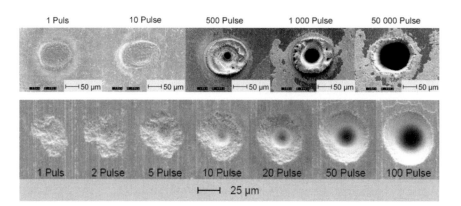

Bild 4.214 Bohrfortschritt beim Perkussionsbohren. Oben: Stahl, $\lambda = 1064$ nm, $\tau = 130$ fs, $H = 330$ J/cm². Unten: Si_3N_4, $\lambda = 1064$ nm, $\tau = 20$ ns, $H = 330$ J/cm², $d_f = 24$ µm.

[278]. Forschungs- und Entwicklungsarbeiten an Kurzpulslasern im ps- bis fs- Bereich sowie parallel dazu laufende Untersuchungen zu den involvierten Prozessmerkmalen und Möglichkeiten der Prozessgestaltung [279], [280] werden zu einer nutzbringenden Erweiterung des verfügbaren Parameterfeldes führen. Wiewohl damit höchste Bearbeitungsqualitäten auch heute schon realisierbar sind, lässt sich die geforderte Wirtschaftlichkeit indessen nur in Einzelfällen erreichen.

Vor diesem Hintergrund sind manche der im Folgenden diskutierten Phänomene nicht nur für das Perkutieren selbst von Bedeutung, sondern – obzwar mit unterschiedlichem Gewicht und verschiedener Ausprägung – auch für das Trepanieren und Wendelbohren sowie „Lasererodieren",[20] alles Verfahren, die ebenfalls auf dem Prinzip des „portionierten" Abtrags beruhen.

Der Beginn des Bohrprozesses an unterschiedlichen Materialien ist in Bild 4.214 veranschaulicht. Zu erkennen ist die mit zunehmender Pulszahl sich verändernde Geometrie der WWZ, wobei die Entstehung eines Schmelzekraters beim metallischen Werkstoff, selbst bei dieser kurzen Pulsdauer, deutlich wird. Mit dem Bohrfortschritt ändern sich die Randbedingungen für die Energieeinkopplung ganz erheblich, siehe Abschnitt 4.4.1.3: Hinsichtlich der Fresnelabsorption findet ein Übergang von senkrechtem Strahleinfall auf eine weitgehend ebene Kreisfläche bei hoher Intensität zu streifendem an der Bohrlochwand mit niedrigerer Intensität statt. Die in der Mitte des Bohrlochgrunds ankommende Leistungsdichte ergibt sich aus dem noch „direkt" dorthin gelangendem und dem an der Wand reflektiertem Anteil. Die Existenz eines Plasmas verändert – je nach Ort seiner Entstehung und der Pulsdauer – den für die Ablation maßgeblichen Wert an dieser Stelle. Mit Bezug auf die Energieeinkopplung kommt neben der Pulsdauer der Wellenlänge eine besondere Bedeutung zu, wobei letztere Größe auch über l_a (vor allem bei Keramiken) Einfluss auf den Ablationsvorgang hat.

---

[20] Mit Lasererodieren wird ein dem Wendelbohren physikalisch vergleichbares Abtragsverfahren bezeichnet, bei dem die Bahn der Laserstrahlachse jedoch keinen Kreis, sondern eine beliebige Kurve auf der Werkstückoberfläche beschreibt.

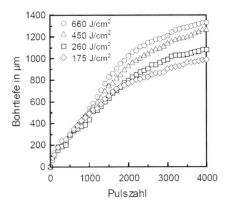

Bild 4.215 Bohrfortschritt beim Perkussionsbohren in Abhängigkeit von der Pulszahl und der Energiedichte; Si_3N_4, $\lambda = 1064$ nm, $\tau = 20$ ns.

Vor diesem und dem Hintergrund des in Abschnitt 4.4.1.3 erörterten Sachverhalts ist es verständlich, dass Messungen des Bohrfortschritts in Abhängigkeit der Pulszahl ein generelles Verhalten aufweisen, wie es in Bild 4.215 am Beispiel einer Keramik und mit der Energiedichte als Parameter gezeigt wird [281]. Typisch ist der zu Beginn steile und fast lineare Anstieg, der sich verlangsamt und schließlich in eine Sättigung übergeht; letzteres bedeutet nichts anderes, als dass eine gewisse Tiefe nicht überschritten werden kann. Ist bei einem bestimmten Parametersatz der Bohrdurchbruch erfolgt, so bedarf es noch einer Vielzahl weiterer Pulse, um dem Bohrloch die gewünschte Geometrie und Qualität zu vermitteln.

Für die Übertragbarkeit von Ergebnissen der Verfahrensentwicklung in die Fertigung stellt der pro Puls erzielbare *Tiefen*abtrag Δz eine wichtige Größe dar. Wie aus Bild 4.215 anschaulich hervorgeht, entspricht er der Neigung ds/dN der Kurven $s(N)$ und ist damit extrem stark abhängig von der Bohrtiefe. Dies gilt es zu beachten, da bei der Bestimmung der *mittleren* Werte stets von einer bestimmten durchbohrten Materialstärke ausgegangen wird und die dafür benötigte Pulszahl N herangezogen wird, d.h. $\Delta \bar{z} = s/N$. So ergäbe sich beispielsweise aus Bild 4.215 beim kleinsten Wert der Energiedichte ein mittlerer Abtrag von etwa 0,5 µm/Puls für $s = 0,5$ mm und von 0,25 µm/Puls, hätte man eine Materialdicke von 1 mm zugrunde gelegt. Solcherart für Stahl ermittelte Werte sind in Bild 4.216 in Abhängigkeit von der Energiedichte und in Bild 4.217 von der Wellenlänge wiedergegeben. Zweifellos ist die Extinktion des Laserstrahls im Bohrloch bei der kürzesten Wellenlänge am geringsten, so dass hier der größte Abtrag stattfindet. Eine ähnliche Wirkung hat, wie schon erwähnt, ein reduzierter Umgebungsdruck, siehe Bild 4.218.

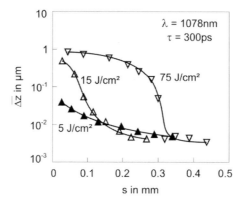

Bild 4.216 Gemessene mittlere Abtragsrate pro Puls, $\overline{\Delta z}$, in Abhängigkeit von der durchbohrten Materialdicke und der Energiedichte: Stahl, $\lambda = 1078$ nm, $\tau = 300$ ps. Mit der Energiedichte von 5 J/cm^2 befindet man sich in der Nähe der Abtragsschwelle.

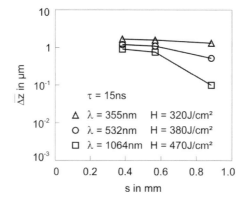

Bild 4.217 Gemessene mittlere Abtragsrate, $\overline{\Delta z}$, in Abhängigkeit von der durchbohrten Materialdicke und der Wellenlänge: Stahl, $\tau = 15$ ns [Quelle: LAMDA Physik].

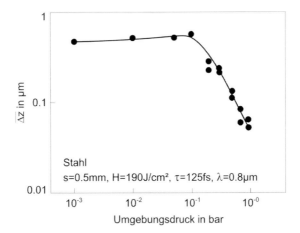

Bild 4.218 Zunahme der mittleren Abtragsrate $\Delta\overline{z}$ durch Reduktion des Umgebungsdrucks von 1 auf 0,1 bar.

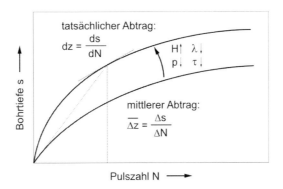

Bild 4.219 Qualitative Zusammenhänge zwischen Materialdicke/Bohrtiefe und der Pulszahl sowie Prozessparametern, die bei der Bestimmung der mittleren Abtragsrate pro Puls zu beachten sind. Nur zu Bohrbeginn, bei kleinen Pulszahlen, entspricht der mittlere Abtrag dem tatsächlichen.

Diese Diskussion kann wie folgt qualitativ zusammengefasst werden, siehe auch Bild 4.219:

- Für den *Tiefen*abtrag ist die am Bohrgrund einkoppelbare Intensität maßgebend. Der Energietransfer vom Laserstrahl direkt an die Wand sowie in das im Bohrloch befindliche „Medium" verringert mit steigender Bohrtiefe die am Boden einge-strahlte Leistungsdichte. Ein Verlauf $s(N)$ mit zunächst grosser Steigung, der für $N\rightarrow\infty$ einem Wert $\mathrm{d}s/\mathrm{d}N\rightarrow0$ (Bohrstopp) zustrebt, *muss* sich einstellen. Der Bohr-stopp erfolgt bei umso größeren Tiefen, je mehr die Prozessparameter einen hohen Intensitätswert noch in der Tiefe ermöglichen.

- Der „Sättigung" der Kurven liegt das Erreichen eines Schwellwerts der Ablation zugrunde.

- Gleiche mittlere Abtragswerte $\Delta\overline{z}$ / *Puls* für unterschiedliche Bohrtiefen bedingen unterschiedliche Energiedichten. Diese Aussage ist gleichbedeutend mit der offensichtlichen Feststellung, dass umso weniger Pulse benötigt werden, je höher die Intensität am Bohrgrund ist.

Den Abtrag bzw. die Bohrtiefe im Zusammenhang mit der Pulszahl zu diskutieren ist auch deshalb sinnvoll, weil diese ein Maß für die benötigte Zeit darstellt und somit (bei entsprechendem Lasersystem mit vorgegebener Repetitionsrate) einen Hinweis auf die zu erwartende Wirtschaftlichkeit gibt.

Während der bislang diskutierte *Tiefen*abtrag primär im Hinblick auf die Bohr*geschwindigkeit* interessiert, ist der *laterale* Abtrag von Bedeutung vor allem für die *Geometrie* der Bohrung und für die Effizienz. Dies sei anhand des Einflusses des Umgebungsdrucks dargestellt. Bild 4.220 (oben) zeigt die erhebliche Zunahme von $\Delta\overline{z}$ / *Puls* bei einer Reduzierung des Umgebungsdrucks von 1 bar auf 100 bis 200 mbar. Gleichzeitig nimmt im dazwischen liegenden Druckbereich der Lochdurchmesser deutlich ab, während die Grathöhe ansteigt. Bei Drücken unterhalb von ca. 100 mbar laufen die Abtragsmechanismen offenkundig unabhängig vom Druck ab, was aus den dann nahezu konstanten Abträgen, Durchmessern und Grathöhen folgt. Bemerkenswert dabei ist, dass der dort auftretende hohe mittlere Abtrag über einen Materialdickenbereich von 0,2 bis 0,8 mm sich gleich bleibend ergibt. Zu verstehen ist dieses Verhalten im Lichte des oben Erörterten: Bei $p < 100$ mbar sind die „effektiven" Elektronendichten des im (und aus dem) Bohrloch expandierenden Plasmas so gering, dass es zu keiner nennenswerten Extinktion der Strahlung kommt, am Bohrgrund eine noch hohe Intensität auftritt und einen entsprechend großen Abtrag bewirkt (dieses Regime würde in Bild 4.219 durch eine Gerade mit großer Steigung bis zu etwa $s \approx 0,8$ mm gekennzeichnet sein). Der Verdampfungsdruck vermag die Schmelze hinreichend zu beschleunigen, so dass (im gezeigten Beispiel von $s \approx 0,5$ mm) ein Grat entsteht. Bei Atmosphärendruck hingegen kann das Plasma aufgrund der höheren Elektronendichte einen Teil der Strahlenergie absorbieren, der dann

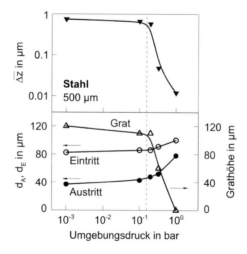

Bild 4.220 Einfluss des Umgebungsdrucks auf den mittleren Abtrag pro Puls $\Delta\overline{z}$ und die Bohrlochgeometrie; $\tau = 300$ ps , $\lambda = 1078$ nm, $H = 80$ J/cm².

zwar unten nicht mehr ankommt, aber vermittels Wärmeleitung an die Wand zu einer Aufwei-tung der Bohrung führt. Zur Bewertung der Prozesseffizienz anhand des energiespezifischen Volumens ist deshalb der Volumenabtrag ΔV/Puls die angemessene Größe. Mit deutlich kür-zeren Pulsen von 10 ps erbringen die Untersuchungen in [280] jedoch ein anderes Bild, dem-zufolge sich keine nennenswerten Geometrieveränderungen einstellen, wenn der Druck von 1000 auf 100 mbar abgesenkt wird. Dies könnte auf die dann deutlich geringere Wechselwir-kung mit einem Plasma zurückzuführen sein.

Wichtige Merkmale hinsichtlich der Implementierung des Prozesses in einen produktions-technischen Ablauf sind die benötigten Zeiten, um den Bohrdurchbruch und die gewünschte Bohrlochgeometrie zu erzielen. Anhand der physikalischen Gegebenheiten (ausgedrückt z. B. in Kennlinien wie in Bild 4.219) legt die zu durchbohrende Materialdicke die dafür benötigte Anzahl der Pulse fest. Zusammen mit der Pulsrepetitionsrate f_P des Lasers folgt daraus die Durchbruchzeit t_B. Eine Vorstellung ihrer Größenordnung für das Durchbohren technisch inte-ressanter Wandstärken mittels Kurzpulslasern soll Bild 4.221 vermitteln. Die diesen Daten zu entnehmende Reduzierung der Bohrdauer mit steigender Repetitionsrate entsprechend $t_B \propto f_P^{-1}$ ist in einem weiten Parameterfeld zu beobachten [280]. Die danach folgende Zeitdauer, während der die Lochgeometrie (Größe wie Verhältnis der Durchmesser) bzw. die Wandtopo-graphie modifiziert werden kann, hängt von den konkreten Anforderungen ab; sie kann bis in die gleiche Größenordnung wie t_B gelangen.

Die Bohrlochform wird – insbesondere bei Pulsdauern im ns- und µs-Regime – wesentlich vom dynamischen Verhalten der Schmelze geprägt, was deren Entstehung, Transport und Er-starrung mit einschließt. Die an der Wand anhaftenden Schmelzeablagerungen sind nicht nur wegen ihrer Beeinträchtigung der Geometrie unerwünscht, sondern auch wegen der Gefahr von dort ausgehenden Mikrorissen (insbesondere bei Keramiken). Ablagerungen an der Wand verursachen Durchmesserverengungen, die bis zu einem vollständigen Verschluss führen können [282]. Prozesstechnische Maßnahmen, mit denen eine gewisse Gestaltung der Geo-metrie möglich ist, werden in [283] für Sacklochbohrungen präsentiert. Bei den dort verwen-deten ms-Pulsen im Leistungsbereich zwischen 3 und 18 kW wächst der Durchmesser linear mit der (Spitzen-)Leistung an. Die Lochform (konisch vs. bauchig) sowie die Dicke der

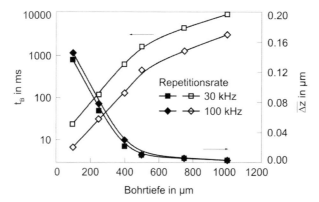

Bild 4.221 Bohrdauer t_B und mittlere Abtragsrate per Puls $\Delta\overline{z}$ in Abhängigkeit von Bohrtiefe und Pulsrepetitionsrate; $\lambda = 1064$ nm , $\tau = 12$ ps , $H = 25{,}5$ J/cm², $d_f = 20$ µm.

Schmelzeablagerungen wird durch die Anzahl von Pulsen in gewissen Grenzen kontrolliert.

Das Perkussionsbohren eignet sich für die Herstellung schlanker, tiefer Durchgangsbohrungen vor allem in Stählen. Das erschließbare Geometriefeld kann mit Durchmessern von ca. 0,015 bis 1,5 mm, Tiefen bis zu um 10 mm und Aspektverhältnissen $s/d < 200$ grob umrissen werden. Konkrete Anwendungen sind Schmierloch- und Kühlbohrungen sowie Startlöcher für das Elektroerodieren. Typische Bohrzeiten liegen in der Größenordnung von einigen Sekunden bis zu Minuten.

4.4.2.3 Trepanier- und Wendelbohren

Beiden Verfahren gemeinsam ist die Relativbewegung des Laserstrahls auf einer Kreisbahn senkrecht zur Strahlachse und der dabei in zahlreichen Einzelpulsen erfolgende Materialabtrag. Der Bohrungsdurchmesser resultiert aus der Addition von Kreisbahn- und Strahldurchmesser sowie den Wechselwirkungsmechanismen entsprechend den jeweiligen Laserstrahl- und Werkstückeigenschaften. Die Strahlablenkung wird bevorzugt mit den in Abschnitt 2.4.1.3 bereits erwähnten Scanner- oder Trepanier- bzw. Wendelbohroptiken durchgeführt. Worin sich die Prozesse unterscheiden, ist die Art der Materialentfernung. Beim Trepanieren wird (ausgehend von einem in Perkussion erzeugten „Startloch") die Bohrung ausgeschnitten und der Abtrag erfolgt in einer Art „Abschälvorgang" überwiegend an der Fugenfront. Beim Wendelbohren (auch helisches Bohren genannt) hingegen bewegt sich der Bohrgrund schraubenförmig in das Werkstück hinein, so dass hier ein Großteil der WWZ mit dem Strahlquerschnitt übereinstimmt. Bild 4.222 lässt dies für den Bohrbeginn in Keramik und Stahl deutlich werden.

Mit beiden Verfahren lassen sich Bohrungen höchster Präzision herstellen; dies betrifft sowohl geometrische Merkmale wie Rundheit, Parallelität und topographische wie geringste Schmelzeablagerungen an der Wand sowie am Rand der Ein- und Austrittsöffnungen. Typische Daten des Bohrlochdurchmessers beim Wendelbohren liegen unterhalb von 1 mm und reichen bis zu einigen mm beim Trepanieren; für das Aspektverhältnis typische Werte belaufen sich auf bis zu 20. Prozesstechnische Maßnahmen, um die Bohrlochgeometrie zu beeinflussen, sind neben d_f, dem Wendeldurchmesser d_w und der Fokuslage die Pulsenergie und -

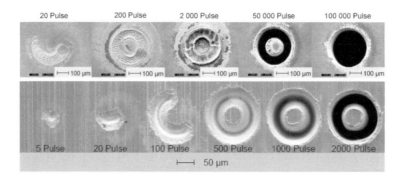

Bild 4.222 Bohrfortschritt beim Wendelbohren. Oben: Stahl, $\lambda = 1064$ nm, $\tau = 130$ fs, $H = 120$ J/cm², $d_w = 200$ µm. Unten: Si_3N_4, $\lambda = 1064$ nm, $\tau = 20$ ns, $H = 330$ J/cm², $d_w = 100$ µm.

dauer sowie die Polarisation. Ein weiterer freier Parameter für die gezielte Geometriegestaltung ist die Wahl eines von 0 verschiedenen Anstellwinkels γ bei der in Bild 2.69 vorgestellten Wendelbohroptik. Wie in Bild 4.223 demonstriert lassen sich auf diese Weise kegelige Löcher mit größerem Austritts- als Eintrittsdurchmesser in metallischen wie keramischen Werkstoffen herstellen. Darüber hinaus wird man mit diesem Parameter in die Lage versetzt, die Bohrzeit drastisch zu verkürzen, welche für das Herstellen auch einer exakt zylindrischen Bohrung benötigt wird. Dieser bemerkenswerte Vorteil geht aus dem Vergleich der Ergebnisse für γ = 0° bzw. γ = 4° in Bild 4.224 anschaulich hervor: während im ersten Falle mit ps-Pulsen dieses Ziel erst nach ca. 10 s und für 100 fs gar nicht erreicht wird, ist mit γ = 4° eine Halbierung dieser Zeit und selbst bei der kürzesten Pulsdauer ein Verhältnis $d_A/d_E \geq 1$ erzielbar [35].

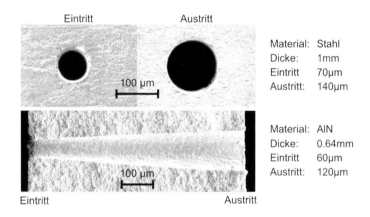

Bild 4.223 Beispiele gezielt konisch gestalteter Bohrungen.

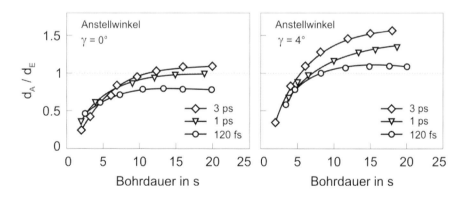

Bild 4.224 Erreichbare Zylindrizität in Abhängigkeit von der Bohrdauer, der Pulsdauer und dem Strahl-anstellwinkel γ; Stahl, s = 0,5 mm, λ = 780 nm, Q = 0,9 mJ.

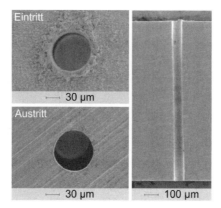

Bild 4.225 Wendelbohrung in Edelstahl als Beispiel erreichbarer Präzision; $\lambda = 1064$ nm, $\tau = 17$ ns, $d_f = 40$ µm, $d_w = 20$ µm, nach [284].

Qualitätsanforderungen wie sie beispielsweise von Kühlbohrungen in Turbinenschaufeln und vor allem von Bohrungen für die Kraftstoffeinspritzung bei modernen, schadstoffarmen Motoren verlangt werden, ist nur mit diesen Verfahren gerecht zu werden. Dazu vermittelt Bild 4.225 einen Eindruck von typischen Prozessergebnissen; der hohen Qualität steht eine Herstelldauer von 18 s gegenüber.

4.4.3 Abtragen

Das Abtragen mit gepulster Laserstrahlung stellt ein außerordentlich flexibles Verfahren dar, um verschiedenste dreidimensionale Strukturen mit Dimensionen von der Größenordnung im Bereich von einigen mm bis herab zu µm in höchster Präzision zu erzeugen. Dies ist bei einer Vielfalt an Stoffen möglich, die von biologischen Materialien über Kunststoffe, Keramiken, Gläsern bis hin zu sämtlichen Metallen reicht. Entsprechenderweise sind auch die Zielsetzungen des Abtragens weit gefächert. Sie umfassen medizintechnische Anwendungen, das Restaurieren (Abtragen von Schmutz- bzw. Patinaschichten) von Gemälden und Plastiken, das Beschriften und Markieren, fein- und mikrotechnische Anwendungen insbesondere in der Elektro- und Elektronikindustrie, das Strukturieren von Oberflächen an Druck- und Prägewalzen sowie an tribologisch hochbeanspruchten Gleitflächen und, nicht zuletzt, die Herstellung von Prägewerkzeugen und Spritzgussformen. Hierfür steht dem Anwender eine Palette kommerziell erhältlicher Lasergeräte zur Verfügung, so dass die den jeweiligen Anforderungen am besten genügenden Parameter zum Einsatz gelangen können. In ähnlicher Weise wie beim Bohren sind auch hier optimierende Kompromisse zwischen Qualität und Wirtschaftlichkeit zu schließen.

Hinsichtlich der Prozessgestaltung wird zwischen zwei Verfahren unterschieden, die durch die Art der lateralen Formgebung der zu erzeugenden Struktur charakterisiert sind, siehe Bild 4.226. Links dargestellt ist ein „schreibendes" Verfahren, bei dem diskrete Bearbeitungsbahnen auf dem Werkstück mittels einer x,y-Verschiebung des Werkstücks oder Strahlablenkung erzeugt werden. Es wird vor allem beim Einsatz der gut fokussierbaren Festkörperlaser benutzt. Beim „Maskenabbildungsverfahren" wird die abzutragende Struktur durch eine im

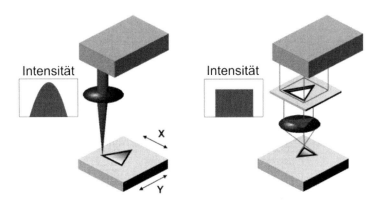

Bild 4.226 Verfahren des strukturierenden Abtragens mittels Relativbewegung zwischen fokussiertem Laserstrahl und Werkstück (li) oder Maskenabbildung (re) mit homogener Bestrahlung.

Strahlengang eingebrachte Maske festgelegt. Hierfür sind große Strahlquerschnitte mit homogener Intensitätsvertcilung erforderlich, wie sie von Excimerlasern geliefert werden. Im Sinne der Wirtschaftlichkeit ist dieses Verfahren insbesondere für flächige Strukturen geeignet.

4.4.3.1 Maskenabbildungsverfahren

Aufgrund der im UV-Bereich liegenden Wellenlängen der Excimerlaser, die sowohl eine höhere Geometrieauflösung ($\propto \lambda$) als auch bessere Absorption im Vergleich zu Infrarotlasern bieten, eignet sich dieses Verfahren insbesondere für die Massenproduktion (wo sich die Her-

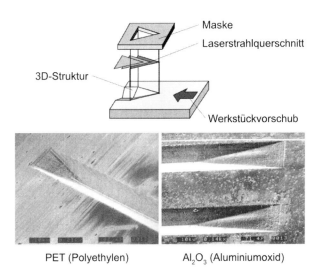

Bild 4.227 Maskenabbildungsverfahren mit Werkstückvorschub; Prinzip (oben) und damit hergestellte Nuten (unten), deren Querschnitte mit der Maskenform gestaltbar sind.

stellung der Masken lohnt) von Strukturen an Kunststoffen, Gläsern, Keramiken und hochre-
flektierenden Metallen. Eine Variante, welche durch lateralen Versatz von Puls zu Puls die
Herstellung von Nuten mit verschiedenen Querschnitten an ebenen oder gekrümmten (z. B.
zylindrischen) Oberflächen erlaubt, ist in Bild 4.227 wiedergegeben.

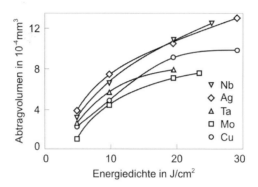

Bild 4.228 Mit Excimerlaser ($\lambda = 248$ nm) nach 50 Pulsen mit $d_f = 0{,}25$ mm abgetragenes Volumen an
verschiedenen Metallen.

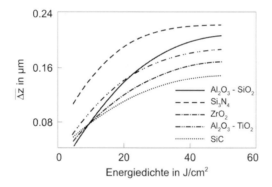

Bild 4.229 Mit Excimerlaser ($\lambda = 308$ nm) erzielter Abtrag pro Puls in Abhängigkeit der Energiedichte
für verschiedene Keramiken, nach [285].

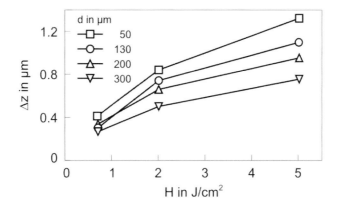

Bild 4.230 Abtrag je Puls in Abhängigkeit von Energiedichte und Amessung der bestrahlten WWZ; Polyimid, λ = 248 nm.

Auf einige prozesstechnische Merkmale sei im Folgenden kurz eingegangen. Den Einfluss der Energiedichte auf den crziclbaren Abtrag zeigen Bild 4.228 und Bild 4.229. Anzumerken ist, dass sowohl bezüglich der abtragbaren Volumina als auch der daraus abgeleiteten Abträge je Puls „Sättigungen" auftreten, deren Ursachen bereits im Abschnitt 4.4.2.2 erörtert wurden.

Des Weiteren ergeben sich bei Metallen unterschiedliche Raten in Abhängigkeit vom Strahlquerschnitt; für quadratische liegen sie etwas unter dem für kreisrunde. Es ist wahrscheinlich, dass im ersten Falle der Schmelzeabfluss aus der WWZ stärker behindert wird, als im zweiten. Ein solcher Geometrieeinfluss ist auch bei Keramiken [285], [286] und Polyimid [268] festzustellen. Wie aus den Bild 4.230 hervorgeht, ist bei kleineren Strukturabmessungen die Energieumsetzung in den Tiefenabtrag effizienter. Eine nahe liegende Erklärung bietet die Erscheinungsform der LSA-Wellen [268]: Bei relativ großen Ablationsflächen haben sie während der ersten 10 bis 20 ns eine weitgehend zweidimensionale Form, wobei das Materialdampfplasma über eine längere Zeitdauer hinweg hohe Werte der Elektronendichte aufweist, was zu starker Absorption führt. Die bei kleinen lateralen Abmessungen typische sphärische Expansion führt zu einer raschen Verdünnung des Dampfes, damit einhergehend zu einer Abnahme von n_e und reduzierter Absorption und somit zu einem effizienteren Abtrag.

Hinsichtlich der zu erkennenden Werkstoffeinflüsse ist bemerkenswert, um wie viel höher die Abtragsrate bei der rein sublimierenden Keramik Siliziumnitrid liegt. Der „gasdynamische" Charakter des ohne jede Schmelzebildung erfolgenden Sublimationsabtrags geht auch aus dem Umstand hervor, dass die Abtragsrate mit steigendem Atomgewicht des Umgebungsgases – He, N_2, Ar – sinkt; am höchsten ist sie im Vakuum [96]. Auch bei Metallen macht sich die Umgebungsatmosphäre bemerkbar, wenn auch nicht in dieser eindeutigen Reihenfolge; dennoch ist sie am größten im Vakuum und am kleinsten in Argon.

Für Al_2O_3 und Si_3O_4 wurden keine nennenswerten Unterschiede des Abtrags für Wellenlängen von 298 und 308 nm gemessen [96]. Im dort untersuchten Energiedichtebereich bis 25 J/cm² entspricht der Abtrag/Puls weitgehend den in Bild 4.229 präsentierten Daten.

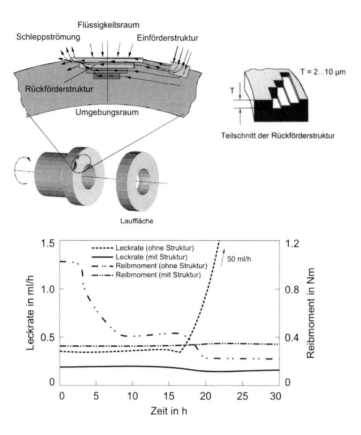

Bild 4.231 Mikrostrukturierung an keramischen Dichtflächen erlaubt Reibmoment und Leckrate über lange Zeitdauern hinweg niedrig zu halten.

Abschliessend sei ein industriell umgesetztes Beispiel zum Strukturieren mit dem Masken-abbildungsverfahren gezeigt. Die funktionalen Vorteile von mit dieser Technik ermöglichten Strukturen von Gleit-/Dichtflächen werden in Bild 4.231 anschaulich demonstriert [287].

4.4.3.2 Schreibende Verfahren

Diese Technik bietet eine große Flexibilität hinsichtlich der realisierbaren Abtragsgeometrien, was mit Bild 4.232 angedeutet werden soll: Findet keine oder eine nur geringfügige laterale Auslenkung des Laserstrahls statt, so bilden sich Näpfchen aus. Seine Relativbewegung längs einer wie immer verlaufenden Bahn in einmaliger oder wiederholter Fahrt(en) führt zur Ent-stehung einer Nut; die Bearbeitungsgeschwindigkeit v ergibt sich aus dem Produkt aus Vor-schub pro Puls multipliziert mit der Pulsrepetitionsrate des Lasers. Werden mehrere Bahnen nacheinander mit einem entsprechenden seitlichen Versatz gefahren, so erfolgt ein flächiger Abtrag. Wird dieser an verschiedenen Stellen der bereits bearbeiteten Flächen wiederholt, so ist mit einem derartigen Schichtabtrag eine dreidimensionale Form herstellbar.

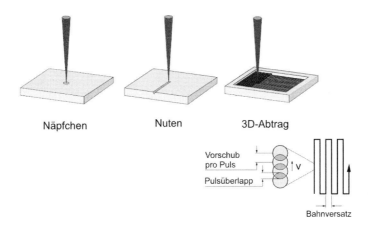

Näpfchen   Nuten   3D-Abtrag

Vorschub
pro Puls

Pulsüberlapp

v

Bahnversatz

Bild 4.232 Strategien zur Erzeugung verschiedener Abtragsgeometrien mit dem schreibenden Verfahren und für die Abtragsgeometrie wie -qualität wichtige Parameter des Vorschubs.

Natürlich sind auch hier hoher Volumenabtrag und hohe Oberflächengüte nur mit konträren Maßnahmen realisierbar, was mit Bild 4.233 anschaulich wie auch quantitativ belegt sei. Die sich daraus geradezu aufdrängende, nahe liegende Prozessgestaltung, bei der dem Schruppen ein Schlichtvorgang folgt, ist indessen ohne zusätzlichen apparativen Aufwand nicht möglich. Denn trifft Laserstrahlung auf die beim Schruppen entstandene Riefenstruktur, so findet sie dort vorteilhafte Einkoppelbedingungen vor, die als Folge von Mehrfachreflexionen auch bei geringer Energie und kleinerem Versatz zu einer weiteren Vertiefung (wenn auch bei gleichzeitig geringfügigem Abtrag der Spitzen) führt. Eine Lösung dieses bei mehrstufiger Bearbeitung auftretenden Problems bietet die Vermessung der Tiefe mit einem optischen Sensor und die von dessen Signal gesteuerte Pulslänge [288], [289].

Bei im ms-Bereich gepulsten Lasern (wie sie überwiegend im Formenbau eingesetzt werden) treten keine hohen Ablationsdrücke auf, so dass bei schmelzebildenden Werkstoffen ein externer Gasstrahl zur Entfernung des aufgeschmolzenen Materials aus der WWZ unumgänglich ist. Vergleichbar dem Prozessgeschehen beim Schneiden hat die Gasart selbst ebenfalls Auswirkungen auf den Abtrag. So erweist sich neben einem höheren Stagnationsdruck des Gasstrahls auch die Verwendung von Sauerstoff als abtragssteigernd. Insbesondere die Energieschwelle, ab der ein (vernünftig messbarer) Abtrag erfolgt, wird infolge der durch Oxidation erhöhten Absorption und freigesetzten Verbrennungswärme drastisch reduziert. Gleichzeitig verändert sich das Austriebsverhalten wegen der veränderten Viskosität der Schmelze, was sich in erhöhten Rauhigkeitswerten niederschlägt [288]. In diesem Parameterbereich ist nicht mit abschirmenden Plasmaeffekten zu rechnen. Bei sublimierenden Keramiken zeigt sich dies in einer linearen Abhängigkeit der Volumenabtragsrate von der mittleren Leistung bzw. der Pulsenergie, siehe Bild 4.233 (re) und Bild 4.234. Letztere Darstellung veranschaulicht, dass es (bei gleich bleibendem geometrischem Überlapp und Versatz) vorteilhafter ist, mit hohen Intensitäten zu arbeiten – vorausgesetzt, der Laser liefert die entsprechend hohen Pulsrepetitionsraten. Die hier wiedergegebenen Abtragsraten von der Größenordung (einige) hundert mm³/min lassen sich auch an Stahl bei Laserleistungen von einigen 100 W realisieren.

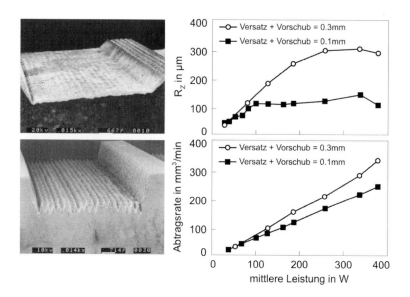

Bild 4.233 Durch die Parameter Vorschub pro Puls und Versatz gestaltbares Schruppen und Schlichten an Si_3N_4.

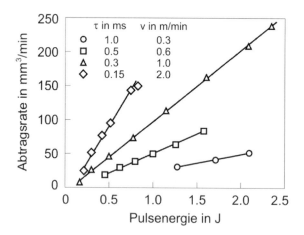

Bild 4.234 Volumenabtragsrate von Si_3N_4 in Abhängigkeit von Pulsenergie, Pulsdauer und Vorschubgeschwindigkeit bei konstantem Versatz und Vorschub je Puls (jeweils 0.1 mm).

An den Strukturrändern auftretende Schmelzeablagerungen bedeuten in vielen Anwendungsfällen einen fertigungstechnischen Nachteil, da eine zu einer (wieder) glatten Oberfläche führende mechanische Nachbearbeitung erforderlich wird. Eine drastische Reduzierung bzw. Vermeidung dieses Effekts ist mit dem Einsatz von Kurzpulslasern bzw. – bei oxidbildenden

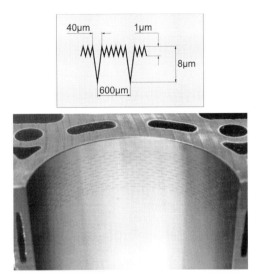

Bild 4.235 Mit gütegeschaltetem Nd:YAG-Laser in die Zylinderwand eines PKW-Motors eingebrachte Strukturen, die als Schmierstofftaschen dienen; nach [56].

Metallen – durch die Anwendung des „spanenden" Abtragsprozesses, siehe Abschnitt 4.4.4, zu erreichen. Bei dem in Bild 4.235 gezeigten industriellen Anwendungsbeispiel aus dem Motorenbau ist indessen der Schmelzekrater nicht von Nachteil, da ohnedies eine zweite schlichtende Honbearbeitung erforderlich ist, die nun nach dem Einbringen der Abtragsstruktur erfolgt.

Abtragsuntersuchungen mit ps- und fs-Pulsdauern demonstrieren Qualitätssteigerungen, die sich in präziseren Strukturgeometrien, geringeren Randkratern und Rauhigkeitswerten manifestieren. Mit einer Pulslänge von 8 ps bei $\lambda = 355$ nm und 10 kHz Pulsfrequenz werden nach [290] Rauhigkeiten von etwa 1 µm an der Bodenfläche von prismatischen Geometrien in Edelstahl und Aluminium bei rund 70 bzw. 7 µm Strukturtiefe erzielt. Dennoch werden auch hier noch Einflüsse von Schmelze am Boden, den Wänden und am Strukturrand festgestellt, was in [291] bestätigt wird. So zeigt Bild 4.236 zwar eine deutliche Abnahme des Schmelzegrats mit kürzer werdender Pulsdauer bis herab zu etwa $\tau \approx 1$ ps, aber – wie von der Theorie vorausgesagt, siehe z. B. Bild 4.178 – keine Reduktion mehr bei weiterer Pulsverkürzung. Wird indessen die Energiedichte so weit herabgesetzt, dass man knapp oberhalb der Abtragsschwelle arbeitet (bei dem untersuchten Werkstoff waren es 4 J/cm²), sind keine Anzeichen von Schmelze nachweisbar. Mit Bild 4.237 sei auf die dabei erzielbare Präzision hingewiesen.

Die Strukturgeometrie wie -topographie ist durch mehrmaliges Überfahren beeinflussbar. Während sich bei Nuten im Wesentlichen eine Qualitätsverbesserung bei geringer Geometrieveränderung einstellt (glattere Wände, homogenerer Querschnittsverlauf), steigt bei flächigem Abtrag die Tiefe proportional zur Zahl der Überfahrten. Ähnliche Qualitätsverbesserungen werden an einer Al_2O_3-Keramik erzielt, wenn die Pulsdauer von 60 ns auf 30 fs verkürzt wird [292]. Allerdings wird dort ein Anstieg der Nuttiefe mit der Zahl der Überfahrten festgestellt, die nach der zehnten um den Faktor 3 bis 4 gewachsen ist.

Die für industrielle Anwendungen des Strukturierens mit Kurzpulslasern in vielen Fällen heute noch zu geringe Wirtschaftlichkeit zu steigern, ist Anliegen zahlreicher Forschungsvorhaben. Beispielsweise nutzt ein Ansatz dafür statt eines kreisrunden Strahlquerschnitts einen elliptisch geformten, mit dem die Abtragsrate beim Herstellen von Nuten deutlich vergrößert werden konnte [293].

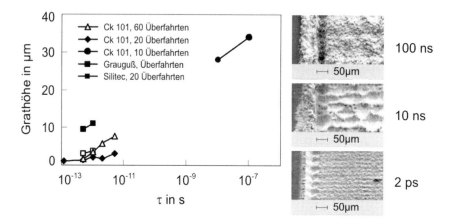

Bild 4.236 Einfluss der Pulsdauer auf Gratbildung am Rand und Rauhigkeit am Boden abgetragener Strukturen; $H = 50$ J/cm², Vorschub/Versatz 15 μm.

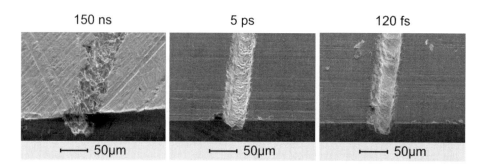

Bild 4.237 Wird an der Abtragsschwelle mit kurzen Pulsen (5 ps und 120 fs) gearbeitet, dann ist keine Gratbildung erkennbar und eine Nacharbeit wie bei $\tau = 150$ ns zur Gratentfernung nicht erforderlich.

4.4.4 Spanendes Abtragen

Dieses Verfahren entstand im Rahmen von Untersuchungen, die zu Beginn der 1990er Jahre die Zielsetzung verfolgten, beim Schmelzabtrag unvermeidbare Ablagerungen der Schmelze in den Ecken von dreidimensionalen Strukturen sowie die Gratbildung zu umgehen. Es galt Strukturgenauigkeiten zu realisieren, die für die Herstellung von Gesenken und Gussformen erforderlich sind [52], [289]. Seine phänomenologische Basis beruht auf der Reaktion von

Sauerstoff mit einem vom Laserstrahl längs einer Spur erhitzten Metall, die zur Bildung einer lokalisiert auftretenden schmelzflüssigen Oxidschicht führt. Das diese Reaktionszone umgebende Metall soll dabei jedoch nicht aufgeschmolzen werden. Im hier interessierenden Fall des Strukturierens von Stahlwerkstoffen entsteht eine Eisenoxidschmelze, die sich während bzw. nach ihrer Erstarrung in Form eines Spans leicht vom nicht oder nur geringfügig angeschmolzenen Metall ablösen lässt.

Das Verfahrensprinzip des auch „reaktives Abtragen" genannten Prozesses besteht darin, dass ein gut fokussierter cw-Laserstrahl mit geringer Leistung (≈ 10 W) längs einer Bahn geführt oder über eine Fläche gerastert wird. Im Allgemeinen koaxial dazu erfolgt eine Beaufschlagung der WWZ mit einem Sauerstoffstrahl, wobei die entstehende Schlacke jedoch nicht ausgetrieben werden darf. Wichtig ist, dass die Schmelztemperatur des bearbeiteten Materials höher liegt als die der entstehenden Schlacke, weil dann in der exothermen Reaktion bei $T \leq T_{S(\text{Schlacke})} < T_{S(\text{Metall})}$ keine Metallschmelze entsteht. Als Folge unterschiedlichen thermischen Dehnungs- bzw. Schrumpfungsverhaltens beim Abkühlen der Schlacke und des darunter liegenden erwärmten Materials treten in der Schicht Spannungen auf, die zu ihrem Ablösen führen; Bild 4.238 zeigt eine solchermassen erzeugte Abtragsspur [294]. Detaillierte Untersuchungen zu den involvierten Mechanismen finden sich in [294], [295], [296]. Eine schematische Darstellung des spanenden Abtragens ist in Bild 4.239 zusammen mit damit hergestellten flächigen Strukturen wiedergegeben. Bild 4.240 demonstriert, dass das Ziel einer schmelze- und gratfreien Nutkante voll erreicht wird.

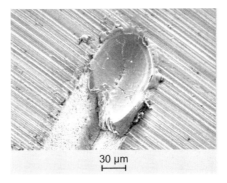

Bild 4.238 Draufsicht auf eine durch spanendes Abtragen erzeugte Spur mit noch in der WWZ befindlicher Oxidschicht; man erkennt, dass keine feste Haftung zwischen ihr und dem umgebenden Metall besteht.

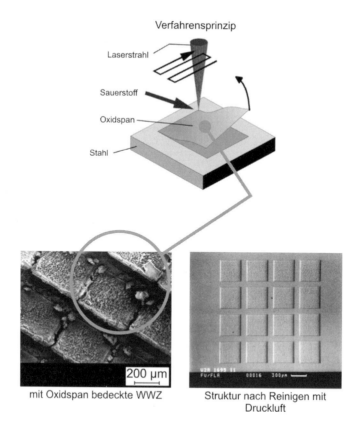

Bild 4.239 Verfahrensprinzip des spanenden Abtragens (oben), Prozessergebnis mit noch in der WWZ befindlicher Oxidschicht und erzeugte Struktur nach deren Wegblasen (unten).

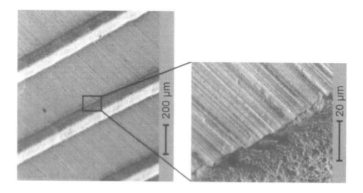

Bild 4.240 Mit „Mikro-Spanen" gratfrei erzeugte Nut; 100Cr6, $\lambda = 1064$ nm, $d_f = 40$ µm, $P = 14{,}5$ W, $v = 0{,}3$ m/min.

Ergebnisse für typische Parameterfelder sind in den beiden folgenden Bildern wiedergegeben. So zeigt Bild 4.241 eine lineare Zunahme der Einzelspurbreite mit der Leistung. Die gleiche Tendenz, doch mit größerer Streubreite, ist auch für die Spurtiefe festzustellen; gleichzeitig lassen diese Daten erkennen, dass die Tiefe von der Intensität mit bestimmt wird. Dass auch dieser Prozess infolge von Wärmeleitungsverlusten ein Schwellverhalten zeigt, geht aus Bild 4.242 hervor. Weiterhin ist darin ein Einfluss der Werkstoffeigenschaften zu erkennen: während Abtragstiefe und -rate bei den einzelnen Stählen sich kaum unterscheiden, fällt die hohe Rauhtiefe des unlegierten Stahls C45 auf. Dieses Verhalten wird auf eine von den Legierungszusätzen stark geprägte Oxidbildung zurückgeführt [294], von der auch das zugängliche Prozessfenster $v(P)$ festgelegt wird. Schließlich sei vermerkt, dass der auf Diffusionsvorgängen beruhende Mechanismus des spanenden Abtragens nur sehr geringe Abtragsraten zulässt. Werte von einigen Zehntel mm³/min, wie sie aus Bild 4.242 hervorgehen, sind um einen Faktor von rund 1000 kleiner als die mit Schmelzabtrag erreichbaren. Vor diesem Hintergrund wird in [289] neben verschiedenen nach Schruppen und Schlichten aufgegliederten Bearbeitungsstrategien auch eine Kombination der Verfahren von Schmelzabtrag und spanendem Abtrag vorgeschlagen.

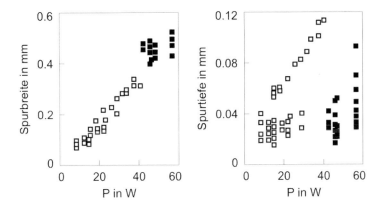

Bild 4.241 Spurabmessungen in Abhängigkeit von der Laserleistung und dem Brennfleckdurchmesser; offene Symbole: d_f= 60 µm, geschlossene: d_f= 440 µm; 0,1 < v < 2 m/min.

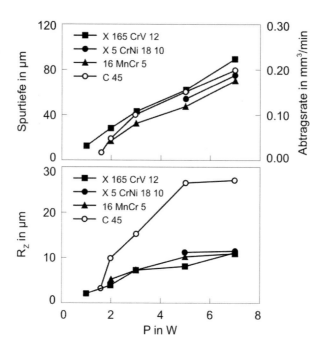

Bild 4.242 Strukturtiefe und gemittelte Rauhigkeit an verschiedenen Stählen in Abhängigkeit der Leistung; $\lambda = 1064$ nm, $d_f = 20$ µm, $v = 0,5$ m/min.

5 Literatur

[1]   M. Born, E. Wolf, *Principles of Optics*, Pergamon Press (Oxford etc.), 1980.

[2]   E. Hecht, *Optik*, Addison-Wesley (Bonn, etc.), 1989.

[3]   F. K. Kneubühl, *Repetitorium der Physik*, Teubner Studienbücher (Stuttgart), 1988.

[4]   L. D. Landau, E. M. Lifschitz, *Lehrbuch der theoretischen Physik*, Bd. 8, *Elektro-dynamik der Kontinua*, Akademie-Verlag (Berlin), 1990.

[5]   G. Stephenson, P. M. Radmore, *Advanced Mathematical Methods for Engineering and Science Students*, Cambridge University Press (Belfast), 1990.

[6]   M. V. Klein, T. E. Furtak, *Optik*, Springer Lehrbuch (Berlin etc.), 1988.

[7]   R. Loudon, *The Quantum Theory of Light*, Clarendon Press (Oxford), 2nd ed., 1983.

[8]   A. E. Siegman, *Lasers*, University Science Books (Mill Valley), 1986.

[9]   M. Gerber, T. Graf, "Generation of super-Gaussian modes in Nd:YAG lasers with a graded-phase mirror", IEEE Journal of Quantum Electronics 40 , 6 (2004), S. 741.

[10]   G. A. Massey, A. E. Siegman, "Reflection and refraction of Gaussian light beams at tilted ellipsoidal surfaces", Appl. Opt. 8, 5 (1969), S. 975.

[11]   Halliday, Resnick und Walker, *Physik*, Wiley-VCH (Weinheim), 2003.

[12]   H. Hügel, „CO_2-Hochleistungslaser", Laser und Optoelektronik 20, 2 (1988), S. 68.

[13]   W. Köchner, *Solid-State Laser Engineering*, Springer (Berlin Heidelberg), 1999.

[14]   A. Giesen et al., „Scalable concept for diode-pumped high-power solid-state lasers" Appl. Physics B 58 (1994), S. 365.

[15]   Ch. Stewen et al., "A 1-kW cw thin-disk laser", IEEE Journal of Selected Topics in Quantum Electronics 6, 4 (2000), S. 650.

[16]   Y. Jeong et al., „Ytterbium doped large-core fiber laser with 1,36 kW continuous-wave output power", Optics Express 12 (2004), S. 6088.

[17]   J. Limpert et al., „Extended single-mode photonic crystal fiber lasers", Optics Express 14 (2006), S. 2715.

[18]   R. Diehl (Hrsg.), *High-Power Diode Lasers – Fundamentals, Technology, Applications*, Springer (Berlin etc.), 2000.

[19]   R. Nowack, H. Opower, K. Wessel, "Diffusionsgekühlter CO_2-Hochleistungslaser in Kompaktbauweise", Laser und Optoelektronik 23, 3 (1991), S. 68.

[20]   D. Basting (Hrsg.), *Excimer Laser Technology: Laser sources, optics, systems and applications*, Lambda Physik (Göttingen), 2001.

[21]   A. Görtler, C. Strowitzki, „Mini excimer laser for industrial applications", Proc. 1st Int. WLT Conf. Lasers in Manufacturing (2001), S. 64.

[22]   K. Jasper, *Neue Konzepte der Strahlformung und -führung für die Mikrotechnik*, Dissertation, Universität Stuttgart, Herbert Utz Verlag (München), 2003.

[23]   H. P. Wagner, S. Borik, A. Giesen, „Änderung der Eigenschaften optischer Komponenten bei Bestrahlung", Proc. 9. Int. Kongr. LASER 89, Optoelektronik in der Technik, Springer (Berlin), (1990), S. 789.

[24]   M. Huonker, *Strahlführung in CO_2-Hochleistungslasersystemen zur Materialbearbeitung*, Dissertation, Universität Stuttgart, B. G. Teubner (Stuttgart), 1999.

[25]   S. Borik, *Einfluß optischer Komponenten auf die Strahlqualität von Hochleistungslasern*, Dissertation, Universität Stuttgart, B. G. Teubner (Stuttgart), 1993.

[26]   O. Märten et al., „Determination of focus drift with high power disk and fiber lasers", Proc. 4th Int. WLT-Conf. Lasers in Manufacturing (2007), S. 329.

[27]   F. Abt, A. Hess, F. Dausinger, „Focussing of high power single mode laser beams", Proc. 4th Int. WLT-Conf. Lasers in Manufacturing (2007), S. 321.

[28]   M. Bea, *Adaptive Optik für die Materialbearbeitung mit CO_2-Laserstrahlung*, Dissertation, Universität Stuttgart, B. G. Teubner (Stuttgart), 1997.

[29]   R. Mästle, *Bestimmung der Propagationseigenschaften von Laserstrahlung*, Universität Stuttgart, Herbert Utz Verlag (München), 2002.

[30]   Autorenkollektiv, *Hochdynamische Strahlführungs- und Strahlformungseinrichtungen für die räumliche Bearbeitung mit Laserstrahlen*, Universität Stuttgart, Ergebnisberichte 1993/95, 1996/98, 1999/2001, zum gleichnamigen Sonderforschungsbereich.

[31]   W. Plass, A. Giesen, H. Hügel, „Temperature dependence of reflectance and transmittance of CO_2-laseroptics", Proc. XXVI Boulder Damage Symp., SPIE 2428 (1994), S. 186.

[32]   U. Zoske, A. Giesen, „Optimization of the beam parameters of focussing optics", Proc. LIM 5, IFS Publish. (Kempston), (1988), S. 267.

[33]   K. Bär et al., „Piezoangetriebene Adaptive Optiken für industrielle CO_2-Laseranlagen", LASER 1993, Fachseminar „Prozessoptimierende adaptive Optiken", Diehl GmbH (1993), S. 16.

[34]   M. Bea, A. Giesen, H. Hügel, „Gezielte Steuerung der Fokusgeometrie durch gekoppelte adaptive Systeme", Laser und Optoelektronik 26, 2 (1994), S. 43.

[35]   Ch. Föhl, S. Wartenberg, F. Dausinger, „Trepanieroptik für das hochpräzise Wendelbohren in der Serienfertigung", Tagungsband Stuttgarter Lasertage (2005), S. 151.

[36] R. Jahn, „Grundlagen der Faseroptik", Feinwerktechnik 74 (1970), S. 524.

[37] J. P. Reilly, „Windows concepts for gas lasers", Proc. 5th GCL 1984, Adam Hilger (Bristol), (1985), S. 337.

[38] E. Wildermuth, P. Berger, H. Hügel, „Aerodynamische Fenster für CO_2-Hochleistungslaser", Laser und Optoelektronik 21, 4 (1989), S. 67.

[39] E. Wildermuth, *Analytische und experimentelle Untersuchungen transversal geströmter aerodynamischer Fenster für Hochleistungslaser*, Dissertation, Universität Stuttgart, DLR-FB 90-33, 1990.

[40] W. Krepulat, *Aerodynamische Fenster für industrielle Hochleistungslaser*, Dissertation, Universität Stuttgart, B. G. Teubner (Stuttgart), 1996.

[41] W. Krepulat, P. Berger, H. Hügel, „Investigations of a low pressure free vortex aerodynamic window for industrial lasers", Proc. Xth. Int. Symp. GCL, SPIE 2502 (1995), S. 559.

[42] S. M. Klimentov et al., „The role of plasma in ablation of materials by ultrashort laser pulses", Proc. 1st Int. WLT-Conf. Lasers in Manufacturing (2001), S. 273.

[43] S. Sommer et al., „Aerodynamic window for high precision laser drilling", Proc. XVIth Int. Symp. GCL/HPL, SPIE 6346 (2007), S. 634625-1.

[44] M. Kern, P. Berger, H. Hügel, „Optimiertes Querjetkonzept zur effizienten Spritzerablenkung und gesicherten Schutzgaszufuhr beim Laserschweißen", Laser und Optoelektronik 28, 8 (1996), S. 62.

[45] C. M. Schinzel, *Nd:YAG-Laserstrahlschweißen von Aluminiumwerkstoffen für Anwendungen im Automobilbau*, Dissertation, Universität Stuttgart, Herbert Utz Verlag (München), 2002.

[46] Ph. Antony, J. H. Capazzi, D. E. Powers, „Multi-dimensional laser processing systems", SPIE 668 (1986), S. 265.

[47] K. Krastl, D. Havrilla, H. Schlueter, „Remote laser welding in industriel applications", Photonic Spectra (Sept. 2006), S. 48.

[48] R. Bernhardt, „Mit RobScan in die Serie", Eurolaser 2, 3 (2005), S. 20.

[49] C. Emmelmann, „Laser remote welding – status and potential for innovations in industrial production", 3rd Int. WLT-Conf. Lasers in Manufacturing (2005), S. 1.

[50] R. Hackstein, *Produktionsplanung und -Steuerung (PPS). Ein Handbuch für die Betriebspraxis*, VDI-Verlag (Düsseldorf), 1988.

[51] H. Hügel, M. Wiedmaier, T. Rudlaff, „Laser processing integrated in machine tools – design, applications, economy", Proc. LANE 1994, Meisenbach (Bamberg), (1994), S. 439.

[52]   M. Wiedmaier, *Konstruktive und verfahrenstechnische Entwicklungen zur Komplettbearbeitung in Drehzentren mit integrierten Laserverfahren*, Dissertation, Universität Stuttgart, B. G. Teubner (Stuttgart), 1997.

[53]   W. König, A. Wagemann, H.-G. Mayrose, „Laserunterstütztes Drehen von heißgepresstem Silizium", Industrieanzeiger 3/4 (1994), S. 38.

[54]   P. Müller-Hummel, *Entwicklung einer Inprozesstemperaturmessvorrichtung zur Optimierung der laserunterstützten Zerspanung*, Dissertation, Universität Stuttgart, B. G. Teubner (Stuttgart), 1999.

[55]   M. Benzinger, C. Gobel, „Integration von CO_2-Lasern in Fertigungssysteme für die Blechbearbeitung", VDI-Z 132, 1 (1990), S. 40.

[56]   T. Abeln, U. Klink, „Laseroberflächenstrukturierung – Verbesserung der tribologischen Eigenschaften", Tagungsband Stuttgarter Lasertage (2003), S. 107.

[57]   K. Krastel, *Konzepte und Konstruktionen zur laserintegrierten Komplettbearbeitung in Werkzeugmaschinen*, Dissertation, Universität Stuttgart, Herbert Utz Verlag (München), 2002.

[58]   Produktinformation TRUMPF, 10 / 2006.

[59]   I. Summerauer, „Kombination der Stanztechnik mit anderen Fertigungstechnologien", Dokumentation Fa. Bruderer, 1996.

[60]   U. Hildebrandt, M. Grundner, „Laserstrahlquellen im Anlagenbau – Systemintegration von Lasern in Fertigungsanlagen der Stanz- und Biegetechnik", Laser und Photonik 4 (2004), S. 22.

[61]   F. Dausinger, *Strahlwerkzeug Laser: Energieeinkopplung und Prozesseffektivität*, Habilitation, Universität Stuttgart, B. G. Teubner (Stuttgart), 1995.

[62]   H. Hügel, F. Dausinger, „Fundamentals of laser-induced processes", Landolt-Börnstein Group VIII: Advanced Materials and Technologies, Vol. 1: Laser Physics and Applications, Springer (Berlin etc.), 2004, Subvol. C, S. 3.

[63]   M. Born, *Optik*, Springer (Berlin), 1972.

[64]   Bergmann, Schaefer, *Lehrbuch der Experimentalphysik*, Bd. 3 Optik, Walter de Gruyter (Berlin), 1978.

[65]   A. M. Prokhorov et al., *Laser Heating of Metals*, Adam Hilger (Bristol etc.), 1990.

[66]   A. Ruf, *Modellierung des Perkussionsbohrens von Metallen mit kurz- und ultrakurzgepulsten Lasern*, Dissertation, Universität Stuttgart, Herbert Utz Verlag (München), 2004.

[67]   G. Seibold, F. Dausinger, H. Hügel, „Wavelength and temperature dependence of laser radiation absorption of solid and liquid metals", Proc. 7th NOLAMP, Acta Universitatis Lapeenramtaensis 84 (1999), S. 526.

[68]   G. Stern, „Absorptivity of cw CO_2-, CO- and YAG-laser beams by different metallic alloys", Proc. 3rd ECLAT, Sprechsaal Publ. (Coburg), (1990), S. 25.

[69]   E. D. Palik, *Handbook of Optical Constants of Solids*, Academic Presss (Orlando), 1985.

[70]   A. Raiber, *Grundlagen und Prozesstechnik für das Laserbohren von Keramiken*, Dissertation, Universität Stuttgart, B. G. Teubner (Stuttgart), 1999.

[71]   S. V. Garnov et al., „High temperature measurements of reflectivity and heat capacity of metals and dielectrics at 1064 nm", SPIE 2966 (1997), S. 146.

[72]   A. Gouffé, „Correction d'ouverture des corps-noirs artificiels compte tenu des diffusions multiples internes", Revue d'Optique 24, 1-3 (1945), S. 1.

[73]   M. Beck, *Modellierung des Lasertiefschweißens*, Dissertation, Universität Stuttgart, B. G. Teubner (Stuttgart), 1996.

[74]   A. Michalowski, „Einfache Modelle zur Berechnung der Energieeinkopplung beim Laserstrahlschweißen und -bohren", Interner Bericht, IFSW 08-19, 2007.

[75]   T. H. Kim, J. G. Kim, „Process efficiency and multiple absorption of a laser beam during bead-on-plate welding of steals by a CO_2-laser", J. Mat. Science Letters 11 (1992), S. 1263.

[76]   A. Kaplan, „A model of deep penetration laser welding based on calculation of the keyhole profile", J. Phys. D: Appl. Phys. 27 (1994), S. 1805.

[77]   H. S. Carslaw, J. C. Jaeger, *Conduction of Heat in Solids*, Science Publ. (Oxford), 2nd ed., 1959.

[78]   N. N. Rykalin, *Die Wärmegrundlagen des Schweißvorganges*, Verlag Technik (Berlin), 1952.

[79]   D. Radaj, *Schweißprozeßsimulation – Grundlagen und Anwendungen*, DVS-Verlag (Düsseldorf), 1999.

[80]   H. E. Cline, T. R. Anthony, „Heat treating and melting material with a scanning laser or electron beam", J. Appl. Phys. 48, 9 (1977), S. 3895.

[81]   P. Berger, *Modellierung von Prozessen der Lasermaterialbearbeitung*, Vorlesungsmanuskript, Universität Stuttgart, 2005.

[82]   D. Rosenthal, „The theory of moving sources of heat and its application to metal treatments", Trans. ASME 68, 11 (1946), S. 849.

[83]   Ch. Kittel, H. Krömer, *Physik der Wärme*, Ouldenburg (München, Wien), 1989.

[84]   J. Mazumder, C. Chan, M. M. Chen, „Three dimensional model for convection in laser melted pools", Proc. ICALEO'84, LIA 44 (1984), S. 17.

[85]   W. B. Nottingham, *Thermionic Emission*, Handb. Phys. 21 (Berlin), 1956.

[86]   Bergman, Schaefer, *Lehrbuch der Experimentalphysik*, Bd. 4, *Aufbau der Materie*, Walter de Gruyter (Berlin), 1981.

[87]   Ya. B. Zeldovich, Yu. P. Raizer, *Physics of Shock Waves and High-Temperature Hydrodynamic Phenomena I*, Academic Press (New York), 1966.

[88]   R. L. Stegman, J. T. Schriempf, L. R. Hetche, „Experimental studies of laser supported absorption waves with 5 ms pulses at 10,6 µm radiation", J. Appl. Phys. 44 (1973), S. 3675.

[89]   A. N. Pirri, R. G. Root, P. K. S. Wu, "Plasma energy transfer to metal surfaces irradiated by pulsed lasers", AIAA J. 16 (1978), S. 1296.

[90]   H. Schittenhelm, *Diagnostik des laserinduzierten Plasmas beim Abtragen und Schweißen*, Dissertation, Universität Stuttgart, Herbert Utz Verlag (München), 2000.

[91]   D. Breitling et al., „Shadowgraphic and interferometric investigations on Nd:YAG laser-induced vapour/plasma plumes", Appl. Phys. A 69 (1999), S. 505.

[92]   L. I. Sedov, *Similarity and Dimensional Methods in Mechanics*, Cleaver Hume Press (London), 1959.

[93]   G. Callies, P. Berger, H. Hügel, „Time-resolved gas-dynamic discontinuities arising during excimer laser ablation and their interpretation", J. Phys. D: Appl. Phys. 28 (1995), S. 794.

[94]   M. Althaus, M. Hugenschmidt, „Laser-induced plasmas examined by means of quasiy-cinematographic methods", Proc. Xth Int. Symp. GCL, SPIE 2502 (1995), S. 732.

[95]   Ch. Prat et al., „Dynamics of 248nm-laser produced plasmas above a metallic surface", Proc. Xth Int. Symp. GCL, SPIE 2502 (1995), S. 701.

[96]   J. M. Arnold, *Abtragen metallischer und keramischer Werkstoffe mit Excimer-Lasern*, Dissertation, Universität Stuttgart, B. G. Teubner (Stuttgart), 1994.

[97]   P. Bourgeois, *Laserinduzierte Durchbrüche in aerosolbehafteter Luft*, ISL-Bericht R118/97.

[98]   D. Breitling, S. Klimentov, F. Dausinger, „Interaction with athmosphere", Topics in Applied Physics Vol. 96, Springer (Berlin, Heidelberg), (2004), S. 75.

[99]   H. C. van de Hulst, *Light Scattering by Small Particles*, Dover Publications Inc. (New York), 1957.

[100]   F. Hansen, W. W. Duley, „Attenuation of laser radiation by particles during laser materials processing", J. Laser Appl. 6, 3 (1994), S. 137.

[101]   A. Michalowski et al., „Plume attenuation under high power Yb:YAG laser material processing", Proc. 4th Int. WLT-Conf. Lasers in Manufacturing (2007), S. 357.

[102]   R. Hack, *System- und verfahrenstechnischer Vergleich von Nd:YAG- und CO₂-Lasern im Leistungsbereich bis 5 kW*, Dissertation, Universität Stuttgart, B. G. Teubner (Stuttgart), 1998.

[103] C. F. Bohren, D. R. Huffmann, *Absorption and Scattering of Light by Small Particles*, Wiley (New York), 1983.

[104] G. Callies, *Modellierung von qualitäts- und effektivitätsbestimmenden Mechanismen beim Laserabtragen*, Dissertation, Universität Stuttgart, B. G. Teubner (Stuttgart), 1999.

[105] K. U. Preißig, *Verfahrens- und Anlagenentwicklung zum Laserstrahl-Hochgeschwindigkeitsschneiden von metallischem Bandmaterial*, Dissertation, RWTH-Aachen, 1995.

[106] U. Mohr, *Geschwindigkeitsbestimmende Strahleigenschaften und Einkoppelmechanismen beim CO_2-Laserschneiden von Metallen*, Dissertation, Universität Stuttgart, B. G. Teubner (Stuttgart), 1994.

[107] M. Xiao, *Vergleichende Untersuchungen zum Schneiden dünner Bleche mit CO_2- und Nd:YAG Lasern*, Dissertation, Universität Stuttgart, B. G. Teubner (Stuttgart), 1996.

[108] D. Schuöcker, „The physical mechanism and theory of laser cutting", The Industrial Annual Handbook, PennWellBooks (Tulsa), (1987), S. 65.

[109] D. Petring et al., „Werkstoffbearbeitung mit Laserstrahlung, Teil 10: Schneiden von metallischen Werkstoffen mit CO_2-Hochleistungslasern", Feinwerktechnik und Messtechnik 96, 9 (1988), S. 364.

[110] W. Schulz et al., „On laser fusion cutting of metals", J. Phys. D: Appl. Phys. 20 (1987), S. 481.

[111] M. Vicanek, G. Simon, „Momentum and heat transfer of an inert gas jet to the melt in laser cutting", J. Phys. D: Appl. Phys. 20 (1987), S. 1191.

[112] D. Petring, *Anwendungsorientierte Modellierung des Laserstrahlschneidens zur rechnergestützten Prozessoptimierung*, Dissertation, RTWH-Aachen, Verlag Shaker (Aachen), 1995.

[113] A. F. H. Kaplan, „An analytical model of metal cutting with a laser beam", J. Appl. Phys. 79, 5 (1996), S. 2198.

[114] R. Rothe, *Beitrag zur Optimierung des thermischen Schneidens mit CO_2-Hochleistungslasern*, Fortschrittsberichte VDI, Reihe 2: Fertigungstechnik, Nr. 113, 1986.

[115] F. O. Olsen, „Cutting with polarized laser beams", DVS-Berichte 63 (1980), S. 179.

[116] V. G. Niziev, A. V. Nesterov, „Influence of beam polarization on laser cutting efficiency", J. Phys. D: Appl. Phys. 32 (1999), S. 1455.

[117] M. Abdou Ahmed et al., „Radially polarized 3 kW beam from a CO_2-laser with an intracavity resonant grating mirror", Opt. Lett. 32 (2007), S. 1824.

[118] M. Abdou Ahmed et al., „Multilayer polarizing grating mirror used for the generation of radial polarization in Yb:YAG thin-disk laser", Opt. Lett. 32 (2007), S. 3272.

[119] G. Hammann, „Laser cutting with CO$_2$ lasers – the benchmark", Stuttgarter Lasertage, 4.-6. März 2008, Stuttgart.

[120] R. Hack et al., „Schneiden mit fasergeführtem Nd:YAG-Hochleistungslaser dringt in Bereiche des CO$_2$-Lasers vor", Laser und Optoelektronik 25, 2 (1993), S. 62.

[121] H. Hügel, F. Dausinger, „Interaction phenomena", Handbook of the Eurolaser Academy, Chapman & Hall (London etc.), Vol. 2 (1998), S. 1.

[122] H. Haferkamp, A. Homburg, „Trennen von Aluminium- und Titanlegierungen", VDI-TZ: Trennen mit Festkörperlasern (1993), S. 19.

[123] L. Morgenthal, „Cutting with fiber lasers", 1st Int. Fraunhofer Workshop on Fiber Lasers, Dresden (2005).

[124] E. Beyer, B. Brenner, L. Morgenthal, „Laser beam applications with high power fiber lasers", Proc. XVIth Int. Symp. GCL/HPL 2006, SPIE 6346 (2007), S. 63460U-1.

[125] Th. Himmer, L. Morgenthal, W. Danzer, „Schneiden mit Faserlasern", 3rd Int. Workshop on Fiber Lasers, Dresden (2007).

[126] A. H. Shapiro, *The Dynamics and Thermodynamics of Compressible Fluid Flow*, John Wiley and Sons, Inc. (New York), 1953.

[127] H. Hügel, „Stationärer magneto-gasdynamischer Stoß in stark unterexpandiertem, stromführendem Plasmastrahl", Z. f. angew. Physik 31, 1 (1971), S. 65.

[128] K. Chen, Y. L. Yao, V. Modi, „Gas jet-workpiece interactions in laser machining", Trans. ASME 122 (2000), S. 429.

[129] H. C. Man, J. Duan, T. M. Yue, „Analysis of the dynamic characteristics of gas flow inside a laser cut kerf under high cut-assist gas pressure", J. Phys. D: Appl. Phys. 32 (1999), S. 1469.

[130] R. Edler, P. Berger, „Vorstellung eines neuen Düsenkonzepts zum Lasertrennen", Laser und Optoelektronik 23, 5 (1991), S. 55.

[131] VDI-TZ Physikalische Technologien (Hrsg.), *Schneiden mit CO$_2$-Lasern*, Handbuchreihe Laser in der Materialbearbeitung, Bd. 1, VDI-Verlag (Düsseldorf), 1993.

[132] P. Berger, IFSW, Universität Stuttgart, persönliche Mitteilung.

[133] A. V. LaLocca, L. Borsati, M. Cantello, "Nozzle desing to control fluid-dynamics effects in laser cutting", SPIE 2207 (1994), S. 354

[134] Yu. V. Afonin et al., „Space-saving electric-discharge CO$_2$ laser of high (up to 14 kW) radiation power with convective cooling of the working medium and gas pumping by an extended disk fan", Proc. XVIth Int. Symp. GCL/HPL 2006, SPIE 6346 (2007), S. 63461B-1.

[135] J. Powell et al., „Optimisation of pulsed laser cutting of mild steels", Proc. LIM-3, IFS Publications Ltd., Springer-Verlag (Berlin etc.), 1996, S. 67.

[136] H. Zefferer, *Dynamik des Schmelzschneidens mit Laserstrahlung*, Dissertation, RWTH Aachen, Verlag Shaker (Aachen), 1997.

[137] W. Schulz et al., „Dynamics of ripple formation and melt flow in laser beam cutting", J. Phys. D: Appl. Phys. 32 (1999), S. 1219.

[138] M. Vicanek et al., „Hydrodynamical instability of melt flow in laser cutting", J. Phys. D: Appl. Phys. 20 (1987), S. 140.

[139] V. S. Golubev, „Laser welding and cutting: recent insights into fluid-dynamic mechanisms", Proc. Laser Processing of Advanced Materials and Laser Microtechnologies, SPIE 5121 (2003), S. 1.

[140] M. Sparkes et al., „Practical and theoretical investigations into inert gas cutting of 304 stainless steel using a high brightness fiber laser", J. Laser Appl. 20, 1 (2008), S. 59.

[141] O. B. Kovalev et al., "Modelling of the front of melting and destruction of a melt film during gas-laser cutting of metals", J. Appl. Mech. and Tech. Phys. 45, 1 (2002), S. 133.

[142] H. Hügel, H. Klingel, „Schneiden von Blechen mit Laserstrahl", Neuere Entwicklungen in der Blechumformung, DGM-Informationsges. (1990), S. 115.

[143] J. Härtel, *Prozeßgaseinfluß beim Schweißen mit Hochleistungsdiodenlasern*, Dissertation, TU München, 2005.

[144] A. Ruß, *Schweißen mit dem Scheibenlaser – Potentiale der guten Fokussierbarkeit*, Dissertation, Universität Stuttgart, Herbert Utz Verlag (München), 2006.

[145] T. Seefeld, W. O'Neill, „High brightness laser welding and cutting", Proc. 7th Int. WLT-Conf. Lasers in Manufacturing (2007), S. 311.

[146] Y. Arata, „Fundamental characteristics of high energy density beams in material processing", Laser Materials Processing: Int. Conf. Proceedings (1987), ISBN 0-948507-63-2, S. 73.

[147] M. Müller, *Prozessüberwachung beim Laserstrahlschweißen durch Auswertung der reflektierten Leistung*, Dissertation, Universtität Stuttgart, Herbert Utz Verlag (München), 2002.

[148] A. Matsunawa et al., „Dynamics of keyhole and molten pool in laser welding", J. Laser Appl. 10, 6 (1998), S. 247.

[149] Ch. Glumann, *Verbesserte Prozesssicherheit und Qualität durch Strahlkombination beim Laserschweißen*, Dissertation, Universität Stuttgart, B. G. Teubner (Stuttgart), 1996.

[150] R. Fabbro, S. Slimani, „Melt pool dynamics during deep penetration cw Nd:YAG laser welding", Proc. 4th Int. WLT-Conf. Lasers in Manufacturing (2007), S. 259.

[151] J. Rapp, *Laserschweißeignung von Aluminiumwerkstoffen für Anwendungen im Leichtbau*, Dissertation, Universität Stuttgart, B. G. Teubner (Stuttgart), 1996.

[152] W. Sudnik, „Simulation von Schweißprozessen", DVS-Berichte Bd. 214 (2001), S. 14.

[153] C. M. Banas, R. Webb, „Macro-materialsprocessing", Proc. IEEE 70, 6 (1982), S. 556.

[154] R. Fabbro, K. Chouf, „Dynamical description of the keyhole in deep penetration welding", J. Laser Appl. 12, 4 (2000), S. 142.

[155] W. W. Duley, *Laser Welding*, John Wiley and Sons (New York etc.), 1999.

[156] T. Fuhrich, *Marangoni-Effekt beim Laserstrahltiefschweißen von Stahl*, Dissertation, Universität Stuttgart, Herbert Utz Verlag (München), 2005.

[157] A. Matsunawa, V. Semak, „The simulation of front keyhole wall dynamics during laser welding", J. Phys. D 30 (1997), S. 798.

[158] J. Griebsch, *Grundlagenuntersuchungen zur Qualitätssicherung beim gepuslten Lasertiefschweißen*, Dissertation, Universität Stuttgart, B. G. Teubner (Stuttgart), 1996.

[159] S. Katayama et al., „Formation mechanism of porosity in high power Nd:YAG laser welding", Proc. ICALEO (2000), S. C-16.

[160] R. Schuster, „Melt bath shapes and keyhole vapour pressures", 21st Meeting Mathematical Modelling of Material Processing with Lasers, Igls/Insbruck (2008).

[161] H. Irie, Y. Asai, I. R. Sare, "Influence of sulphure content on molten metal flow in cast iron and steel melted by high energy density beams", Welding in the World 39, 4 (1997), S. 179.

[162] S. G. Lambrakos et al., „A numerical model for deep penetration welding processes", J. Materials Engineering and Performance 2, 6 (1993), S. 819.

[163] Y. Naito, M. Mizutani, S. Katayama, „Effect of oxygen in ambient athmosphere on penetration characteristics in single yttrium-aluminum-garnet laser and hybrid welding", J. Laser Appl. 18, 1 (2006), S. 21.

[164] H. Fujii et al. „Effect of oxygen content in He-O2 shielding gas on weld shape for ultra deep penetration TIG", Transactions JWRI 37, 1 (2008), S 19.

[165] K. Ono et al. „Laser welding phenomena of mild steel with oxide film. Influence of oxide film on high power CO_2 laser welding of mild steel (Report 1)", Welding International 17, 1 (2003), S. 5.

[166] M. Leimser, *Strömungsinduzierte Einflüsse auf die Nahteigenschaften beim Laserstrahlschweißen von Aluminiumwerkstoffen*, Dissertation, Universität Stuttgart, Herbert Utz Verlag (München), 2008.

[167] M. Beck, P. Berger, H. Hügel, „Modelling of keyhole/melt interaction in laser deep penetration welding", Proc. ECLTAT (1992), S. 693.

[168] J. Dowden, „Interaction of the keyhole and weld pool in laser keyhole welding", J. Laser Appl. 14, 4 (2002), S. 204.

[169] E. H. Amara, R. Fabbro, A. Bendib, „Modeling of the compressibel vapor flow induced in a keyhole during laser welding", J. Appl. Phys. 93, 7 (2003), S. 4289.

[170] W. Sokolowski, *Diagnostik des laserinduzierten Plasmas beim Schweißen mit CO₂-Lasern*, Dissertation, RWTH-Aachen, Augustinus Buchhandlung (Aachen), 1991.

[171] M. Schellhorn, *CO-Hochleistungslaser: Charakteristika und Einsatzmöglichkeiten beim Schweißen*, Dissertation, Universität Stuttgart, Herbert Utz Verlag (München), 2000.

[172] R. Fabbro et al., „Dynamical interpretation of deep penetration of cw laser welding", Proc. ICALEO (1998), S. F-179.

[173] I. Miyamoto, H. Maru, „Evaporation characteristics in laser welding – fundamental study on theoretical modelling of laser welding", Welding International 10, 6 (1995), S. 448.

[174] M. Beck, P. Berger, H. Hügel, „The effect of plasma formation on beam focussing in deep penetration welding with CO_2 lasers", J. Phys. D: Appl. Phys. 28 (1995), S. 2430.

[175] J. Müller, *Plasmadiagnostische Verfahren beim Laserschweißen und -abscheiden*, Diplomarbeit, Universität Stuttgart, 1999.

[176] W. Sudnik et al., „Selbstfokussierung des Laserstrahls beim Tiefschweißen von Aluminiumlegierungen mit CO_2-Lasern", DVS-Berichte Bd. 214 (2001), S. 94.

[177] L. Cleemann (Hrsg.), *Schweißen mit CO₂-Hochleistungslasern*, VDI-Verlag (Düsseldorf), 1987.

[178] J. Weberpals, F. Dausinger, H. Hügel, „Welding characteristics with lasers of high focusability", Proc. XVIth Int. Symp. GCL/HPL, SPIE 6346 (2007), S. 634619-1.

[179] H. C. Peebles, R. L. Williamson, „The role of metal vapor in pulsed Nd:YAG laser welding of aluminum 1100", Proc. LAMP (1987), S. 19.

[180] A. Matsunawa, H. Yoshida, S. Katayama, „Beam-plume interaction in pulsed YAG laser processing", Proc. ICALEO (1984), S. 35.

[181] A. Matsunawa, T. Ohnawa, „Beam-plume interaction in laser materials processing", Trans. JWRI (1991), S. 9.

[182] E. Dumord, J. M. Jouvard, D. Grevey, "Keyhole modelling during cw Nd:YAG laser welding", SPIE 2789 (1996), S. 213.

[183] S. L. Ream, E. J. Bachholzky, „Analyzing laser butt welding efficiency", Proc. LASER '95, Meisenbach (Bamberg), (1995), S. 24.

[184] J. Weberpals et al., „Role of strong focusability on the welding process", J. Laser Appl. 19, 4 (2007), S. 252.

[185] W. M. Steen, *Laser Material Processing*, Springer-Verlag (London etc.), 1991.

[186] S. Walter, *Laserstrahlschweißen mit unterschiedlichen Modeformen bzw. Strahlqualitäten*, Diplomarbeit, FH-Pforzheim, 2005.

[187] F. Dausinger, W. Gref, „Braucht man zum Schweißen starke Fokussierbarkeit", Tagungsband Stuttgarter Lasertage (2001), S. 22.

[188] J. Weberpals, F. Dausinger, „Strong focusability – advantages for welding quality ", Proc. 7th Int. WLT-Conf. Lasers in Manufacturing (2007), S. 339.

[189] R. Wahl, *Robotergeführtes Laserstrahlschweißen mit Steuerung der Polarisation*, Dissertation, Universität Stuttgart, B. G. Teubner (Stuttgart), 1994.

[190] T. Klein et al., „Oszillations of the keyhole in penetration laser beam welding", J. Phys. D: Appl. Phys. 27 (1994), S. 2023.

[191] T. Klein, *Freie und erzwungene Dynamik der Dampfkapillare beim Laserstrahlschweißen von Metallen*, Dissertation, TU Braunschweig, Shaker Verlag (Aachen), 1997.

[192] S. Tsukamoto et al., „Keyhole behaviour in high power laser welding", SPIE 4831 (2003), S. 251.

[193] Ch. Heimerdinger, *Laserstrahlschweißen von Aluminiumlegierungen für die Luftfahrt*, Dissertation, Universität Stuttgart, Herbert Utz Verlag (München), 2003.

[194] I. Miyamoto, S.-J. Park, T. Ooie, „Ultra-fine keyhole welding with single-mode fiber laser", Proc. 2nd Int. WLT-Conf. Lasers in Manufacturing (2003), S. 221.

[195] Ch. Albright, S. Chiang, „High speed laser welding discontinuities", J. Laser Appl. (1988), S. 18.

[196] M. Beck et al., „Aspects of keyhole/melt interaction in high speed laser welding", Proc. VIIIth Int. Symp. GCL, SPIE 1397 (1990), S. 769.

[197] N. Pirch et al., „Die Humping Instabilität beim Schweißen mit Laserstrahlung", Proc. LASER 1991, S. 552.

[198] U. Gratzke et al., „Theoretical approach to the humping phenomenon in welding processes", J. Phys. D: Appl. Phys. 25 (1992), S. 1640.

[199] A. Otto, M. Geisel, M. Geiger, „Nonlinear dynamics during laser beam welding", Proc. ICALEO'96, LIA Vol. 81 (1996), S. B30.

[200] M. Geisel, *Prozesskontrolle und Steuerung beim Laserstrahlschweißen mit den Methoden der nichtlinearen Dynamik*, Dissertation, Friedrich-Alexander-Universität, Nürnberg-Erlangen, Meisenbach (Bamberg), 2002.

[201] H. Hornig, „Laserstrahlbearbeitung bei BMW: Anwendungen und Trends", Strahltechnik Bd. 19, BIAS-Verlag (2002), S. 351.

[202] C. Bagger, F. O. Olsen, „Review of laser hybrid welding", J. Laser Appl. 17, 1 (2005), S. 2.

[203] C. Banas, UTIL'S The Laser Edge, 1991.

[204] E. Schubert et al., „Prozesssicherheit beim Laserstrahlschweißen von Aluminiumlegierungen", Strahltechnik Bd. 5, BIAS-Verlag (1997), S. 191.

[205] B. Hohenberger, *Laserstrahlschweißen mit Nd:YAG-Doppelfokustechnik – Steigerung von Prozessstabilität, Flexibilität und verfügbarer Strahlleistung*, Dissertation, Universtität Stuttgart, Herbert Utz Verlag (München), 2002.

[206] W. Gref, *Laserstrahlschweißen von Aluminiumwerkstoffen mit der Fokusmatrixtechnik*, Dissertation, Universität Stuttgart, Herbert Utz Verlag (München), 2005.

[207] K. Kamimuki et al., „Prevention of welding defect by side gas flow and its monitoring method in cw YAG laser welding", Aerospace Comp. Kawazaki Heavy Industries, persönliche Mitteilung.

[208] M. Kern, *Gas- und magnetofluiddynamische Maßnahmen zur Beeinflussung der Nahtqualität beim Laserstrahlschweißen*, Dissertation, Universität Stuttgart, B. G. Teubner (Stuttgart), 1999.

[209] D. Lindenau, *Magnetisch beeinflusstes Laserstrahlschweißen*, Dissertation, Universität Stuttgart, Herbert Utz Verlag (München), 2006.

[210] G. Ambrosy et al., „Effects of magnetically supported laser beam welding of aluminum alloys", Proc. 1st Int. WLT-Conf. Lasers in Manufacturing (2001), S. 416.

[211] G. Ambrosy et al., „Laserinduced plasma as a source for an intensive current to produce electromagnetic forces in the weld pool", Proc. XVIth Int. Symp. GCL/HPL, SPIE 6346 (2007), S. 63461Q-1.

[212] G. Ambrosy, *Nutzung elektromagnetischer Volumenkräfte beim Laserstrahlschweißen*, Dissertation, Universität Stuttgart, Herbert Utz Verlag (2008).

[213] V. V. Avilov, P. Berger, G. Ambrosy, "Electromagnetic melt support system for overhead position laser and electron beam welding of thick metal plates", 5th Int. Symp. Electromagnetic Processing of Materials, Sendai (Japan), (2006), S. 237.

[214] R. S. Xiao et al., „New approach to improve the laser welding process of aluminum by using an external current", J. Mat. Science Letters 20 (2001), S. 2163.

[215] F. Vollertsen, K. Partes, J. Meijer, „State of the art of laser hardening and cladding", Proc. 3rd Int. WLT-Conf. Lasers in Manufacturing (2005), S. 281.

[216] E. Beyer, K. Wissenbach, *Oberflächenbehandlung mit Laserstrahlung*, Springer (Berlin), 1998.

[217] J. Mazumder et al. (Hrsg.), *Laser Processing: Surface Treatment and Film Deposition*, NATO Series E: Appl. Sciences – Vol. 307, Kluwer Academic Publ. (Dordrecht), 1996.

[218] E. Willenborg, K. Wissenbach, R. Poprawe, „Polishing by laser radiation", Proc. 2nd Int. WLT-Conf. Lasers in Manufacturing (2003), S. 297.

[219] W. Amende, *Härten von Werkstoffen und Bauteilen des Maschinenbaus mit dem Hochleistungslaser*, Technologie aktuell 3, VDI-Verlag (Düsseldorf), 1985.

[220] E. Geissler, *Mathematische Simulation des temperatur-geregelten Laserstrahlhärtens und seine Verifikation an ausgewählten Stählen*, Dissertation, Universität Erlangen-Nürnberg, 1993.

[221] K. Wissenbach, *Umwandlungshärten mit CO_2-Laserstrahlung*, Dissertation, TH Darmstadt, 1985.

[222] F. Wever et al., *Atlas zur Wärmebehandlung der Stähle*, Bd. 1, Verlag Stahleisen (Düsseldorf), 1961.

[223] C. Meyer-Kobbe, *Randschichthärten mit Nd:YAG- und CO_2-Lasern*, Dissertation, Universität Hannover, 1990, Fortschritt-Berichte VDI, Reihe 2, Nr. 193.

[224] T. Hosenfeldt, H. Bomas, P. Mayr, „Influence of pulsed laser-beam hardening on the fatigue limit of the steel 42CrMo4", Proc. 1st Int. WLT-Conf. Lasers in Manufacturing (2001), S. 602.

[225] W. Bloehs, *Laserstrahlhärten mit angepassten Strahlformungssystemen*, Dissertation, Universität Stuttgart, B. G. Teubner (Stuttgart), 1997.

[226] Th. Rudlaff, *Arbeiten zur Optimierung des Umwandlungshärtens mit Laserstrahlung*, Dissertation, Universität Stuttgart, B. G. Teubner (Stuttgart), 1993.

[227] D. Burger, *Beitrag zur Optimierung des Laserhärtens*, Dissertation, Universität Stuttgart, 1988.

[228] T. Ishide et al., „Kaleidoscope beam homogenizer for high power CO_2 and YAG laser", Proc. ECLAT'92, DGM Informationsges. (Oberursel), (1992), S. 57.

[229] H. Ehlers, H. J. Herfurth, S. Heinemann, „High power diode laser applications in surface treatment and metal joining", Proc. ICALEO'99, LIA Vol. 87 (1999), S. A-194.

[230] J. Bach et al., „Laser transformation hardening of different steels", Proc. ECLAT'90, DGM Informationsges. (Oberursel), (1990), S. 265.

[231] S. Bonß et al., „High precision heat treatment with high power diode lasers", Proc. 1st Int. WLT-Conf. Lasers in Manufacturing (2001), S. 529.

[232] R. Volz, *Optimiertes Beschichten von Gusseisen-, Aluminium- und Kupfergrundwerkstoffen mit Lasern*, Dissertation, Universität Stuttgart, B. G. Teunber (Stuttgart), 1998.

[233] W. Kurz, D. J. Fisher, *Fundamentals of Solidification*, TransTech Publication (Aedermannsdorf), 1992.

[234] A. Gebhardt, *Rapid Prototyping*, Carl Hanser Verlag (München, Wien), 1996.

[235] J. Sigel, *Lasergenerieren metallischer Bauteile mit variablem Laserstrahldurchmesser in modularen Fertigungssystemen*, Dissertation, Universität Stuttgart, Herbert Utz Verlag (München), 2006.

[236] J. Walter, *Gesetzmäßigkeiten beim Lasergenrieren als Basis für die Prozesssteuerung und -regelung*, Dissertation, Universität Stuttgart, Herbert Utz Verlag (München), 2007.

[237] B. Grünenwald, *Verfahrensoptimierung und Schichtcharakterisierung beim einstufingen Cermet-Beschichten mittels CO_2-Hochleistungslaser*, Dissertation, Universität Stuttgart, B. G. Teubner (Stuttgart), 1996.

[238] J. Shen, *Optimierung der Verfahren der Oberflächenbehandlung bei gleichzeitiger Pulverzufuhr*, Dissertation, Universität Stuttgart, B. G. Teubner (Stuttgart), 1994.

[239] R. Heigl, *Herstellen von Randschichten auf Aluminiumgusslegierungen mittels Laserstrahlung*, Dissertation, Universität Stuttgart, Herbert Utz Verlag (München), 2004.

[240] A. Gasser, *Oberflächenbehandlung metallischer Werkstoffe mit CO_2-Laserstrahlung in der flüssigen Phase*, Dissertation, RWTH Aachen, 1993.

[241] K. Partes et al., „Energy aspects of laser cladding at high scan speeds", Proc. 3rd Int. WLT-Conf. Lasers in Manufacturing (2005), S. 345.

[242] A. Ott, *Oberflächenmodifikation von Aluminiumlegierungen mit Laserstrahlung: Prozessverständnis und Schichtcharakterisierung*, Dissertation, Universität Stuttgart, Herbert Utz Verlag, im Druck.

[243] D. Lepski et al., „Simulation of laser beam cladding by powder injection", Proc. 2nd Int. WLT-Conf. Lasers in Manufacturing (2003), S. 345.

[244] D. Lepski et al., „Calculating temperature field and single track bead shape in laser cladding with Marangoni flow using Rosenthal's solution", Proc. 1st Int. WLT-Conf. Lasers in Manufacturing (2001), S. 167.

[245] D. F. de Lange, J. T. Hofman, J. Meijer, „Influence of intensity distribution on the melt pool and clad shape for laser cladding", Proc. 3rd Int. WLT-Conf. Lasers in Manufacturing (2005), S. 323.

[246] A. V. Gusarov, J.-P. Kruth, „Modelling of radiation transfer in metallic powders at laser treatment", Int. J. Heat and Mass Transfer 48 (2005), S. 3423.

[247] C. F. Marsden, A. Frenk, J. D. Wagnière, „Power absorption during the laser cladding process", Proc. 3rd ECLAT '90, Sprechsaal Publishing Group (Coburg), (1992), S. 375.

[248] W. Bloehs et al., „Recent progress in laser surface treatment: I. Implications of laser wavelength", J. Laser Appl. 8 (1996), S. 15.

[249] A. Ott, F. Dausinger, H. Hügel, „Energy coupling in the cladding process of aluminium alloys", Proc. ICALEO (2000), Vol. 89d, S. D 70.

[250] M. von Allmen, *Laser-Beam Interactions with Materials*, Springer (Berlin), 1987.

[251] B. Angstenberger, *Fliehkraftunterstütztes Laserbeschichten*, Dissertation, Universität Stuttgart, Herbert Utz Verlag (München), 2000.

[252] Universität Stuttgart, Institut für Strahlwerkzeuge und pro-beam AG, Planegg, "Verfahren zur Erzeugung einer engen Ausnehmung in einem Werkstück", Offenlegungsschrift DE 102004039916A1, 18.08.2004.

[253] D. Bäuerle, *Laser Processing and Chemistry*, Springer (Berlin), 2000.

[254] C. Körner, *Theoretische Untersuchung zur Wechselwirkung von ultrakurzen Laserpulsen mit Metallen*, Dissertation, Universität Erlangen-Nürnberg, 1997.

[255] C. J. Nonhof, *Material Processing with Nd Lasers*, Electrochemical Publications Ltd., 1988.

[256] C. J. Knight, „Theoretical modeling of rapid surface vaporization of a metal surface", AIAA J. 17 (1979), S. 519.

[257] M. Aden et al., „Laser induced vaporization of a metal surface", J. Phys. D: Appl. Phys. 25 (1992), S. 57.

[258] S. I. Anisimov, A. K. Rakhimtulina, „The dynamics of the expansion of a vapour when evaporated into a vacuum", Sov. Phys. JETP 37, 3 (1973), S. 441.

[259] C. L. Chan, J. Mazumder, „One-dimensional steady-state model for damage by vaporization and liquid expulsion due to laser-material interaction", J. Appl. Phys. 62, 11 (1987), S. 4579.

[260] C. L. Chan, „The threshold and efficiency of material removal", Proc. ICALEO (2000), Vol. 89, S. D-247.

[261] A. D. Zweig, „A thermo-mechanical model for laser ablation", J. Appl. Phys. 70, 3 (1991), S. 1684.

[262] E. Meiners, *Untersuchungen zum Schmelzaustrieb beim Bohren mit Nd:YAG-Lasern*, Diplomarbeit, Universität Stuttgart, 1989.

[263] A. Michalowski et al., "Diagnostics of drilling process using ultrashort laser pulses", Proc. 4th Int. WLT-Conf. Lasers in Manufacturing (2007), S. 563.

[264] G. Dumintru et al., „Precise microstructuring of tribological surfaces", Proc. 1st Int. WLT-Conf. Lasers in Manufacturing (2001), S. 351.

[265] T. V. Kononenko, S. M. Klimentov, V. I. Konov, General Physics Institute Moscow, persönliche Mitteilung.

[266] D. Walter et al., „Monitoring of the micro-drilling process by means of laser-induced shock waves", Proc. 4th Int. WLT-Conf. Lasers in Manufacturing (2007), S. 557.

[267] S. M. Klimentov et al., "Effect of low-threahold air breakdown on material ablation by short laser pulses", Physics of Wave Phenomena 15 (1), (2007), S. 1.

[268] H. Hügel et al., „Structuring with excimer lasers – experimental and theoretical investigations on quality and efficiency", J. Laser Appl. 10 (1998), S. 255.

[269] S. Nolte, *Mikromaterialbearbeitung mit ultrakurzen Laserpulsen*, Dissertation, Universität Hannover, Cuvillier Verlag (Göttingen), 1999.

[270] U. Dürr, P. Jeannin, „Bringt die Pulsformung Vorteile beim Laserbohren?", Tagungsband Stuttgarter Lasertage (2005), S. 141.

[271] U. Dürr, „Industrielle Laser-Mikrobearbeitung: Anforderungen und Machbarkeit", Tagungsband Stuttgarter Lasertage (2003), S. 83.

[272] J. Bahnmüller, *Charakterisierung gepulster Laserstrahlung zur Qualitätssteigerung beim Laserbohren*, Dissertation, Universität Stuttgart, Herbert Utz Verlag (München), 2000.

[273] H. Rohde, *Qualitätsbestimmende Prozessparameter beim Einzelpulsbohren mit einem Nd:YAG-Slablaser*, Dissertation, Universität Stuttgart, B. G. Teunber (Stuttgart), 1999.

[274] VDI-Technologiezentrum Physikalische Technologien (Hrsg.), *Abtragen, Bohren und Trennen mit Festkörperlasern*, Laser in der Materialbearbeitung Bd. 7.

[275] W. S. O. Rodden et al., "A parametric study of laser drilling in aluminium and titanium", Proc. ICALEO 2000, LIA Vol. 89 (2000), S. B-21.

[276] A. Giering, M. Beck, J. Bahnmüller, "Laserbohranwendungen im Luftfahrtbereich", Tagungsband Stuttgarter Lasertage (1999), S. 32.

[277] C. Lehner, „Laserbohren mit Top-Hat", Forum PhotonicsBW 2002, Tagungsband Kurzpulsbohren (2002), S. 23.

[278] U. Dürr, R. Holtz, "Gepulster Nd:YAG-Laser: Bohren von Löchern mit hohem Aspektverhältnis", Forum PhotonicsBW 2002, Tagungsband Kurzpulsbohren (2002), S. 7.

[279] F. Dausinger, F. Lichtner, H. Lubatschowski (Hrsg.), *Femtosecond Technology for Technical and Medical Applications*, Springer (Berlin, Heidelberg), 2004.

[280] Autorenkollektive, Berichte des Instituts für Strahlwerkzeuge (IFSW) und der Forschungsgesellschaft für Strahlwerkzeuge (FGSW) zu den BMBF-Verbundprojekten PRIMUS und PROMPTUS, 1999-2007.

[281] J. Radtke, *Herstellung von Präzisionsdurchbrüchen in keramischen Werkstoffen mittels repetierender Laserstrahlung*, Dissertation, Universität Stuttgart, Herbert Utz Verlag (München), 2003.

[282] L. Trippe et al., „Melt ejection during single pulse drilling and percussion drilling of micro-holes in stainless steel and nickel-based super alloys by pulsed Nd:YAG laser radiation", Proc. 5th Int. Symp. Laser Precision Microfabrication, SPIE 5662 (2004), S. 609.

[283] M. Schneider et al., „New experimental approach to study laser matter interaction during drilling in percussion regime", JLMN 2, 2 (2007), S. 117.

[284] Th. Wawra, *Verfahresstrategien für Bohrungen hoher Präzision mittels Laserstrahlung*, Dissertation, Universität Stuttgart, Herbert Utz Verlag (München), 2004.

[285] H. K. Tönshoff, O. Gedrat, „Removal processes of ceramic materials with excimer laser radiation", Prorc. High Power Lasers and Laser Machining Technology, SPIE 1132 (1989), S. 104.

[286] U. Sowada et al., „Excimerlaser-Bearbeitung keramischer Werkstoffe – Ergebnisse und physikalische Vorgänge", Laser und Optoelektronik 21, 3 (1989), S. 107.

[287] J. Arnold et al., „Herstellung von Mikrostrukturen in SiC-Gleitringen mit dem Excimerlaser", Laser und Optoelektronik 25, 6 (1993), S. 66.

[288] E. Meiners, *Abtragende Bearbeitung von Keramiken und Metallen mit gepulsten Nd:YAG-Laser als zweistufiger Prozeß*, Dissertation, Universität Stuttgart, B. G. Teubner (Stuttgart), 1995.

[289] G. Eberl et al., „Laserspanen eine neue Technologie zum Abtragen", Laser und Optoelektronik 25, 3 (1993), S. 80.

[290] D. M. Karnatis et al., „Surface integrity optimisation in ps-laser milling of advanced engineering materials", Proc. 4th Int. WLT-Conf. Lasers in Manufacturing (2007), S. 619.

[291] M. Weikert, *Oberflächenstrukturieren mit ultrakurzen Laserpulsen*, Dissertation, Universität Stuttgart, Herbert Utz Verlag (München), 2005.

[292] Y. Iwai et al., „Effect of pulse duration on scribing of ceramics and Si wafer with ultra-short pulsed laser", Proc. 4th. LPM, SPIE 5063 (2003), S. 362.

[293] S. Sommer et al., „Strategies to improve quality and productivity of structuring metals with ultra-short laser pusles", Proc. 3rd Int. WLT-Conf. Lasers in Manufacturing (2005), S. 457.

[294] T. Abeln, *Grundlagen und Verfahrenstechnik des reaktiven Laserpräzisionsabtragens von Stahl*, Dissertation, Universität Stuttgart, Herbert Utz Verlag (München), 2002.

[295] A. Penz, *Experimentelle und theoretische Untersuchungen zur Relief- und Gesenkherstellung mit CO_2-Laserstrahlung*, Dissertation, Technische Universität Wien, 1998.

[296] D. Schubart, *Prozessmodellierung und Technologieentwicklung beim Abtragen mit CO_2-Laserstrahlung*, Dissertation, Universität Erlangen-Nürnberg, Meisenbach (Bamberg), 1999.

6 Sachwortverzeichnis

T

U

V

W

Z

Aus dem Programm Schwingungstechnik

Brommundt, Eberhard / Sachau, Delf
Schwingungslehre
mit Maschinendynamik
2008. X, 300 S. mit 210 Abb. u. 8 Tab. 286 Aufg. Br. EUR 24,90
ISBN 978-3-8351-0151-7

Knaebel, Manfred / Jäger, Helmut / Mastel, Roland
Technische Schwingungslehre
7., korr. u. überarb. Aufl. 2009. IX, 238 S. mit 247 Abb.40 Bsp. u. 72 Aufg. Br.
ca. EUR 21,90
ISBN 978-3-8351-0180-7

Magnus, Kurt / Popp, Karl
Schwingungen
Eine Einführung in physikalische Grundlagen und die theoretische Behandlung
von Schwingungsproblemen
8., überarb. Aufl. 2008. XII, 298 S. mit 211 Abb. u. 68 Tab. (Leitfäden der angewand-
ten Mathematik und Mechanik) Br. EUR 29,90
ISBN 978-3-8351-0193-7

Wauer, Jörg
Kontinuumsschwingungen
Vom einfachen Strukturmodell zum komplexen Mehrfeldsystem
2008. XII, 338 S. mit 81 Abb.74 Aufg. + 41 Beisp. Br. EUR 36,90
ISBN 978-3-8351-0220-0

**VIEWEG+
TEUBNER**

Abraham-Lincoln-Straße 46
65189 Wiesbaden
Fax 0611.7878-400
www.viewegteubner.de

Stand Januar 2009
Änderungen vorbehalten.
Erhältlich im Buchhandel oder im Verlag.

Titel zur Fertigung

Keferstein, Claus P. /
Dutschke, Wolfgang
Fertigungsmesstechnik
Praxisorientierte Grundlagen,
moderne Messverfahren
6., überarb. und erw. Aufl. 2008. X,
274 S. mit 207 Abb. Br. EUR 29,90
ISBN 978-3-8351-0150-0

Fahrenwaldt, Hans J. /
Schuler, Volkmar
Praxiswissen Schweißtechnik
Werkstoffe, Prozesse, Fertigung
Unter Mitarbeit von
Twrdek, Jürgen / Wittel, Herbert
3., akt. Aufl. 2008. XII, 638 S.
Geb. EUR 66,00
ISBN 978-3-8348-0382-5

Paucksch, Eberhard / Holsten, Sven /
Linß, Marco / Tikal, Franz
Zerspantechnik
Prozesse, Werkzeuge, Technologien
12., vollst. überarb. u. erw. Aufl. 2008.
XVI, 458 S. mit 426 Abb. u. 45 Tab. Br.
EUR 32,90
ISBN 978-3-8348-0279-8

Tschätsch, Heinz / Dietrich Jochen
Praxis der Zerspantechnik
Verfahren, Werkzeuge, Berechnung
9., erw. Aufl. 2008. XII, 394 S.
mit 326 Abb. u. 148 Tab. Geb. mit CD
EUR 46,90
ISBN 978-3-8348-0540-9

Westkämper, Engelbert /
Warnecke, Hans-Jürgen
**Einführung in die
Fertigungstechnik**
Einführung in die Fertigungstechnik
Unter Mitarbeit von Decker, Markus /
Gottwald, Bernhard
7., akt. und erg. Aufl. 2006. XI, 296 S.
mit 229 Abb. u. 10 Tab. Br. EUR 25,90
ISBN 978-3-8351-0110-4

Wojahn, Ulrich
**Aufgabensammlung
Fertigungstechnik**
Mit ausführlichen Lösungswegen und
Formelsammlung
Unter Mitarbeit von Zipsner, Thomas
2008. VIII, 203 S. (Viewegs Fachbücher
der Technik) Br. EUR 23,90
ISBN 978-3-8348-0228-6

**VIEWEG+
TEUBNER**

Abraham-Lincoln-Straße 46
65189 Wiesbaden
Fax 0611.7878-400
www.viewegteubner.de

Stand Januar 2009.
Änderungen vorbehalten.
Erhältlich im Buchhandel oder im Verlag.